汉江上游梯级水库优化调度理论与实践

白涛　李瑛　黄强　著

·北京·

内 容 提 要

本书对汉江上游梯级水库防洪和兴利调度进行了系统、全面、深入的研究，主要内容包括：对汉江上游梯级水库的防洪、汛限水位动态控制、洪水演进、发电调度、生态调度以及梯调中心论证等研究领域进行了综述；介绍了汉江流域水电站的概况；分析了径流特征，揭示了汉江上游径流的基本规律；介绍了水库防洪的理论与方法；采用马斯京根法、水动力学模型方法模拟了河道流量演进过程；总结了汛限水位动态控制和水库风险调度的原理和方法，以安康、喜河为例研究了汛限水位动态控制及其调度的风险；总结了水库常规调度和优化调度相关的理论模型及方法；复核了汉江上游梯级水电站的水能指标，分析了影响发电指标的因素，绘制了安康水库的调度图，制定了调度规则；模拟了汉江上游河道的生态径流过程，建立了发电量最大和生态缺水量最小的多目标调度模型；估算了汉江上游梯级水电站的发电效益，论证了建设汉江上游梯级水电站调度中心的必要性和可行性。

本书适合水库和水电站工程设计、管理等技术研究人员参考，也适合相关专业的大中专院校师生参考。

图书在版编目（CIP）数据

汉江上游梯级水库优化调度理论与实践 / 白涛，李瑛，黄强著. -- 北京 : 中国水利水电出版社，2019.11
ISBN 978-7-5170-6073-4

Ⅰ. ①汉… Ⅱ. ①白… ②李… ③黄… Ⅲ. ①汉水－流域－梯级水库－水库调度－研究 Ⅳ. ①TV697.1

中国版本图书馆CIP数据核字(2017)第293018号

书　名	**汉江上游梯级水库优化调度理论与实践** HAN JIANG SHANGYOU TIJI SHUIKU YOUHUA DIAODU LILUN YU SHIJIAN
作　者	白涛　李瑛　黄强　著
出版发行	中国水利水电出版社 （北京市海淀区玉渊潭南路1号D座　100038） 网址：www.waterpub.com.cn E-mail：sales@waterpub.com.cn 电话：（010）68367658（营销中心）
经　售	北京科水图书销售中心（零售） 电话：（010）88383994、63202643、68545874 全国各地新华书店和相关出版物销售网点
排　版	中国水利水电出版社微机排版中心
印　刷	北京瑞斯通印务发展有限公司
规　格	184mm×260mm　16开本　16.25印张　395千字
版　次	2019年11月第1版　2019年11月第1次印刷
印　数	0001—1000册
定　价	**78.00**元

前言

随着我国“南水北调”中线一期调水工程的全线通水和“引汉济渭”跨流域调水工程、输配水工程的开工建设，汉江上游作为我国两大战略性跨流域调水的水源地和调水区，成为举世瞩目的焦点。干流黄金峡、旬阳、白河水库和子午河支流三河口水库的兴建，打破了以安康水电站为“龙头”水库的串联分布格局，汉江上游梯级水库的混联分布格局业已形成。汉江上游梯级水库不仅承担着航运、防洪、发电等传统的综合利用任务，更承担着确保“引汉济渭”跨流域调水水量、保证“南水北调”中线水源地水量水质和维持汉江上游河道生态健康等新目标、新任务。汉江上游已逐渐成为长江流域水文形势变化最剧烈、防洪任务最艰巨、调水发电与生态环境影响最敏感、水库群联合运行最复杂的关键河段之一。

长期以来，汉江上游暴雨洪灾频发，导致水库运行过程中防洪压力巨大、发电弃水增多、运行效率低下，更严重威胁下游防洪对象和在建水利枢纽工程的安全，造成有限的水资源的巨大浪费和发电企业经济效益的巨大损失。其次，汉江上游各水电站隶属于不同的利益主体，一直以来各水电站的实际运行主要以单库调度为主，难以无法发挥各水库水电站之间的径流补偿、水力补偿和电力补偿作用，实施梯级水库群水电站群的联合优化调度运行，导致水库兴利库容利用不充分，汉江上游丰富的水能资源和水资源利用效率低。再次，现有的水库调度运行模式在追求经济效益最大化的同时，造成了汉江下游河道的生态问题日益显现，水生生物种类减少、纳污能力降低、水华现象偶有发生等，严重威胁“南水北调”中线一期调水工程的水质安全。最后，“引汉济渭”跨流域调水工程的开工建设，对汉江上游梯级水库群的联合调度运行提出了新任务、新目标，但在建水库黄金峡、三河口的调度运行研究中大多停留在规划设计阶段。鉴于此，开展汉江上游梯级水库防洪和兴利调度研究，对于实现汉江上游洪水资源化、挖掘引汉济渭跨流域调水工程的调水潜力、缓解受水区水资源供需矛盾、提高汉江上游水资源高效利用和梯级水库群的综合效益、缓解和改善河道生态问题、维持和保障“南水北调”中线调水工程水源区水量和水质安全，具有重要的战略意义。研究成果对于丰富和完善梯级水库群优化调度理论以及新方法、新技术的应用具有重要的理论意义和应用价值。

为此，自2006年以来，西安理工大学先分别与陕西省电力公司安康水力发电公司、大唐陕西发电有限公司、陕西汉江投资开发有限公司喜河水力发电厂、石泉水力发电厂、陕西省引汉济渭工程建设有限公司等企业、事业单位开展了长期、深入的技术交流与科研合作，先后开展了《安康水电站水库发电指标复核计算及水库防洪能力分析》(2006年)、《石泉、喜河梯级水库联合调度研究》(2007年)、《安康水库汛限水位动态控制研究方案》(2008年)、《喜河水库汛限水位论证》(2009年)、《汉江上游梯级水电站调度中心规划论证》(2013年)、《安康水电站水库生态优化调度研究》(2016年)、《安康水电站泄洪流量演进及传播时间研究》(2016年)等生产类科研课题的研究，对汉江上游已建水电站石泉、安康、喜河、旬阳等水库水电站的防洪调度、汛限水位论证和动态控制、洪水演进、发电调度、生态调度以及梯调中心论证等问题开展了系统、全面、深入的研究。

2015年，水利部将《引汉济渭跨流域复杂水库群联合调度研究》(2015—2017年)批准列为最后一批水利公益性行业科研专项经费项目（项目编号：201501058)，西安理工大学作为项目承担单位，会同陕西省引汉济渭工程建设有限公司、珠江水利委员会珠江水利科学研究院两家协作单位，历时3载共同开展了在建水电站黄金峡、三河口梯级水库的调水、发电调度攻关研究。

本书正是将近十几年针对汉江上游梯级水库防洪、发电、生态、梯调中心论证、调水等研究所积累的科研成果，通过系统地总结和凝练撰写完成的。

全书共9章。西安理工大学白涛、畅建霞、李瑛撰写了第1章；西安理工大学白涛，陕西省水利电力勘测设计研究院霍磊、马永胜撰写了第2章；西安理工大学金文婷，安康水力发电厂石静涛、瞿富强撰写了第3章；西北勘测设计研究院有限公司雷艳、蔺蕾蕾，长安大学刘招，黄委水文局孙晓懿撰写了第4章；西安理工大学畅建霞、黄强、李瑛撰写了第5章；西安理工大学白涛，黄河勘测规划设计有限公司张永永，新疆水利水电勘测设计研究院李子婷，西北勘测设计研究院有限公司雷艳撰写了第6章；西安理工大学白涛，珠江水利科学研究院刘晋，西安热工院哈燕萍，中交天津航道局杨旺旺撰写了第7章；西安理工大学黄强，陕西省引汉济渭工程建设有限公司宋晓峰、麻蓉撰写了第8章；西安理工大学白涛、李瑛撰写了第9章。全书由西安理工大学白涛统稿，黄强审稿。

全书的研究工作是在陕西省引汉济渭工程建设有限公司杜小洲教高、陕西省水利厅孙平安教高、大唐石泉水力发电厂李万绪厂长、安康水力发电公司瞿富强主任的悉心指导下完成的，在此表示衷心感谢。台湾海洋大学黄文政教授、陕西省引汉济渭工程建设有限公司苏岩教高、长安大学张洪波教授、中国水科院张双虎教高、西安理工大学王义民教授等在研究过程中给予了长期指导和帮助。学生武连洲博士、张明硕士、马旭硕士、马盼盼硕士、高超硕士、魏建硕士、刘夏硕士、慕鹏飞硕士在全书修改、修订中付出了辛劳，在此一并表示感谢。

本书受到国家重点研发计划项目（2017YFC0405900）、水利部公益性行业科研专项经费项目（201501058）和陕西省水利科技计划项目（2016slkj－8、2017slkj－27）的资助，在此表示感谢。

限于作者的能力和水平，书中难免存在错误和纰漏，恳请读者斧正，可将有关意见和建议发送至电子邮箱：wasr973@gmail. com。

作者

2019年10月

目　　录

第1章　绪　论

1.1　研究背景

汉江是长江最大的一级支流，发源于陕西省汉中市宁强县秦岭南麓的嶓冢山，由西向东流经汉中盆地和安康盆地，于武汉市汉口龙王庙注入长江。干流全长1577km，流域面积15.9万km^2，多年平均降雨量873mm。陕西省境内的汉江为汉江上游段，河谷狭窄，支流众多，呈不对称树枝状分布，干流长约709km，占汉江干流全河段的45%；流域面积6.20万km^2，占汉江全流域面积的37%。汉江上游流域面积占陕西省面积的26.7%，但多年平均径流总量占全省的56.6%，是陕西境内水资源最丰富的河流。汉江上游流经高山峡谷，特别是洋县到石泉段，比降达1‰，具有丰富的水能资源。

作为我国战略性调水工程南水北调中线的水源地和引汉济渭跨流域调水工程和输配水工程的调水区，汉江上游水库电站的梯级滚动开发与利用、水资源调度与配置、河道水质监测和生态健康等问题，已成为国内外专家和学者研究的热点问题和热门区域，汉江上游再一次成为举世瞩目的焦点。

截至2017年，南水北调中线一期已累计向沿线供水约74亿m^3，沿线受益人口超过5300万m^3，南水北调中线工程巨大综合效益逐步彰显。引汉济渭跨流域调水工程秦岭隧洞的开挖、衬砌工作已接近尾声，三河口大坝已开始浇筑，黄金峡水库的左右坝肩已开挖待毕，输配水工程实物调查工作已经开始。以在建黄金峡、三河口、旬阳、白河和已建石泉、喜河、安康、蜀河为骨干性水库、以三河口和安康为控制性水库的汉江上游串并联梯级水库业已形成。汉江上游已逐渐成为汉江干流水文形势变化最剧烈、防洪任务最重要、调水发电与生态环境影响最敏感、梯级水库联合运行最复杂的关键河段之一。

南水北调中线一期全线通水和安全运行，引汉济渭跨流域调水工程建设工作的节节推进，加之汉江上游旬阳、白河水电站的开工建设，对汉江上游梯级水库的联合运行又提出了新的调度目标和运行要求。汉江上游梯级水库不仅承担着航运、防洪、发电等传统的综合利用任务，更承担着确保引汉济渭跨流域调水水量、保证南水北调中线水源地水量水质和维持汉江上游河道生态健康等新的开发任务。在此背景下开展汉江上游梯级水库防洪和兴利优化调度，对于实现库群联合优化运行、保障汉江下游的防洪安全、实现洪水资源化、缓解受水区水资源供需矛盾、提高发电企业经济效益、维持河道生态健康、实现流域水资源高效利用，具有重要的理论意义和应用价值。

汉江上游暴雨陡涨陡落，易形成洪量集中、洪峰特大的洪水，且流经安康市区，防洪压力巨大。具有较好调节性能的安康、石泉水库主要承担着下游的防洪任务。安康、石泉在汛期运行的优劣，不仅直接影响着防洪安全，且与发电效益关系极大。如何获取和利用水情信息，妥善处理各种矛盾，合理进行控制决策，在保证防洪安全的前提下，实现水库洪水实时调度，获得尽可能大的综合效益，是目前水库防洪调度中亟待解决的重要课题之一。

正在兴建汉江上游规划的第五级水电站——旬阳水电站，其工程建设期间临时及永久水工建筑物的防洪安全主要由上游具有较大调节能力的安康水库进行保障。此外，安康水库对汉江径流的调节，尤其是汛期对洪水的调节，安康城区的城市防洪安全，旬阳水库的安全建设，蜀河水库的安全运行至关重要。探明安康至蜀河区间不同级别流量的演进规律，明确河段各区间的洪水到达时间，对于提前预警安康城区防洪撤离和在建的旬阳、白河水利工程的预停施工，避免社会经济、人民群众的生命财产安全遭受损失以及蜀河水电站的防洪预警和合理调度，具有重要的实际指导意义和应用价值。

长期以来，汉江上游梯级水库为了满足防洪安全，汛期不蓄水，以致汛后库水位常常达不到正常蓄水位，激化了水库调度中防洪与兴利的矛盾，造成汉江上游水资源的严重浪费，水库长期处于低效率运行水平。随着水文气象预报科学理论的不断进步，水库现代观测与监测系统工程的日趋完善，洪水及降雨预报精度的提高，合理调节水库防洪与兴利库容，实施水库汛限水位的动态控制，实现洪水资源化，提高洪水资源和水能资源利用率，为缓解汉江上游水资源与水能资源供需矛盾提供了新的契机和可能。

众所周知，汉江上游各水电站隶属于不同的发电公司，发电任务是水电站设计规划和调度运行的核心任务。发电优化调度的运行、水能指标的复核和调度规则的提取是汉江上游梯级水电站联合调度运行的关键和热点问题。梯级水电站发电优化调度不仅能产生很大的社会效益和经济效益，且能最大化地提高水资源利用效率和发电公司在市场中的竞争力，对发电企业和汉江上游水资源的可持续发展具有重要的意义。水库调度图的绘制和运行规则的提取对指导水电站经济运行、实现发电效益最大化具有举足轻重的实践意义和应用价值。

随着汉江上游梯级水库的日渐形成和多目标调度的实施，现有的水库调度运行模式在追求综合经济效益最大的同时，造成了下游河道的生态问题日益显现，如水生生物种类减少、纳污能力降低等。为了改善河道生态环境、维持原有的河道内生态健康，开展水库生态调度，将河道生态指标控制作为水库调度的主要目标，已成为目前水库调度领域研究的热点问题。揭示生态流量过程对河道冲淤变化、水生生物变化、河道湿地纳污能力变化的响应关系，确定水库生态调度模式和调度规则，对于缓解水利工程引起的河流生态问题具有重大意义，可为恢复和重建水电能源开发后退化的河道生态系统、实现人水和谐提供理论依据和技术支持。

引汉济渭跨流域调水工程计划在远景水平年2020年和2030年分别从汉江调水10亿m^3和15亿m^3，以解决陕西关中渭河流域的水资源短缺问题。因此，调水区黄金峡、三河口水库的联合调度方式以及供水调度策略显得尤为重要。目前，针对在建的黄金峡、三河口水库的联合调度研究还停留在规划设计阶段。对于如何利用三河口多年调节水库的库容、实现并联水库的调水目标，以及如何在满足调水任务的情况下，使梯级发电量最大、耗能最小以达到泵站群、水库群、水电站群的综合效益最大，已成为引汉济渭跨流域调水工程调水区梯级水库调度亟须解决的问题。

与此同时，随着引汉济渭跨流域调水工程的开展，黄金峡、三河口梯级水库的建设与运行，原有的水库群运行管理可能发生巨大改变。以安康水库为汉江上游龙头水库的梯级水库格局将有可能被打破，特别是在汉江支流子午河上三河口水库的建设，打破了汉江上游梯级水库的串联形式，形成了黄金峡—三河口水库并联与石泉—喜河—安康串联的梯级水库分布模式，其多年调节性能，将有可能打破安康水库的主导性控制格局。为了尽可能地发挥各水库之间的径流补偿、水力补偿作用，最大化地实现梯级水库综合效益，对同一流域内所有水电站实行统一调度（即组建以流域为单位的梯级电站调度中心或集控中心）的管理模式得到了一致认可和广泛应用。因此，在新形势下，挖掘汉江上游梯级水库联合调度潜力，重新论证梯级联合调度中心位置，建立梯级水电站调度中心，可用于负责汉江上游（陕西段）电站的远程集控运行、水库联合调度、生产信息辅助等工作，有助于科学决策，减少调度工作量，提高汉江上游梯级水库的综合效益；同时，对整个汉江流域电站的安全稳定运行、水电优化调度等都有着重要的作用和现实意义。

在此背景下，本书在总结以往汉江上游梯级水库调度经验和科研成果的基础上，开展汉江上游梯级水库防洪和兴利优化调度，旨在充分发挥调节性能好的水库防洪能力，利用汛限水位动态控制等关键技术，实现洪水资源化和水资源的高效利用目标；揭示不同量级的下泄流量到下游断面的流量演进规律，为下游防洪对象和在建水利枢纽的安全提供技术支撑；考虑丰枯电价，建立梯级发电量最大、梯级发电效益最大模型，获得长系列发电调度结果和优化运行策略；对水库发电指标进行复核，采用新方法制定优化调度图，为梯级水电站运行管理提供调度依据；提出维持和改善汉江上游河道生态健康在不同变化环境下的生态径流过程，建立了生态缺水量最小模型；采用生态发电损益比，量化了发电效益和生态补给量的转换关系，提出了生态库容的概念和计算方法，为恢复和重建退化的河道生态系统提供理论依据和技术支持；将在建的黄金峡、三河口水库纳入到汉江上游梯级水库，通过梯级水电站调度效益估算和调水前后梯级水电站的效益补偿，对汉江上游 8 座梯级水电站调度中心的必要性、可行性进行了系统论证，提出了梯调中心的机构设置、软件系统研发、硬件系统布设和投资估算，为切实可靠地实施汉江上游梯级水电站联合运行奠定了坚实的理论与技术基础。

本书主要介绍了汉江上游梯级水库防洪和兴利优化调度的研究成果，从水库防洪、流量演进、发电生态调度、调度规则、综合效益补偿、梯级调度中心论证等方面深层次、多角度、全方位地进行了系统化的研究，涵盖了洪水资源化、水资源高效利用、跨流域调水、多目标 Pareto 解集分布等领域，紧跟水资源研究领域的前沿和热点问题。研究成果对于丰富和完善梯级水库优化调度理论以及新方法、新技术的应用具有重要的理论意义和应用价值。对汉江上游梯级水库优化调度的系统研究，涉及系统工程学、运筹学、水动力学、生态学、人工智能等多种学科，对于实现多学科交叉与融合、拓展水库优化调度方向具有重要的前沿指导意义和引领作用。研究成果对实现汉江上游洪水资源化、挖掘引汉济渭跨流域调水工程的调水潜力、缓解受水区水资源供需矛盾、提高汉江上游水资源高效利用和梯级水库的综合效益、缓解和改善河道生态问题、维持和保障南水北调中线调水工程水源区水量和水质安全，具有重要的战略意义。

1.2 汉江上游径流规律研究进展

汉江流域综合开发的首要任务是解决汉江中下游广大平原地区的洪灾。1986年，何长春等针对汉江上游流域形状特殊及雨洪集中迅速的特点，提出了与之相应的水文预报和水文气象预报模型，组成一个较为完整的区域雨洪预报计算系统。1993年，李万绪对汉江上游采用统计方法对汉江上游洪水特征进行了分析。1997年，杨永德对汉江上游径流、输沙等年内年际变化及地区分布规律等进行了分析，研究结果表明大型水利工程的修建对汉江上游水文情势带来一定的影响。2005年，朱利等采用SWAT模型对汉江上游径流进行模拟，研究指出汉江流域降水的变化对水资源的影响要大于气温的变化对水资源的影响，降水增加或气温降低都会导致径流增加，而降水增加或气温增加都会导致实际蒸发的增加。2007年，张洪刚等对汉江上游的降水和丹江口水库的入库径流进行分析，得出了汉江上游降雨和径流的变化趋势。2008年，蔡新玲等通过对各站气温、降水量与安康站径流量的相关计算，分析了气候变化对汉江上游径流的影响。李明新等对汉江上游水资源量的变化趋势进行了研究，结果表明20世纪90年代以来，水源区连续枯水年并非表示汉江上游径流量呈减小趋势，而是处于周期变化中的枯水期。2009年，赵红莉通过对比丹江口水库天然与实测入库径流，分析了汉江上游耗水变化情况，对比分析了径流平均年内分配的变化，从降雨、人类活动影响等方面进行了成因分析；张珏等对汉江上游石泉和安康水文站径流规律进行分析，分析结果为汉江上游水资源开发利用提供了科学依据；卜红梅等对汉江上游金水河流域过去近50年的气候变化特征进行了研究，结果表明气候变化对流域内的生态环境产生了较大的影响，从而加剧了流域生态系统的脆弱性。2010年，殷淑燕等根据史料及水文站的记录分析了汉江上游统计近2200年间的洪水发生频率，并对此时间段内气候变化进行分析，其结果为汉江上游水资源研究提供了数据支持；苏雪瑞对汉江上游径流时空演变规律进行了研究，结果表明半个世纪以来，汉江上游径流呈现减少趋势。2011年，李桃英等对汉江上游的径流演进进行分析，趋势分析表明20世纪90年代以前，汉江上游径流呈现增加趋势，但到了1990年后径流量锐减，进入21世纪后径流量也在减少，但减少趋势有所缓解。2012年，殷淑燕等对汉江上游近50年来降水变化与暴雨洪水发生规律进行了分析，结果表明汉江上游近50年来年降水量在总体上呈现减少的趋势，期间台风的增强，会使暴雨洪水发生几率增大；黄宁波等对石泉和安康水文站的年径流量及年最大洪峰流量时间序列特性进行分析，结果表明洪水年际变化极不稳定，流量变化幅度很大。2013年，张东海利用SWAT模型对汉江上游的水文过程进行模拟，揭示了降雨对径流的重要性。2014年，任利利等对1960—2011年汉江上游降水量变化特征和区域差异进行了详细的分析，结果为汉江上游水文规律的研究提供了数据支持；刘科等利用HEC-RAS模型对汉江上游庹家洲河段古洪水流量进行重建研究，研究成果对汉江上游防洪减灾研究具有重要的现实意义；靳俊芳等对近60年来汉江上游极端降水变化研究，结果表明安康地区年最大日降水量、极端降水日数、极端降水量以及极端降水强度都呈波动上升趋势。2017年，夏军等对气候变化和人类活动对汉江上游径流变化影响进行定量研究，结果

表明人类活动对汉江上游径流的影响较大，且其对径流变化的影响呈现增长的趋势。综合以上研究可知，汉江径流研究内容已较为全面，对汉江流域的综合开发提供了很多理论依据和技术支持。

1.3 防洪调度研究进展

随着社会经济的发展，洪涝灾害的治理仍然是流域内水资源研究的热点和难点问题。如何充分发挥和挖掘水库的调洪能力，减少洪水灾害带来的损失影响，仍然是国内外专家学者深入思考的问题。国内外在水库防洪调度方面做了很多研究工作并取得了丰硕的成果。

1.3.1 国内研究现状

关于水库防洪调度研究，国内研究开始相对较晚，从20世纪40—50年代开始有所发展，并在80年代以后取得大量的研究成果。1983年，虞锦江等最先把动态规划运用在水库防洪调度问题上，为研究防洪优化调度问题提供了很多宝贵经验，之后很多专家学者针对不同的问题提出了大量的措施和建议。1994年，黄志中等针对澧水流域现状建立多目标防洪优化调度模型，引入分解协调算法来解决复杂的多目标防洪系统问题。1996年，邵东国等在研究洋河水库优化调度问题时，考虑一些不定因素的影响设定了模糊约束条件，并用离散偏微分动态规划方法进行优化求解。1998年，付湘等将多维动态规划法运用到复杂的水库群防洪系统中，分析了后效性对优化结果的影响，有效地获得了调度一场洪水的最优策略。2000年，杨侃等将大系统分解协调原理运用到长江防洪系统研究中，并与网络分析方法相结合，分析了长江防洪系统优化调度问题。2002年，谢柳青和易淑珍用大系统分解协调算法解决了澧水流域水库群联合防洪调度多目标优化问题，得到比较满意的结果。2007年，李玮等将大系统分解协调理论运用到清江梯级水库群的防洪调度研究中，将水库群大系统复杂防洪问题分解成单个水库的简单问题，分析在汛期梯级各水库库容的使用动态。

近几年来，通过专家学者的不断努力和创新，一些智能优化方法已经被运用到求解水库防洪优化调度问题中。2009年，彭勇、梁国华等为解决常规动态规划法和常规微粒群算法的收敛速度慢问题，提出了一种改进的微粒群算法用于解决防洪优化调度问题，得到了满意的优化结果。2010年，谢维等针对水库防洪调度中多约束、非线性、高维等特点，将文化算法（CA）融入到粒子群算法的进化机制中，建立了基于文化粒子群算法的数学模型，该方法克服了粒子群算法易陷入局部最优的缺点，并加快其收敛速度，有效地解决了水库防洪调度问题。2011年，吴成国等将三角模糊数理论引入水库防洪调度风险分析研究中，其计算结果客观合理，丰富了水库防洪调度风险分析研究的理论和实践；刘心愿等分析了水文预报误差对防洪调度的影响；严伏朝等将事例推理（CBR）技术运用于水库洪水调度中，能充分地将以往的洪水调度经验和调度模型相结合，使调度结果更为合理、可行。2012年，肖刚等提出一种基于改进NSGA-Ⅱ算法的水库多目标防洪调度算法，实验结果表明该算法能够获得一组收敛性更好，分布更宽广的 Pareto 最优调度方案；罗成鑫等建立了满足水库安全约束下以保障下游地区安全为目标的流域水库群联合防洪优化调度通用模型，其计算的水库群联合防洪优化调度过程体现了水库防洪的“预泄”策略与“错峰”策略，具有一定的应用参考价值。2013 年，李安强等基于大系统分解协调原理对长江流域上游控制性水库群联合防洪调度进行了研究，提出两库防洪库容在协调川江与长江中下游两区域防洪中的分配方案；罗军刚等提出了一种用于求解水库防洪调度问题的量子多目标粒子群优化（QMOPSO）算法，实例结果表明，该算法可获得一组质量高、多样性好的洪水调度方案；张映辉等使用水力学方法引入 MIKE11 软件水动力模块建立甄江流域河道模型，运用到甄江流域水库防洪调度方案中。2015 年，贾本有等建立以水库群系统安全度最大、行蓄洪区系统损失最小为目标函数，将河道堤防安全行洪考虑为约束条件的复杂防洪系统多目标递阶优化调度模型（MoHOOM），该模型有利于挖掘上游水库群的防洪能力，减少下游不必要的行蓄洪区分洪损失。2016 年，邹强等提出了并行混沌量子粒子群算法（PCQPSO），并将其应用到水库群防洪优化调度问题中，通过与其他算法进行对比分析，结果表明 PCQPSO 收敛效率快、求解精度高。2017 年，孟雪姣等构建了考虑预警的梯级水库防洪调度模型，可为梯级水库的防洪预警和调度提供一种新思路。2018 年，罗成鑫等为提高流域水库群联合防洪能力，建立了满足水库安全约束下以保障下游地区安全为目标的流域水库群联合防洪优化调度通用模型。

1.3.2　国外研究现状

1967 年，Hall 和 Shephard 将线性规划和动态规划耦合，运用到多阶段防洪决策问题中。1973 年，Windsor 以下游防护点灾害损失最小为基本准则建立数学模型，利用递归线性规划方法分析了复杂水库群的防洪优化调度问题；Chaudnry 将大系统协调法的思想运用到印度河流域一个复杂防洪系统中，并提出运用空间分解和多级优化技术来解决水库运行调度问题。1976 年，Schultz 等以下游削峰最大作为目标，建立了某并联水库群的动态规划模型，但此模型只适用于各支流洪水同时发生的情况。1983 年，Yazigil H. 等以绿河为研究区域，采用线性规划法计算水库实时防洪调度模型并建立了调度系统。1983 年，Wasimi 建立了水库群系统实时预报和调度数学模型，引入二次线性离散最优控制方法对模型进行求解，但是该模型和方法仅适用于中等洪水的调节作用。1988 年，Foufoula 等在水库群优化调度中采用了梯度动态规划法求解调度模型，提高了计算精度。1990 年，Unver 和 Mays 运用洪水演算的模拟方法和防洪调度的非线性规划方法，建立了一个实时防洪优化调度模型。2000 年，Needham 等利用混合整数规划的求解思想，通过与线性规划法耦合解决防洪问题，取得比较好的结果，但该方法计算时间长，效率较低。2008 年，Wei 等建立了水库群防洪优化调度模型，混合整数线性规划，基于前馈后向传播神经网络，提出了线性河道洪水演进算法来求解下游河道水位。2009 年，Valeriano 等采用分布式水文模型，结合优化调度算法研究了日本的利根川河流，结果表明，所提出的综合调度方案能够有效降低洪峰。2010 年，Kumar 等采用折叠动态规划法（FDP），以印度 Mahanadi 流域的 Hirakud 水库为例进行了研究，制定了水库防洪优化调度策略。2011 年，Bayat 等将粒子群优化算法与洪水演进仿真模型相结合，并应用于伊朗西南部 Gotvand 水

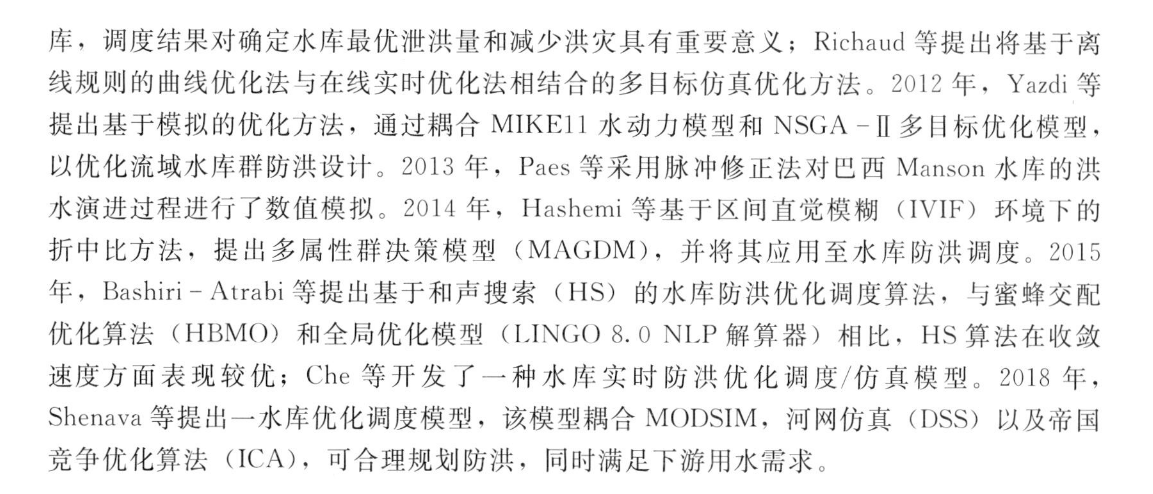
库，调度结果对确定水库最优泄洪量和减少洪灾具有重要意义；Richaud 等提出将基于离线规则的曲线优化法与在线实时优化法相结合的多目标仿真优化方法。2012 年，Yazdi 等提出基于模拟的优化方法，通过耦合 MIKE11 水动力模型和 NSGA－Ⅱ多目标优化模型，以优化流域水库群防洪设计。2013 年，Paes 等采用脉冲修正法对巴西 Manson 水库的洪水演进过程进行了数值模拟。2014 年，Hashemi 等基于区间直觉模糊（IVIF）环境下的折中比方法，提出多属性群决策模型（MAGDM），并将其应用至水库防洪调度。2015 年，Bashiri－Atrabi 等提出基于和声搜索（HS）的水库防洪优化调度算法，与蜜蜂交配优化算法（HBMO）和全局优化模型（LINGO 8.0 NLP 解算器）相比，HS 算法在收敛速度方面表现较优；Che 等开发了一种水库实时防洪优化调度/仿真模型。2018 年，Shenava 等提出一水库优化调度模型，该模型耦合 MODSIM，河网仿真（DSS）以及帝国竞争优化算法（ICA），可合理规划防洪，同时满足下游用水需求。

1.4 流量演进研究进展

1.4.1 水文水力学方法

河道洪水演算的水文水力学方法都是基于求解圣维南方程组方法的发展而形成的，对河道不稳定流基本方程的简化解，通过用水量平衡方程替代圣维南方程组的连续性方程，用槽蓄方程替代其动量方程。关键是将槽蓄曲线处理成单一线性关系，用函数表达即为槽蓄方程，与水量平衡方程联解，通过理论方法计算，得出下断面出流过程，在此理论基础上形成了特征河长法和马斯京根法。特征河长法是用改变河长的办法，找出某一特定河长，使得本河段下断面槽蓄关系单一，并假定为线性，从而计算下断面的出流过程；马斯京根法则不改变河长，而找出某一示储流量，使其与蓄量成单一关系，也假定为线性关系进行计算。马斯京根法经过多半个世纪的发展，形成了线性马斯京根法、多河段马斯京根法、非线性马斯京根法等。1952—1954 年，E. I. Ssaaeon、J. J. Stoker 和 B. A. TroeschlzJ 建立了俄亥俄河和密西西比河部分河段的数学模型，并用于洪水过程的模拟，首次将数值模拟理论应用于工程实际问题。1969 年，法国人康吉从运动波方程的数值解中导出了马斯京根演算方程，并证明了马斯京根法是扩散方程的二阶精度差分解，说明作为水文学方法提出的马斯京根法有其水力学根据。1973 年，Dooge 建立了系统水文学的科学体系，采用统计矩配合技术对比马斯京根方法和完全线性的水力学方法，把宏观算法和水力学方法相提并论。1992 年，刘舒舒等基于准二维流的概念，结合水力学方法建立一个相对独立分区的洪水演进模型。1996 年，吴道喜等通过对水文学及水力学两种计算方法进行研究，认为在实际计算中应根据实际情况具体选取；谈佩文等以水动力学方法为主，对无实测资料地区采用水文学方法建立流域洪水演进数学模型。1998 年，仲志余等采用水文学方法对宜昌至湖口的洪水演进进行了计算，认为模型的适用性比较强，且计算精度较高。2007 年，Lian 等将水文模型 HSPF 与一维水动力模型 UNET 耦合起来，以便捕捉伊利诺斯河复杂的水力条件。2008 年，Szilagyi 等采用了离散式线性级联模型（DLCM）以确定沿密苏里河中内布拉斯加市到鲁罗河段的水位流量关系的变化。2010 年，杜佐道等建立了槽蓄关系来联立求解圣维南方程组的水力学方法；姜俊厚利用水力学方法结合历史水灾法进行洪水风险的计算；芦云峰等应用GIS和水力学方法建立的河道型水库动态库容计算方法，成功应用于三峡水库的实时调度之中。2011年，殷健等应用MIKE11软件建立上海浦东新区水文-水力学模型，最终放映研究区域河网水位流量对降雨径流的响应。2013年，刘开磊等比较分析水力学与水文学相结合的方法在淮河中游的应用效果后，认为两种方法都能较好地模拟流域水流状态，水力学方法的适用性更好；Tarpanelli等使用高程数据和简化的洪水演进模型估算河流流量，改程序基于传统适线法的应用，是一种简单有效的方法。2014年，朱敏喆等应用传统的水文-水动力耦合方法建立了淮河干流的水文数值模型，对全流域水流进行耦合隐式求解，证明建立的模型对研究区域计算稳定；Kim等使用非线性模型处理了水库水文调度，从数据中识别蓄水量与流量、损失与增益之间的函数关系。2015年，杨甜甜以烟台大沽夹流域为研究对象，应用水文-水动力模型对流域下垫面变化剧烈、产汇流条件复杂的区域进行了研究。

水文学方法的最大优点是简单地将时间经验和实时信息相结合，对河道地形资料要求较少。缺点是很难应用河道特征变化之后的洪水预报。而且依赖较为充足的水文资料。传统的水文学方法采用简化手段求解圣维南方程组，主要受到科学技术手段和资金的限制，而水力学方法不完全依赖水文资料，可用于资料缺乏地区，但需要精确的河道断面形状参数、坡降、糙率等水力学要素。随着科技水平的提高，尤其是计算机的迅猛发展，使得复杂的数值计算能够瞬间完成。圣维南方程组在一维、二维甚至三维都可以进行数值差分求解。具有自由水面的河道洪水可认为是一维非恒定流，由此河道洪水演算的水力学方法开始蓬勃发展。数值求解的主要方法有特征线法、有限差分法与有限体积法，其中有限差分法应用最为广泛，其分为显示和隐式两种。根据Preissmann四点隐式有限差分法对连续性方程和运动方程求解的理论基础，美国陆军工程兵团水文工程中心开发了HEC－RAS模型，适用于一维河道稳定和非稳定流，HEC－RAS模型功能强大，可进行各种涉水建筑物的水面线分析计算，同时可生成横断面形态图、流量及水位过程线等各种分析图表，使用十分方便简捷。应用Abbott六点隐式差分进行求解圣维南方程组的MIKE系列软件的MIKE11 HD模块，其功能强大、模拟精度高、应用广泛。

1.4.2 系统理论方法

系统学方法将河道视作为一个系统，河道上断面入流为其输入，河道下断面出流作为输出，认为上断面洪水过程经过河段系统的作用就成为下断面的出流过程。系统学方法自提出经过半个多世纪的发展，在河道洪水演算方法中逐渐形成了多种方法，主要有人工神经网络分析法、时间序列分析法、人工智能、专家系统以及混沌理论等。

（1）人工神经网络分析法。人工神经网络是对人脑若干基本特性通过数学方法进行抽象和模拟，是一种模仿人脑结构及其功能的非线性信息处理系统。从1943年心理学家MeCulloch和数学家Pitts提出神经元生物模型以来，神经网络的发展已经有多年的历史了。20世纪80年代以来，随着人工神经网络研究的深入和发展，国内外致力于应用神经网络探求洪水波在河道中的运动规律。进入90年代，水文学家开始将神经网络技术应用到降雨预测、径流预测、水质与水量预测、泥石流预测、水库调度优化、地下水管理、水土资源利用和规划方面，取得了不少的成果。M. L. Zhu 等研究了 BP 网络在洪水预报中的应用，纽约州 Butternut 河洪水预报取得了较好的效果，预报精度较模糊推理法更好。1993 年，国内吴超羽、张文较早应用人工神经网络模型，对飞来峡水利枢纽工程控制水文站的日均及逐时流量进行了预报，结论认为人工神经网络模型明显增加了预报长度，同时也提高了预报精度。2002 年，B. Sivakumar 等分别采用人工神经网络（ANN）和阶段空间重建（PSR）两种非线性分析方法，用于预测河流未来的日流量系列，结果表明两种方法的计算结果都很好；刘少华在《一种水文序列预报的新方法》一文中探讨了结合混沌理论的神经网络，并在对长江宜兴站流量预测进行了实际检验，取得了良好结果；李鸿雁提出的神经网络与遗传算法相结合的理论可以提高洪水预测的精度。2004 年，M. P. Rajurkara 等依据人工神经网络（ANN）构建日流量和降雨关系的模型，结果表明所构建的模型在不同的地理位置都能适应，其通用性很好；赵兰琴应用 FIR 神经网络方法进行了洪水预报的相关研究，认为该方法计算结果精度高、实施起来相对容易、且实时性好。2009 年，符保龙应用 POS 算法对 BP 生境网络进行了优化，认为其计算结果优于传统洪水预测模型。2013 年，王煜等利用 BP 人工神经网络的学习能力构建了水库调度与产卵适合度关系模型，并将关系模型嵌入葛洲坝现行的水库调度模型中。2016 年，王竹等根据大伙房流域特点提出了一种半分布式 BP 神经网络洪水预报模型。2018 年，马超等针对中长期流量预报模型预见期有限及流量预报存在不确定性的问题，采用了人工神经网络滚动预报不同预见期的流量。

（2）时间序列分析法。时间序列预测是指通过事物过去或现在的实测数据，根据一定规则，构造时间变化的序列模型，并用于推测未来。预测过程主要受确定、随机、线性、非线性以及人为因素等影响。20 世纪 70 年代，随着模型的提出，促使时间序列方法得以较快发展，并很快成为预测领域主要方法之一。主要产生了移动平均法、分解方法、指数平滑方法、季节系数法等。1927 年，Yule 首次建立自回归（AR）模型，并应用于太阳黑子时间序列的研究，由此揭开了时间序列分析方法的序幕。1990 年，方乐润等将时间序列分析法应用于地下水资源系统，对地下水资源进行了评价与简单的管理。1995 年，Cao 等基于小波分析、混沌理论、ANN 分析方法，构建了小波网络模型，并将其用于短期和长期预测现有混沌特性的时间序列，结果令人满意；钟登华等在水文预报的时间序列神经网络模型一文中提出基于算法的单输出和多输出水文预报时间序列模型，能实现快速灵活的信息处理，而且具有很强的非线性映射和自学习、自适应能力，模型在对水文径流量时间序列进行预报中取得了很好的效果。1997 年，Tokinaga 等基于小波分析和分形理论建立了一种分形时间序列预测模型。2006 年，吴益应用径流时间序列分析法，对计算流域内径流的变化趋势等进行了预测。2012 年，汪丽娜等运用小波分析的方法对洪水时间序列进行了解读，研究洪水成果的相关特性。2013 年，赵莹等改进了时间序列分析法，提高了时间序列法在地下水位预报中的准确性。2017 年，张展羽等针对地下水位在时间序列上表现出高度的随机性和滞后性，建立了基于主成分分析与多变量时间序列 CAR (Controlled Auto-Regressive) 模型耦合的地下水位预报模型，并将其应用于济南市陡沟灌区地下水位预测。

1.5 梯级水库优化调度与调度规则研究进展

水库调度是运用水库的调蓄能力，按来水蓄水实况和水文预报，有计划地对天然径流进行蓄泄。按照设计要求，在保证工程安全与上下游防护对象安全的前提下，根据水库承担任务的主次，综合利用水资源的原则进行调度，以达到兴利、除害的目的，最大限度地满足国民经济各部门的需要。目前，水库调度大致有常规调度与优化调度两类，常规调度是为水电站日常运行提供依据，以历史径流资料为基础，通过运用水能计算、径流调节等基本理论，绘制出调度结果图。常规调度通俗易懂、可操作性较强，但调度结果图是以径流重演为前提绘制的，没有综合考虑入库径流预报，不能实现追求发电效益最大的目的，而且很难处理多目标、多约束的水库调度问题。优化调度是运用系统工程化化方法，将调度问题转化为优化问题，用优化方法做出最优决策，从而使效益最大化。目前水库调度领域的研究，大多集中在优化调度。

1.5.1 单目标优化调度

历经60多年的发展，水库优化调度的研究硕果累累，各种优化调度层出不穷。单目标相比多目标优化调度更容易实现，相关研究也更为深入。根据对入库径流的处理方式不同，单目标优化调度可分为随机优化调度和确定性优化调度两类。

随机优化调度可分为显随机优化调度（ESO）和隐随机优化调度（ISO）。

ESO将径流符合某种概率分布，然后在描述此种分布的基础上直接运用确定性优化原理进行长系列优化。1955年，Little率先运用动态规划法求解水库调度，将入库径流描述为马尔科夫随机过程，提出了水库优化调度的随机动态规划方法（SDP），并将此方法应用于美国大古力水电站优化调度，由于存在十分严重的“维数灾”问题，此方法仅适用于单一水库单目标优化调度问题。之后，随着动态规划研究的不断深入，应用于水库优化调度的随机动态规划研究成果层出不穷。

隐随机优化调度起源于20世纪60年代，以历史径流资料为基础，运用优化模型与方法，在对确定性来水进行优化调度的基础上，拟合可行的调度方案。1992年，田峰巍等提出了梯级水电站优化调度的多变量分析和逐步回归分析法，克服了线性拟合方法误差较大的缺陷，并将其应用于汉江石泉、安康梯级水电站联合优化调度函数的制定。此外，随着智能优化方法的兴起，针对调度函数的拟合问题，学者们研究了多种方法，如神经网络、遗传算法、粒子群算法等。

确定性调度以确定性来水过程为基础进行优化调度。确定性来水一般可由径流预报给出，也可从典型设计来水中选择。随着水文预报理论与技术的研究与发展，径流预报精度和预见期有较大程度的提高，预报调度已成为电站中期、短期优化调度的主要调度方式。确定性优化调度方法可分为基于运筹学的数学优化理论和基于群集智能的现代优化算法。数学优化方法又可分为线性规划（Linear Programming，LP）、非线性规划（Nonlinear Programming，NLP）和大系统分解协调等。

1.5.2 多目标优化调度

大型水利枢纽一般在日常运行中担任综合利用任务，如发电、航运、供水、生态等。各种任务间存在彼此影响、彼此制约的关系，水库群的联合优化调度实质是一个多目标优化问题。近年来，许多研究学者们建立了一些优化模型并研究求解算法。水库多目标优化调度模型的求解一般有两种方式：一类是通过约束法、权重法、隶属度函数法等方法将多目标问题转化为单目标问题进行求解；另一类是运用多目标进化算法进行求解。

（1）转化为单目标的求解方式。吴杰康等建立了以梯级水库总弃水量最小、总发电量最大与调度期末蓄水量最大的多目标优化调度模型，并运用最大最小满意度理论将多目标转换为单目标模型求解。杨芳丽建立了水库发电、防洪和生态调度的多目标优化调度模型，采用约束法将多目标转化为单目标水库群优化问题求解。杜守建建立了以净发电效益最大、年发电量最大和供水量最大的水库多目标优化调度模型，运用约束法将多目标转换为单目标模型，用逐次优化算法（POA）对模型求解。Nagesh Kumar 建立了以发电量最大、灌溉缺水量最小和防洪风险最小为目标的水库多目标优化调度模型，运用约束法将多目标模型转化为单目标模型，进而运用蚁群算法求解。通过研究实例，结果显示，该方法比单目标优化结果更优且更接近实际情况。多目标转化为单目标求解的优点在于其计算简单，且有许多成熟的可供选择的单目标优化方法，但此方法的缺点是一次计算结果只能作为一种调度方案，要得到一组调度方案集进行对比选取需多次计算，需要较长的时间，计算效率较低，而且多次计算得到的非劣解集不能较好地反映非劣解集的分布特征。

（2）多目标进化算法。多目标进化算法（MOEAS）是基于群体进化的群集优化算法，其优越的并行性可同时考虑多个目标函数，一次计算就可得到一组非劣解集进行调度选择方案，计算速度较快，且对于非劣前沿不规则优化问题，MOEAS 亦能获得一组能反映非劣前沿特性的非劣解集。智能现代计算机优化算法是一类基于生物进化的优化算法，其突出的优点是其内在的并行性，求解效率相比于传统方法要高出许多。此外，这类智能方法对水库群调度中的目标函数、约束条件没有特殊要求（如连续、可导），适应性强。近几年，各种计算机智能优化算法不断涌现。随着智能优化理论的发展，遗传算法以其求解多目标优化问题的独特优势很快得到极大的发展。游进军提出了以排序矩阵为基础的评价个体适应度的多目标遗传算法，通过一次交互计算可得出一组非劣解集，为检验该算法的可行性，将其应用于供水和发电的多目标水库调度中。Kim 建立了以水库发电量最大和蓄水量最大的多目标水库群优化模型，模型求解方法为带精英策略的非支配排序的遗传算化（NSGA－Ⅱ），以韩国汉江流域（Han River Basin）的四个水库构成水库群优化调度为例，验证了该模型和求解算法的合理性。Janga Reddy 提出了多目标遗传算法（MOGA）和多目标粒子群算法（MOPSO），建立了灌溉、发电等多目标水库群优化调度模型，并成功运用至水库群优化调度中。

1.5.3 国外优化调度

水电站水库优化调度研究在国外已有较长的历史。1946 年，美国人 Mases 首先提出水库优化调度的概念，建立以水库为中心的水利水电系统的目标函数，根据综合利用要求和水库特性，拟定其应满足的约束条件，然后求解由目标函数和约束条件组成的系统方程组，使目标函数取得极值的水库调度方法。其目的是以非工程措施，提高水（能）资源利用率，增加水库调度的效益。水库优化调度研究主要解决两方面的问题：①如何确定水库的最优准则、建立相应的数学模型；②如何选择求解数学模型的最优方法。

水电站水库（群）优化调度研究成果丰富，其理论研究已在许多大中型水库调度中得到应用。1955年，美国的Little采用Markov过程原理建立了水库调度随机动态规划模型，标志着用系统科学方法研究水库优化调度的开始；其后，随着系统科学以及计算机技术的发展，水库优化调度先后掀起了多次热潮，提出了众多的随机模型和确定性模型，在随机性模型中，1956年，UBeTKOB提出了类似Little模型。1960年，Howard提出了动态规划与马尔柯夫过程理论（MDP），使水库优化调度从理论上得到进一步完善，解决了以前模型很难达到多年期望效益最大和满足水库系统可靠性要求的理论性缺陷；1970年，Loucks等提出马氏决策规划模型的策略迭代法；1974年，Askew用概率约束代替机会约束进行随机性模型研究；1992年，Karamouz等提出了一个贝叶斯随机动态规划（BSDP）等。但随机性模型有一个缺点：若研究对象中调节性能较好的水库数目大于2时，就会出现所谓的“维数灾”，很大程度上限制了随机性模型在梯级水库调度中的应用。在确定性模型中，Hall、Tauxe等应用Bellman动态规划最优原理先后提出了水库优化调度确定性动态规划模型，开创了确定性优化调度研究的新途径。确定性模型虽在一定程度上能对随机性模型的“维数灾”问题有所改进，但当水库数目增多时仍然存在“维数灾”，为了克服“维数灾”，国外学者提出了许多改进的方法，例如，1971年，Heidari提出了离散微分动态规划（DDDP）。1981年，Giles和Wunderlick提出了增量动态规划（IDP），Turegon提出了梯级水库群优化运行的逐步优化算法（POA），Arvanitidi提出了水库群调度的聚合分解法。随着计算智能的发展，Eliasson提出了水库优化调度的遗传算法，Djukanovic提出了水库调度的神经网络方法等。

1.5.4 国内优化调度

我国系统的研究水库群优化调度问题开始于20世纪80年代初。1981年，张勇传等利用大系统分解协调的观点，对两并联水电站水库的联合优化调度问题进行了研究，先把两库联合问题变成两个水库的单库优化问题，然后在单库最优策略的基础上引入偏优损失最小作为目标函数，对单库最优策略进行协调，以求得总体最优；黄守信等提出了以单库优化为基础的两库轮流寻优法，用于并联水库群的优化调度计算。1983年，鲁子林将网络分析中最小费用算法用于水电站水库群的优化调度中。1985年，谭维炎、刘健民等人在研究四川水电站水库群优化调度图和计算方法时，提出了考虑保证率约束的优化调度图的递推计算方法；1986年，董子敖等提出了计入径流时空相关关系的多目标多层次优化法，以克服“维数灾”障碍；1987年，黄强等将大系统分解协调算法应用在黄河干流水库联合调度中。1988年，叶秉如等提出了一种空间分解算法，并将多次动态规划法和空间分解法分别用于研究红水河梯级水电站水库群的优化调度问题。1991年，吴保生等提出了并联防洪系统优化调度的多阶段逐次优化算法；2002年，黄文政等用随机动态规划与遗传算法相结合求解了两并联水库的优化调度问题。梯级水电站短期优化调度需要综合

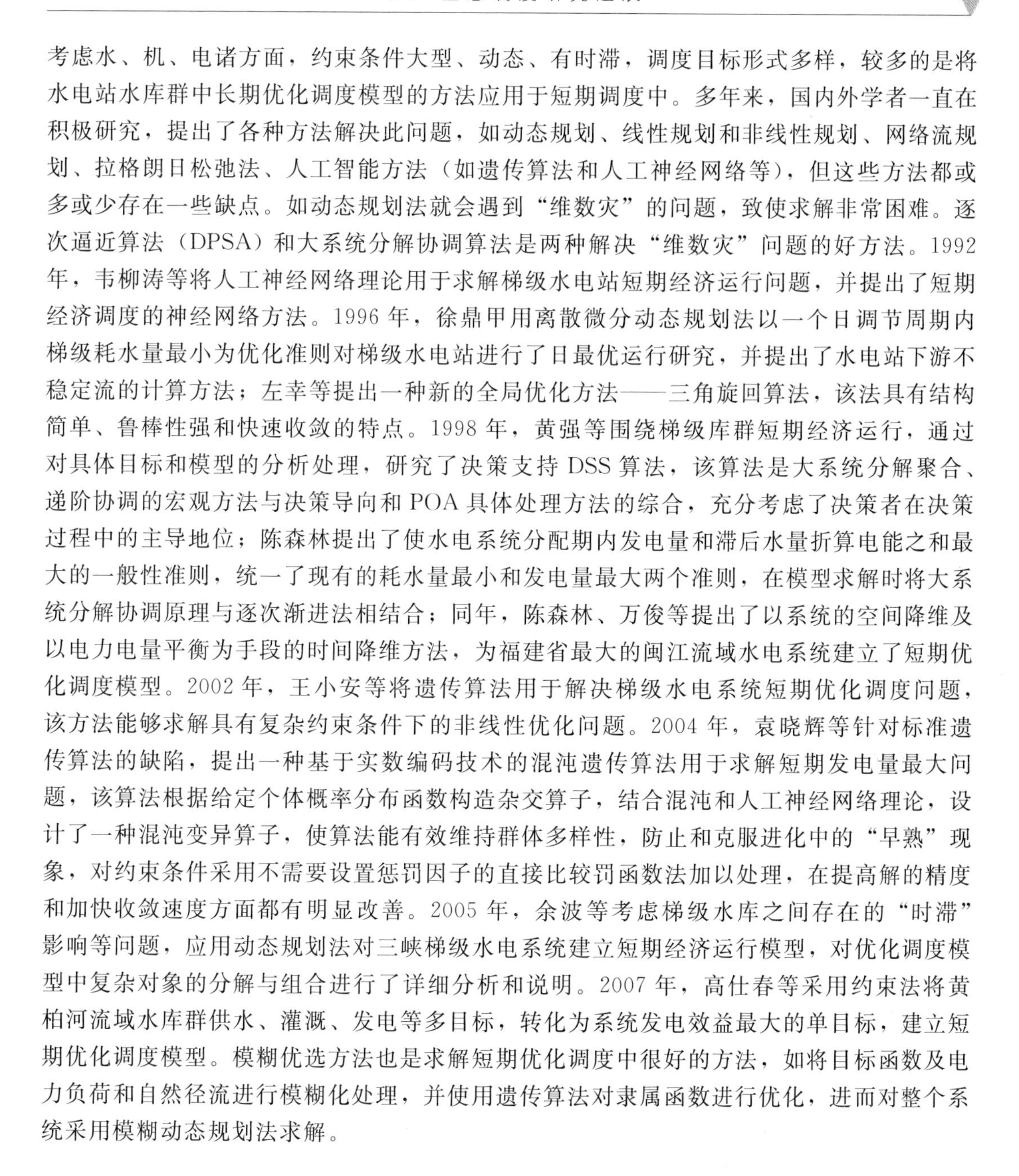

考虑水、机、电诸方面，约束条件大型、动态、有时滞，调度目标形式多样，较多的是将水电站水库群中长期优化调度模型的方法应用于短期调度中。多年来，国内外学者一直在积极研究，提出了各种方法解决此问题，如动态规划、线性规划和非线性规划、网络流规划、拉格朗日松弛法、人工智能方法（如遗传算法和人工神经网络等），但这些方法都或多或少存在一些缺点。如动态规划法就会遇到“维数灾”的问题，致使求解非常困难。逐次逼近算法（DPSA）和大系统分解协调算法是两种解决“维数灾”问题的好方法。1992年，韦柳涛等将人工神经网络理论用于求解梯级水电站短期经济运行问题，并提出了短期经济调度的神经网络方法。1996年，徐鼎甲用离散微分动态规划法以一个日调节周期内梯级耗水量最小为优化准则对梯级水电站进行了日最优运行研究，并提出了水电站下游不稳定流的计算方法；左幸等提出一种新的全局优化方法——三角旋回算法，该法具有结构简单、鲁棒性强和快速收敛的特点。1998年，黄强等围绕梯级库群短期经济运行，通过对具体目标和模型的分析处理，研究了决策支持DSS算法，该算法是大系统分解聚合、递阶协调的宏观方法与决策导向和POA具体处理方法的综合，充分考虑了决策者在决策过程中的主导地位；陈森林提出了使水电系统分配期内发电量和滞后水量折算电能之和最大的一般性准则，统一了现有的耗水量最小和发电量最大两个准则，在模型求解时将大系统分解协调原理与逐次渐进法相结合；同年，陈森林、万俊等提出了以系统的空间降维及以电力电量平衡为手段的时间降维方法，为福建省最大的闽江流域水电系统建立了短期优化调度模型。2002年，王小安等将遗传算法用于解决梯级水电系统短期优化调度问题，该方法能够求解具有复杂约束条件下的非线性优化问题。2004年，袁晓辉等针对标准遗传算法的缺陷，提出一种基于实数编码技术的混沌遗传算法用于求解短期发电量最大问题，该算法根据给定个体概率分布函数构造杂交算子，结合混沌和人工神经网络理论，设计了一种混沌变异算子，使算法能有效维持群体多样性，防止和克服进化中的“早熟”现象，对约束条件采用不需要设置惩罚因子的直接比较罚函数法加以处理，在提高解的精度和加快收敛速度方面都有明显改善。2005年，余波等考虑梯级水库之间存在的“时滞”影响等问题，应用动态规划法对三峡梯级水电系统建立短期经济运行模型，对优化调度模型中复杂对象的分解与组合进行了详细分析和说明。2007年，高仕春等采用约束法将黄柏河流域水库群供水、灌溉、发电等多目标，转化为系统发电效益最大的单目标，建立短期优化调度模型。模糊优选方法也是求解短期优化调度中很好的方法，如将目标函数及电力负荷和自然径流进行模糊化处理，并使用遗传算法对隶属函数进行优化，进而对整个系统采用模糊动态规划法求解。

1.6 生态调度研究进展

1.6.1 水库生态调度

水库生态调度以维持河流健康可持续发展为总目标，是兼顾生态的水库综合调度方式。生态调度是水库调度发展的新阶段，是河流管理新理念的体现。

20世纪40年代，美国开始强调河川径流作为生态因子的重要性。随后，不少学者研究了生态调度的理论。到70年代，国外学者全面系统的展开关于水库对生态与环境不利影响的研究。Schlueter（1971）首先提出水利工程在满足人类对河流利用要求的同时，要维护或创造河溪的生态多样性。DA Hughe（1998）建立了满足下游生态需水的水库调度模型。King（1998）研究通过调整 Clanwilliam 大坝在黄鱼产卵期（10月至次年1月）的下泄流量，人为制造洪水以增加下游鱼类的产卵量，同时考虑下泄水温对鱼类产卵的影响。Ripo（2003）提出年流量历史曲线法，有效地保证了维持下游河道生态系统的最小需水量。Harman（2005）研究了澳大利亚 Thomson 河流环境流量，并建立水库调度模型模拟分析了不同下泄流量以满足下游河道环境流量需求。John - son（2007）提出采用修改大坝调度的方法，以减缓下泄水流水体过饱和对下游鱼类的不利影响，并对鱼类气泡病进行了相关研究。Jager（2008）研究了如何开展水库生态调度，既能保证水库水力发电，又能保护生态系统服务价值，同时提出了三个生态调度目标：保证鱼类栖息地水流条件、维持自然水流情势、维持鱼类种群健康水流条件。Lessard（2013）针对新西兰 Opuha 大坝下游藻类繁殖影响河流生态安全的问题，实施了大坝生态调度措施，适当加大大坝下泄流量，进而破坏藻类发生水华的生境条件，从而降低水华发生的概率。

受改造自然、人定胜天等传统水利工程理论的影响，国内对于生态调度的认识略晚于国外。傅春（2000）提出了生态水利的概念，并建立了水资源持续利用的数学模型。蔡其华（2005）提出应充分考虑河流生态系统保护问题，把生态调度纳入水库调度统一考虑，努力提高防洪、兴利与生态协调统一的水库综合调度方式。钮新强（2006）探讨了三峡工程生态调度问题，主要针对改善长江口咸潮入侵情势的调度及有利于“四大家鱼”（青鱼、草鱼、鲢鱼和鳙鱼）产卵提出建议。余文公（2006）提出水库为了保持河流适宜流量要建立生态库容，并计算了新疆大西海子水库的生态库容。陈庆伟（2007）阐述了大坝建造对河流生态系统的影响途径，并结合实际案例，提出对于已建工程可通过水库运行调度方式的调整，减缓其生态影响。郝志斌、蒋晓辉（2008）通过对水利工程生态调度实施的前提条件和基础的探讨，提出构建水利工程生态调度系统的主要内容，认为河流生态调度应与生态修复、生态补偿和修建生态水利工程等相结合。诸葛亦斯（2009）考虑锦屏二级电站对下游鱼类栖息地的影响，将梯级水库生态调度和电力优化调度相结合，提出了梯级水库中长期生态调度方案。薛小杰（2009）针对河流径流量生态效益参照值选取困难，将河流流量生态效益理解为生态效用，给出河流径流生态积分概念，用生态积分弥补了衡量河流生态基流效益的参照值缺失，可以对水库生态调度等进行合理评价。康玲（2010）针对汉江中下游的主要生态问题，结合不同时期的生态因子和水文观测资料，分析计算了汉江的最小生态流量、适宜生态流量以及四大家鱼产卵所需要的洪水脉冲过程，结果表明实施水库生态调度有益于人水和谐的可持续发展。张洪波、黄强（2011）提出了基于多尺度耦合机制、目标协调机制、特征水流生成机制与调度方案滚动修正机制的生态调度模型基本框架，保证了下游河道生态健康。王霞（2012）建立了基于河道生态需水量的水库生态调度模型并求解，结果表明，确定水库生态优化调度方案是维护或改善河流健康、协调各兴利因子的关键。陆延华（2014）建立棋盘山水库生态调度模型，以水资源高效利用和水质改善最大为目标，以满足下游生态需水为主要约束，采用系统仿真模拟进行计算，以满足需水要求、减少弃水。郭文献（2016）对水库多目标生态调度进行综合分析，认为今后水库多目标生态调度研究还需在水库生态调度理论框架体系、调度目标定量化研究、调度方案效果评价研究以及水库生态调度管理体制等方面进一步加强。2017年，邓铭江等针对我国额尔齐斯河流域生态问题，给出了水库群生态调度的定义，以保障河流健康、河谷生态系统安全为目标，构建了宏观、中观、微观相互嵌套多尺度耦合的水库群生态调度体系；任康等应用随机径流历时曲线计算了相应典型年系列的生态流量，建立了包含生态流量约束的发电量最大优化调度模型。2018年，赵朋晓等考虑不同生态风险度的生态调度模型，开展水库调度。陈悦云等综合考虑各水库的运用目标、流域主要用水区域水量需求以及河道内生态流量的要求，以水库群总发电量最大、用水区域总缺水量最小和外洲控制站调度后流量与天然流量偏差最小为目标，建立面向发电、供水、生态要求的赣江流域水库群优化调度模型。

生态调度是在兼顾水库调度的社会、经济效益的同时重点考虑生态因素。随着生态调度研究工作的不断完善和生态调度实践工作的不断发展，在水库调度中综合考虑社会经济效益和生态效益，实现水库的综合调度，将成为水库调度领域一个新的研究方向。

1.6.2 水库多目标生态调度

随着水库生态调度理论的发展与成熟，水库生态调度已经成为一个必不可少的调度目标，水库多目标调度理论成为热点。所谓水库多目标生态调度，是在实现防洪、发电、供水、灌溉、航运等社会经济多种目标的前提下，兼顾河流生态系统需求的调度方式。国内外学者们对考虑生态与水库经济运行的多目标调度已开展了大量的研究。

在国外，Chaves（2003）采用模糊神经网络建立了水库下泄流量与水库的水质指标的响应关系模型，并将水沙、水质的量化关系模型嵌入到水库优化调度模型中，构建了水库多目标优化调度模型。Suen（2006）以Shihmen水库调度为例，将水流情势的天然变化作为生态目标，利用模糊集方法进行量化处理，利用多目标遗传算法进行求解，得出满足生态和人类需求的最佳调度方案。Shiau（2007）以水文整体改变程度作为生态目标，采用一种动态妥协规划算法计算多目标调度问题；随后又提出以水库供水缺水率和水文整体改变程度作为调度目标，采用多目标遗传算法求得最佳调度方案。Halleraker（2007）在研究挪威Surna河流上水库生态调度研究中，提出了采用水力-生境模型、IHA方法、生境分析、水温模拟综合分析的方法评价环境流量，调整水库调度方案，以提高水库下游鲑鱼生境质量。Field（2007）研究了美国萨克拉曼多的Folsom水库多目标生态调度问题，该研究考虑了发电、供水以及水库下泄水温3个目标，采用多目标进化算法和一维水库水温模型进行求解，取得了满意解。Steinschneider（2014）提出了水库生态调度优化模型，并用于美国康涅狄格河流域水库调度中，其综合考虑了水库防洪、发电、供水、娱乐以及下游河流生态流量等目标，结果表明通过改进调度方式，能够保证防洪与水库下游生态安全。2015年，Tsai等提出了一种新的基于人工智能的量化河流生态系统需求的混沌方法，并通过水库优化调度为维持河漫滩生态提供合适的流型。2017年，Xu等建立了一个准3D生态模型来模拟大型水库的水动力特征和温度条件，并测试这些条件是否满足鱼类的速度和温度要求，进而提出了生态友好型调度方案来恢复鱼类洄游通道。

在国内，梅亚东（2009）根据雅砻江下游梯级水库水电站的布置和河道生态环境要求，设置了两个流量控制断面，提出了25组生态流量控泄方案，建立了以梯级水电站群发电量最大为目标的长期优化调度模型，生态调度以水库工程建设运行的生态补偿为主要目标。王俊娜（2011）以长江三峡工程调度为对象，综合防洪、发电、航运和生态保护目标，构建了三峡水库多目标生态调度模型，制定了长江枯水期和汛期的生态调度方案。金鑫（2012）采用聚合水库调度图及供水量分解系数作为调度规则标度，结合大系统分解协调理论构建了供水水库群联合生态调度优化模型，并采用自适应遗传算法、逐次优化法作为求解工具，对滦河下游潘家口、大黑汀、桃林口三水库联合生态调度规则进行了优化研究。赵越（2014）针对长江中游生境改善与修复的需求，建立了以生态缺水量最小及年发电量最大为目标的水库多目标调度模型，采用智能优化算法对模型进行求解。金鑫等（2015）构建了供水水库多目标生态调度模型，将下游生态需水过程分为最小生态需水及适宜生态需水两个等级，要求枯水期水库放水过程能够满足河流最小生态需水，确保下游生态不退化。2016年，吕巍等分析计算了乌江主要生态控制断面洪家渡、乌江渡和思林的最小、适宜及理想生态流量过程；构建了乌江干流梯级水电站多目标联合优化调度模型，采用智能优化算法对其进行求解。2018年，方国华等提出了以生态保护程度和发电量最大为目标的水库生态优化调度模型，并采用改进NSGA-Ⅱ算法对模型进行求解。2019年，黄志鸿等综合考虑生态需水的处理差异，并针对各水库时间上目标的需水差异，提出一种利用分时段加权法处理多目标问题的方法，依据大系统分解协调技术求解了浊漳河流域多目标水库群优化调度模型。

综上，随着对河道生态健康的保护意识的提高和密切关注，水库的生态调度作为改善生态环境和实现生态调度目标的重要措施，成为国内外专家学者研究的热点问题。纵观水库生态调度和多目标生态调度的国内外研究进展，以往的生态调度研究主要针对控制断面的生态需水量（最小、适宜等）、生态基流、水体水温水质、某种珍稀或经济鱼类的生境需水（包括栖息地、产卵繁殖等）、河道污染物以及生态补偿机制等，取得了丰硕的研究成果，极大地推动了流域生态调度运行和试验，为改善和维持河道生态健康作出了巨大的贡献。另一方面，针对河道生态调度的研究尚存在以下问题：

（1）从流域位置来说，研究区域集中在河道下游，对于库区及上游的研究较少，还未从流域尺度上进行全方面、综合性的研究。

（2）从保护目标来说，研究目标主要是河道内的鱼类和水质，对于河道外的植物、动物等生态种群以及河道内其他生物的研究较少。

（3）从目标量化来说，尽管不同的流域其河道生态的保护目标不同，但具体到特定的水库或断面，水库生态调度的决策变量主要是流量或水量。水库生态调度的目标较为单一，或流量或水质或生态需水量，且其量化往往赋予以单一值，缺乏对其他生态要素的识别和其过程量的表述。

（4）从成果应用来说，生态调度作为连接河道生态演变、改善河道生态环境和获得生态补偿的纽带，与其他二者之间的脱节较为严重，水库生态调度的效果、应用性和可操作性较差，研究成果大部分停留在理论研究层面。

党的十八大做出了大力推进生态文明建设战略决策，提出了优、节、保、建四大战略任务。在此背景下，水库多目标生态调度应注重河道生态系统内众多的生物种群的多样性

和生存环境的复杂性，构建与多元的河道生态元素及其过程相匹配和协调的多样的、全面的水库生态调度目标，以完整地反映河道内、河道外的水生和陆生生物群落以及其生存环境的特征要素及其演变过程，大力提高水库生态调度的效果，增强其应用性和可操作性，是今后水库生态调度研究和发展的趋势之一。

1.7 梯调中心研究进展

1.7.1 国外梯调中心建设进展

国外在开发水电阶段就注意解决管理体制问题，为建成后的梯级电站集中管理创造良好前提。任何一条河流（河段）的梯级电站都必须实行一家统一管理，这“一家”是指经过法律授权组建的流域开发与管理机构。

从20世纪30年代起，日本首先出现了按河流水系进行梯级开发的尝试。随后，美国政府在田纳西河流域的开发方案中正式提出多目标梯级水电开发的模式，并加以实践。此后，美国的密苏里河、哥伦比亚河、科罗拉多河、阿肯色河等相继按照田纳西河的开发方式进行多目标梯级开发，并且都取得了非常满意的效果，使得河流的梯级开发成为当时公认的最科学、最合理的开发模式。发达国家水电建设从20世纪70年代以后开始走向平稳发展时代。拉美一些发展中国家则从60年代开始了水电建设的高潮，梯级开发进展很快。巴西在1958年到1986年的28年中，对巴拉那河及其支流进行了一连串梯级开发，共建成梯级电站17座，总库容为179.22亿m^3，总装机达3958万kW，使它从1950年的水电装机154万kW居世界第12位跃居为世界第5位。

目前，世界上梯级水电站开发建设最完善的有美国和加拿大境内的哥伦比亚河，干支流共建42座梯级，总装机达3335万kW，是世界上梯级数最多的河流；苏联的叶尼塞河，干支流共建梯级9座，总库容达4679亿m^3，是世界上水库库容最大的河流；还有苏联的伏尔加河，法国的罗纳河，加拿大的拉格朗德河，美国的密西西比河，欧洲的莱茵河、多瑙河等梯级水电站的开发建设都很有特点，不仅获得了巨大的水电能源，而且获得了综合的社会经济效益。借鉴其经验，西欧、拉丁美洲、苏联、日本等地区和国家的流域综合开发也取得了相当大的成功。

1.7.1.1 哥伦比亚河

哥伦比亚河是一条国际河流，发源于加拿大不列颠哥伦比亚省落基山脉西坡海拔820m的哥伦比亚湖，河流从源头向西北方向流出304km后，急剧转弯，绕塞尔基尔克山脉向南奔流，通过上下箭湖，接纳支流库特内河的来水后，进入美国华盛顿州东部地区，绕一个大弯后，向西在俄勒冈州和华盛顿州之间，形成480km的州界，最后在俄勒冈州的阿斯托里要塞注入太平洋。该河干流全长2000km，落差808m，流域面积66.9万km^2。上游在加拿大，长748km，落差415m，流域面积10.2万km^2，占全流域的15%。中下游在美国，长1252km，落差393m，流域面积56.7万km^2，占全流域的85%，河口多年平均流量7419m^3/s，年径流总量2340亿m^3，来自加拿大境内占40%。

1932年，美国陆军工程兵团向国会提出美国境内哥伦比亚河干流的开发规划。据此，1933年开工兴建大古力和邦纳维尔两座大水电站。1948年，哥伦比亚河发生了一次洪水，受灾严重，防洪问题开始受到重视。当年重新提出了包括防洪在内的综合利用流域规划，以后又经多次修改补充。规划建议美国境内的哥伦比亚河干流分12级开发。主要在大古力建高坝，回水至加拿大边境。其余各梯级坝都不高，水库不大，基本上为中、低水头的径流式电站。另外，在支流上布置了一系列水库，共计有效库容301亿m^3，以便共同调节径流。因此，干支流大小水库总库容达633亿m^3，相当于年径流总量2340亿m^3的27%，但依然达不到防洪和发电所需的调节库容。经过多年的研究协商，加拿大在干流上游修建了3座水库，共提供有效库容191亿m^3，对其下游美国一系列水电站可增加平均出力280万kW，并具有防洪作用，所得效益由两国平分。哥伦比亚河流域水资源的开发利用，经过60～70年的努力，已取得了相当大的经济效益，到目前为止，在整个流域内已建成39座装机容量超过25万kW的大型水电工程。其中，干流14座，支流25座。哥伦比亚河的水能资源极为丰富，全流域可开发水电站装机容量6380万kW，年发电量达2485亿kW·h。其中，加拿大境内可开发装机容量871万kW，年发电量347亿kW·h；美国境内可开发装机容量5509万kW，年发电量2138亿kW·h。截至1991年年底，全流域已装机3600万kW，年发电量1606亿kW·h，分别占可开发水能资源的65%和75%，其中加拿大境内已装机540万kW，年发电量232亿kW·h，美国境内3060万kW，年发电量1374亿kW·h。加拿大、美国两国在哥伦比亚河干流上规划16级开发，加拿大已建3级，美国已建11级，共14级，利用水头735m，水库总库容583亿m^3，有效库容332亿m^3，现有总装机容量2199万kW，最终装机容量可达2998万kW，年发电量881亿kW·h，后期发电量可达1155亿kW·h。其中100万kW以上的水电站有8座，最大为大古力水电站，现有装机容量649万kW。加拿大、美国两国在全流域大小支流上规划兴建的大、中、小型水电站1053座，共计有效库容426.4亿m^3，装机容量2934万kW，年发电量1088亿kW·h。现已有装机容量1289万kW，年发电量558亿kW·h，开发利用率分别为44%和51%。其中，加拿大规划可开发装机容量270万kW，年发电量127亿kW·h，已建电站装机容量182万kW，年发电量96亿kW·h，分别为可开发数的67%和76%。美国境内可开发装机容量2664万kW，年发电量961亿kW·h，已建电站总装机容量1107万kW，年发电量462亿kW·h，分别为可开发数的42%和48%。两国在各支流上已建258座大、中、小型水电站。其中，单站装机25万kW以上的大水电站16座，2.5万～25万kW的中型水电站40座，2.5万kW以下的小水电站202座。

1.7.1.2 多瑙河

多瑙河发源于德国西南部的黑林山东坡，自西向东流经奥地利、斯洛伐克、匈牙利、克罗地亚、塞尔维亚、保加利亚、罗马尼亚、摩尔多瓦、乌克兰，在乌克兰中南部注入黑海。它流经10个国家，是世界上干流流经国家最多的河流。支流延伸至瑞士、波兰、意大利、波斯尼亚-黑塞哥维那、捷克以及斯洛文尼亚、摩尔多瓦等国，最后在罗马尼亚东部的苏利纳注入黑海，全长2850km，流域面积81.7万km^2，河口年平均流量6430m^3/s，多年平均径流量 2030 亿 m^3。多瑙河干支流水量丰沛，水能资源丰富，其理论蕴藏量高达 500 亿 kW・h。

德国和奥地利于 20 世纪 20 年代开始开发多瑙河。1924 年，德国动工兴建了第一座水电站，即卡赫莱特水电站，该水电站的兴建是开发利用多瑙河水力资源迈出的第一步。1949 年 8 月 18 日，保加利亚、匈牙利、罗马尼亚、捷克、苏联、乌克兰及南斯拉夫等国为了改善多瑙河通航条件，在贝尔格莱德签订了关于多瑙河自由通航的国际协议。从此，开始了全河的渠化工程，计划修建 45 级通航与发电的水利枢纽，总计利用水头 401m，总装机容量 7865 万 kW，年发电量 438 亿 kW・h。至今，已建和在建水电站共 38 座，总装机容量 502.3 万 kW，年发电量 9838 亿 kW・h，水能开发利用率为 65%。德国在上游河段规划 29 级，各级水头 5～8m，均为装机几千至几万千瓦的中小型水电站，共计装机容量 36.4 万 kW，年发电量 21.8 亿 kW・h。1927 年建成最下一级卡赫莱特（5.4 万 kW）；1952 年建成最上一级乌耳姆（0.8 万 kW）；1960—1971 年建成中间 10 级；最近又建成 9 级。至今已建成 20 级，共计装机容量 32.6 万 kW，年发电量 20 亿 kW・h。德国与奥地利边界的约亨斯坦水电站，装机容量 13.2 万 kW，于 1955 年建成。奥地利境内规划 13 级，各级水头 6.5～15.3m，为装机容量 15 万～36.6 万 kW 的较大水电站，共计装机容量 259.9 万 kW，年发电量 153.7 亿 kW・h。自 1957 年至今，已陆续建成 8 级，在建 1 级，共计装机容量 298 万 kW，年发电量 124 亿 kW・h。在南斯拉夫与罗马尼亚边界河段，1970 年建成铁门大水电站，坝高 60.6m，库容 27.7 亿 m^3，最大水头 34.5m，装机容量 205 万 kW，年发电量 105 亿 kW・h，是欧洲除俄罗斯以外最大的水电站。两岸各建 1 座厂房，分送两国，也能互补余缺。两国又在 1983 年合建铁门 2 级，水头 8m，装机容量 43 万 kW，年发电量 26 亿 kW・h。两座水电站装机共计 248.2 万 kW，年发电量 131 亿 kW・h。斯洛伐克与匈牙利边界河段，也拟建两级。加布西科福水电站，大坝高 29m，库容 2.43 亿 m^3，在多瑙河旁建引水渠，长 25km，取得水头 23m，装机容量 72 万 kW，年发电量 30 亿 kW・h。在其下游的纳古马罗斯低水头电站水头 9.4m，装机容量 16 万 kW，年发电量 10 亿 kW・h。两座水电站曾于 1978 年开工建设，后因两国有不同意见而停建。南斯拉夫境内的诺维萨德，罗马尼亚与保加利亚边界的齐奥拉贝莱纳和策尔纳福尔 3 座水电站共计装机容量 141 万 kW，年发电量 83 亿 kW・h。多瑙河各支流为了灌溉、发电和供水等兴建了不少水利工程。在各条支流下游修建了很多径流式水电站，在上游峡谷山区，建了一些有水库调节的高水头电站，在电力系统中不仅担负系统峰荷，还可补偿径流电站枯水期发电不足的缺点，以配合供电。在多瑙河支流或二、三级支流上人口稀少的峡谷山区，建有很多高坝。坝高在 100m 以上的高坝有 24 座，其中堆石坝 13 座，拱坝 9 座，重力坝 2 座。库容都不太大，有 19 座高坝的库容仅 1 亿～2 亿 m^3，大部分都位于海拔 1000～2000m 的高山区。各国在多瑙河支流上已建装机容量 10 万 kW 以上的水电站 29 座。一些水电站在布置上各有特色。如奥地利的马耳他两级混合式抽水蓄能电站，上库为马耳他河上的柯恩布赖茵高坝，经 2.5km 隧洞引水至中库，马耳他上级水头 196m，安装 2 台可逆变速抽水蓄能机组，装机容量 12 万 kW。中库至穆尔河上的下库，马耳他下级通过 20km 长隧洞，取得 1102m 水头，安装 2 台各 18 万 kW 的三机串联式高水头抽水蓄能机组和 2 台各 18 万 kW 的冲击式水轮发电机组。两级合计装机容量 84 万 kW。南斯拉夫最大的巴其那斯塔混合式抽水蓄能电站，在首都贝尔格莱德西南150km处，上库拉日契堆石坝，坝高123m，库容1.5亿m^3，利用原有水库为下库，水头600m，经8km隧洞引水，安装2台各30万kW高水头可逆混流式抽水蓄能机组，共60万kW。罗马尼亚的洛特鲁常规水电站，在奥尔特河支流特鲁河上，所建维特拉心墙堆石坝，坝高121m，库容3.46亿m^3，有效库容3.0亿m^3，正常蓄水位1289m。坝址平均流量4.54m^3/s。引水隧洞长13.5km，尾水隧洞长6.5km，水头809m，地下厂房内安装3台冲击式水轮发电机，每台17万kW，共51万kW，年发电量11亿kW·h。多瑙河流域10万kW以上水电站中混合式抽水蓄能电站10座，纯抽水蓄能电站1座，装机利用小时数均较少，仅1000～2000h，它们都是在电力系统中担负调峰任务的骨干水电站。

1.7.1.3 密西西比河和田纳西河

1879年美国国会批准建立密西西比河委员会，1917年和1923年通过两个防洪法令，1928年国会通过新的防洪法令，提出对整个密西西比河水系进行大规模综合治理，并交由陆军工程兵团（Us Army Corps of Engineers）负责此项工作，对密西西比河水系进行统一规划、建设和管理，密西西比河委员会作为其咨询机构。陆军工程兵团是美国政府对海上和内河进行规划、建设、管理、养护的最高行政管理机构，负责河流的防洪、航道工程的规划、设计、维护管理，兼办水力发电、灌溉、供水、娱乐、环境保护的综合规划、建设和管理，执行和维护与水资源有关的法令。密西西比河治理原则是：以防洪为主、开发航运，并兼顾发电、灌溉、渔业、旅游和生态平衡、环境保护等方面，达到综合治理利用，尽量发挥水资源效益。目前，密西西比河水深常年可保持在2.7m以上，通航里程达12000km，船队规模在2万～6万t，成为美国重要的水上运输通道。

田纳西河是密西西比河支流俄亥俄河最大的支流，1933年美国国会批准成立了田纳西河流域管理局，作为联邦政府的特殊部门，既是田纳西河流域管理部门，也是区域经济开发机构，全面负责对田纳西河水资源进行综合规划、开发、建设和管理，其主要目标是：建筑水坝，调节水量，防洪与灌溉；渠化河流，开发航运；利用水力进行发电，发展地方工业；植树造林，保护植被，绿化田园；促进流域经济发展。参与田纳西河航运管理的机构有3个，即田纳西河流域管理局、美国陆军工程兵团和美国海岸警卫队。田纳西河的过船建筑物由管理局负责建成后全部移交，由陆军工程兵团进行运行管理和维护；海岸警卫队是美国运输部的一个机构，也是美国武装力量的一个组成部分，负责水上安全，与我国海事局职责相似。田纳西河不征收航道养护费和船舶过闸费，管理局的经费来源于售电收入和国会资助。在水库调度时，管理局需要处理好防洪、航运、发电三者关系，汛期一切服从抗洪，在处理好防洪的前期下把满足航运条件作为一项优先任务。陆军工程兵和海岸警卫队的经费开支靠国家财政拨款，三个机构分工明确，经费独立，各司其职。田纳西河流域管理局完成干流渠化后，紧接着重点开发支流水电，利用当地丰富的煤炭资源建设火力电厂和核电站，目前成为全美最大的电力生产企业。经过60多年的开发建设，田纳西河已成为具有防洪、航运、发电、灌溉、水产、旅游等多种效益的典型流域。

美国密西西比河和田纳西河的综合开发，遵循了水资源综合利用的原则，并通过国会

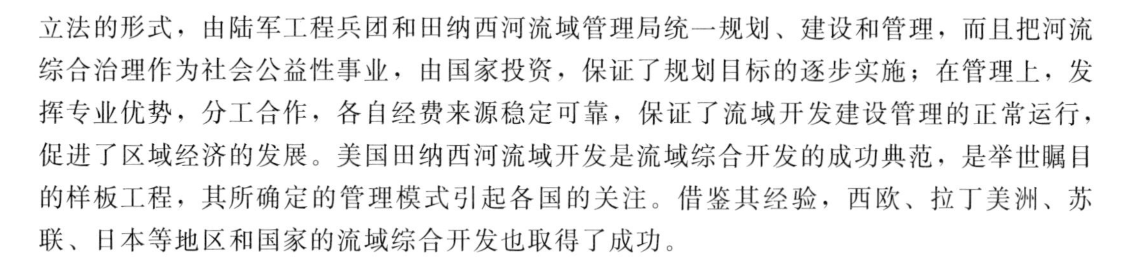

立法的形式，由陆军工程兵团和田纳西河流域管理局统一规划、建设和管理，而且把河流综合治理作为社会公益性事业，由国家投资，保证了规划目标的逐步实施；在管理上，发挥专业优势，分工合作，各自经费来源稳定可靠，保证了流域开发建设管理的正常运行，促进了区域经济的发展。美国田纳西河流域开发是流域综合开发的成功典范，是举世瞩目的样板工程，其所确定的管理模式引起各国的关注。借鉴其经验，西欧、拉丁美洲、苏联、日本等地区和国家的流域综合开发也取得了成功。

1.7.2 国内梯调中心建设进展

我国是一个水能资源大国，西高东低的地势，蕴藏着得天独厚的水能资源，理论蕴藏量约 694400MW，居世界首位，年发电量约 60000 亿 kW·h；技术可开发装机容量 540000MW，年发电量 24700 亿 kW·h；经济可开发装机容量约 400000MW，年发电量 17500 亿 kW·h。从 20 世纪 50 年代开始，我国为开发利用水能资源兴建了一批水利水电工程，发挥了防洪、发电、供水、灌溉等综合效益。20 世纪 90 年代以来，我国水能资源开发步伐加快，长江三峡、黄河小浪底工程和雅砻江二滩、清江水布垭、澜沧江小湾工程等一批世界级的大型水利水电工程和高坝相继开工建设，促进了水利水电科技发展，为我国水能资源开发利用奠定了技术基础。经过多年努力，水电装机容量持续增长。到 2010 年年底，全国水电装机容量达到 194000MW，占全国发电装机总容量的 26.0%，水能资源开发程度仅为 35%左右。按照能源中长期发展规划，到 2020 年，常规水电装机容量应达到 328000MW，占电力总装机容量的 28.6%，水电开发程度将达到 60%。随着越来越多的水电站的投入运行，同一电网内逐步形成水电站水库群，开展这些水库群的优化调度工作显得越发重要，这不仅能发挥水库群之间的库容补偿、水文补偿的作用，获得比单库优化调度更显著的经济效益，而且对于确保电网安全运行也有着重要的现实意义。

实践证明，中长期经济运行可增加发电量 2.0%～5.5%，短期发电优化调度可增加发电量 1.5%～5.0%。因此，水库群优化调度研究已成为各流域水电能源管理的重要方向。我国已建成水电站装机容量超过 3 亿 kW，逐渐形成黄河上中游、长江、清江、乌江等梯级水电站水库群。据统计，梯级水电站实行联合优化调度相比于梯级各电站单独优化运行能充分发挥水库间的联合补偿作用，在几乎不增加额外投资的情况下，就可增加发电量 3.5%～10.5%。因此，开展梯级水电站水库群联合优化调度研究，提高水库控制运用水平和水能资源利用率，对增加电站的发电能力，确保电网安全运行以及短期内解决我国能源短缺问题都有着重要的意义。

1.7.2.1 乌江水库调度中心

随着西电东送电源项目的逐步建成投产，2002 年乌江公司经过深入调研，提出了“以节能增效为核心的大型梯级水电站远程集中管理”的理念。2005 年年底建设完成了适用于集中运行管理的流域计算机监控、流域水调自动化、流域卫星通信、流域电能量自动计量、流域工业电视等系统，实现了已投产电站的遥测、遥信、遥控、遥调、遥视功能，实现了乌江流域水情自动测报和水库优化调度方案的自动生成，为乌江梯级水电站的集中运行管理提供了可靠的技术支持平台。于是，2005 年乌江水电开发公司在公司本部成立了水库优化调度中心，该调度中心包括水调自动化系统、水情测报系统、梯级水电站发电优化调度系统和梯级水库防洪优化调度系。为了配套集中运行管理的实现，建立了工业电视系统、电能量计量系统、卫星云图系统等。

贵州乌江流域水调自动化系统是以计算机网络和现代通信技术为手段，通过水情自动测报系统对流域水情、气象、梯级电站的电力生产和水库调度信息进行实时采集，并自动送到水调自动化系统进行在线信息管理，以此为依据作出准确的洪水预报、梯级水库优化调度方案等。乌江流域水调自动化系统建成后充分利用了有限的水力资源，创造了更多的经济效益和社会综合效益。

梯级水电站的联合优化调度是现代各水系流域梯级水电站追求的最终目标，是梯级水电企业生产管理的重要组成部分，它能够在生产成本投入变化不大的情况下创造最可观的经济效益和防洪效益。如何充分利用有限的水力资源，是水电企业管理的重要任务，其主要体现在以下五个方面：

（1）依靠水调自动化系统可实现梯级水库群的联合优化调度，优化各水库的运行方式，降低机组发电耗水率，减少弃水，增发电量。

（2）实时监测流域水情变化情况，预测流域水情的变化趋势，根据电力市场的需求变化，作出合理、科学的调度方案，获取最大的发电效益。

（3）实时优化各电厂发电机组的运行工况，延长机组寿命，提高设备运行效率。

（4）减少调度管理工作人员，提高工作效率。

（5）系统能为企业管理层领导及调度管理人员实时提供制定调度方案的分析和决策依据，提高企业对电力市场变化的快速反应能力，适应电力市场的商业化运行，提高梯级水电站的竞争能力，同时还为下游人民生命财产的安全提供保障。

乌江流域水调自动化系统建设投运以来，在防洪度汛、拦蓄尾洪、水库经济运行等方面发挥了巨大的作用。

（1）防洪度汛。乌江流域水调自动化系统由于能够及时采集乌江流域内的雨情、水情信息，因此能够作出科学的联合调度方案，如提前加大下游水库的发电出力或进行提前预泄等，使洪水在时间及峰量上都得到了滞后和削平，减小了下游的度汛风险，取得了很好的社会综合效益。

（2）拦蓄尾洪。乌江流域水调自动化系统在保证水库安全运行的同时，能够尽量提高汛末水库水位。如东风发电厂1997—2001年期间均成功地对末次洪水进行了拦蓄，洪水过后的库水位均超过了969.90m（正常高水位为970.00m），平均库水位为969.96m，比未建系统前高出115m左右，多蓄水量近3000万m^3，折合电量为1000万kW·h。

（3）水库经济运行。乌江流域水调自动化系统建成后，因梯级电站对水量的综合利用，其增加的经济效益非常可观。如洪家渡水电站于2004年建成投运后，乌江流域联合优化调度更加突显了龙头水库在梯级水库优化运行中的重要地位：东风水电站2004年水库的弃水量仅为2.99亿m^3，比2000—2003年的平均弃水量37.37亿m^3少了34.38亿m^3。如考虑洪家渡水电站拦蓄了18亿m^3的水量，则仅东风水电站水库就多利用水资源16.38亿m^3，折合电量近5亿kW·h；乌江渡水电站实现了投产发电26年来首次未溢洪（2000—2003年的平均溢洪水量为58.6亿m^3）的记录。2007年，在乌江流域来水较枯的

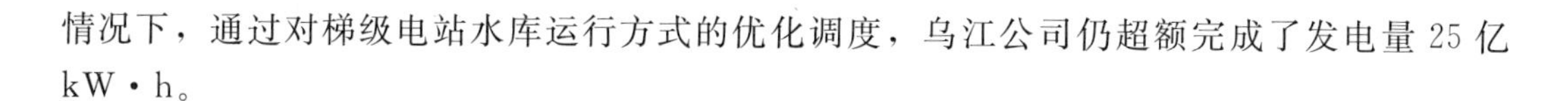

情况下，通过对梯级电站水库运行方式的优化调度，乌江公司仍超额完成了发电量25亿kW·h。

1.7.2.2 三峡—葛洲坝调度中心

三峡梯级调度中心成立于2002年，建设了水库调度自动化系统、梯级调度监控系统，建立健全的梯级调度管理制度。三峡梯级水库调度自动化系统，是长江三峡水利枢纽梯级调度自动化系统的重要组成部分。系统主要包括水情信息采集子系统、计算机和网络子系统、应用软件子系统三部分，承担着三峡、葛洲坝枢纽和梯级水库的监视和调度任务。自系统投入试运行以来，数据接收、处理稳定正常，在三峡水库蓄水过程中为领导和调度人员提供了所需信息，提供了多种方法计算当前及未来的水情发展趋势，在三峡蓄水和流域水资源监测管理中发挥了重要作用，被誉为三峡“水管家”。

三峡水调自动化系统的主要功能是：①准确、及时地自动采集三峡上游流域的水情测报信息；②收集梯级水库调度所需要的上述区域之外的水情信息、气象信息、枢纽运行信息、防洪调度信息、电力调度信息和航运调度信息，对这些信息进行计算、分析和综合处理；③根据水情和气象信息，制作水文预报；④根据水情信息和水文预报，按照枢纽综合利用的要求，进行水库调度方案的计算和分析比较；⑤在保证流域防洪要求和各枢纽本身安全的前提下，为水库调度提供决策支持。系统对数据的实时性、一致性、可靠性和完整性要求都非常高。三峡水调自动化系统采用南京南瑞集团公司研制的WDS 9002水调自动化系统软件，按照三阶层软件模型构建，在商用数据库和内存实时库的支持下，提供实时雨水情数据采集、数据处理、数据通信、水务自动计算、人机界面、实时报警、系统管理等功能。

三峡梯调系统的水情信息采集系统采用Inmarsat-C（卫星）、Omnitracs（卫星）、PSTN、VHF组合通信方式，共建设83个水情遥测站，覆盖了三峡区间、三峡、葛洲坝坝址及两坝间的流域区间，为水库调度工作提供及时可靠的水雨情信息。通过ChinaPAC网络连接水利系统的水情数据网，实现上游200多个水文数据点的信息采集，增长了梯级水库的预见期，增强了水库的可调节范围。三峡水调系统的计算机和网络系统分布在三峡和葛洲坝枢纽，对外连接国家电网公司调通中心、华中电网调通中心、水利部防汛中心、长江防委、湖北气象局等十多个单位，在三峡总公司内部连接EMS系统、电能量计费系统、MIS、闸门控制等自动化系统。网络采用了冗余结构，从服务器、网络设备到各类连续运行的设备均实现了单点故障不影响系统运行的高可靠性。三峡水调系统集信息采集与处理、水务自动计算、值班调度控制平台、信息监视及查询平台、报警、发电调度和洪水调度等功能于一体，为三峡工程发挥社会效益和经济效益作出贡献。

1.7.2.3 黄河上游梯级水库调度中心

黄河干流龙羊峡至青铜峡河段共规划了25个梯级，目前已建成了龙羊峡、拉西瓦、李家峡、公伯峡、刘家峡、盐锅峡、八盘峡、青铜峡等20余座大中型水电站。

黄河水电公司青海段水电站以龙羊峡水电站为龙头，形成龙羊峡、拉西瓦、李家峡、公伯峡、苏只五级大型梯级水库群。龙羊峡水库为多年调节水库，拉西瓦、李家峡、公伯峡和苏只水电站为日、周调节或径流式电站。以往黄河上游多以龙羊峡、刘家峡两水库中、长期优化调度研究为主，针对梯级水库短期优化调度研究较少，随着梯级水调自动化系统的投运，短期联合优化运行具有较大潜力。黄河上游梯级水电站短期发电优化调度系统研究的主要目的是根据天然来水、各水库所承担的综合利用任务以及电网、电力系统的要求，在保证水库安全的前提下，有计划地对天然入库径流进行蓄泄，寻求在满足综合利用要求和电力系统约束条件下的梯级水电站群最优联合运行方案和优化调度规则；采用现代计算机及数据库技术，结合较精确的短期水文、负荷等信息预报，制订梯级各水电站短期发电计划，并且开发能够满足生产实际要求，便于操作和维护的短期发电优化调度软件系统。据此，黄河上游龙羊峡、拉西瓦、李家峡、公伯峡、苏只水电站水库群的短期经济运行，可提高黄河上游梯级电站经济运行水平，有利于科学、合理地安排水电站运行方式，提高水能利用率，达到提高黄河上游梯级电站的发电效益。截至2006年年底，西北电网水电总装机容量1331万kW，其中，黄河上游已经建成投运的大型水电站总装机容量775万kW。目前，干流已建成大型水利枢纽20余座（龙羊峡、李家峡、公伯峡、刘家峡、盐锅峡、八盘峡、小峡、大峡、沙坡头、青铜峡、三门峡、万家寨、小浪底等），在建枢纽2座（拉西瓦、积石峡）。在梯级水库中，有较大调节能力的水库4座（龙羊峡、刘家峡、三门峡、小浪底），总库容448.9亿m^3，调节库容304亿m^3，其他枢纽均为径流式电站。其中在黄河上游龙羊峡—青铜峡段，已建成的梯级水电站总装机容量达342万kW，占西北电网全网水电装机的70%以上，形成了以龙羊峡为“龙头”水库，龙羊峡、拉西瓦、李家峡、公伯峡、苏只五级单站装机均超百万千瓦的大型梯级水电站，龙羊峡水库为多年调节水库，拉西瓦、李家峡、公伯峡、苏只为日、周调节或径流式水库。

与国内几大电网相比，西北电网水电比重最大，居全国首位。龙羊峡、刘家峡在西北电网中占有重要的地位。据统计，自龙羊峡四台机组全部投产运行以来，龙羊峡、刘家峡合计发电量每年均居全网水电量的一半以上，其中供水期（12月至翌年3月）龙羊峡、刘家峡合计发电量占全网水电量的60%以上，汛期由于其他流域水电厂也在增大发电量，龙羊峡、刘家峡发电比重下降，但比较龙羊峡、刘家峡此时段（6—9月）各月发电量仍比其他月份多，可见龙羊峡、刘家峡对全网的发电贡献是不言而喻的。不仅如此，龙羊峡、刘家峡还承担着系统主要的调峰调频、事故备用等任务，对西北电网的安全稳定运行有着其他水、火电厂难以起到的作用。刘家峡水库地处西北电网负荷重心，临近农业用水的主要大灌区，工业重镇兰州市紧靠其下游，而且由于其库容较大，对于上游龙羊峡水库可以起到反调节的作用，多年实际运行结果受到各方面好评。龙羊峡水库开发的主要任务是以发电为主，其投入运行后，黄河干流梯级水库形成了以龙羊峡和刘家峡两大水库联合调度的格局。众所周知，黄河上游龙青段梯级多为径流式电站，要满足电网调频、调峰和电力平衡的任务，将主要依靠龙羊峡水库的多年调节性能。龙羊峡水库运行的好坏不仅会影响西北电网的安全经济运行，而且还会造成巨大的社会影响。龙羊峡水库的蓄水发电，改善了刘家峡水库的运行方式，提高了已建梯级水库的保证出力，由于蓄丰补枯的运作方式，可将各水电站丰水期的大量弃水和季节性电能存蓄在水库中，供枯水期使用，减少了各水电站的弃水，抬高了发电运行水头。龙羊峡水库投入运行来，黄河上游李家峡、刘家峡、盐锅峡、八盘峡、大峡、青铜峡6座水电站平均增加保证出力近30万kW，年增发电量20亿kW·h。截至2000年年底，龙羊峡、李家峡、刘家峡、盐锅峡、八盘峡、大峡、青铜峡7座梯级水电站累计发电量3192亿kW·h，累计发电产值约255亿元，满足了西北电网的发展和用电需求。刘家峡水电站1986年以前平均年弃水量88.70亿m^3，平均水头96.51 m，平均年发电量39亿kW·h，而1987—1995年平均年弃水量仅15.0亿m^3，其间，1989年洪水总量是有记录以来历史最大值，约相当于200年一遇，刘家峡水库仅弃水71亿m^3，1994年、1995年连续枯水，来水频率仅为84%、87%，虽然龙羊峡电站发电量大幅度锐减，但是1994年刘家峡电站却创下了年发电量的历史最高纪录，刘家峡水电站两年发电量分别为58亿kW·h和51亿kW·h。究其原因主要是龙羊峡水库蓄丰补枯，并经过龙羊峡水库的调节使刘家峡水库始终保持很高的运行水位，水头效益显著提高，电量增加值远远超过设计值。龙羊峡、刘家峡两库联合运行，凭借龙羊峡水库巨大的可调节库容、蓄丰补枯的运行方式以及刘家峡水库的反调节性能，提高了黄河上游径流式梯级电站的年均发电量，使上游径流式电站汛期发电量减少、非汛期发电量增加，上游径流式电站满发率降低，有利于电网调度、调峰，减少汛期弃水，可以获取较高的调峰电价收益。

随着龙羊峡、刘家峡水库参与补偿调节，三门峡和小浪底水库发电量都有不同程度的增加，表现出汛期电量减少，非汛期电量增加的趋势。龙羊峡、刘家峡在20多年的联合运行实践中提高了黄河上游径流式梯级电站的年均发电量，降低了各电站在汛期的发电量，增加了在非汛期的发电量。2005年、2015年和2020年3个水平年，联合运行相比刘家峡水库运行前分别增发电量6亿kW·h、11亿kW·h和13亿kW·h；下游三门峡、小浪底发电量均有不同程度的增加。龙羊峡、刘家峡两库联合运行，保证了西北电网调频、调峰和电力电量平衡，提高了各梯级电站枯水期发电量，增加了各已建以及待建电站的保证出力，为国家节能减排、再生和清洁能源的利用以及促进西北电网多发水电作出了巨大贡献。

1.8 本 章 小 结

本章针对在汉江上游开展梯级水库群防洪和兴利优化调度，对研究的背景及意义进行了深入的探讨；从汉江上游目前研究进展、防洪调度、流量演进、梯级水库优化调度与调度规则、生态调度、梯调中心几个方面，系统、详尽地归纳总结了梯级水库群兴利优化调度的国内外研究进展，使读者能够系统地了解梯级水库群兴利优化调度的研究前沿。

第2章　汉江上游流域及梯级水库概况

汉江作为长江的一级支流，水资源丰富，储量巨大，不仅是沿线人民生产生活所必需的水源，也是首都北京的饮用水水源。汉江发源于陕西省宁强县，流经陕西的属上游河段，水能资源丰富，具有优良的水能资源开发条件。汉江上游已规划了多级水库。由于受多种因素的影响，汉江各梯级水库不能系统化统一调度运行，削弱了梯级水库运行的综合效益。因此，如何系统分析上游梯级水库间的补偿调节作用，开展梯级水库群联合优化调度研究，是实现汉江上游水能资源利用率及梯级电站效益最大化亟须解决的问题。

2.1　汉江上游流域自然地理概况

汉江发源于陕西省宁强县秦岭南麓的潘家山，由西向东流经陕西勉县、汉中、洋县、石泉、汉阴、紫阳、安康、旬阳及白河等县，自陕西白河进入湖北省境内，至汉口注入长江。汉江上游（陕西段）北依秦岭，南障巴山、米仓山，西与嘉陵江为邻，北、西、南三面环山，向东一面开阔平坦，汉江干流横贯其中，水量丰富，水能资源储量巨大。

2.1.1　地形地貌

汉江横贯于秦岭巴山之间的沟谷地带，称为汉江谷地。汉江流域地势西北高，东南低，绝大部分是山地，山地面积约123000km^2，占全流域面积（174000km^2）的70%，丘陵地面积约22000km^2，占13%，平原面积约27000km^2，占16%，湖泊面积约2000km^2，占1%。山地分布在老河口以上，主要平原分布在钟祥以下，之间为丘陵地区。其中汉江上游尤以山谷为主，境内亦有局部平坝与丘陵地貌。

汉江流域地面海拔在1000m以下的面积占70%多，2000m以上的面积仅占4%。从全流域各地的绝对海拔的差别来说，上下游相差很大，汉江上游海拔较高，其中秦岭最高峰太白山的海拔约3767m，一般山峰的平均高度约2500m；巴山最高峰的海拔达2500m，一般山峰的平均高度约1500m。下游平原的平均海拔不足35m。汉江流域的山系，根据走向大致可分为两组：一组为东西走向的山脉，如秦岭与大巴山脉；一组为西北—东南走向的山脉，如大洪山脉与荆山山脉。其中，秦岭与大巴山脉都受地质构造的影响，走向基本上就是地层的走向，是以褶皱为主的山脉，岸层挤压很紧密，并有角度大的逆转断层。秦岭与大巴山脉“山大谷小”，整个山地只有红色岩系分布的盆地和地堑比较宽广，其余山谷都很狭窄，平地尤属罕见。

汉江流域平原面积很小，只有四处面积较大的平原，即汉中平原、襄阳—宜城平原、唐白河平原和下游平原。其中汉中平原为汉江上游区域，属泛滥平原，地势平坦。河流阶

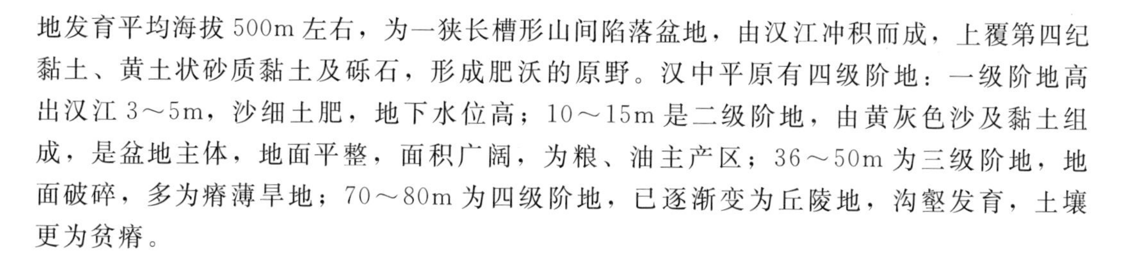

地发育平均海拔500m左右，为一狭长槽形山间陷落盆地，由汉江冲积而成，上覆第四纪黏土、黄土状砂质黏土及砾石，形成肥沃的原野。汉中平原有四级阶地：一级阶地高出汉江3～5m，沙细土肥，地下水位高；10～15m是二级阶地，由黄灰色沙及黏土组成，是盆地主体，地面平整，面积广阔，为粮、油主产区；36～50m为三级阶地，地面破碎，多为瘠薄旱地；70～80m为四级阶地，已逐渐变为丘陵地，沟壑发育，土壤更为贫瘠。

2.1.2 河流水系

汉江干流全长1577km，流域面积15.9万km^2。陕西省境内的汉江为汉江上游段，山地河流发育，支流众多，水系分布为不对称树枝状。北岸支流发源于秦岭南坡，主要支流有沮水、褒河、湑水河、酉水河、金水河、子午河、月河、旬河、蜀河及金钱河等，南岸支流源于大巴山北坡，主要支流有玉带河、漾家河、冷水河、南沙河、牧马河、任河、岚河及坝河。

2.1.3 水文气象条件

汉江流域位于北纬30°8′～34°11′，东经106°12′～114°14′，距海洋甚远。北、西、南三面环山，东南为江汉平原，东南季风长驱直入本流域，加之北界的秦岭山脉，平均海拔较高，阻滞北方冷空气侵入，因而成为我国南北气候交界地带，流域内气候较温和，具有四季温暖、雨量充沛、干湿分明的气候特点。

汉江流域的风向受冬夏季风的影响，冬季多东北与西北风，夏季多东南与西南风，春秋两季为过渡时期，风向变化较多，但仍以偏北方向为主。上游山岭纵横，阻碍重重，风力较弱，最大风力在7级上下，但在峡谷道上，风力较大，可超过9级，最大风速21m/s。

汉江流域上下游的气温相差不大，冬季温暖，霜期较长，冰冻现象不严重，平常年份汉江干流无冰封现象，只有沿河湾处有薄冰，特寒之年有厚冰。上游山地冰冻现象比中下游普遍，海拔2500m左右的山地，5月间亦有结冰现象；夏季炎热，各月平均气温高于22°。多年平均气温12～16℃，极端最高气温42℃，极端最低气温－13℃。

汉江上游水量补给以降雨为主，降雨量的年际变化很大，在流域面上，南北存在一定差异，南郑县喜神坝多年实测最大降水量为2096mm，年最小降水量942mm，最大、最小值相差2.23倍；石泉最大年降水量为1476mm，年最小降水量620mm，相差2.38倍；安康最大降水量为1392mm，年最小降水量501mm，最大降水量为最小降水量的2.78倍。

2.1.4 暴雨洪水特点

汉江流域洪水由暴雨形成，暴雨洪水主要与季风活动有关，具有明显的季节性，出现的时序有一定的规律性。暴雨洪水多集中于7—9月。由于汉江上游秦岭山地的作用，流域山高、坡陡、岩石透水性差，洪水汇流速度快，洪水具有陡涨陡落，峰型尖瘦的特点，往往形成较大的暴雨洪水。

2.1.5　径流特点

汉江径流补给以降雨形成的地表径流为主，径流分布呈现南部多北部少，山地多川道盆地少的特点。流域多年平均径流量为 256 亿 m^3，年径流深自西向东递减。径流年内分配不均，夏季及秋季干流径流量相近，各占 37%～40%，春季径流占 16.6%～17.5%，冬季径流最少，只占 5%～6.7%；支流一般以秋季最高，通常占年径流量的 34%～40%；冬季河水由地下水补给，流量小而稳定，最大月径流量一般出现在 9 月，约占年径流量的 20%，最高占年径流量的 26%。7 月径流一般低于 9 月而大于 8 月，因此，汉江汛期径流具有双峰型的特点。最小月径流一般出现在 2 月，各河最小月径流量均低于年径流量的 2%。

2.2　汉江上游流域社会经济概况

汉江流域在我国境内地域辽阔，人口众多，历史文化悠久。汉江流域农业发展较早，江汉平原是我国主要商品粮基地之一；汉中盆地也是重要的农业区和全国商品粮基地。粮食生产以稻米、小麦为主；主要经济作物为棉花、油料作物、麻类、烤烟及桐油等。矿产资源较丰富，主要有铅、锌、铜、锑、镍、铁、汞、金、银、铀、煤、石油、天然气。

汉江上游包括陕西省秦岭以南的汉中、安康和商洛 3 个地级市 28 个县。陕南地处秦巴山区，汉江上游区域地形、地貌、气候、土壤和水质为植物生长提供了较为有利的条件，中药材产量、种类都较多；同时，有着秦岭山脉的依托，野生动物物种繁多，特别是朱鹮、大鲵等多种国家级稀有保护动植物。因该地区地处山区，经济相对落后，交通、航运相对滞后，独特的地理特征与气候使得自然地理灾害频繁，特别是泥石流、洪水等灾害严重影响了区域经济发展。

汉中和安康两盆地在汉江上游区域经济中处于领先地位，平原地区土地肥沃，种植业发达，是陕西省主要粮油生产基地，盛产水稻、小麦、豆类、油料等，养殖业比较发达，畜牧和渔业生产在全省占有重要位置。周边县区利用山区自然资源和天然优势发展山区特色农业、林业、土特产养殖、种植及加工，其中蚕桑、茶叶、木耳、香菇、核桃、板栗、生漆、油桐籽、中药材等产量和质量在全国享有盛誉。

近年来，随着陕西省经济的快速发展，汉江流域内汉中、安康两市也开始成为工业密集地带，形成初具规模的以电力、机械、冶金、建材等为主的工业体系。周边县区主要以矿产资源为依托，形成了一批规模较小而分布广泛的矿产采掘和加工企业，腹地内矿产资源丰富，是陕西省有色金属、贵金属、非金属和部分黑色金属等资源富集地域，现已探明矿产约 50 余种，其中汞、石棉储量居全国第二位，铁矿储量占全省 90%，锰、石膏、重晶石、蛇纹石及石英岩等 18 种矿产储量居全省之首，主要矿种集中分布于汉江及其支流两岸，其运输流向与汉江干支流向基本一致。

2.3　汉江上游流域开发及梯级水库概况

根据汉江流域的开发治理目标，已经有重点、有步骤地兴建了一系列的水利工程。汉江上游干流已建的大型水利枢纽和支流上建成的石门枢纽和龙潭电站，使上游水流在一定程度上得到控制，水资源得以利用。汉江上游良好的水资源条件不仅为流域内的经济社会发展提供了自然物质基础，同时也为其他流域的发展提供了良好的支撑。此外，汉江上游还承担着重要的跨流域调水的任务，其中包括南水北调中线工程和陕西省引汉济渭跨流域调水工程。

（1）流域开发利用分析。汉江由陕南山区奔流至江汉平原，丰沛的水量蕴藏着巨大的势能，为此汉江干流上游规划建设多级水电站，不仅可保证地方用水，还可收获大坝蓄水带来的巨大发电效益。汉江上游（陕西段）规划按八级开发，从上至下7座水电站分别为黄金峡、三河口、石泉、喜河、安康、旬阳、蜀河和白（夹）河，总装机2281.5MW，年发电量约为71亿kW·h，形成陕西重要的水电基地。梯级开发纵断面图如图2-1所示。汉江上游主要水电站概况如下：

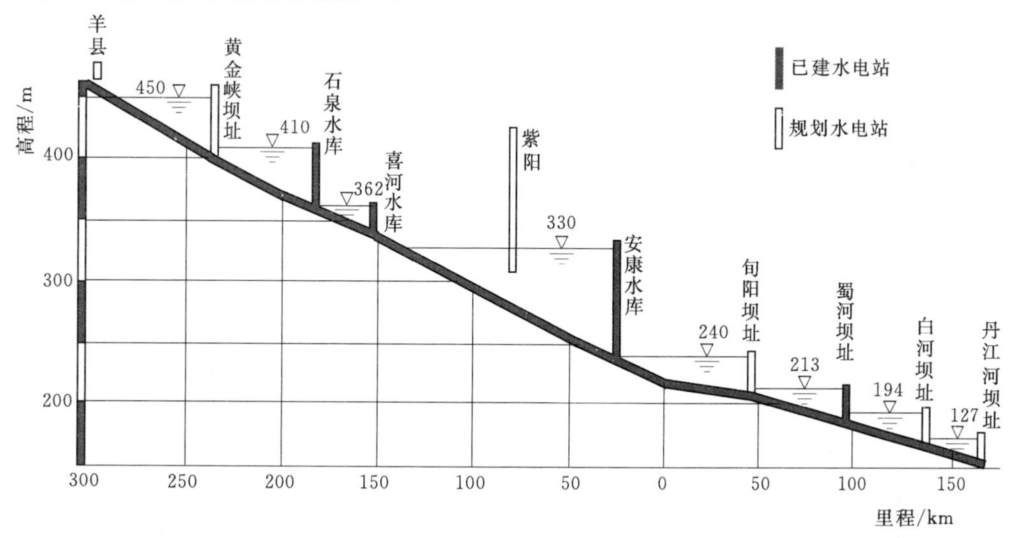

图2-1　汉江上游干流梯级开发纵断面图

1）黄金峡水电站。黄金峡水电站是汉江上游干流规划的第一个梯级，坝址位于汉江干流子午河口上游3.7km处，属峡谷型水库，是引汉济渭跨流域调水工程主要调水水源地之一，主要任务是拦蓄河水，雍高水位，以供水为主，兼顾发电，改善水运条件。黄金峡水库多年平均流量258m^3/s，多年平均径流量76.31亿m^3。水库控制流域面积达1.7万km^2，调节库容0.8亿m^3，为日调节水库。

2）三河口水电站。三河口水利枢纽地处佛坪县与宁陕县交界的子午河中游峡谷段，坝址位于佛坪县大河坝乡三河口村下游2km处，是引汉济渭工程又一水源地，是引汉济渭调水工程中主要调蓄功能的枢纽，位于整个调水线路上的中间位置，具有“承上启下”作用，其主要任务是调蓄子午河来水与汉江干流不能直供受水区的水量，结合发电。三河口水库多年平均来水量为8.61亿m^3，调节库容为6.6亿m^3，为多年调节型水库。

3）石泉水电站。石泉水电站是汉江上游梯级开发第二个水电站，也是陕西省20世纪70年代在汉江上游干流上建成的首座中型水电站，位于石泉县城西1km汉江峡谷下口。

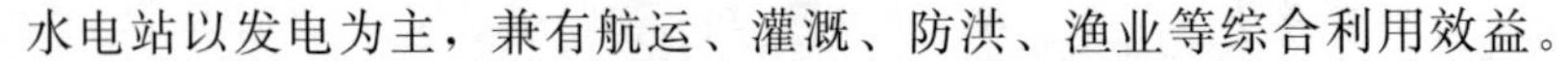

水电站以发电为主，兼有航运、灌溉、防洪、渔业等综合利用效益。

4）安康水电站。安康水库位于汉江上游陕西省境内，是一座以发电为主，兼顾防洪、航运等综合利用的大型水利枢纽。坝址火石岩位于安康市城西 18km 处，控制流域集水面积 35700km^2，且坝址下游与安康市区间有月河加入。安康水电站的投产发电，缓解了陕西省供电紧张的局面，使陕西省电网水电比重有了大幅度的增长，提高了陕西省电网的调峰、调频能力，增加了事故备用容量。电站装机容量 852.5MW，其中四台大机为 4×20 万 kW，一台小机为 5 万 kW，多年平均发电量为 28 亿 kW·h。

5）喜河水电站。喜河水电站是汉江上游梯级开发第三个水电站，位于陕西省安康市石泉县境内（距石泉水电站下游约 50km）与汉阴县交界处，设计多年平均发电量 4.878 亿 kW·h。除承担陕西省电网的调峰、调频及事故备用等任务，并使石泉、喜河和安康 3 座水电站形成完整的连续梯级，提高保证出力和发电量，改善航运条件，更加充分利用汉江的水能资源。

6）旬阳水电站。旬阳水电站是汉江上游梯级开发规划中第五个水电站，位于陕西省旬阳县城南约 2km 处，上距已建的安康水电站 65km，下距已建的蜀河水电站 55km、已建的丹江口水电站约 200km。

7）蜀河水电站。蜀河水电站是汉江上游梯级开发规划中第六个水电站，位于陕西省旬阳县蜀河镇上游约 1km 处，距旬阳县城 51km，距上游已建成的安康水电站约 120km，由陕西汉江投资开发有限公司投资建设，工程于 2005 年 12 月 26 日正式开工，2009 年 12 月 29 日首台机组投产发电，2010 年 10 月 18 日 6 台机组全部并网发电。装有 6×45MW 灯泡贯流式水轮发电机组，设计多年平均发电量 9 亿 kW·h。

8）白河水电站。汉江白河（夹河）水电站是汉江干流陕西省境内的最末一级水电站，由中广核能源开发责任有限公司投资兴建，湖北省水利水电勘测设计院承担勘测设计。水电站枢纽工程位于陕西省安康市白河县麻虎乡（右岸）和湖北省十堰市郧西县夹河镇（左岸）之间的汉江干流上，在白河县城上游约 10km，上距正在建设之中的汉江蜀河水电站枢纽 38km。汉江白河（夹河）水电站的主要任务是发电，兼顾航运。工程装机容量 18 万 kW，多年平均发电量 7.8 亿 kW·h。

汉江上游梯级各水电站主要技术指标见表 2-1。

表 2-1　　汉江上游梯级各水电站主要技术指标

项目		单位	三河口	黄金峡	石泉	喜河	安康	旬阳	蜀河	白河
水文	控制流域面积	km^2	2186	17950	23400	25207	35700	42400	49400	51100
	多年平均流量	m^3/s	8.6	259	343	361	621	699	757	782
	设计洪水流量	m^3/s	643	18000	25100	21800	36700	27500	30400	30470
	校核洪水流量	m^3/s	645	22200	26400	28200	45000	33100	39000	39170
	正常蓄水位	m	643	450	410	362	330	240	218	196
水库	死水位	m	558	440	400	360	305	238	215	193
	正常蓄水位以下库容	10^8m^3	6.8	1.9	3.2	1.7	25.9	1.9	1.9	1.4

续表

项目		单位	三河口	黄金峡	石泉	喜河	安康	旬阳	蜀河	白河
电站	调节库容	$10^8 m^3$	6.6	0.8	1.8	0.2	14.7	0.4	0.4	0.3
	装机容量	MW	45	100	225	180	852.5	320	270	270
	保证出力	MW	2	15	32	21.8	170	48	55	48
	年发电量	$10^8 kW \cdot h$	1.4	4.6	7.1	4.9	27.5	8	9.5	7.8
	装机利用小时数	h	2113	4640	4700	2170	3435	2450	3511	2890
水轮机	额定水头	m	83.5	33.4	39	25	76.2	19	18	14
	最大水头	m	98.5	36.1	47.5	35.2	88	24	22.3	17.8
	最小水头	m	50	30.1	26.3	13	57	8	10	7.5
备注			未建	未建	已建	已建	已建	未建	已建	未建

(2) 跨流域开发利用分析。汉江不仅推动了本流域的发展，也造福其他流域。其中，汉江上游区域对其他流域、地区的典型工程有南水北调中线工程和陕西省引汉济渭跨流域调水工程。

南水北调中线工程，是从汉江上游丹江口水库调水向河南、河北、北京、天津供水，全长1423km，是解决北方地区资源型缺水问题的重大战略举措。2014年12月12日，南水北调中线工程全线通水，截至2017年5月底，累计输水量超过74亿m^3，沿线受益人口超过了5300万，南水北调中线工程巨大综合效益正在逐步彰显。

陕西省引汉济渭跨流域调水工程是从汉江流域干流上的黄金峡水库及其支流子午河上三河口水库调水进入缺水严重的渭河关中地区，以缓解渭河流域关中地区的水资源短缺问题，改善渭河流域的生态环境。引汉济渭工程是缓解关中渭河沿线城市和工业缺水问题的根本性措施。该工程的实施对缓解水资源供需矛盾，提高关中地区的供水量和供水保证程度，回补地下水，改善渭河流域生态环境，实现受水区水资源开发利用、经济社会发展与生态环境保护的协调，支持经济社会的可持续发展，达到关中水资源的合理配置具有重要意义。

2.4 本 章 小 结

本章详细介绍了汉江上游的基本概况、水利工程及水资源开发状况，分析了流域气象、暴雨洪水和径流的特点。此外，还收集了汉江上游主要水库实际运行的详细资料，为后续的研究提供必要的数据支撑。

第3章　汉江上游径流演变规律

流域径流变化直接影响水资源的利用、水库群的调度，径流变化的规律性分析，对于流域水能资源的合理及充分利用具有重要意义。本章主要分析径流的年内分配、年际变化、周期性、趋势性、复杂性和洪水研究规律，以汉江上游已经建成的石泉水电站、喜河水电站和安康水电站（以下分别简称石泉、喜河、安康）为研究对象，揭示汉江上游径流演变规律，研究成果对于制定行之有效的汉江上游梯级水库群联合调度方案具有重要意义，有助于合理安排水库蓄泄，提高水资源利用率，增加水库综合效益。

3.1　径流统计规律

3.1.1　径流年内分配

石泉、喜河、安康径流多年平均年内变化如图3-1所示。可以看出，径流年内分配极不均匀，丰枯差距较大。

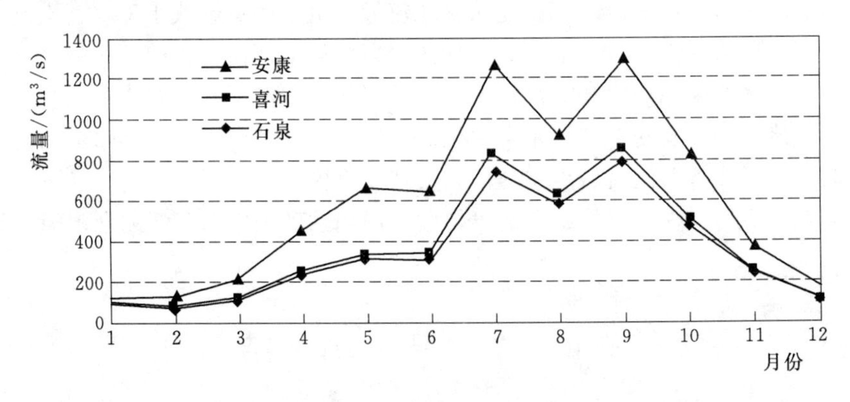

图3-1　石泉、喜河、安康径流多年平均年内变化

统计44年（1954年7月—1998年6月）各月平均径流，并分别计算各月径流量、各季节径流量占年径流量的百分比，结果见表3-1～表3-3。

由表3-1可知：石泉最小流量出现在1—2月，12月至次年2月来水量占年总量的6.25%；4月以后流量显著增大，4—5月来水量占年来水量的13.23%；夏秋两季是流域降水较多而且集中的时期，也是河流发生洪水的时期，6—11月来水量占年来水量的77.92%。石泉的汛期通常发生在5—10月，汛期水量占到年总径流量的80.05%，从全年范围来看，年内最丰3个月与最枯3个月比值达到8.5：1。年内分配不均匀造成了年内丰水防汛、枯水抗旱的局面，给工农业生产带来了极大的不便。

表 3-1 石泉径流年内分配

季节	月份	各月流量/(m^3/s)	各月径流量/亿 m^3	月径流/年径流/%	季径流/年径流/%	汛枯径流/年径流/%
春季	3 月	104.9	2.754	2.59	15.82	
	4 月	221.3	5.811	5.47		
	5 月	314.1	8.250	7.76		80.05
夏季	6 月	305.8	8.033	7.56	40.95	
	7 月	772.4	20.286	19.09		
	8 月	578.6	15.197	14.30		
秋季	9 月	803.6	21.108	19.86	36.97	
	10 月	464.6	12.203	11.48		
	11 月	227.7	5.981	5.63		19.95
冬季	12 月	112.9	2.965	2.79	6.25	
	1 月	73.4	1.928	1.81		
	2 月	66.8	1.755	1.65		

表 3-2 喜河径流年内分配

季节	月份	各月流量/(m^3/s)	各月径流量/亿 m^3	月径流/年径流/%	季径流/年径流/%	汛枯径流/年径流/%
春季	3 月	108.2	2.843	2.51	15.67	
	4 月	237.8	6.246	5.52		
	5 月	329.5	8.654	7.64		80.12
夏季	6 月	326.8	8.584	7.58	40.98	
	7 月	822.7	21.608	19.08		
	8 月	617.4	16.216	14.32		
秋季	9 月	854.0	22.430	19.81	37.10	
	10 月	503.8	13.233	11.69		
	11 月	241.7	6.348	5.61		19.88
冬季	12 月	119.6	3.141	2.77	6.25	
	1 月	78.6	2.064	1.82		
	2 月	71.1	1.867	1.65		

喜河入库径流的年内分配情况与石泉类似。由表 3-2 可以看出：最小流量出现在 1—2 月，12 月至次年 2 月来水量占年总量的 6.25%；4 月以后流量显著增大，4—5 月来水量占年来水量的 13.16%；夏秋两季是流域降水较多而且集中的时期，6—11 月来水量占年来水量的 78.08%，汛期水量占到年总径流量的 80.12%。从全年范围来看，年内最丰 3 个月与最枯 3 个月比值达到 8.5：1，年内分配极不均匀。

表 3-3 反映了安康多年平均径流量年内分配情况，与石泉和喜河情况类似：最小流量出现在 1—2 月，12 月至次年 2 月来水量不足全年总量的 6%；4 月以后流量显著增大，

4—5月来水量占全年来水总量的15.57%；夏秋两季流域降水多且集中，6—11月来水量占年来水量的75.41%；汛期水量占到年总径流量的近80%，枯季径流占全年径流总量的20.52%。从全年范围来看，年内最丰3个月与最枯3个月比值为8.3∶1，给水库调度工作带来了诸多不便。

表3-3　　安康径流年内分配

季节	月份	各月流量/(m^3/s)	各月径流量/亿m^3	月径流/年径流/%	季径流/年径流/%	汛枯径流/年径流/%
春季	3月	217.9	5.724	3.10	18.67	
	4月	436.4	11.461	6.20		
	5月	659.8	17.330	9.37		79.84
夏季	6月	631.3	16.581	8.97	39.84	
	7月	1270.9	33.381	18.05		
	8月	902.8	23.712	12.82		
秋季	9月	1299.1	34.123	18.45	35.57	
	10月	832.1	21.856	11.82		
	11月	372.8	9.793	5.30		20.52
冬季	12月	179.8	4.724	2.55	5.93	
	1月	123.3	3.239	1.75		
	2月	114.5	3.006	1.63		

3.1.2　径流年际变化

径流年际变化总体特征常用变差系数C_v或年极值比来表示。C_v反映一个流域径流过程的相对变化程度，C_v值大则表示径流的年际丰枯变化剧烈。

对近期44年（1954年7月—1998年6月）的天然资料分析计算，分别得到石泉的C_v值为0.417、年极值比（最大年径流/最小年径流）为4.648，喜河的C_v值为0.394、年极值比为4.543，安康的C_v值为0.331、年极值比为4.928，各站年径流量多年变化特征值见表3-4。

表3-4　　年径流多年变化特征值

水电站	多年平均/亿m^3	变差系数C_v	最大年径流量/亿m^3	最小年径流量/亿m^3	年极值比
石泉	106.30	0.417	218.486	46.574	4.648
喜河	113.533	0.394	227.737	50.133	4.543
安康	184.916	0.331	355.297	72.099	4.928

3.2　径流周期谱分析

谱分析是将含有复杂组成的事物分解为单纯成分，然后按照成分的特征值大小依次排

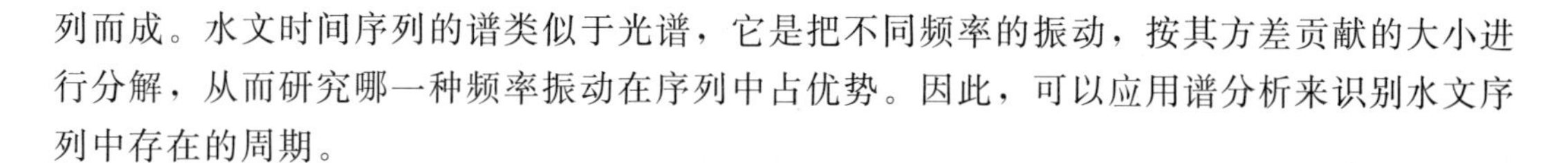

列而成。水文时间序列的谱类似于光谱，它是把不同频率的振动，按其方差贡献的大小进行分解，从而研究哪一种频率振动在序列中占优势。因此，可以应用谱分析来识别水文序列中存在的周期。

3.2.1 周期计算

对于一个离散序列，假设该序列自相关函数为 $r(\tau)$，方差谱密度函数为 $S(k)$，根据著名的维纳-辛钦公式推导可以得到：

$$S(k)=\frac{1}{m}\left[r(0)+2\sum_{\tau=1}^{m-1}r(\tau)\cos\frac{\pi k}{m}\tau+(-1)^k r(m)\right]\quad(k=0,1,2,\cdots,m)\qquad(3-1)$$

式中：τ 为时间间隔单位个数；m 为最大后延（截止阶），即 τ 的最大值。

当 k 增加时，$r(\tau)$ 的误差随之增加。为得到较优的估计值，对 $S(k)$ 进行必要的平滑处理。在谱分析中，把进行平滑处理时用到的平滑函数称为谱窗或权函数等，本节采用的是 Hanning 窗：

$$\begin{cases}S(0)=0.50S(0)+0.50S(1)\\S(k)=0.25S(k-1)+0.50S(k)+0.25S(k+1)\quad(1\leqslant k<m)\\S(m)=0.50S(m-1)+0.50S(m)\end{cases}\qquad(3-2)$$

3.2.2 谱估计的显著性检验

较强的谱成分对序列方差贡献大，但其可靠性还需要显著性检验，才能识别真正的周期。

谱密度的强弱变化主要来自两方面：一是随机序列存在着某些周期变化的分量，使谱的强度要比非周期变化的分量明显增强；二是非周期变化分量的谱密度，这种谱密度随着非周期过程性质的不同而有差异，同时由于样本和计算方法等影响，谱密度在总体分布附近作随机振动。谱估计的显著性检验是以样本的谱估计值与已知非周期过程谱密度作比较，看它们的差异是否显著。如果差异显著，认为谱估计值不是非周期过程所造成的，即有周期过程存在；如果差异不显著，认为没有周期存在。因此，谱估计显著性检验又称为周期性检验。

在实际检验时，先作原假设：总体谱的分布在各频率上是某一随机过程的谱。在原假设成立下，个别频率的谱估计与谱的平均值之比与分布有关，即：

$$\frac{S(k)}{\overline{S}(k)}=\frac{\chi^2}{EDF}\qquad(3-3)$$

$$\overline{S}(k)=\frac{1}{2m}[S(0)+S(k)]+\frac{1}{m}\sum_{i=1}^{m-1}S(i)\qquad(3-4)$$

$$EDF=\frac{2n-\dfrac{m}{2}}{m}\qquad(3-5)$$

式中：χ^2 为它的分布值；$S(k)$ 为要检验的谱估计；$\overline{S}(k)$ 为假设谱估计的平均值；EDF 为等价自由度，与样本容量 n 和最大后延时间 m 有关。

χ^2 的分布值由 EDF 的数值在数理统计表中查得。

$S(k)$ 的计算与随机过程的性质有关，通常假设总体谱分布为白色噪声和红色噪声两种，红色噪声即马尔可夫过程。如果时间序列落后一个时间间隔的自相关系数 $r(1)$ 接近于零或负值时，那么这种时间序列就不是红色噪声，则要用白色噪声谱进行检验。即直接用式（3-4）计算。对于红色噪声谱的检验，由于红色噪声谱在每个频率带上的分布是不均匀的，因而其平均谱要按式（3-6）计算：

$$\overline{S}'(k)=\overline{S}(k)\frac{1-r(1)^2}{1+r(1)^2-2r(1)\cos(k\pi/m)} \tag{3-6}$$

给出信度 α 后，根据上述过程，就可计算个别频率的谱估计 $\hat{S}(k)$ 与其平均值 $\overline{S}'(k)$ 之比，如果实际的谱估计值 $\hat{S}(k)$ 满足下式：

$$\frac{\hat{S}(k)}{\overline{S}'(k)}>\frac{\chi^2}{EDF} \tag{3-7}$$

则表明 $\hat{S}(k)$ 以 α 显著性水平不接受 $S(k)$ 为非周期谱值。该频率对应的周期就是此时间序列的显著周期，α 一般取 0.05。

3.2.3　石泉、喜河、安康年平均流量周期性分析

用谱分析进行石泉、喜河、安康年平均流量周期性分析，具体步骤如下：

（1）计算自相关函数，取 $m=5$。

（2）计算原始谱 $S(k)$。

（3）计算平滑谱。

（4）显著性检验。

根据自相关函数的计算结果，石泉、喜河、安康年平均流量序列 $r(1)$ 分别为 0.3567、0.3653、0.3791，均为较大正值，因此要用红色噪声谱进行检验。用式（3-6）计算 $\overline{S}'(k)$。

样本容量 $n=44$，$m=5$，计算出等价自由度 $EDF=17.1$。由 χ^2 分布表查得自由度为 17.1，$\alpha=0.05$ 时的 χ^2_α 值，再计算出红色噪声谱的否定域上界，计算公式如下：

$$RS(k)=\frac{\chi^2_\alpha}{EDF}\overline{S}'(k) \tag{3-8}$$

计算结果如表 3-5～表 3-7、图 3-2～图 3-4 所示。

表 3-5　　石泉年平均流量谱分析计算结果

S	原始谱	平滑谱	RS	红色噪声谱
S(0)	0.340297	0.379266	RS(0)	0.778287
S(1)	0.418236	0.323430	RS(1)	0.571202
S(2)	0.116953	0.189819	RS(2)	0.325695
S(3)	0.107135	0.125526	RS(3)	0.212402
S(4)	0.170883	0.120548	RS(4)	0.167540
S(5)	0.033290	0.102086	RS(5)	0.153720

表 3-6　喜河年平均流量谱分析计算结果

S	原始谱	平滑谱	RS	红色噪声谱
$S(0)$	0.311503	0.372183	$RS(0)$	0.793877
$S(1)$	0.432863	0.325840	$RS(1)$	0.577620
$S(2)$	0.126130	0.198052	$RS(2)$	0.325365
$S(3)$	0.107085	0.126525	$RS(3)$	0.209882
$S(4)$	0.165799	0.115856	$RS(4)$	0.164553
$S(5)$	0.024742	0.095270	$RS(5)$	0.150684

表 3-7　安康年平均流量谱分析计算结果

S	原始谱	平滑谱	RS	红色噪声谱
$S(0)$	0.261208	0.355901	$RS(0)$	0.813612
$S(1)$	0.450596	0.331197	$RS(1)$	0.585027
$S(2)$	0.162389	0.217094	$RS(2)$	0.323762
$S(3)$	0.093002	0.120984	$RS(3)$	0.203993
$S(4)$	0.135545	0.104955	$RS(4)$	0.158717
$S(5)$	0.055730	0.095637	$RS(5)$	0.145954

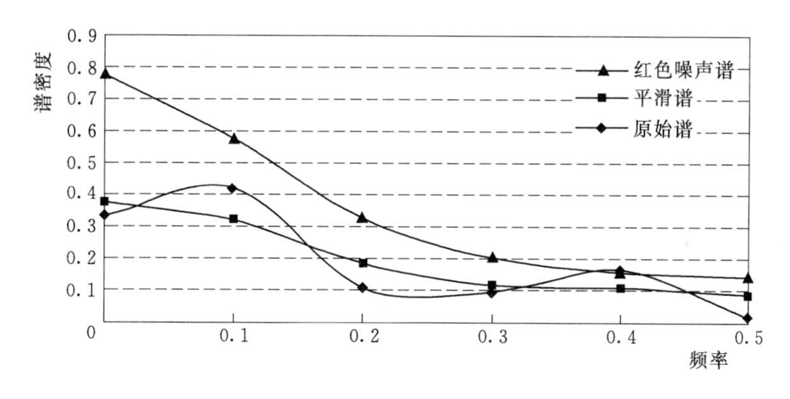

图 3-2　石泉年平均流量谱估计图

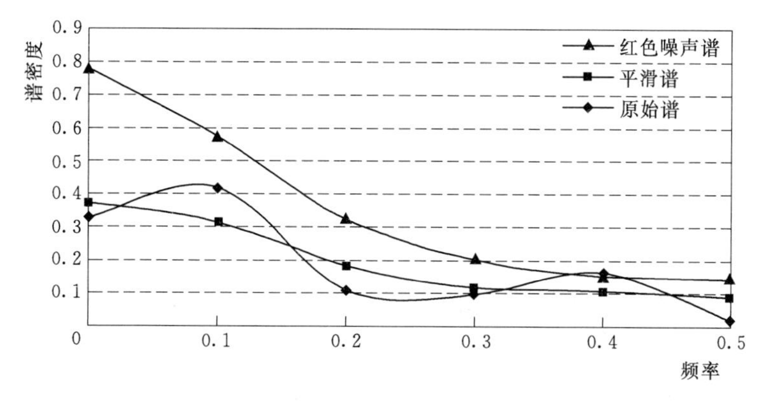

图 3-3　喜河年平均流量谱估计图

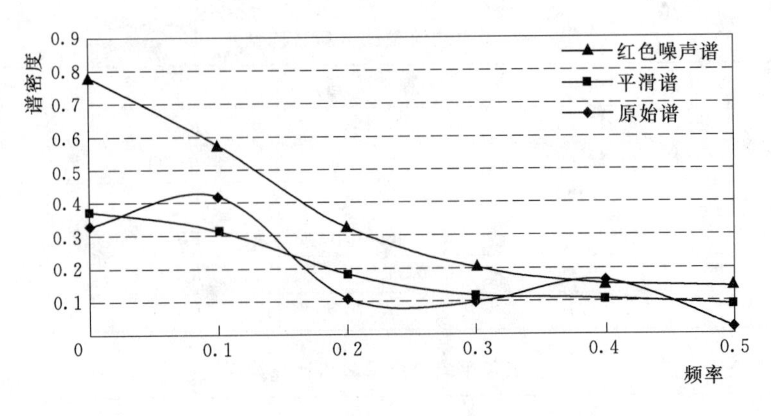

图 3-4　安康年平均流量谱估计图

(5) 识别周期。由图 3-2～图 3-4 可知：谱估计值随频率的分布是不同的，在频率为 0.1（周期为 9～10 年）和 0.4（周期为 2～3 年）处谱密度有极大值。根据红色噪声谱进行的显著性水平分析得知：石泉、喜河、安康年平均流量序列 9～10 年的周期不显著，安康年平均流量序列 2～3 年的周期不显著；石泉、喜河年平均流量序列具有较显著的 2～3 年周期。

3.3　年径流趋势分析

3.3.1　坎德尔（Kendall）秩次相关检验

对年径流序列 $X_1, X_2, \cdots, X_n$，先确定所有对偶值（$X_i, X_j, i>j$）中的 $X_i<X_j$ 出现次数 d_i。顺序的 (i,j) 子集为：$(i=1, j=2,3,4,\cdots,n)$，$(i=2, j=3,4,5,\cdots,n)$，$\cdots$，$(i=n-1, j=n)$。如果按顺序前进的值全部大于前一个值，这是一种上升趋势，d_i 为 $(n-1)+(n-2)+\cdots+1$，总和为 $\frac{1}{2}(n-1)n$。如果序列全部倒过来，则 $d_i=0$，即为下降趋势。对于无趋势的序列，d_i 的数学期望 $E(d_i)=n(n-1)\times\frac{1}{4}$。用下式计算其检验统计量：

$$U=\frac{\tau}{[Var(\tau)]^{1/2}} \tag{3-9}$$

$$\tau=\frac{4\sum d_i}{n(n-1)}-1 \tag{3-10}$$

$$Var=\frac{2(2n+5)}{9n(n-1)} \tag{3-11}$$

当 n 增加，U 很快收敛于标准正态分布。

原假设该径流序列无趋势，根据年径流序列统计 d_i 后计算出检验统计量 U，给定显著性水平 α，在正态分布表中查出临界值 $U_{\alpha/2}$，当 U 的绝对值大于其临界值，则趋势显著；反之，则不显著。如检验统计量 U 大于零，说明序列存在递增趋势；反之，则为递减趋势。

3.3.2 石泉、喜河、安康径流序列趋势分析

采用坎德尔（Kendall）秩次相关检验法分析石泉、喜河及安康的年径流序列的变化趋势。石泉、喜河、安康的年径流序列趋势分析结果见表3-8。计算得到的石泉、喜河、安康年径流序列的检验统计量U分别为-1.71、-1.70、-1.86，均小于零，所以径流序列存在递减趋势；给定显著水平$\alpha=0.10$，由正态分布表中查得临界值$U_{\alpha/2}=1.645$小于检验统计量绝对值，因此，径流序列递减趋势显著。

表3-8　年径流序列趋势分析表

水电站	检验统计量U	显著水平α	临界值$U_{\alpha/2}$	判别结果	趋势性
石泉	-1.71	0.10	1.645	$\|U\|>U_{\alpha/2}$	显著递减
喜河	-1.70	0.10	1.645	$\|U\|>U_{\alpha/2}$	显著递减
安康	-1.86	0.10	1.645	$\|U\|>U_{\alpha/2}$	显著递减

3.4 洪水规律分析

3.4.1 洪峰流量序列的复杂性分析

洪水序列是一个复杂的时间序列，由于洪水序列还没有被揭示出反映其物理本质的动力方程，只能从表象本身来研究其规律性。因此，从时间序列研究构成复杂表象的动力学特征，分析寻找未知的规律，是一条可行的途径。如果将洪水时间序列视为洪水状态演化过程的残留点集，则由此洪水时间序列应当可以得到洪水序列动力过程的部分信息。

柯尔莫哥洛夫（Kolmogorov）曾提出了时间序列复杂性的表征量，并由兰帕尔-齐夫（Lempel. A和Ziv. J）具体化成“算法复杂性”来表征一个有限序列所代表的动力系统的周期性和混沌性，并认为对高维系统特别适用。兰帕尔-齐夫算法复杂性是对任意给定的有限长度符号序列复杂性的度量，计算方便，适合于对洪水时间序列的研究。因此本小节以它为标准研究安康站洪水时间序列复杂性，以提取洪水变化的复杂性特征。

1965年，柯尔莫哥洛夫（Kolmogorov）定义一个给定字符串的复杂性度量等于能够产生这一字符串的最短计算机程序的字节数；1976年，兰帕尔-齐夫（Lempel. A和Ziv. J）提出可以不直接计算产生字符串的最短字节数而只用简单的两种操作，即复制与插入计算作为程序长度有用度量的一个数C_0，这个数称为算法复杂性度量，简称算法复杂度。算法复杂度C_0是一种随机性测度，反映了序列接近随机的程度。

兰帕尔-齐夫（Lempel. A和Ziv. J）算法复杂性描述如下：

假设一数列$X=\{x_1, x_2, \cdots, x_n\}$，首先求得这个数列的平均值$X_{av}$，令

$$S_i=\begin{cases}1 & \text{当 } x>X_{av} \text{ 时}\\ 0 & \text{当 } x\leqslant X_{av} \text{ 时}\end{cases} \tag{3-12}$$

从$\{x_1, x_2, \cdots, x_n\}$序列得到一个（0，1）符号序列$S=\{s_0, s_1, s_2, \cdots, s_n\}$。对字符$S=\{s_1, s_2, \cdots, s_r\}$后再加一个或一串字符$S_{r+1}$或$\{S_{r+1}, S_{r+2}, S_{r+3}, \cdots, S_{r+k}\}$

称为 Q，得到新序列 SQ，令 SQv 是一串字符 SQ 减去最后的一个字符，再看 Q 是否属于 SQv 字符串中已有的“字句”。如果已经有过，那么把这个字符加在后面称为“复制”；如果没有出现过，则称为“插入”，“插入”时用一个“*”把前后分开，下一步则把“*”前面的所有的字符看成 S，再重复如上步骤。得到用“*”分成段的字符串，分成段的数目用 $c(n)$ 表示。而对于［0，1］区间上所有值，复杂性都趋向同一个最大值：

$$\lim_{n\to\infty} C(n)=b(n) \tag{3-13}$$

式中：$b(n)=n\log_2 n$ 表示随机序列复杂性的渐进行为。

用 $b(n)$ 将 $C(n)$ 归一化，有：

$$C_0=C(n)/b(n) \tag{3-14}$$

称为算法复杂度，简称复杂度 C_0。

从该算法可知：对有规律的周期时间序列，当 n 充分大时，$C(n)$ 不随 n 的大小而变，当 $n\to\infty$ 时，$C_0=C(n)/b(n)\to 0$；对于随机时间序列，$C(n)$ 一直随 n 而变，没有稳定的有限值，并且序列越随机，$C(n)$ 就越大；当 $n\to\infty$ 时，$C_0=C(n)/b(n)\to 1$，序列为完全随机，复杂性最大。C_0 的大小反映了序列随机（复杂）程度，C_0 越大随机（复杂）程度越大。

3.4.2 洪水特征指标

对一场洪水而言，洪水强度通常以一次洪水过程的洪峰流量、洪水总量、洪水历时等指标来刻画，统称为洪水三要素。对洪水序列，除了洪水三要素，还需要用洪水峰峰间期等其他指标来更好地刻画，进而更好地反映洪水静动态的各种特征。

（1）洪水峰峰间期。洪水峰峰间期 $T_{峰峰间期}(t)$ 是指 t 次与 $t+1$ 次洪水峰现时间之差，即 $T_{峰峰间期}(t)=(t+1)_{峰现}-t_{峰现}$。$T_{峰峰间期}(t)$ 越大，$t+1$ 次洪峰出现的越晚，越有利于防洪调度；$T_{峰峰间期}(t)$ 越小，$t+1$ 次洪峰出现的越早，越不利于防洪调度。

（2）洪水歇洪间期。洪水歇洪间期 $T_{歇洪间期}(t)$ 是指 t 次洪水结束时间 $t_{结束}$ 与 $t+1$ 次洪水起涨的时间$(t+1)_{起}$之差，即 $T_{歇洪间期}(t)=(t+1)_{起}-t_{结束}$。$T_{歇洪间期}(t)$ 的大小反映了无洪水的时间长短，故洪水歇洪间期也称为无洪时间。$T_{歇洪间期}(t)$ 越大，$t+1$ 次洪水出现越晚，一定程度上越有利于防洪调度；$T_{歇洪间期}(t)$ 越小，$t+1$ 次洪水出现越早，越不利于防洪调度。

（3）洪水起涨间期。洪水起涨间期 $T_{起涨间期}(t)$ 是指第 $t+1$ 次洪水与第 t 次洪水起涨时间之差，即 $T_{起涨间期}(t)=(t+1)_{起}-t_{起}=T_{洪水历时}(t)+T_{歇洪间期}(t)$。$T_{起涨间期}(t)$ 的大小反映了两场洪水间的时间长短，也即反映了一场洪水的周期长短，故此称为洪水周期，记为 $\hat{T}_{洪水周期}$。

（4）洪水涨水段间期。洪水涨水段间期 $T_{起涨段间期}(t)$ 是指 t 次洪水的峰现时间与起涨时间之差，即 $T_{起涨段间期}(t)=t_{峰现}-t_{起}$。$T_{起涨段间期}(t)$ 的大小反映了洪水涨水时间的长短。$T_{起涨段间期}(t)$ 越大，对防洪调度的压力越大；反之，$T_{起涨段间期}(t)$ 越小，防洪调度的压力相对越小。

（5）洪水退水段间期。退水段间期 $T_{退水段间期}(t)$ 是指 t 次洪水的峰现时间与结束时间之间隔，即 $T_{退水段间期}(t)=t_{结}-t_{峰现}$。$T_{退水段间期}(t)$ 的大小反映了洪水退水时间的长短。$T_{退水段间期}(t)$ 越大，对防洪调度的压力越小；反之，$T_{退水段间期}(t)$ 越小，防洪调度的压力相对越大。

（6）洪水结束间期。洪水结束间期 $T_{结束间期}(t)$ 是指 $t-1$ 次与 t 次洪水结束时间之间隔，即 $T_{结束间期}(t)=t_{结}-(t-1)_{结}$。$T_{结束间期}(t)$ 的大小也反映了两场洪水结束时间的长短，亦即反映了一场洪水的周期长短，故此也称为洪水周期，记为 $\hat{T}_{洪水周期}(t)$。

（7）各指标间的换算。由各指标的定义可以看出，它们之间存在着如下关系（图 3-5）：

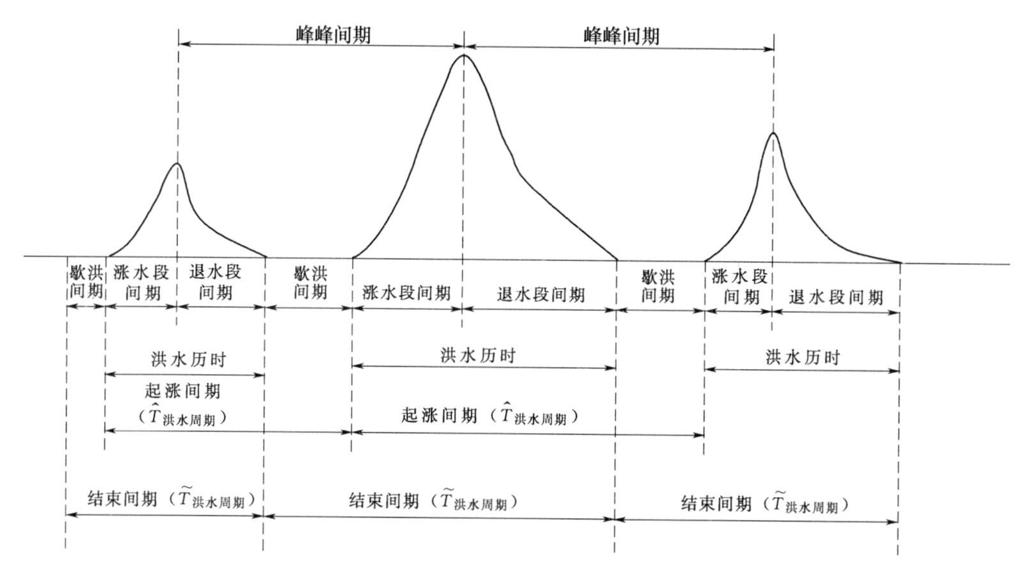

图 3-5　洪水特征指标关系示意图

$$T_{歇洪间期}(t)=T_{峰峰间期}(t)-[T_{退水段间期}(t)+T_{起涨段间期}(t+1)] \tag{3-15}$$

$$\begin{aligned}\widetilde{T}_{洪水周期}(t)&=T_{起涨间期}(t)=T_{洪水历时}(t)+T_{歇洪间期}(t+1)\\&=T_{起涨段间期}(t)+T_{歇洪间期}(t)+T_{退水段间期}(t)\end{aligned} \tag{3-16}$$

$$\begin{aligned}T_{红水周期}(t)&=T_{结束间期}(t)+T_{歇洪间期}(t)+T_{洪水历时}(t)\\&=T_{歇洪间期}(t)+T_{起涨段间期}(t)+T_{退水段间期}(t)\end{aligned} \tag{3-17}$$

研究分析上述各指标的相关性和变化过程，可全面描述洪水的变化过程，为水库实现资源化提供依据。

3.4.3 洪水概率分析

3.4.3.1 洪水特征指标值的量级划分方法

洪水各特征指标值的分布与其量级的划分有着密切关系。采用黄金分割率可以较好地对洪水各特征指标值进行量级划分。

设某指标 χ 的均值为 $\overline{\chi}$，黄金分割率为 $\Omega=0.618$，则该指标可按式（3-18）计算分割点 λ，实现 m 个量级的划分：

$$\lambda_i=\Omega^j\widetilde{\chi}\quad(|j|\leqslant m,i=1,2,\cdots,m) \tag{3-18}$$

式中：j 和量级个数 m 可依据指标 χ 的值域大小来选取。

如在计算喜河水库洪水的年内次数的分布及其概率时，洪峰流量指标 χ 的均值为 $\overline{\chi}=3958.14\text{m}^3/\text{s}$，根据实际情况，按照黄金分割法，将流量指标值域的范围取为 $m=5$，$j=-2\sim2$，利用式（3-18）可以得到以下5个分割点：

$\lambda_1=\Omega^2\,\overline{\chi}=1512$　　$\lambda_2=\Omega^1\,\overline{\chi}=2446$　　$\lambda_3=\Omega^0\,\overline{\chi}=3958$

$\lambda_4=\Omega^{-1}\overline{\chi}=6405$　　$\lambda_5=\Omega^{-2}\overline{\chi}=10364$

3.4.3.2　洪水发生概率分析原理

水文水资源领域常用的离散型分布是泊松（Poisson）分布，可用于描述降水日数、暴雨日数、干旱发生次数、洪水发生次数等随机变量。本小节使用泊松（Poisson）分布计算分析年内发生洪水次数的概率。

对某河流断面，设年洪水次数的观测序列 F_y 为

$$F_y=\{f_y(t)\}=\{f_y(1),f_y(2),\cdots,f_y(n)\} \tag{3-19}$$

式中：$\{f_y(t)\}$表示在第 t 个观测年中洪水出现的次数。

一般地，对由连续降雨形成的多峰洪水和连峰洪水，在分析中按一场洪水统计。

对 F_y 序列作如下变换：令 f_x 为在观测时段（即总的观测年数）内，每年发生 x 次洪水的总年数，则有序列 F：

$$F=\{f_0,f_1,\cdots,f_k\} \tag{3-20}$$

即，在 n 年中，发生0次洪水有 f_0 年，发生1次洪水有 f_1 年，发生 k 次洪水有 f_k 年。若序列 F 在 α 显著水平下符合泊松分布，则每年发生 x 次洪水的概率 $p(x)$ 为

$$p(x)=\frac{\hat{a}^x}{x!}e^{-\hat{a}} \tag{3-21}$$

且年发生洪水期望值为

$$E(x)=np(x) \tag{3-22}$$

其中

$$\hat{a}=\frac{1}{n}\sum_{x=0}^{k}xf_x \tag{3-23}$$

对洪水这一离散过程是否可以应用泊松分布分析，还应检验实际分布与理论分布是否一致。构造统计量为 χ_0^2，则 χ_0^2 是近似服从具有 $k-2$ 自由度的 χ_0^2 分布。选定某一显著水平 α，则从 χ^2 分布表中查得临界值 $\chi_{\alpha,k-2}^2$，若

$$\chi_0^2=\sum_{x=0}^{k}\frac{[f_x-E(x)]^2}{E(x)}<\chi_{\alpha,k-2}^2 \tag{3-24}$$

成立，则满足泊松分布。

3.4.4　石泉水电站

3.4.4.1　小洪水月分布分析

根据石泉站径流的特点，以洪峰流量小于等于 $4100\text{m}^3/\text{s}$ 的洪水作为小洪水。统计得到石泉站1954—2000年47年共183场小洪水资料，进行月分布情况分析，结果见表3-9。

从表3-9和图3-6可以看出：汛期小洪水次数占全年洪水次数的90%以上，主汛期小洪水次数占全年的50%以上，尤以7月小洪水发生次数最多。

表3-9　　石泉站1954—2000年小洪水月分布

月份	1	2	3	4	5	6	7	8	9	10	11	12	合计
月洪水次数/次	0	0	2	10	23	21	40	31	24	26	6	0	183
占小洪水总数百分率/%	0	0	1.09	5.46	12.57	11.48	21.86	16.94	13.11	14.21	3.28	0	100

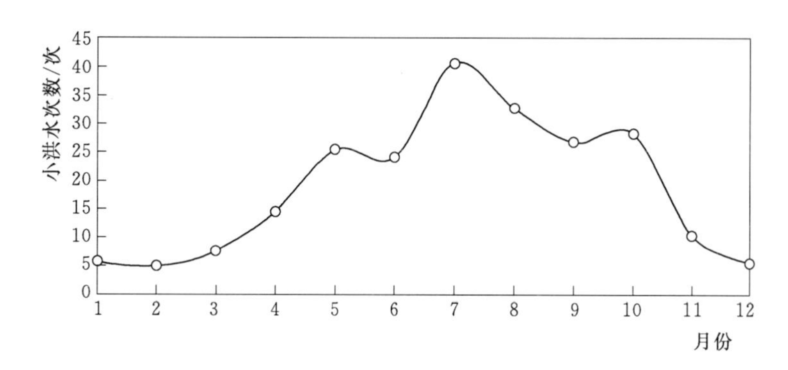

图3-6　石泉站1954—2000年小洪水次数分布曲线

3.4.4.2　洪水的年内次数分析及其概率

河流水情的变化是由非汛期逐渐增强到主汛期，在经过一段衰减期后由主汛期过渡到非汛期。故将主汛期前一段时间称为汛情增强期，主汛期后一段时间称为汛情衰减期。对石泉站，增强期为6月30日前，衰减期为10月1日后。

表3-10和表3-11为1954—2000年石泉站47年（$n=47$）183场小洪水次数分布情况，洪峰流量指标的均值为2097m^3/s。按黄金分割法，依洪峰流量指标值域范围取$m=4$，$j=-1\sim1$，利用式（3-18）进行量级划分。在表3-10和表3-11中，如洪水次数$x=2$时，则表示在47年内有11年每年发生了2次洪峰流量大于1295m^3/s的小洪水；有10年每年发生了2次洪峰流量大于2096m^3/s的小洪水，其余类推。总合值则由小洪水次数与实际发生相应次数的年数之积的和来确定，表示47年内共发生了大于某一洪峰流量小洪水的次数，而年均值表示每年平均发生某一洪峰流量小洪水的次数。如对流量大于3392m^3/s的小洪水，从表3-10中可以看出：在47年内共发生了20次（总计），年均发生0.43次（年均值）；有12年每年发生1次，有4年每年发生2次，另有31年没有发生该量级的小洪水。石泉水库多为洪峰流量大于1295m^3/s的小洪水，其比例占已发生小洪水的81.42%；洪峰流量大于3392m^3/s的小洪水占10.93%。石泉水库多为洪峰流量为1295m^3/s和3392m^3/s之间的小洪水。

从表3-12可知：洪峰流量大于1295m^3/s的小洪水，每年极可能出现1～5次；洪峰流量大于3392m^3/s的小洪水，每年极可能出现0～1次，而每年主汛期发生小洪水的次数极可能为0～3次。

表 3-10　　石泉站 1954—2000 年实测小洪水洪峰次数及期望分布

小洪水场次 x	流量>1295m³/s	流量>2096m³/s	流量>3392m³/s	增强期	主汛期	衰减期
0	1	7	31	17	4	22
1	6	21	12	15	13	19
2	11	10	4	9	16	5
3	10	5		2	9	1
4	10	3		3	3	
5	3	1		1	1	
6	6				1	
总合值	149	73	20	56	95	32
年均值	3.17	1.55	0.43	1.19	2.02	0.68
百分率%	81.42	39.89	10.93	30.60	51.91	17.49
小洪水场次 x	概　率					
0	0.04	0.21	0.65	0.30	0.13	0.51
1	0.13	0.33	0.28	0.36	0.27	0.34
2	0.21	0.25	0.06	0.22	0.27	0.12
3	0.22	0.13		0.09	0.18	0.03
4	0.18	0.05		0.03	0.09	
5	0.11	0.02		0.01	0.04	
6	0.06				0.01	

表 3-11　　石泉站 1954—2000 年实测小洪水次数年内分布情况

序号	年份	年小洪水数	增强期	主汛期	衰减期	流量>1295m³/s	流量>2096m³/s	流量>3392m³/s
1	1954	6	0	5	1	6	5	2
2	1955	4	0	3	1	4	4	1
3	1956	0	0	0	0	0	0	0
4	1957	2	2	0	0	1	1	0
5	1958	1	0	1	0	1	0	0
6	1959	3	1	2	0	2	1	0
7	1960	3	0	2	1	2	0	0
8	1961	4	1	1	2	4	2	1
9	1962	2	0	1	1	2	1	1
10	1963	3	0	3	0	2	1	0
11	1964	5	2	2	1	4	1	1
12	1965	3	2	1	0	3	1	0
13	1966	6	0	6	0	4	2	0
14	1967	7	4	3	0	6	4	2

续表

序号	年份	年小洪水数	增强期	主汛期	衰减期	流量 >1295m^3/s	流量 >2096m^3/s	流量 >3392m^3/s
15	1968	7	3	2	2	3	1	0
16	1969	3	1	1	1	2	0	0
17	1970	6	1	4	1	5	2	2
18	1971	6	2	1	3	5	1	1
19	1972	4	2	2	0	2	0	0
20	1973	4	1	3	0	3	1	0
21	1974	4	1	2	1	4	2	1
22	1975	3	0	2	1	3	1	1
23	1976	3	2	0	1	2	1	0
24	1977	2	0	1	1	2	1	1
25	1978	3	1	2	0	3	1	0
26	1979	2	0	2	0	1	0	0
27	1980	4	1	1	2	3	2	1
28	1981	2	0	1	1	2	1	1
29	1982	2	0	2	0	2	1	0
30	1983	5	2	1	2	4	3	0
31	1984	6	2	4	0	6	2	0
32	1985	4	1	2	1	2	1	0
33	1986	6	3	3	0	6	3	0
34	1987	6	4	2	0	6	4	1
35	1988	5	1	3	1	4	2	1
36	1989	7	5	2	0	6	3	0
37	1990	7	4	3	0	4	3	0
38	1991	3	1	2	0	3	2	0
39	1992	4	0	3	1	4	2	0
40	1993	6	1	4	1	5	3	2
41	1994	3	1	1	1	3	1	0
42	1995	2	0	2	0	1	1	0
43	1996	5	1	2	2	3	1	0
44	1997	1	0	1	0	1	0	0
45	1998	3	2	1	0	3	1	0
46	1999	1	0	0	1	1	1	0
47	2000	5	1	3	1	4	2	0
总和值		183	56	95	32	149	73	20
年均值		3.89	1.19	2.02	0.68	3.17	1.55	0.43

表3-12　　年可能小洪水次数及极可能小洪水次数

洪水量级	可能次数/次	概率	极可能次数/次	概率
流量＞1295m^3/s	3	0.22	1～5	0.86
流量＞2096m^3/s	1	0.33	0～3	0.93
流量＞3392m^3/s	0	0.65	0～1	0.93
增强期	1	0.36	0～2	0.88
主汛期	2	0.27	0～3	0.85
衰减期	0	0.51	0～2	0.97

3.4.4.3　洪水特征指标分析

（1）小洪水峰峰间期分析。小洪水峰峰间期是指相邻两场洪水峰现时间之差。表3-13为1954—2000年石泉站47年（n=47）183场小洪水峰峰间期分布情况，峰峰间期指标的均值约为36天。按黄金分割法，依峰峰间期指标值域范围取m=7，j=－1～4，利用式（3-18）进行量级划分。

表3-13　　石泉站1954—2000年实测小洪水峰峰间期年内分布情况

项目	峰峰次数/次	＞5天	＞8天	＞14天	＞22天	＞36天	＞58天
总次数	137	135	122	96	79	54	26
年均值	2.91	2.87	2.60	2.04	1.68	1.15	0.55
百分率/%		98.54	89.05	70.07	57.66	39.42	18.98

由表3-13可知：峰峰间期以36～58天以上为最多，共出现了28次，占20.44%；间隔8～14天、14～22天和22～36天的次之，分别出现了122－96=26次、96－79=17次和79－54=25次，均占12.4%以上。峰峰间期89.05%大于8天。

表3-14为1954—2000年石泉站47年（n=47）小洪水峰峰间期次数及期望分布情况。从中可以看出：峰峰间期大于14天的，年可能出现2次，极可能出现0～3次；峰峰间期大于58天的，年极可能出现0～1次。

表3-14　　峰峰间期年可能次数及极可能次数

峰峰间期	可能次数/次	概率	极可能次数/次	概率
＞5天	2	0.23	1～4	0.78
＞8天	2	0.25	1～4	0.80
＞14天	2	0.27	0～3	0.85
＞22天	1	0.31	0～3	0.91
＞36天	1	0.36	0～2	0.89
＞58天	0	0.58	0～1	0.89

（2）小洪水歇洪间期分析。小洪水歇洪间期是指两场洪水之间间隔时间。表3-15～表3-17为1954—2000年石泉站47年（n=47）183场小洪水歇洪间期分布情况，歇洪间期指标的均值约为30天。按黄金分割法，依峰峰间期指标值域范围取m=7，j=－1～

4，利用式（3-18）进行量级划分。

表 3-15　　石泉站 1954—2000 年实测歇洪间期分布情况

项目	歇洪次数/次	>4 天	>7 天	>11 天	>19 天	>30 天	>49 天
总次数	137	113	104	89	72	55	28
年均值	2.91	2.40	2.21	1.89	1.53	1.17	0.60
百分率/%		82.48	75.91	64.96	52.55	40.15	20.44

表 3-15 的结果表明：歇洪间期以大于 4 天为主，年均有 2.40 次，占总次数的 82.48%；大于 7 天的年均有 2.21 次，占总次数的 75.91%。

由表 3-16 可知：年极可能有 1～4 次的歇洪间期达 4 天以上；有 0～3 次的歇洪间期分别达 11 天和 19 天以上。

表 3-16　　歇洪间期年可能次数和极可能次数

歇洪天数	可能次数/次	概率	极可能次数/次	概率
>4 天	2	0.26	1～4	0.81
>7 天	2	0.27	0～4	0.93
>11 天	1	0.29	0～3	0.88
>19 天	1	0.33	0～3	0.93
>30 天	1	0.36	0～2	0.89
>49 天	0	0.55	0～1	0.88

表 3-17　　石泉站 1954—2000 年实测小洪水歇洪间期年内分布情况

序号	年份	歇洪次数/次	>4 天	>7 天	>11 天	>19 天	>30 天	>49 天
1	1954	5	4	3	1	0	0	0
2	1955	3	2	2	2	2	0	0
3	1956	0	0	0	0	0	0	0
4	1957	1	1	1	1	1	0	0
5	1958	0	0	0	0	0	0	0
6	1959	2	2	2	1	1	1	1
7	1960	2	2	2	1	1	1	0
8	1961	3	3	3	3	3	2	1
9	1962	1	1	1	1	1	1	0
10	1963	2	1	1	1	1	1	0
11	1964	4	4	4	3	3	2	1
12	1965	2	1	1	1	1	1	1
13	1966	5	3	1	1	1	0	0
14	1967	6	6	5	5	3	3	0
15	1968	6	4	4	4	3	3	2

续表

序号	年份	歇洪次数/次	>4天	>7天	>11天	>19天	>30天	>49天
16	1969	2	2	2	2	2	2	2
17	1970	5	5	5	4	2	1	1
18	1971	5	5	5	5	3	2	1
19	1972	3	3	3	3	3	3	1
20	1973	3	3	3	3	2	2	2
21	1974	3	3	3	3	3	3	1
22	1975	2	2	2	2	2	1	1
23	1976	2	2	2	2	2	1	1
24	1977	1	1	1	1	1	1	1
25	1978	2	2	2	2	2	2	0
26	1979	1	1	1	1	1	1	1
27	1980	3	3	3	3	3	3	2
28	1981	1	1	1	0	1	1	0
29	1982	1	1	1	1	1	1	1
30	1983	4	3	3	3	3	2	1
31	1984	5	4	3	3	0	0	0
32	1985	3	2	2	1	1	1	1
33	1986	5	3	2	2	1	1	1
34	1987	5	3	3	2	2	1	0
35	1988	4	4	3	3	2	1	1
36	1989	6	5	5	3	2	1	0
37	1990	6	2	2	1	1	1	0
38	1991	2	2	2	2	1	1	0
39	1992	3	2	1	1	1	0	0
40	1993	5	4	4	2	2	1	0
41	1994	2	2	1	1	1	1	1
42	1995	1	1	1	1	0	0	0
43	1996	4	3	3	3	3	2	1
44	1997	0	0	0	0	0	0	0
45	1998	2	2	2	1	1	1	1
46	1999	0	0	0	0	0	0	0
47	2000	4	3	3	3	2	2	0
总合值		137	113	104	89	72	55	28
年均值		2.91	2.4	2.21	1.89	1.53	1.17	0.6

(3) 小洪水起涨间期分析。小洪水起涨间期是指下场洪水起涨时间与本场洪水起涨时间之差。表3-18和表3-19为1954—2000年石泉站47年($n=47$)183场小洪水起涨间期分布情况，起涨间期指标的均值约为36天。按黄金分割法，依峰峰间期指标值域范围取$m=7$，$j=-1\sim4$，利用式(3-18)进行量级划分。

表 3-18　　石泉站 1954—2000 年小洪水起涨间期分布情况

项目	起涨次数/次	>5 天	>8 天	>14 天	>22 天	>36 天	>58 天
总次数	137	134	121	94	78	58	25
年均值	2.91	2.85	2.57	2.00	1.66	1.23	0.53
百分率/%		97.81	88.32	68.61	56.93	42.34	18.25

表 3-18 的结果表明：由一场洪水的起涨时间到下一场洪水的起涨时间间隔以大于 5 天为主，占 97.81%。间隔 5～8 天的有 134－121＝13 次，占 9.49%；间隔 8～14 天的有 121－94＝27 次，占 19.71%；间隔 14～22 天的有 94－78＝16 次，占 11.68%；间隔 22～36 天的有 78－58＝20 次，占 14.60%；间隔 36～58 天的有 58－25＝33 次，占 24.09%；58 天以上的有 25 次，占 18.25%。

由表 3-19 可知：洪水起涨间期每年有 1～4 次极有可能分别达到 5 天和 8 天以上；有 0～3 次极有可能分别达到 14 天和 22 天以上；有 0～2 次在 36 天以上；有 0～1 次在 58 天以上。

表 3-19　　起涨间期年可能次数及极可能次数

起涨间期	可能次数/次	概率	极可能次数/次	概率
>5 天	2	0.24	1～4	0.78
>8 天	2	0.25	1～4	0.81
>14 天	1 (2)	0.27	0～3	0.86
>22 天	1	0.32	0～3	0.91
>36 天	1	0.36	0～2	0.87
>58 天	0	0.59	0～1	0.90

(4) 小洪水涨水段间期分析。小洪水涨水段间期是指一场洪水峰现时间与起涨时间差。表 3-20 和表 3-21 为 1954—2000 年石泉站 47 年（$n=47$）183 场小洪水涨水段间期分布情况，涨水段间期指标的均值约为 2 天。按黄金分割法，依涨水段间期指标值域范围取$m=6$，$j=-1$～3，利用式（3-18）进行量级划分。

表 3-20　　石泉站 1954—2000 年实测小洪水涨水段间期分布情况

项目	涨水次数/次	>0.5 天	>0.9 天	>1.4 天	>2.3 天	>3.7 天
合计	183	179	157	107	56	24
均值	3.89	3.81	3.34	2.28	1.19	0.51
百分率/%		97.81	85.79	58.47	30.60	13.11

表 3-20 的结果表明：由某场小洪水的起涨时间到该场洪水的峰现时间间隔以大于 0.5 天为主，占 97.81%。大于 0.9 天的占 85.79%。间隔 0.5～0.9 天的有 179－157＝22 次，占 12.02%；间隔 0.9～1.4 天的有 157－107＝50 次，占 27.32%；间隔 1.4～2.3 天的有 107－56＝51 次，占 27.87%；间隔 2.3～3.7 天的有 56－24＝32 次，占 17.49%；3.7 天以上的有 24 次，占 13.11%。尤以 1.4～2.3 天为最多，达 27.87%。

表 3-21　　涨水间期年可能次数及极可能次数

起涨间期	可能次数/次	概率	极可能次数/次	概率
>0.5 天	3	0.20	2～5	0.71
>0.9 天	3	0.22	1～5	0.84
>1.4 天	2	0.27	0～4	0.92
>2.3 天	1	0.36	0～2	0.88
>3.7 天	0	0.60	0～1	0.91

由表 3-21 可知：洪水涨水段间期每年有 2～5 次极有可能在 0.5 天以上；有 1～5 次极有可能在 0.9 天以上；有 0～1 次在 3.7 天以上。

3.4.5　喜河水电站

3.4.5.1　喜河水库洪水月分布统计

对喜河水库的月分布情况进行分析，结果如表 3-22 和图 3-7 所示。定义百分率大于 10%的月份作为汛期，百分率大于 15%的月份为主汛期，百分率小于 10%的月份为非汛期。即 5～10 月为汛期，7～9 为主汛期，11 月至次年 4 月为非汛期。由图表可知：汛期洪水次数占全年洪水次数的 90%以上，主汛期洪水次数占全年的 60%以上，尤以 7 月洪水发生次数最多。

表 3-22　　喜河水库 1954—2000 年洪水分布情况

月份	月洪水次数/次	百分率/%	月份	月洪水次数/次	百分率/%
1	0	0	7	65	25.69
2	0	0	8	43	17.00
3	2	0.79	9	42	16.60
4	11	4.35	10	31	12.25
5	27	10.67	11	7	2.77
6	25	9.88	12	0	0

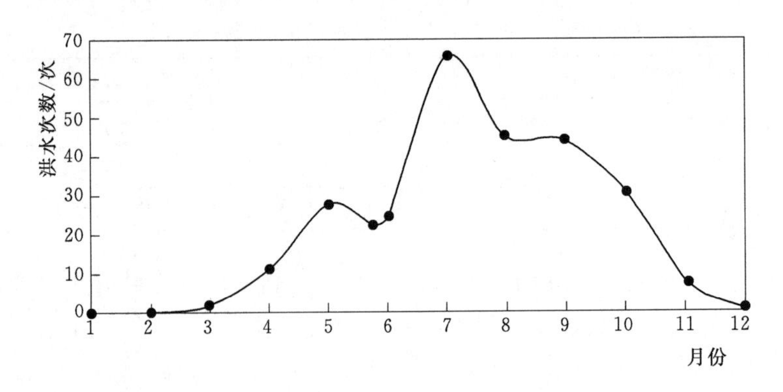

图 3-7　喜河水库 1954—2000 年月洪水分布图

3.4.5.2 喜河水库洪水年内次数分析及其概率

汛情变化由非汛期逐渐增强到主汛期，一般将主汛期前一段时间称为汛情增强期，主汛期后一段时间称为汛期衰减期。喜河水库增强期为6月30日前，衰减期为10月1日后。

表3-23为1954—2000年喜河水库47年共253场洪水次数分布情况，洪峰流量量级指标均值为3958m^3/s，根据黄金分割法计算分割点。在表中如果洪水次数$x=2$，则表示在有实测资料的47年内有11年每年发生了2次洪峰流量大于3958m^3/s的洪水，有10年每年发生了2次洪峰流量大于6405m^3/s的洪水；而在有实测资料的47年内有1年发生了6次洪峰流量大于3958m^3/s的洪水，其余依此类推。总和值等于洪水次数与实际发生相应次数的年数之积的和。由表3-23可知：喜河水库有资料的47年内，洪峰流量大于3958m^3/s的洪水占所有已发生洪水的比例为32.41%，而洪峰流量大于10364m^3/s的占9.09%，在增强期5月、6月所占的比例分别为10.67%和9.88%，主汛期7—9月所占的比例分别为25.67%、17%和16.6%，在衰减期10月所占的比例为12.25%。

表3-23　　喜河水库1954—2000年入库洪水洪峰次数及期望分布

洪水场次x	流量>1512m^3/s	流量>2446m^3/s	流量>3958m^3/s	流量>6405m^3/s	流量>10364m^3/s	增强期		主汛期			衰减期
						5月	6月	7月	8月	9月	10月
0	0	1	8	20	29	25	30	5	17	16	22
1	2	14	15	14	14	17	10	22	19	22	20
2	7	8	11	10	3	5	6	17	9	7	4
3	4	12	9	2	1		1	3	2	2	1
4	16	6	3								
5	7	4									
6	2		1	1							
7	6	1									
8	1	1									
9	2										
总和值	207	125	82	46	23	27	25	65	43	42	31
平均值	4.40	2.66	1.74	0.98	0.49	0.57	0.53	1.38	0.91	0.89	0.66
百分率%	81.82	49.41	32.41	18.18	9.09	10.67	9.88	25.69	17	16.6	12.25
洪水场次x	概率										
0	0.01	0.07	0.17	0.38	0.61	0.56	0.59	0.25	0.4	0.41	0.52
1	0.05	0.19	0.30	0.37	0.30	0.32	0.31	0.35	0.37	0.37	0.34
2	0.12	0.25	0.27	0.18	0.07	0.09	0.08	0.24	0.17	0.16	0.11
3	0.17	0.22	0.15	0.06	0.01		0.01	0.11	0.05	0.05	0.02
4	0.19	0.15	0.07								
5	0.17	0.08									
6	0.12		0.01	0							

续表

洪水场次 x	流量 >1512 m³/s	流量 >2446 m³/s	流量 >3958 m³/s	流量 >6405 m³/s	流量 >10364 m³/s	增强期		主汛期			衰减期
						5 月	6 月	7 月	8 月	9 月	10 月
7	0.08	0.01									
8	0.04	0									
9	0.02										

注　可验证各量级洪水序列在 $\alpha=0.05$ 时为泊松分布。

表 3-24 为喜河水库年可能洪水次数及极可能洪水次数。可以看出：洪峰流量大于 1512m³/s 的洪水年极可能出现 2～6 次，洪峰流量大于 2446m³/s 的洪水年极可能出现 1～4 次，洪峰流量大于 3958m³/s 的洪水年极可能出现 0～3 次，洪峰流量大于 6405m³/s 的洪水年极可能出现 0～2 次，洪峰流量大于 10364m³/s 的洪水年极可能出现 0～1 次。5 月、6 月洪水年极可能出现 0～1 次，7—10 月洪水年极可能出现 0～2 次。

表 3-24　喜河水库年可能洪水次数及极可能洪水次数

洪水量级		可能次数/次	概率	极可能次数/次	概率
流量>1512/m³/s		4	0.19	2～6	0.78
流量>2446/m³/s		2	0.25	1～4	0.80
流量>3958/m³/s		1	0.30	0～3	0.90
流量>6405/m³/s		0	0.38	0～2	0.92
流量>10364/m³/s		0	0.61	0～1	0.91
增强期	5 月	0	0.56	0～1	0.88
	6 月	0	0.59	0～1	0.90
主汛期	7 月	1	0.35	0～2	0.84
	8 月	0	0.40	0～2	0.93
	9 月	0	0.41	0～2	0.94
衰减期	10 月	0	0.52	0～2	0.97

3.4.5.3　洪水特征指标分析

（1）洪水峰峰间期分析。洪水峰峰间期是指相邻两场洪水峰现时间之差。表 3-25 为 1954—2000 年喜河水库 47 年（$n=47$）253 场洪水峰峰间期分布情况，峰峰间期指标的均值约为 67 天。按黄金分割法，依峰峰间期指标值域范围取 $m=7$，$j=-1\sim6$，进行量级划分。可以看出峰峰间期以 41 天以上为最多，共出现了 82 次，占 32.54%；间隔 9～15 天、15～25 天和 25～41 天的次之，分别出现了 215－169＝46 次、169－126＝43 次和 126－82＝44 次，均占 17.06%以上。峰峰间期 85.32%大于 9 天。

表 3-26 为 1954—2000 年喜河水库 47 年（$n=47$）洪水峰峰间期可能次数及期望分布情况。从中可以看出：峰峰间期大于 9 天的，年可能出现 4 次，极可能出现 2～6 次；峰峰间期大于 41 天的，年极可能出现 0～3 次。

表 3-25 喜河水库 1954—2000 年实测峰峰间期年内分布情况

项目	峰峰次数/次	>3 天	>6 天	>9 天	>15 天	>25 天	>41 天
总次数	252	251	243	215	169	126	82
年均值	5.36	5.34	5.17	4.57	3.60	2.68	1.74
百分率/%		99.6	96.43	85.32	67.06	50.00	32.54

表 3-26 峰峰间期年可能次数和极可能次数

峰峰间期	可能次数/次	概率	极可能次数/次	概率
>3 天	5	0.17	3～7	0.73
>6 天	5	0.18	3～7	0.74
>9 天	4	0.19	2～6	0.76
>15 天	3	0.21	2～5	0.72
>25 天	2	0.47	1～4	0.80
>41 天	1	0.30	0～3	0.90

（2）洪水歇洪间期分析。洪水歇洪间期是指两场洪水结束时间之差。表 3-27～表 3-29 为 1954—2000 年喜河水库 47 年（$n=47$）253 场洪水歇洪间期分布情况，歇洪间期指标的均值约为 59 天。按黄金分割法，依峰峰间期指标值域范围取 $m=7$，$j=-1\sim6$，进行量级划分。

表 3-27 喜河水库 1954—2000 年实测歇洪间期分布情况

项目	歇洪次数/次	>3 天	>5 天	>8 天	>13 天	>22 天	>36 天
总次数	252	205	185	162	137	114	73
年均值	5.36	4.36	3.94	3.45	2.91	2.43	1.55
百分率/%		81.35	73.41	64.29	54.37	45.24	28.97

表 3-27 的结果表明：歇洪间期以大于 3 天为主，年均有 4.36 次，占总次数的 81.35%；大于 5 天的年均有 3.94 次，占总次数的 73.41%。由表 4-38 可知：年极可能有 2～6 次的歇洪间期分别达 3 天和 5 天以上；有 1～5 次的歇洪间期分别达 8 天和 13 天以上。

表 3-28 歇洪间期年可能次数和极可能次数

歇洪天数	可能次数/次	概率	极可能次数/次	概率
>3 天	4	0.19	2～6	0.78
>5 天	3	0.20	2～6	0.80
>8 天	3	0.22	1～5	0.83
>13 天	2	0.23	1～5	0.87
>22 天	2	0.26	1～4	0.81
>36 天	1	0.33	0～3	0.93

表 3-29　　喜河水库 1954—2000 年实测歇洪间期年内分布情况

序号	年份	歇洪次数/次	>3 天	>5 天	>8 天	>13 天	>22 天	>36 天
1	1954	6	4	4	3	0	0	0
2	1955	4	3	3	3	2	2	1
3	1956	2	2	2	2	2	2	1
4	1957	4	3	3	3	2	2	1
5	1958	4	3	2	2	2	1	1
6	1959	3	3	3	2	2	2	2
7	1960	4	4	3	2	2	1	1
8	1961	5	5	5	5	5	5	2
9	1962	5	3	3	3	2	2	1
10	1963	5	4	3	3	3	3	1
11	1964	8	7	5	4	4	4	1
12	1965	5	4	4	4	3	3	2
13	1966	6	4	2	2	2	2	1
14	1967	8	6	6	5	5	4	2
15	1968	8	6	5	5	5	4	3
16	1969	4	4	4	4	4	3	3
17	1970	6	6	6	5	3	3	2
18	1971	6	6	6	6	4	4	2
19	1972	5	5	5	4	4	4	2
20	1973	6	5	5	5	4	3	2
21	1974	5	5	5	5	4	4	2
22	1975	6	3	3	2	2	2	2
23	1976	4	4	4	4	4	4	2
24	1977	2	2	2	2	2	2	2
25	1978	4	3	3	3	3	3	2
26	1979	3	2	2	2	2	2	2
27	1980	8	8	8	8	5	4	1
28	1981	5	2	2	2	2	1	1
29	1982	4	4	4	3	2	2	1
30	1983	11	9	8	4	2	1	1
31	1984	9	5	3	3	2	1	1
32	1985	6	5	5	4	4	3	2
33	1986	5	4	4	3	3	2	2
34	1987	9	7	5	4	3	1	1
35	1988	7	7	5	4	3	3	2

续表

序号	年份	歇洪次数/次	>3天	>5天	>8天	>13天	>22天	>36天
36	1989	10	8	7	5	4	1	1
37	1990	10	5	4	3	2	2	1
38	1991	4	4	3	3	3	2	1
39	1992	5	4	3	3	3	2	1
40	1993	6	5	5	3	3	2	2
41	1994	4	4	3	3	3	2	2
42	1995	2	2	2	2	2	1	1
43	1996	5	4	4	4	4	4	3
44	1997	1	1	1	1	1	1	1
45	1998	6	5	5	4	4	3	2
46	1999	2	2	2	2	2	2	2
47	2000	5	4	4	4	3	3	1
总合值		252	205	185	162	137	114	73
年均值		5.36	4.36	3.94	3.45	2.91	2.43	1.55

(3) 洪水起涨间期分析。洪水起涨间期是指下场洪水起涨时间与本场洪水起涨时间之差。表3-30和表3-31为1954—2000年喜河水库47年($n=47$)253场洪水起涨间期分布情况,起涨间期指标的均值约为67天。按黄金分割法,依峰峰间期指标值域范围取$m=6$,$j=-0\sim4$,进行量级划分。

表3-30　　喜河水库1954—2000年洪水起涨间期分布情况

项目	起涨次数/次	>9天	>15天	>25天	>41天	>67天
总次数	252	216	175	123	81	60
年均值	5.36	4.60	3.72	2.62	1.72	1.28
百分率/%		85.71	69.44	48.81	32.14	23.81

表3-30的结果表明:由一场洪水的起涨时间到下一场洪水的起涨时间间隔以大于9天为主,占85.71%。间隔9～15天的有216－175＝41次,占16.17%;间隔15～25天的有175－123＝52次,占20.63%;间隔25～41天的有123－81＝42次,占16.67%;间隔41～67天的有81－60＝19次,占7.54%;67天以上的有60次,占23.81%,尤以67天为最多。

由表3-31可知:洪水起涨间期每年有2～6次极有可能在9天以上;有2～5次极有可能在15天以上;有0～2次在67天以上。

(4) 洪水涨水段间期分析。洪水涨水段间期是指一场洪水的峰现时间与起涨时间之差。表3-32和表3-33为1954—2000年喜河水库47年($n=47$)253场洪水涨水段间期分布情况,涨水段间期指标的均值约为3天。按黄金分割法,依涨水段间期指标值域范围取$m=6$,$j=-1\sim3$,进行量级划分。

表3-31　　起涨间期年可能次数和极可能次数

起涨间期	可能次数/次	概率	极可能次数/次	概率
>9天	4	0.19	2～6	0.76
>15天	3	0.21	2～5	0.71
>25天	2	0.25	1～4	0.80
>41天	1	0.31	0～3	0.90
>67天	1	0.36	0～2	0.86

表3-32　　喜河水库1954—2000年实测洪水涨水段间期分布情况

项目	涨水次数/次	>0.6天	>1.1天	>1.8天	>2.9天	>4.7天
合计	253	242	203	136	67	35
均值	5.38	5.15	4.32	2.89	1.43	0.74
百分率/%		96.03	80.56	53.97	26.59	13.89

表3-32的结果表明：由某场洪水的起涨时间到该场洪水的峰现时间间隔以大于0.6天为主，占96.03%。大于1.1天的占80.56%，表明若用24h洪量来预测洪峰流量，则有80.56%是可以进行预测的。间隔0.6～1.1天的有242－203＝39次，占15.42%；间隔1.1～1.8天的有203－136＝67次，占26.48%；间隔1.8～2.9天的有136－67＝69次，占27.27%；间隔2.9～4.7天的有67－35＝32次，占12.65%；4.7天以上的有35次，占13.89%。尤以1.8～2.9天为最多，达27.27%。

由表3-33可知：洪水涨水段间期每年有3～7次极有可能在0.6天以上；有2～6次极有可能在1.1天以上；有1～4次极有可能在1.8天以上；有0～2次在4.7天以上。

表3-33　　涨水间期年可能次数及极可能次数

起涨间期	可能次数/次	概率	极可能次数/次	概率
>0.6天	5	0.18	3～7	0.74
>1.1天	4	0.19	2～6	0.78
>1.8天	2	0.23	1～4	0.78
>2.9天	1	0.34	0～3	0.94
>4.7天	0	0.47	0～2	0.96

表3-34为喜河水库1980年以来50场实际入库洪水起涨过程进行的分析结果，通过对水库入库洪水起涨的规律和特点进行深入研究，可寻找出制定合理的水库预泄方案的依据。表中第一列为洪水编号，第二列是对应洪水的实际洪峰流量，第三列洪水起涨段历时是指一场洪水从起涨开始到峰现时刻所历经的时间，第四列洪水涨幅为洪峰流量减去起涨时刻的流量，它反映了入库洪水流量的增大幅度，第五列平均起涨率为第四列洪水涨幅除以第三列洪水起涨段历时，即一场洪水从开始到洪峰出现时流量增长的速率，第六列和第七列分别为在每场洪水起涨段内，每三小时或每六小时统计得到的流量的最大增幅。对每场洪水期起涨段的平均起涨率、3h最大涨幅、6h最大涨幅从不同的侧面反映了洪水流量的增长速率，分析了解这些数据对制定预泄调洪规则非常重要。

表 3-34　　喜河水库实际洪水过程的起涨段分析

洪水编号	洪峰流量 /(m^3/s)	洪水起涨段历时 /h	洪水涨幅 /(m^3/s)	平均起涨率 /[m^3/(s·h)]	3h 最大涨幅 /(m^3/s)	6h 最大涨幅 /(m^3/s)
19800730	4441	66	4092	62	2016	3482
19810704	8068	21	7623	363	2504	4483
19810714	10764	45	10089	224	2097	4098
19810810	4366	24	4210	175	2037	2850
19810822	16478	180	16105	89	3542	6153
19820901	7972	36	7861	218	1423	2771
19820926	2761	39	2233	57	375	586
19830526	8111	33	7903	239	2226	3959
19830624	8785	42	8365	199	1498	2707
19830721	10443	39	10056	258	1733	3274
19830731	17227	63	16881	268	3542	5179
19830819	3456	36	3009	84	792	1530
19830908	7618	27	7334	272	2311	3381
19840606	2803	12	2223	185	1075	1878
19840707	10914	39	10263	263	2001	4141
19850514	4419	18	4009	223	1124	2183
19850711	3381	27	2977	110	1049	1969
19850911	5832	120	5020	42	738	1338
19860616	2386	30	2001	67	592	1170
19870526	2630	8	1386	173	837	1354
19870711	3903	33	3564	108	1251	1544
19870718	12609	36	12354	343	4800	7581
19870804	847	30	8218	274	2079	4094
19870903	6334	18	5133	285	1998	2653
19880815	3708	24	3578	149	1258	2468
19880902	5872	21	5496	262	1851	3398
19890516	9195	81	8662	107	2640	4169
19890928	11408	75	10962	146	3922	5911
19900516	4566	30	4411	147	1333	2205
19900701	3511	54	3040	56	500	1741
19900707	12219	45	11639	259	3603	5856
19910614	4814	36	4427	123	969	1617
19920716	8096	51	7943	156	1469	2754
19930723	4151	33	3973	120	1031	1517

续表

洪水编号	洪峰流量 /(m^3/s)	洪水起涨段历时 /h	洪水涨幅 /(m^3/s)	平均起涨率 /[m^3/(s·h)]	3h 最大涨幅 /(m^3/s)	6h 最大涨幅 /(m^3/s)
19941115	4922	45	4581	102	1156	2098
19950911	2954	18	2618	145	850	1413
19960603	2673	63	2512	40	727	751
19970718	1659	18	1027	57	579	804
19980707	17762	57	17391	305	4800	3786
19980814	5448	15	5004	334	2020	3589
19980821	14704	33	14199	430	4713	8759
19990705	5793	30	5656	189	1378	2007
20001011	5961	30	5767	192	1092	2096
20030716	9063	69	8626	125	2943	5713
20030907	7041	72	6809	95	1594	2490
20030920	6153	30	5739	191	1616	3048
20070705	8106	12	7184	599	3880	5658
20070809	5430	18	4825	268	3631	4048
20070901	3073	42	2667	64	1757	2106
20070929	4054	42	3327	79	2594	1900

通过对表 3－34 的分析，分别统计其洪峰流量、洪水起涨段历时、洪水涨幅、平均起涨率、3h 涨幅和 6h 涨幅的最大、最小以及平均值见表 3－35。

表 3－35　　平均起涨速率分析表

项目	洪峰流量 /(m^3/s)	洪水起涨段历时 /h	洪水涨幅 /(m^3/s)	平均起涨率 /[m^3/(s·h)]	3h 涨幅 /(m^3/s)	6h 涨幅 /(m^3/s)
最大值	17762	180	17391	598	4800	8759
最小值	847	8	1027	39	375	586
平均值	6777	41	6499	186	1951	3125

由表 3－35 可以看出：洪水起涨段历时最大 180h，最小仅 8h；洪水的平均起涨速率最小每小时约增大 40m^3/s，最大每小时约增大 600m^3/s；而 3h 涨幅最大可达 4800m^3/s，即每小时约涨 1600m^3/s；6h 涨幅变化范围为 586～8759m^3/s。一般说来，对于一场洪水而言，其洪峰流量越大，洪水起涨速率越快，对防洪调度越为不利，因此，洪峰流量和起涨速率直接影响水库的防洪效益。

3.4.6　安康水电站

3.4.6.1　洪水月分布统计

当洪峰流量大于 3000m^3/s 时，计为一场洪水。统计得到安康站 1991—2004 年 14 年共 69 场洪水。如果将连峰、多峰洪水合计为一场洪水，则整理得出有 40 场洪水（下同）。进行洪水次数月分布情况分析，结果见表 3-36。定义出现洪水场次的概率大于 10%的月份作为汛期，大于 15%的月份为主汛期，小于 10%的月份为非汛期。则 11 月至次年 5 月为非汛期，6～10 月为汛期，7～9 月为主汛期。

表 3-36　　安康站 1991—2004 年洪水月分布情况

月份	1	2	3	4	5	6	7	8	9	10	11	12
月洪水次数/次	0	0	0	0	0	8	12	8	8	4	0	0
百分率/%	0	0	0	0	0	20	30	20	20	10	0	0

从表 3-36 可知：汛期洪水次数占全年洪水次数的 100%，主汛期洪水次数占全年的 70%以上，尤其以 7 月洪水发生次数最多。

3.4.6.2 洪水的年内次数分析及其概率

众所周知，河流水情的变化是由非汛期逐渐增强到主汛期，再经过一段衰减期后由主汛期过渡到非汛期。故将主汛期前一段时间称为汛情增强期，主汛期后一段时间称为汛情衰减期。安康站增强期为 6 月 30 日前，衰减期为 10 月 1 日后。

表 3-37～表 3-39 为 1991—2004 年安康站 14 年（$n=14$）40 场洪水次数分布情况，洪峰流量指标的均值为 8421.2m³/s。在表 3-37 中，如洪水次数 $x=2$ 时，则表示在有实测资料的 14 年内有 4 年其每年发生了 2 次洪峰流量大于 5204m³/s 的洪水，其余类推。安康水库均为洪峰流量大于 3216m³/s 的洪水，其比例占已发生洪水的 100%；没有洪峰流量大于 22045m³/s 的洪水。1991—2004 年安康水库洪峰流量多为 3216～22045m³/s。

表 3-37　　安康站 1991—2004 年实测洪峰次数及期望分布

洪水场次 x	流量 >3216m³/s	流量 >5204m³/s	流量 >8421m³/s	流量 >13626m³/s	流量 >22045m³/s	增强期	主汛期	衰减期
0	1	2	4	10	14	9	2	10
1	2	4	5	2	0	2	5	4
2	3	4	2	1	0	3	3	0
3	3	1	3	0		0	0	0
4	3	2	0				3	
5	1	0					1	
6	1	1					0	
总合值	40	29	18	4	0	8	28	4
年均值	2.86	2.07	1.29	0.28	0	0.57	2.00	0.29
百分率%	100	58	45	10	0	20	70	10
洪水场次 x	概率							
0	0.05727	0.1262	0.27530	0.7483	0	0.5655	0.13530	0.7483
1	0.16379	0.2612	0.35510	0.2170	0	0.3223	0.27067	0.2170

续表

洪水场次 x	流量 $>3216m^3/s$	流量 $>5204m^3/s$	流量 $>8421m^3/s$	流量 $>13626m^3/s$	流量 $>22045m^3/s$	增强期	主汛期	衰减期
2	0.23422	0.2703	0.22904	0.0315	0	0.0919	0.27067	0.0315
3	0.22329	0.1865	0.09849	0.0030	0	0.0175	0.18045	0.0030
4	0.15965	0.0965	6.60×10^{-5}	0.0002	0	0.0025	0.09020	0.0002
5	0.09132	0.0400	1.30×10^{-5}	1.28×10^{-5}	0	0.0003	0.03610	1.28×10^{-5}
6	0.04353	0.0138	5.50×10^{-8}	6.18×10^{-7}	0	2.70×10^{-5}	0.00075	6.18×10^{-7}

注　可验证各量级洪水序列在 $\alpha=0.05$ 时为泊松分布。

表3-38　　安康站1991—2004年实测洪水次数年内分布情况

场次	年份	年洪水数次数/次	增强期	主汛期	衰减期	流量 $>3216m^3/s$	流量 $>5204m^3/s$	流量 $>8421m^3/s$	流量 $>13626m^3/s$	流量 $>22045m^3/s$
1	1991	3	2	1	0	3	3	2	0	0
2	1992	3	0	2	1	3	2	1	1	0
3	1993	1	0	1	0	1	1	1	0	0
4	1994	2	1	1	0	2	2	0	0	0
5	1995	4	0	4	0	4	1	1	0	0
6	1996	3	1	1	1	3	0	0	0	0
7	1997	2	0	2	0	2	1	0	0	0
8	1998	4	0	4	0	4	4	3	2	0
9	1999	1	0	1	0	1	1	1	0	0
10	2000	5	2	2	1	5	4	3	0	0
11	2001	0	0	0	0	0	0	0	0	0
12	2002	2	2	0	0	2	2	2	0	0
13	2003	6	0	5	1	6	6	3	1	0
14	2004	4	0	4	0	4	2	1	0	0
总合值		40	8	28	4	40	29	18	4	0
年均值		2.86	0.57	2.00	0.29	2.86	2.07	1.29	0.28	0

表3-39　　年可能洪水次数及极可能洪水次数

洪水量级	可能次数/次	概率	极可能次数/次	概率
流量 $>3216m^3/s$	2	0.234	0～4	0.840
流量 $>5204m^3/s$	2	0.270	0～3	0.843
流量 $>8421m^3/s$	1	0.355	0～3	0.960
流量 $>13626m^3/s$	0	0.748	0～2	0.997
流量 $>22045m^3/s$	0	0	0～2	0

续表

洪水量级	可能次数/次	概率	极可能次数/次	概率
增强期	0	0.566	0～2	0.980
主汛期	2	0.271	0～4	0.950
衰减期	0	0.748	0～2	0.997

从表3-39可以看出：洪峰流量大于3216m³/s的洪水，年极可能出现0～4次；洪峰流量大于5204m³/s的洪水，年极可能出现0～3次，而每年主汛期发生洪水的次数极可能为0～4次。

3.4.6.3 洪水特征指标分析

（1）洪水峰峰间期分析。表3-40为1991—2004年安康站11年（1993年和1999年只发生一场、2001年未发生峰值大于3000m³/s的洪水，无法计算峰峰间期，所以只有11年）27场洪水峰峰间期分布情况，经计算，峰峰间期指标的均值约为29天。

表3-40　安康站1991—2004年实测峰峰间期年内分布情况

项目	峰峰次数/次	>4天	>7天	>11天	>18天
总次数	27	27	23	20	13
年均值	2.45	2.45	2.09	1.82	1.18
百分率/%		100	85.20	76.92	48.15

表3-41为1991—2004年安康站11年洪水峰峰间期次数及期望分布情况。

表3-41　峰峰间期年可能次数及极可能次数

峰峰间期	可能次数/次	概率	极可能次数/次	概率
>4天	2	0.260	1～4	0.810
>7天	2	0.270	0～3	0.840
>11天	1	0.295	0～3	0.890
>18天	1	0.360	0～2	0.880

从表3-41中可以看出：峰峰间期大于7天的，年可能出现2次，极可能出现0～3次；峰峰间期大于18天的，年极可能出现0～2次。

（2）洪水歇洪间期分析。表3-42～表3-44为1991—2004年安康站11年27场洪水歇洪间期分布情况，歇洪间期指标的均值约为25天。

表3-42　安康站1991—2004年实测歇洪间期分布情况

项目	歇洪次数/次	>4天	>6天	>9天	>15天
总次数	27	26	22	21	11
年均值	2.45	2.36	2.00	1.91	1.00
百分率/%		96.30	81.50	77.78	40.70

表3-42的结果表明：歇洪间期以大于6天为主，年均发生2次，占总次数的

81.5%；大于 9 天的年均发生 1.91 次，占总次数的 77.78%。安康站洪水歇洪间期的分布特征，可为实施洪水“预蓄预泄”、实现洪水资源化提供了有利的条件。

表 3-43　　歇洪间期年可能次数和极可能次数

歇洪间期	可能次数/次	概率	极可能次数/次	概率
＞4 天	2	0.260	1～4	0.810
＞6 天	1	0.271	0～3	0.860
＞9 天	1	0.280	0～3	0.870
＞15 天	1	0.368	0～2	0.920

由表 3-43 可知：歇洪间期大于 6 天的，年极可能出现 0～3 次；歇洪间期大于 15 天的，年极可能出现 0～2 次。

表 3-44　　安康站 1991—2004 年实测歇洪间期年内分布情况

序号	年份	歇洪次数/次	＞4 天	＞6 天	＞9 天	＞15 天
1	1991	2	2	2	2	1
2	1992	2	2	1	1	1
3	1994	1	1	1	1	1
4	1995	3	3	2	2	1
5	1996	2	2	2	2	2
6	1997	1	1	1	1	0
7	1998	3	2	1	1	1
8	2000	4	4	3	2	2
9	2002	1	1	1	1	0
10	2003	5	5	5	5	1
11	2004	3	3	3	3	1
总合值		27	26	22	21	11
年均值		2.78	2.43	2.07	1.64	1.43

（3）洪水起涨间期分析。表 3-45 和表 3-46 为 1991—2004 年安康站 11 年 27 场洪水起涨间期分布情况，起涨间期指标的均值约为 27 天。

表 3-45　　安康站 1991—2004 年洪水起涨间期分布情况

项目	起涨次数/次	＞4 天	＞6 天	＞10 天	＞17 天
总次数	27	26	24	21	12
年均值	2.45	2.36	2.18	1.91	1.09
百分率/%		96.30	88.89	77.78	44.40

表 3-45 的结果表明：由一场洪水的起涨时间到下一场洪水的起涨时间间隔以大于 6 天为主，占 88.89%。间隔 6～10 天的有 24－21＝3 次，占 11.11%；17 天以上的占 44.4%。

表 3-46　　起涨间期年可能次数和极可能次数

起涨间期	可能次数/次	概率	极可能次数/次	概率
>4天	2	0.260	1～4	0.81
>6天	2	0.268	0～3	0.83
>10天	1	0.283	0～3	0.87
>16天	1	0.366	0～2	0.90

由表3-46可知：洪水起涨间期大于6天的，年极可能出现此次数为0～3；起涨间期大于16天的，年极可能出现此次数为0～2。

(4) 洪水涨水段间期分析。表3-47和表3-48为1991—2004年安康站14年（$n=14$）40场洪水涨水段间期分布情况，涨水段间期指标的均值约为1.3天。

表 3-47　　安康站1991—2004年实测洪水涨水段间期分布情况

项目	涨水次数/次	>0.3天	>0.5天	>0.8天	>1.3天	>2.1天
合计	40	38	30	22	11	3
均值	2.86	2.71	2.14	1.57	0.786	0.214
百分率/%		95	75	55	27.5	7.5

表3-47的结果表明：由某场洪水的起涨时刻到该场洪水的峰现时刻间隔以大于0.3天为主，占95%。大于0.5天的占75%，表明若用12h洪量来预测洪峰流量，则有75%是可以进行预测的。间隔0.5～0.8天的有30－22＝8次，占20%，0.8～1.3天为最多，达27.5%。

表 3-48　　涨水间期年可能次数和极可能次数

起涨间期	可能次数/次	概率	极可能次数/次	概率
>0.3天	2	0.224	0～4	0.862
>0.5天	2	0.270	0～4	0.930
>0.8天	1	0.327	0～3	0.925
>1.3天	0	0.456	0～2	0.955
>2.1天	0	0.807	0～1	0.980

由表3-48可知：洪水涨水段间期在0.5天以上的，年极可能发生次数为0～4次；间期在0.8天以上的，年极可能发生次数为0～3次。

3.4.6.4 安康径流量的趋势分析

图3-8为1954—2004年共50年的径流资料系列的年径流量变化过程。由图3-8可知：安康水库近50年来，年径流丰枯变化很大，安康水库的年径流总体呈递减趋势。实测最大年径流量为355.3亿m^3（1983—1984年水文年），最枯年平均流量为72.09亿m^3（1997—1998年）；最丰年平均流量是最枯年平均流量的5倍。同样都是丰水年2003年的年径流量比1964年、1981年分别减少了18.7%和17.32%。

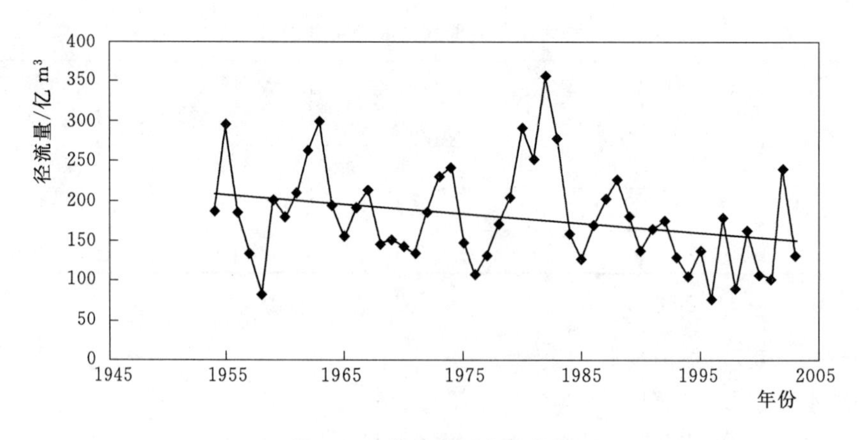

图 3-8　年径流量变化趋势

3.6.4.5　安康径流量的洪峰流量序列的复杂性分析

为了分析安康站洪水时间序列的复杂性，选用安康站 1978—2004 年的洪峰流量时间序列作为样本，计算结果如图 3-9 所示。

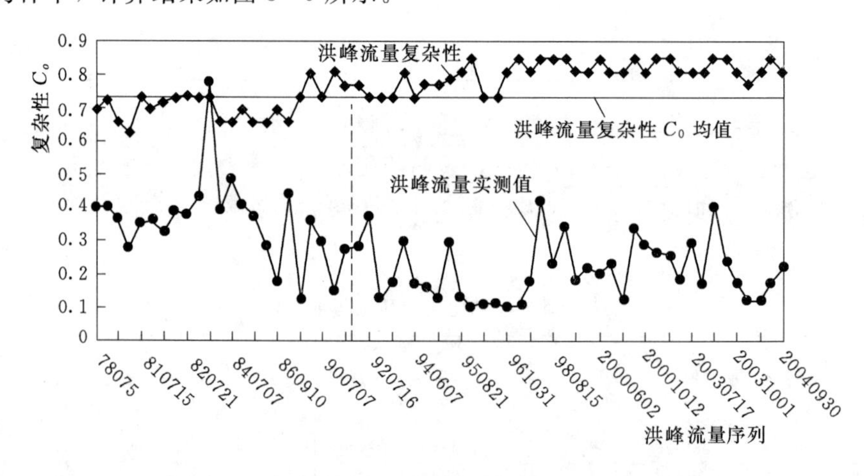

图 3-9　安康站洪峰流量序列及复杂性 C_0 变化曲线

从图 3-9 中可以看出：洪峰流量序列的复杂性 C_0 在 0.6～0.88 之间变化，表明其随机性较大，但复杂性 C_0 值均小于 1，说明洪峰流量的变化中存在着确定性的成分，在一定程度上是可以进行预测的。安康站年径流 1987—1988 水文年前处于丰（平）水文年型阶段，平均径流量相对较大，洪水发生量级相对较高，这反映在洪峰流量序列处于 880903 洪水（即 1988 年 9 月 3 日，下同）前的复杂性 C_0 均小于其平均值 $\overline{C}_0$；从 1987—1988 水文年起进入了平（枯）水年阶段，平均径流量减小，洪水发生量级降低，这反映在洪峰流量序列处于“880903”洪水后的复杂性 C_0 均大于 $\overline{C}_0$，洪峰流量的复杂性在逐步增加，随机性加大。

表 3-49 给出了安康站洪峰流量、总洪量及复杂性 C_0 对比情况。从表 3-49 中可以看出前 18 场洪水的洪峰流量均值、总洪量均值（总洪量）均大于后 43 场洪水的洪峰流量均值、总洪量均值（总洪量）；而相应的复杂性 C_0 是前 18 场的复杂性 C_0 小于后 43 场的

复杂性 C_0。这表明，复杂性 C_0 与洪峰流量均值、总洪量均值（总洪量）成反比关系。即，洪峰流量均值、总洪量均值（总洪量）均随着复杂性 C_0 的增加而减少。

表 3-49　　安康站洪峰流量、总洪量及复杂性分析表

洪峰编号	洪水场次数/次	洪峰流量均值 /(m^3/s)	总洪量 /亿 m^3	总洪量均值 /亿 m^3	复杂度均值
780704～8800903	18	15520	275.22	15.29	0.689
8800903～20001011	43	8553	483.75	11.25	0.799
均　值		10608	379.59	13.31	0.720

通过上述分析及复杂性 C_0 的变化趋势变化可以认为：未来的洪峰流量均值、总洪量均值（总洪量）呈减少趋势。

3.5 本 章 小 结

本章分析了石泉、喜河、安康的径流年内分配、年际变化、周期性、趋势性规律。并着重从洪水峰峰间期、洪水歇洪间期和洪水起涨间期等多个方面对洪水发生规律进行分析，揭示了三个水库水电站多年洪水发生规律，明晰洪水的情况。径流规律分析的成果为后面防洪调度、优化调度和生态调度等提供重要参考依据。

第4章　汉江上游防洪调度研究

水库防洪调度，亦称水库洪水控制运用，其目的是根据规划设计的意图和规范要求，结合具体实际情况，充分利用库容调节洪水，在满足工程安全的前提下，妥善处理蓄泄关系，达到除害兴利、综合利用水资源、最大限度地满足国民经济各部门的需求，充分发挥水资源的综合利用效益。水库防洪调度是水库运行管理的中心环节之一，是保证水库安全、充分发挥水库综合效益的最重要的措施。水库洪水调度得当，不仅可确保防洪安全，防止或减少洪灾损失，而且能增加发电效益；如果调度失误，将会造成严重的损失。

4.1　防洪调度理论与方法

4.1.1　防洪调度分类

水库防洪调度是一个复杂的决策过程，具有复杂性、不确定性、实时性和动态性等特点。按照不同的分类标准，防洪调度有着不同的分类方法。本节按照调度方式进行分类，分为预报调度、预泄调度和预报预泄调度。

4.1.1.1　预报调度

确定水库防洪预报调度方式，属于防洪调度设计阶段的任务，其核心是在满足水库本身及上、下游防洪标准与要求的原则下，通过调节不同防洪标准频率设计洪水过程，寻求判断水库遭遇洪水的量级，改变泄流量的判断指标（俗称调洪规则）。水库防洪调度方式划分为两大类，一类是不考虑预报，通常是选择“坝前库水位或实际入库流量”作为判别遭遇洪水量级及改变泄流量指标，通称常规防洪调度方式；另一类是考虑预报，选择的判断指标，多是产流预报的“累积净雨量”或汇流预报的“洪峰流量”或短时“晴雨”预报信息等，简称防洪预报调度方式。

随着水库流域水情自动测报系统的建设与稳定运行、气象信息收集与分析手段的改进、流域洪水预报与降雨预报精度的提高，为了充分利用洪水资源，为了使设计与实时调度思想更接近，20世纪80年代末至90年代初，北方一些水库研究设计与实施了防洪预报调度方式。防洪预报调度方式是实时洪水预报调度的预泄方法在设计中的体现，它使水库调度设计的调洪规则更靠近于实时调度思想，集随机理论与成因理论为一体。

在实时洪水预报调度的过程中，气象降雨预报早于实际降雨信息，实际降雨早于预报降雨信息，预报降雨早于入库洪峰信息，更早于调洪最高水位信息。基于这一特点，水库防洪预报调度方式选择前期信息作为判断水库遭遇洪水量级、改变泄流量的判断指标，必

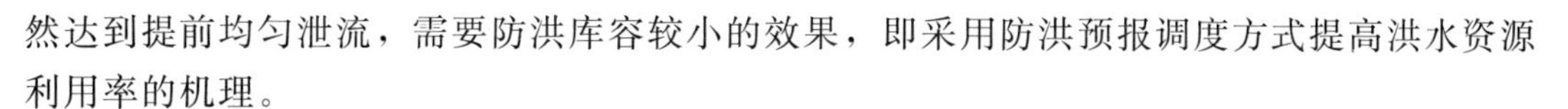

然达到提前均匀泄流，需要防洪库容较小的效果，即采用防洪预报调度方式提高洪水资源利用率的机理。

预报调度方式获得的效益有双重性，若保持原设计汛限水位不变，则可增加防洪效益；如保持原防洪效益不变，则可抬高汛限水位，增加洪水资源利用量。

4.1.1.2 预泄调度

洪水调度过程一般分三部分：洪水发生前到起涨段（包括起涨段）、洪峰段和退水段，常用的预泄回充法就是在洪水发生前和洪水起涨段，加大机组出力或开启闸门进行预泄，使水库水位消落到汛限水位以下。当洪水起涨且库水位回升至汛限水位时，水库开始蓄洪，按常规调度方法进行调度。在退水段拦蓄洪尾而不急于将库水位回落，并在不威胁水库自身安全的情况下尽量多蓄水，最终加大供水或利用发电，在下次洪水来临前使库水位消落至汛限水位。

如图4-1所示，实线为常规调度方式时的水库泄流过程，选用库水位和入库流量作为规则确定下泄流量，前期泄流量偏小，在第9个时段才改变泄流，后期泄流量明显偏大。图中虚线为预泄调度方式泄流过程，根据水库所处流域的洪水特性，选用一些指标作为判断指标确定预泄流量，如流量、水位、降雨量等，提前在第6个时段就加大了泄流量，后期最大泄流量也明显小于常规调度方式的泄流量。因此，在第一阶段的预泄获得的效益具有双重性，在增加了洪水资源利用率的同时由于预泄降低了起调水位，增加了防洪效益，减小了洪灾风险。

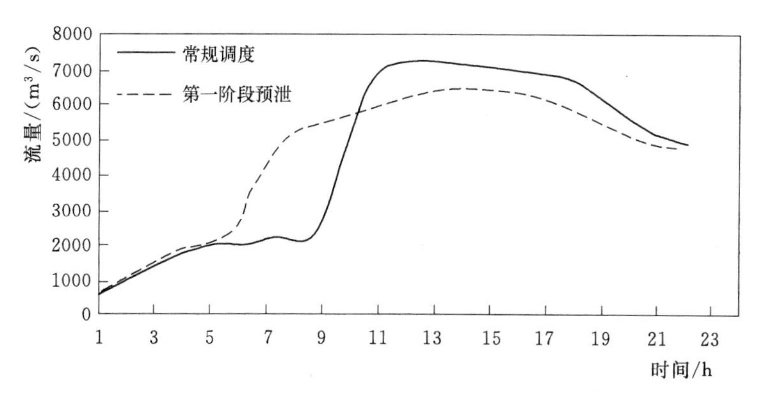

图4-1　水库第一阶段的预泄过程

根据水库预泄调度是否以水雨情预报信息，水库调度分为预报预泄调度与不考虑预报的预泄调度两种类型。不考虑水、雨情预报信息时的预泄调度是依据当前水库入库流量或库水位等已知信息作为预泄判断条件，进而增大当前时刻的下泄流量，在洪水到来之前腾出库容，拦蓄即将发生的洪水。预报预泄调度是根据一定精度和预见期的水文气象预报成果，在洪水到来之前腾出库容以拦蓄即将发生的洪水，取得增加一部分防洪库容的作用。预报预泄调度一般多以预报洪峰流量、预报净雨和预报降雨等信息为依据。显然，由于预报预泄考虑了预见期，其开始预泄时水库的入库流量要小于不考虑预见期的预泄调度起始入库流量，在洪水来临之前可以腾出更大的防洪库容。预泄调度的关键问题是确定判断预泄的指标、预泄流量及预泄调度规则等。

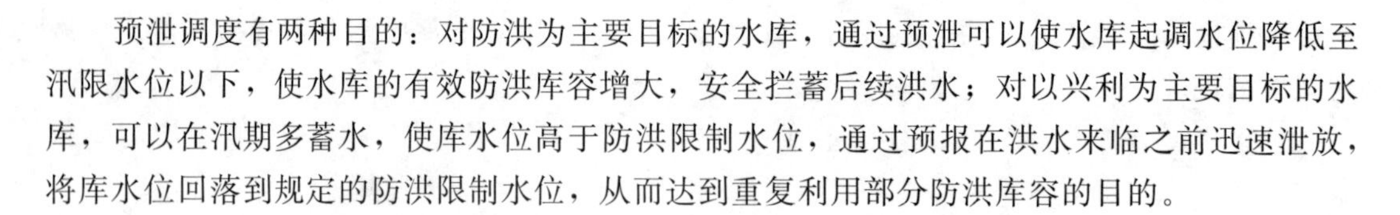

预泄调度有两种目的：对防洪为主要目标的水库，通过预泄可以使水库起调水位降低至汛限水位以下，使水库的有效防洪库容增大，安全拦蓄后续洪水；对以兴利为主要目标的水库，可以在汛期多蓄水，使库水位高于防洪限制水位，通过预报在洪水来临之前迅速泄放，将库水位回落到规定的防洪限制水位，从而达到重复利用部分防洪库容的目的。

4.1.1.3　预报预泄调度

预报预泄调度是根据一定精度和预见期的水文气象预报成果，在洪水到来之前将库水位降到防洪限制水位以下，腾出库容以拦蓄即将发生的洪水，取得增加一部分防洪库容的作用。对于兴利水库，则可以在汛期多蓄水，使库水位高于防洪限制水位，在得到预报结果后，赶在洪水来临之前迅速泄放，将库水位回落到规定的防洪限制水位，即重复利用部分防洪库容。

水情的有限可预见性构成了预报调度的必要条件。一方面可以根据长系列水文统计规律制订水库年、季、月控制水位计划，以避免水库过空或过满；另一方面在洪水预见期和降雨预见期内，可以根据测报的洪水或降雨及时调整水库运行水位，能够及时腾库防洪或蓄水兴利，从而使之更加符合当时天气的变化。

滚动水情自动测报、降雨天气预测和水库的实时调度是开展预报预泄调度的三大技术措施，前两项能确保洪水与降雨的预见期及预报精度，后一项能根据预报结果迅速做出调度决策，使预见期得到最充分利用。因此，进行预报预泄调度最重要的条件就是：预报的预见期、预报洪峰与洪量的可靠性与精确度。

洪水预报是预报预泄调度的重要组成部分。利用采集的雨情信息及洪水预报软件，开展实时洪水预报。利用短期降雨预报的成果，有助于增长洪水预报的预见期，只有具有充分可靠的水雨情信息及精度较高的洪水预报成果，才能为制定预报预泄调度方案奠定坚实的基础。

随着气象水文预报水平的提高，利用洪水预报预泄或拦蓄洪水余量，以提高防洪与兴利互相结合的程度，可以增加水库的综合利用效益。

在预报预泄调度中，目前多采用预见期不长，精度较高的短期洪水预报成果。考虑短期预报的预泄调度，若预报的预见期为 T_1，则应提前 T_1 小时预泄，可腾出库容 $V_{预}$。对一定标准的洪水而言，考虑预报所需要的防洪库容 $V_{预}$ 较不考虑预报的防洪库容 $V_{预}$ 要小，即 $V'_{预}=V_{防}-V_{预}$；若 $V_{预}$ 已定，则相应地提高了水库的防洪能力。

4.1.2　调洪验算原理

调洪演算是将水库库容曲线，入库洪水过程和泄洪建筑物类型、尺寸、调洪方式作为已知的基本资料和条件，对水库进行逐时段的水量平衡和动力平衡运算，从而推求水库下泄流量过程线。

水库按泄洪能力下泄流量，是水库调洪最基本的方式。从水库调洪的作用分析可得，水库之所以能够削减洪峰流量，主要是由于水库蓄洪和泄洪建筑物控制了下泄流量。当水库泄洪建筑物的形式、尺寸大小一定时，下泄的流量受控于泄流水头，泄流水头又受到水库蓄水量的控制，而水库蓄水量的大小依赖于入库与出库水量的变化。因此，可采用水量平衡方程反映水库蓄水量与入库出库水量的变化，用水库蓄泄方程反映水库蓄量与泄量能力的关系。

（1）水库水量平衡方程。在某一时段 Δt 内，入库水量减去出库水量，应等于该时段内水库增加或减少的蓄水量。水量平衡方程为

$$\frac{Q_1+Q_2}{2}\Delta t-\frac{q_1+q_2}{2}\Delta t=V_1-V_2 \tag{4-1}$$

式中：Q_1、Q_2 为时段 Δt 始、末的入库流量，m^3/s；q_1、q_2 为时段 Δt 始、末的出库流量，m^3/s；V_1、V_2 为时段 Δt 始、末的水库蓄水量，m^3；Δt 为计算时段，其长短的选择，应以能较准确地反映洪水过程线的形状为原则。陡涨陡落的，Δt 取短些；反之，取长些。

（2）水库蓄泄方程或水库蓄泄曲线。水库泄洪建筑物的形式、尺寸一定时，泄流能力仅取决于泄洪设施的水头 H。当水库内水面坡降较小，其泄流水头 H 只是水库蓄水量 V 的函数，即 $H=f(V)$，故下泄流量 q 成为蓄水量 V 的函数，即

$$q=f(H) \tag{4-2}$$

或

$$q=f(V) \tag{4-3}$$

式（4-3）是假设库水面为水平时的水库泄流方程或称 $q=f(V)$ 曲线。该曲线由静库容曲线和泄流计算公式综合而成。对于狭长的河川式水库，在通过洪水流量时，由于回水的影响，水面常呈现明显的坡降。在这种情况下，按静库容曲线进行调洪计算常带来较大的误差，因此为了满足成果精度的要求，必须采用动库容进行调洪计算。

在式（4-1）和式（4-3）中，仅 q_2、V_2 为未知数，故联解可得到。从洪水开始，逐时段连续求解，即可求出水库下泄量过程线、最大下泄量 q_m、调洪库容 $V_{洪}$ 和水库逐时水位变化过程。

4.1.3　防洪调度图

水库防洪调度图根据水库入库流量和出力确定水库的控制水位。在入库流量或预报入库流量大于发电流量时，水库控制水位随着入库流量的增大而降低，水库就能留出库容在需要时调蓄洪水，既不减少发电量，又可使水库获得尽可能大的防洪库容和防洪效益。

4.1.3.1　防洪调度图绘制

（1）要求得入库流量与流域蓄水量的关系，一般用后期无降雨的退水曲线来计算。

（2）计算出各级水位下各种发电出力的用水流量。由于水电站的出力不是一成不变的，需要计算在不同出力时各种水位下的发电流量，然后在防洪调度图上画出各种出力情况下的调度线，以方便使用。各级水位下不同发电出力时发电流量应根据水位、水头损失等来计算，因不同流量时下游水位是变动的，因此要进行试算求解。即先假定该水位下电站某一给定出力所需的流量，然后计算水头和出力，若计算出力值与给定值之间误差满足精度要求，那么假定流量就为电站在该水位下发出给定出力的流量，否则重新假定和计算。

4.1.3.2　防洪调度图功能

调度图在使用时，首先要根据汛期洪水特点和水库运行规律，确定洪水调度结束时要求的水库水位来选择相应的防洪调度图；然后根据入库流量和负荷需求，在调度图上查得一个水位值 H_0，该水位值就是对应于入库流量和某一总出力时的水库控制水位值，表示水库在该入库流量和对应的总出力不变的情况下，不用弃水，仍可蓄到调度图所对应水库水

位。当实际库水位 H_1 大于水位值 H_0 时，水库就要进行预泄，加大下泄流量。所要预泄的总量可根据实际库水位 H_1 和水位值 H_0 之间的库容差求得，水库操作时，可提前开启闸门，进行预泄，将多余的水量下泄，增加发电量。如果当实际库水位 H_1 低于 H_0 时，无需预泄，如果在汛末且后期无雨则需要减少发电流量，水库水位才能蓄到相应水位。

由此可见，水库防洪调度图的功能主要体现在以下几方面：

（1）防洪调度图是汛期水库调度的工具。洪水调度时，可根据预报入库流量、水库水位和电网出力要求三者之间的关系来确定水库处在蓄水阶段还是加大下泄运行，改变了只依据水位来调度水库的传统调度方法，并合理地解决了水库防洪和发电的矛盾。例如根据调度图，水库要预泄，可计算出泄洪总量，只要下游允许，就可提前预泄腾出库容，而不是待库水位涨到特定水位时才泄水，只有及早预泄，才能留有足够的防洪库容，保证防洪安全，同时也可增加发电效益。

（2）利用调度图，可根据预报的洪峰流量及电站出力，求得水库预泄的最低库水位，以增加防洪库容；也可根据后期流量统计资料，确定前期水库的防洪控制水位，使防洪调度更加灵活，为水库实时控制水位提供可靠依据。

（3）应用防洪调度图调度水库，可为泄洪闸门启闭提供依据，使闸门启闭与防洪调度有机地结合在一起，从而改变了单凭库水位频繁启闭闸门的运行方式。

4.2　洪水流量演进规律分析

目前，安康—蜀河区间河段流量演进规律的不明确，加大了水库运行管理的不稳定性和不安全性，增加了科学、准确地进行水库调度的难度。尤其对于需要重点防洪保护的安康市区来说，不清楚安康水库下泄水量演进至安康主城区断面的客观规律，将无法积极、有效地协调好防洪与航运、提前预警、人员安全组织之间的重要关系，并将为旬阳水库大坝修建期间临时或永久水工建筑物的安全施工带来隐患，不利于确定挡水建筑物的防洪标准，更不利于水利工程施工的安全进行。因此，开展安康—蜀河区间流量演进规律的研究是安全开展安康城区防汛工作、配合旬阳水电站的安全建设、确保蜀河水电站的安全运行，以及确保下游河道和人民生命财产安全的重要举措，其关键是安康水库至安康城区、蜀河水库不同流量传播时间的确定。

为保障人民生命财产安全和进行社会经济建设，必须采取有效的河道防洪措施。洪水预报，是防洪减灾重要的非工程措施，是各种防洪工程措施调洪的基础。科学准确地对河道洪水进行预报，能够很大程度降低洪水灾害。常见的马斯京根法，以其简单的模型结构，可靠的模拟效果，成为最为经典、使用广泛的河道洪水演算的水文学方法。随着科学技术的发展，水动力学模型开始进入应用领域。丹麦水力研究所经过 20 多年实践经验总结和精心研发，开发了系列软件，属分布式水文模型，其中模块根据水力学原理，借助计算机工具数值求解圣维南方程组，在国内外科学研究和工程应用的广泛领域都获得了令人满意的效果，并已成为多个国家的标准工具。

因此，本节针对当前安康下游城市防洪安全、梯级水库安全建设及生产运行面临的实际问题，根据生产建设需求，采用马斯京根法、水动力学模型方法模拟河道流量演进过

程，开展安康—蜀河区间流量演进规律研究以便揭示安康水库不同下泄流量到达安康城区、旬阳、蜀河水库坝前河道断面的演进规律，获得汛期安康水库不同预见期洪水到达下游主城区断面、水库坝前断面的传播时间，以及非汛期安康出库流量与区间传播时间的关系，最终揭示安康下泄流量与下游城市防洪、水库水量调度的响应规律，为实现下游城市的河道安全、在建水库的安全建设、梯级水库的安全调度运行提供科学依据。

4.2.1 数据资料

考虑到安康水库汛期洪水及非汛期天然径流的调节，将对下游安康市区的防洪安全、旬阳水库的安全建设以及蜀河水库的安全生产运行和防洪调度产生重要影响，因此选择以下三个不同计算区域：①安康水电站—安康城区；②安康水电站—旬阳水电站；③安康水电站—蜀河水电站。

区域流量演进的前提是河道洪水资料要上下游相互对应，由于蜀河水电站运行资料长度为 2010—2015 年，因此整个研究区域对应选择的数据资料时间长度为 2010—2015 年。数据资料包括安康水电站出库径流资料、安康水电站—蜀河水电站区间支流径流资料、旬阳水电站坝址径流资料和蜀河水电站坝址径流资料。

研究河段为汉江上游安康水电站至蜀河水电站，区间共计 4 条支流汇入，分别为月河、黄洋河、坝河和旬河。支流水文站依次为长枪铺、县河口、桂花园和向家坪，安康水电站下游 18km 处设有安康水文站，各水文测站数据情况见表 4-1。

表 4-1　　水文测站数据收集情况

河名	站名	资料系列	观测项目
汉江	安康	2010—2015 年	水位、流量
月河	长枪铺	2010—2012 年	水位、流量
黄洋河	县河口	2010—2012 年	水位、流量
坝河	桂花园	2010—2012 年	水位、流量
旬河	向家坪	2010—2012 年	水位、流量

4.2.2 马斯京根模型

4.2.2.1 基本原理

马斯京根流量演算法是以运动波理论为基础，主要使用连续方程和简化或是近似处理的动力方程联解。通过流量比重因素 x 来调节流量，使其与槽蓄量成单一关系，并以线性假定来建立槽蓄方程。马斯京根法的基本假定如下：

(1) 假定 Q' 是 I、Q 线性函数，即：

$$Q'=xI+(1-x)Q \tag{4-4}$$

(2) 假定 W 和 Q' 为线性函数关系，即：

$$W=KQ' \tag{4-5}$$

水量平衡方程为

$$I-Q=\frac{\mathrm{d}W}{\mathrm{d}t} \tag{4-6}$$

槽蓄方程为

$$W=K[xI+(1-x)Q] \tag{4-7}$$

对水量平衡方程和槽蓄方程在第 1、2 时段差分并进行求解，可得到流量演算方程式：

$$Q_2=C_0I_2+C_1I_1+C_2Q_1 \tag{4-8}$$

其中：

$$\begin{cases}C_0=\dfrac{-Kx+0.5\Delta t}{K-Kx+0.5\Delta t}\\ C_1=\dfrac{Kx+0.5\Delta t}{K-Kx+0.5\Delta t}\\ C_2=\dfrac{K-Kx-0.5\Delta t}{K-Kx+0.5\Delta t}\end{cases} \tag{4-9}$$

马斯京根模型推求洪水演进过程，首先需要对参数 K、x 进行率定，然后计算 C_0、C_1、C_2，最后由式（4-8）计算出下断面的流量过程。

4.2.2.2　参数的物理意义

马斯京根模型假定 K 和 x 都是常数，且 Q' 和槽蓄量 W 成单一线性关系，而只有在此槽蓄量下的 Q' 值等于该槽蓄量所对应的恒定流流量 Q_0 时才能满足要求，亦即 $Q'=Q_0$。K 值是槽蓄曲线的坡度，即 $K=\mathrm{d}W/\mathrm{d}Q'=\mathrm{d}W/\mathrm{d}Q_0$。由此可见，$K$ 值等于在相应蓄量 W 下恒定流状态的河段传播时间 τ_0。显然，K 值随恒定流流量而变化，取 K 为常数是有误差的。流量因子 x 由两部分组成：①x_1 代表水面曲线的形状，反映槽蓄的大小；②L/l 即河段按特征河长所分成段数 $n=L/l$，反映河段的调蓄能力。参数 x 的求解公式为

$$x=x_1-\frac{l}{2L} \tag{4-10}$$

4.2.2.3　分段流量演算法

马斯京根法是河段流量演算方程经简化后的线性有限解法，要求参数 K、x 为常量，且流量在计算时段内和沿程变化呈直线分布。因此，演算时段 Δt 应等于或接近 K 值。由于研究河段较长，故采用分段马斯京根法以避免洪水演算过程中时段少、洪水陡涨陡落的问题，能有效提高洪水预报的精度。

马斯京根分段连续算法将河道长 L 分成 n 段，令每段的 K 值都相等，给定 K、x，则分段的流量比重系数为

$$\begin{cases}n=K/K_l=K/\Delta t\\ L_l=L/n\\ x_l=[1-n(1-2x)]/2\end{cases} \tag{4-11}$$

式中：n 为分段数；L 为河长；L_l 为分段河长；K_l 为分段蓄量常数；x_l 为分段流量比重系数。

分段马斯京根法，常用汇流系数直接推求出流过程，汇流系数计算公式为

$$P_{m,n}=\sum_{i=1}^{n}B_iC_0^{n-i}C_2^{m-i}A^i \quad (m>0,\ m-i\geqslant 0) \tag{4-12}$$

其中：

$$A=C_1+C_0C_2 \tag{4-13}$$

$$B_i=\frac{n!\ (m-1)!}{i!\ (i-1)!\ (n-1)!\ (m-i)!} \tag{4-14}$$

本河段流量演算，采用上述公式进行计算机编程计算。

对预报模型的检验从两方面进行：①模型是否可用；②预报结果的精度。评价预报模型预报精度的标准是视预报结果和实际发生结果的相似程度。由于洪水的不确定因子较多。本研究选择洪峰传达时间、洪峰和洪水总量相对误差、确定性系数、相关系数作为评价指标。

确定性系数计算公式为

$$D_c=1-S_c^2/\sigma_y^2 \tag{4-15}$$

其中：

$$\begin{cases} S_c=\left[\dfrac{1}{n}\sum_{i=1}^{n}(y-y_i)^2\right]^{1/2} \\ \sigma_y=\left[\dfrac{1}{n}\sum_{i=1}^{n}(y-\overline{y})^2\right]^{1/2} \end{cases} \tag{4-16}$$

式中：S_c 为预报误差值的均方差；σ_y 为预报要素值的均方差；y_i、y 分别为实测洪水量、预报洪水量；$\overline{y}$ 为实测洪水量的均值。

4.2.2.4 马斯京根模型构建

根据研究区域的研究要求和数据资料分析，参考计算河段河底比降等水力学特征的变化，按汛期和枯水期，将计算区域分为安康水电站—安康城区和安康水电站—蜀河水电站两种情景分别考虑，河段概况见表4-2。

表4-2　河段概况

情景编号	河段	高差/m	河长/km	河段比降/%
一	安康水电站—安康城区	−11.24	18.31	−0.06
二	安康水电站—蜀河水电站	61	109	0.06

为确定河道演进模型参数 K，需要计算河段稳定流速或者河道汇流时间，采用断面编辑工具软件，获取各断面的水位面积关系，再利用水位流量关系得出各断面流速，其中安康水电站、安康城区和蜀河水电站的断面水力学特征成果见表4-3～表4-5。

表4-3　安康水电站断面水力学特征成果表

流量/(m³/s)	水位/m	面积/m²	流速/(m/s)	流量/(m³/s)	水位/m	面积/m²	流速/(m/s)
100	240.27	3220.55	0.03	1000	244.78	4101.82	0.24
200	240.91	3344.11	0.06	1500	245.25	4194.73	0.36
300	241.91	3537.17	0.08	2000	245.71	4287.64	0.47
500	242.66	3681.96	0.14	2500	246.18	4380.55	0.57
800	244.51	4048.07	0.20				

表 4-4　安康城区断面水力学特征成果表

流量/(m^3/s)	水位/m	面积/m^2	流速/(m/s)	流量/(m^3/s)	水位/m	面积/m^2	流速/(m/s)
100	235.43	874.04	0.11	1000	237.24	1494.88	0.67
200	235.79	997.52	0.20	1500	237.59	1614.93	0.93
300	236.12	1110.71	0.27	2000	237.84	1700.68	1.18
500	236.55	1258.20	0.40	2500	238.46	1913.34	1.31
800	236.95	1395.41	0.57				

表 4-5　蜀河水电站断面水力学特征成果表

流量/(m^3/s)	水位/m	面积/m^2	流速/(m/s)	流量/(m^3/s)	水位/m	面积/m^2	流速/(m/s)
100	191.01	4588.58	0.02	1000	194.75	5409.09	0.18
200	191.61	4720.91	0.04	1500	196.19	5728.95	0.26
300	192.22	4853.25	0.06	2000	197.04	5925.52	0.34
500	193.06	5038.53	0.10	2500	198.00	6150.17	0.41
800	194.39	5329.68	0.15				

表中的流速是根据实测断面数据以及洪水的水位流量关系计算而得，利用上述计算成果，初步确定初始参数 K、x 的值，建立马斯京根的分段演算模型。

4.2.2.5　参数率定

首先依据前面设定的两种情景，计算汛期河段洪水演进规律。按照汛期不同洪水量级，从现有洪水资料中挑选出不同场次洪水，洪水资料整理结果见表 4-6。

表 4-6　场次洪水整理表

量级/(m^3/s)	场次	洪峰/(m^3/s)
3000～5000	20120904	3008
	20140926	3330
	20140928	3282
	20100910	5332
	20110706	5684
7000～8000	20100821	7277
	20120901	7935
	20130722	7758
	20140914	7224
	20120707	8576
	20140910	8518
＞10000	20100716	19154
	20110917	14497

为了提高模型的精度，按不同洪水量级分别选择20120904、20100821和20100718三场洪水进行分段试算，马斯京根分段参数率定估计值见表4-7。

表4-7　马斯京根分段参数率定估计值

情景	场次	分段	x_1	x_2	x_3	K	K_e	K	K_e
一	20120904	1	0.2	0.3	0.45	1	1	2.0	2.0
	20100821	1	0.1	0.2	0.30	1	1	1.5	1.5
	20100718	1	0.1	0.3	0.45	1	1	1.5	1.5
二	20120904	7	0.4	0.43	0.45	7	1	8.0	1.1
	20100821	6	0.4	0.43	0.45	6	1	7.0	1.2
	20100718	2	0.1	0.3	0.45	2	1	3.0	1.5

在重新确定x的基础上，三场洪水采取不同K值演算的两种情景下游控制断面的流量过程如图4-2～图4-4所示，模拟结果数据分析见表4-8和表4-9。

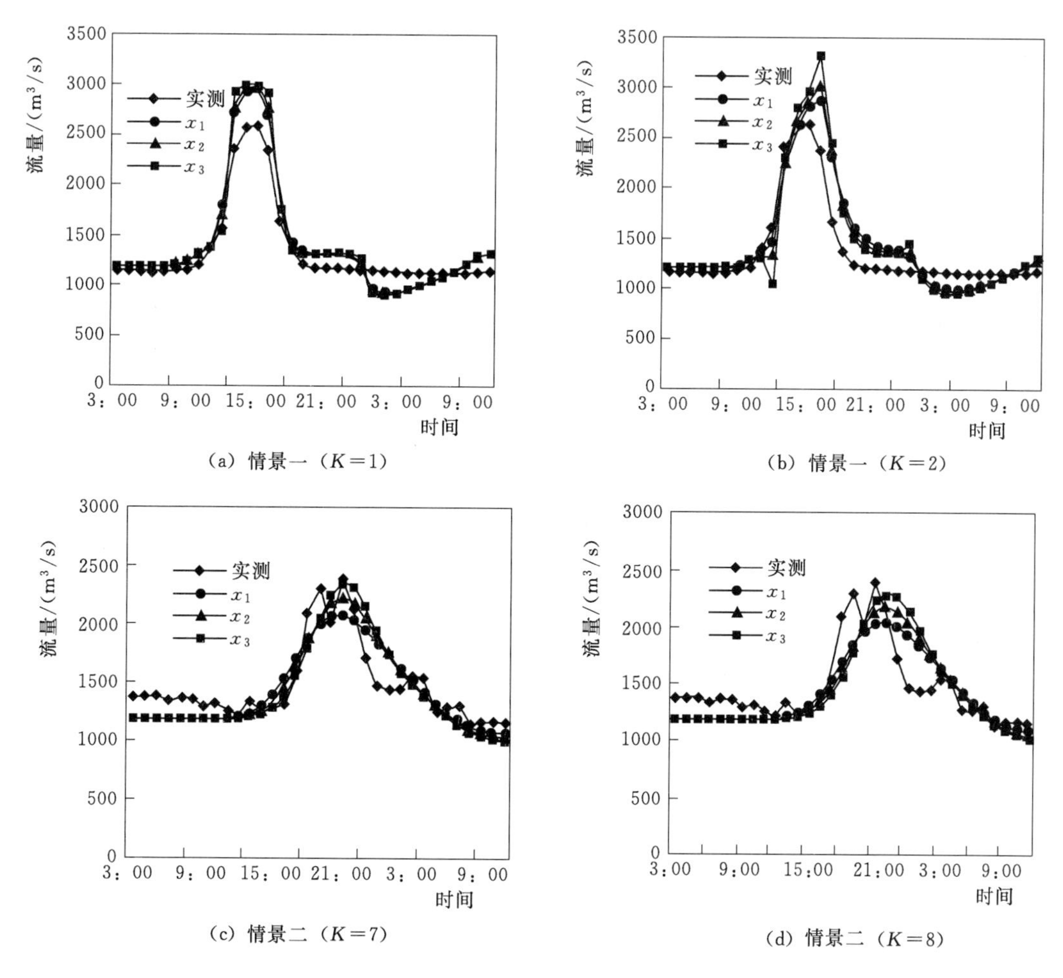

(a) 情景一（$K=1$）　(b) 情景一（$K=2$）

(c) 情景二（$K=7$）　(d) 情景二（$K=8$）

图4-2　20120904次洪水演算出流过程

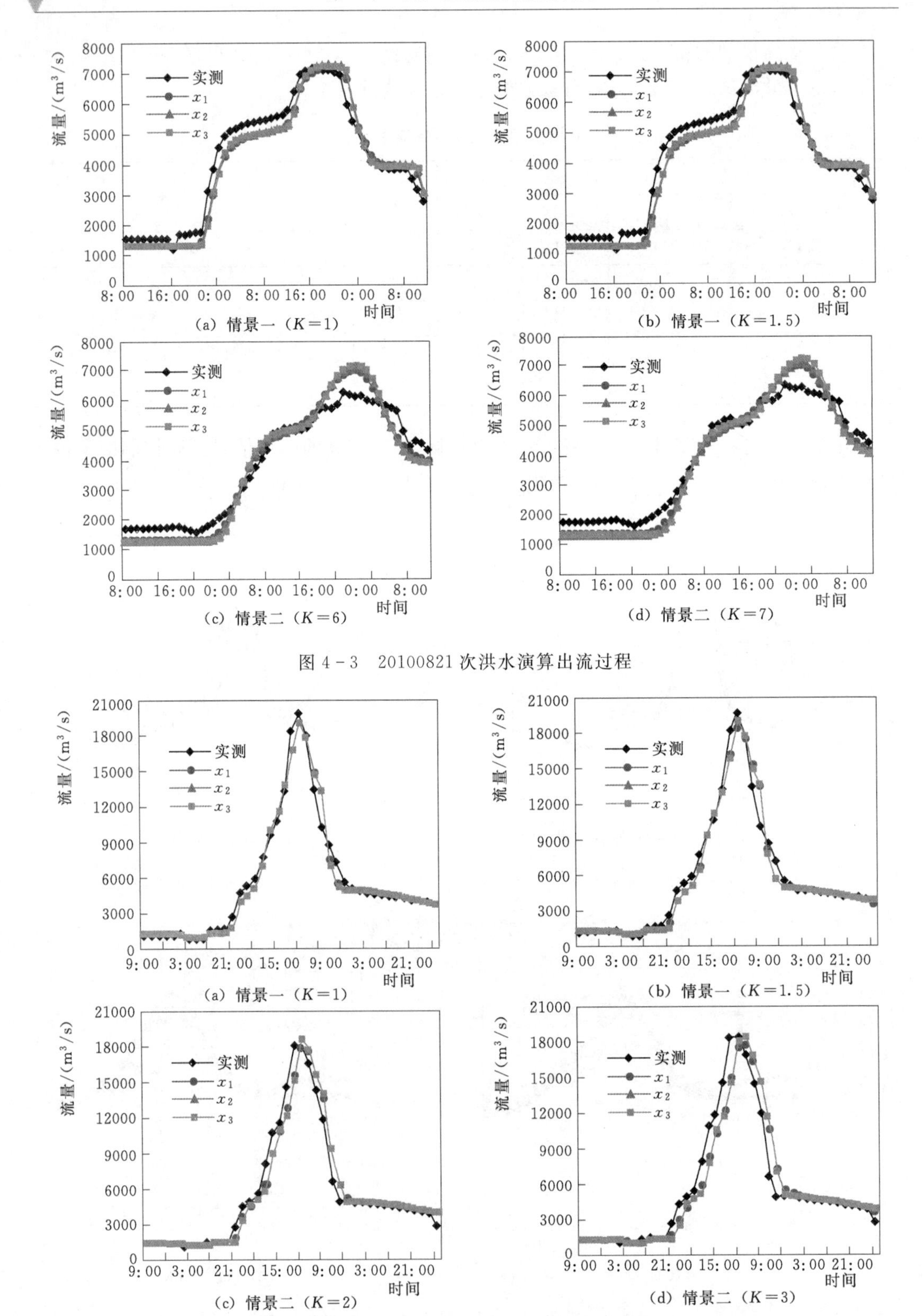

(a) 情景一（$K=1$）

(b) 情景一（$K=1.5$）

(c) 情景二（$K=6$）

(d) 情景二（$K=7$）

图 4-3　20100821 次洪水演算出流过程

(a) 情景一（$K=1$）

(b) 情景一（$K=1.5$）

(c) 情景二（$K=2$）

(d) 情景二（$K=3$）

图 4-4　20100718 次洪水演算出流过程

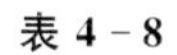

表 4-8　　模拟结果分析（K_1）

情景	洪水场次	因子	洪峰/(m³/s)	洪峰误差/%	洪量/亿 m³	洪量误差/%	洪峰出现时间/h	确定性系数	相关系数
一	20120904	x_1	2976	14.5	1.69	5.6	3	0.83	0.96
		x_2	2986	14.8	1.69	5.7	3	0.82	0.96
		x_3	2995	15.2	1.69	5.7	2	0.76	0.95
		实测	2600		1.60		3		
	20100821	x_1	7272	1.4	7.61	−3.5	1	0.98	0.98
		x_2	7265	1.3	7.60	−3.6	1	0.97	0.98
		x_3	7279	1.5	7.62	−3.5	1	0.97	0.98
		实测	7172		7.89		<1		
	20100718	x_1	18798	−5.7	24.16	−1.9	1	0.98	0.98
		x_2	18969	−4.8	24.17	−1.9	1	0.98	0.98
		x_3	19104	−4.1	24.17	−1.9	1	0.98	0.97
		实测	19930		24.63		1		
二	20120904	x_1	2044	−14.0	1.71	−2.4	10	0.62	0.66
		x_2	2173	−8.8	1.71	−2.3	10	0.51	0.62
		x_3	2304	−3.3	1.71	−2.1	10	0.42	0.58
		实测	2383		1.75		9		
	20100821	x_1	7080	12.0	7.18	−1.6	6	0.93	0.97
		x_2	7159	13.3	7.18	−1.6	6	0.92	0.96
		x_3	7206	14.1	7.18	−1.5	6	0.91	0.96
		实测	6319		7.29		4		
	20100718	x_1	18186	−0.4	24.08	−0.3	2	0.96	0.96
		x_2	18538	1.5	24.10	−0.2	2	0.96	0.96
		x_3	18898	3.5	24.12	−0.2	2	0.95	0.95
		实测	18265		24.16		<1		

表 4-9　　模拟结果分析（K_2）

情景	洪水场次	因子	洪峰 /(m³/s)	洪峰误差 /%	洪量 /亿 m³	洪量误差 /%	洪峰出现时间/h	确定性系数	相关系数
一	20120904	x_1	2811	8.1	1.69	5.4	4	0.77	0.86
		x_2	2969	14.2	1.69	5.3	4	0.73	0.84
		x_3	3265	25.6	1.69	5.3	4	0.60	0.82
		实测	2600		1.60		3		
	20100821	x_1	7226	0.7	7.55	−4.3	2	0.96	0.97
		x_2	7261	1.2	7.58	−3.9	2	0.96	0.97
		x_3	7225	0.7	7.54	−4.4	2	0.95	0.96
		实测	7172		7.89		<1		
	20100718	x_1	18609	−6.6	24.13	−2.0	1	0.97	0.98
		x_2	1887	−5.2	24.13	−2.0	1	0.97	0.97
		x_3	19136	−4.0	24.12	−2.1	1	0.97	0.97
		实测	19930		24.63		1		
二	20120904	x_1	2194	−7.9	1.70	−2.8	8	0.74	0.80
		x_2	2330	−2.2	1.60	−2.9	8	0.76	0.85
		x_3	2459	3.2	1.70	−2.9	8	0.74	0.88
		实测	2383		1.75		9		
	20100821	x_1	6963	10.2	7.07	−3.1	7	0.95	0.98
		x_2	7024	11.2	7.01	−3.8	7	0.94	0.98
		x_3	7163	13.4	7.08	−2.9	7	0.92	0.98
		实测	6318		7.29		4		
	20100718	x_1	17722	−3.0	24.00	−0.6	3	0.93	0.93
		x_2	18139	−0.7	24.03	−0.5	3	0.92	0.92
		x_3	18355	0.5	24.04	−0.5	3	0.91	0.91
		实测	18265		24.16		<1		

对比表 4-8 和表 4-9 可以看出：两种情景下，三场洪水的总量误差均在 10%以内，确定性系数随着洪水量级不同相差较大。对于 20120904 场次洪水，确定性系数均小于 0.8。主要原因是：支流水文站的洪水某些时段的数据是按日采集，而演进过程采用的是小时尺度的资料，导致难以得到下游控制断面合理的洪水过程。另外，小量级洪水受坦化的影响较大，也会导致洪水形状系数偏小。反观大量级洪水，形状系数均在 0.9 以上，拟合比较理想。对比各场次洪水的相关系数和形状系数，可见两者表征的物理意义相同，都是对洪水过程的评价。可取其一作为评价指标。从表中还可看出，固定 K 值，取不同 x，洪峰值变化较大，且两者呈正相关关系。固定 x 值，K 值由 K_1 变化为 K_2，洪峰传达时间延长。符合参数 K 的物理意义，证明了模型参数的合理性，三场洪水参数率定见表 4-10。

表 4-10　模型参数率定结果表

情景	量级/(m^3/s)	分段	x	K	K_e
一	3000～5000	1	0.20	1	1
	5000～10000	1	0.20	1	1
	>10000	1	0.45	1	1
二	3000～5000	7	0.45	7	1
	5000～10000	6	0.45	6	1
	>10000	2	0.45	2	1

4.2.2.6 模型验证

对建立的模型进行验证，引用表 4-6 中其他场次洪水过程进行验证。根据已确定的模型参数，分别进行计算，模拟洪水过程如图 4-5 和图 4-6 所示，模拟结果分析见表 4-11。

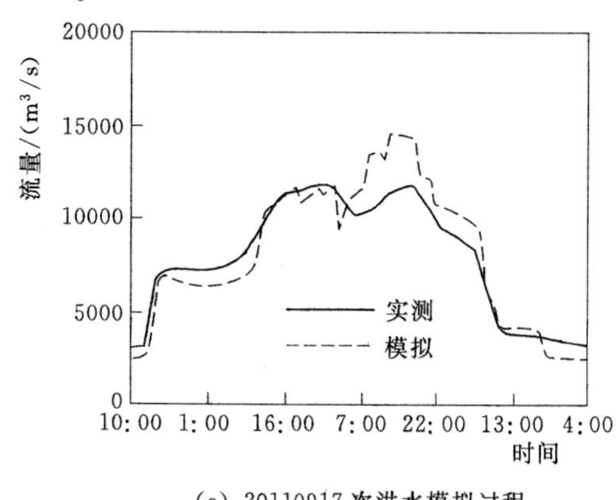

(a) 20110917 次洪水模拟过程

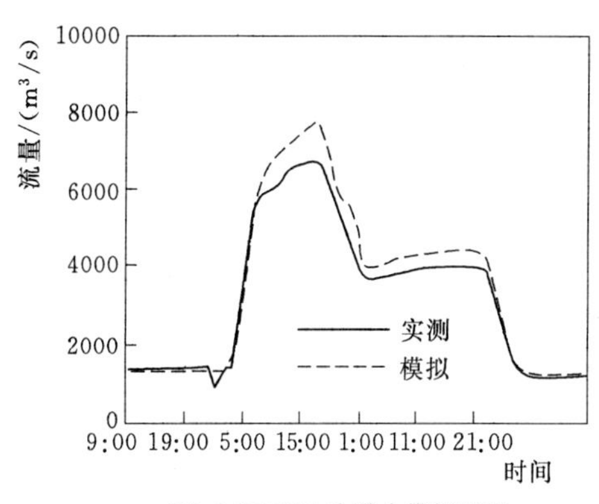

(b) 20120901 次洪水模拟过程

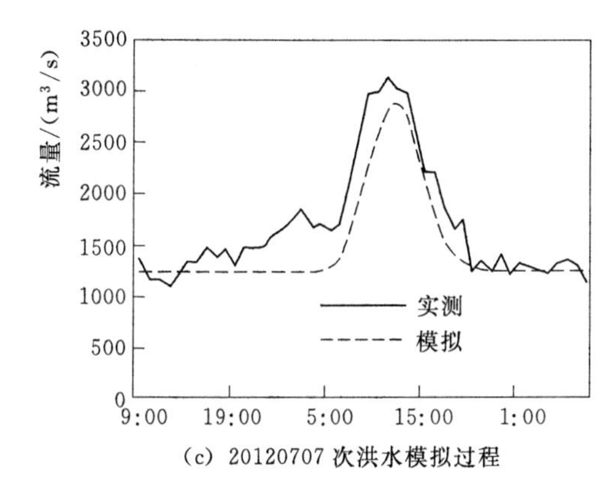

(c) 20120707 次洪水模拟过程

图 4-5　情景一：洪水模拟过程

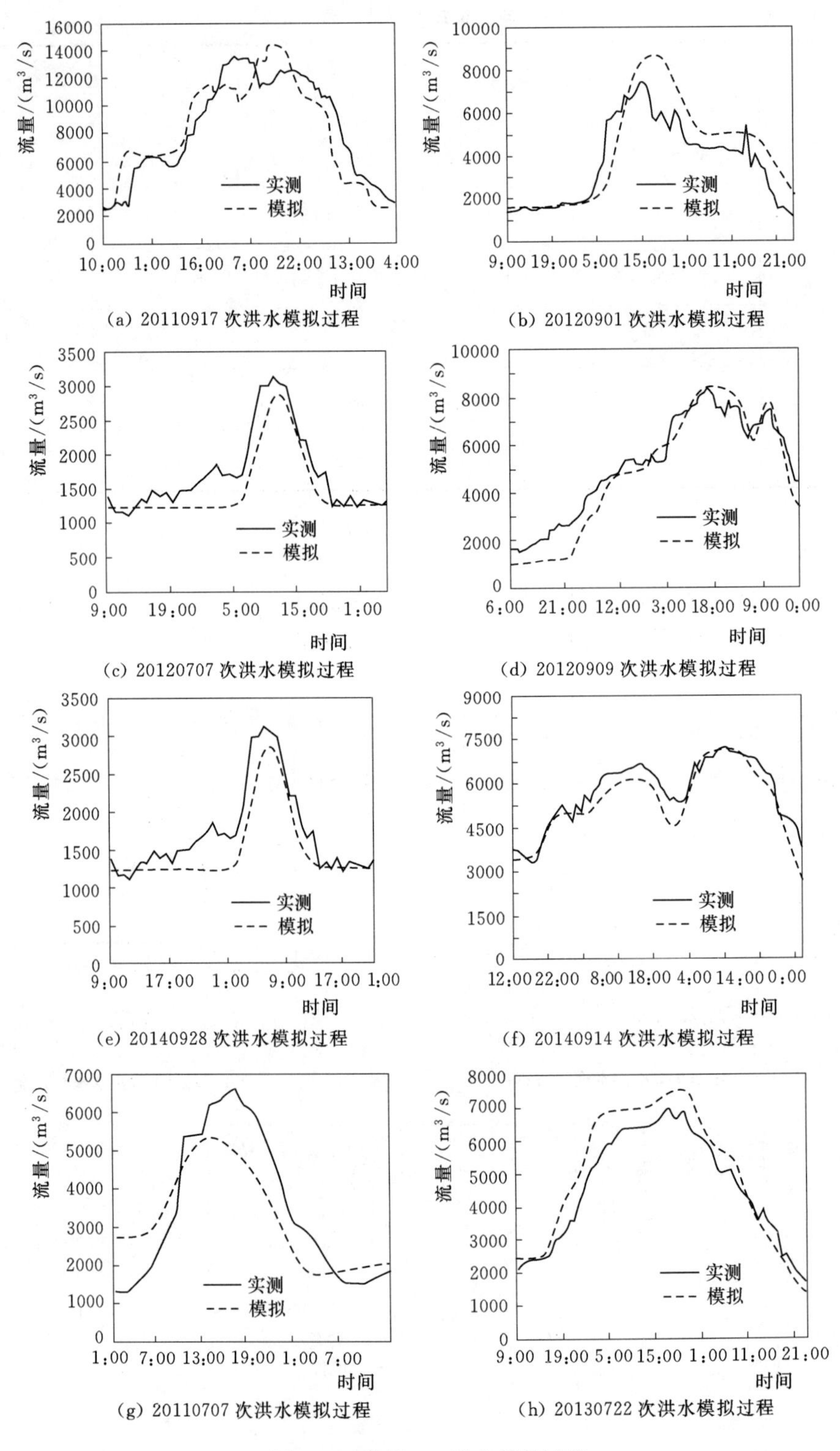

图 4-6　情景二：洪水模拟过程

表 4-11 模拟结果分析表

场次	洪峰流量			洪量			洪峰时差/h	相关系数	确定性系数
	模拟/(m^3/s)	实测/(m^3/s)	误差/%	模拟/亿 m^3	实测/亿 m^3	误差/%			
20110917	14400	11170	28.9	28.0	27.4	2.2	1	0.92	0.84
20120901	7815	6753	15.7	8.1	7.5	8.6	<1	0.99	0.94
20120707	8403	7992	5.1	10.4	10.1	3.0	<1	0.97	0.95
20110917	13997	12556	11.5	28.0	28.5	−1.8	1	0.92	0.92
20120901	7493	7931	−5.5	8.1	8.5	−4.5	0	0.95	0.93
20120707	8223	7301	12.6	10.1	9.1	11.0	1	0.96	0.87
20120909	8475	8450	0.3	17.4	17.8	−2.2	1	0.93	0.87
20140928	2887	3127	−7.7	2.6	2.9	−12.3	1	0.88	0.74
20140914	7061	7214	−2.1	12.9	13.7	−5.8	3	0.91	0.81
20110707	5469	6201	−11.8	4.0	4.2	−5.4	1	0.88	0.81
20130722	7581	6903	9.8	11.4	10.5	8.6	0	0.96	0.86

4.2.3 MIKE11HD 模型

4.2.3.1 模型简介

河道洪水演算主要应用丹麦水动力研究所（DHI）开发的 MIKE11 软件，其水动力模块（HD）是 MIKE11 模拟系统的核心，是其他诸如降雨径流模块、水质模块等的基础，它能够求解圣维南方程组，主要用于：①洪水预报和水库调节；②洪水控制措施的模拟；③灌溉排水系统模拟；④运河系统设计；⑤潮汐和风暴潮，河流和河口潮汐和风暴潮的研究。

4.2.3.2 基本原理

MIKE11 的水动力模块（HD）的基本原理同样也是圣维南方程组，水流连续性方程和能量方程可以写为

$$\begin{cases} b_s \dfrac{\alpha h}{\alpha t}+\dfrac{\alpha Q}{\alpha x}=q \\ \dfrac{\alpha Q}{\alpha t}+\dfrac{\alpha}{\alpha x}\dfrac{Q^2}{A}+gA\dfrac{\alpha h}{\alpha x}+\dfrac{gQ|Q|}{C^2AR}=0 \end{cases} \tag{4-17}$$

式中：A 为过水断面面积，m^2；Q 为流量，m^3/s；q 为区间入流，m^3/s；t 为时间，s；h 为断面平均水深，m；g 为重力加速度，m/s^2。

在有支流汇入主河道时，河道洪水演算采用水流连续性方程和能量方程，需要考虑河网汇水点（汊点）的衔接条件。

（1）水流连续性条件：

$$\sum_{k=1}^{n} Q_k^m = \frac{\alpha W_m}{\alpha t} \tag{4-18}$$

式中：n 表示与特定汊点相连接的河段数；m 表示与特定汊点相连的汊点号；W_m 表示汊点 m 的蓄水量。

当汇合区足够小时，河汊点水位变化引起汇合区水体积的变化减小，可以忽略，此时式（4－18）可简化成如下形式：

$$\sum_{k=1}^{n} Q_k^m = 0 \tag{4-19}$$

（2）能量衔接条件。将流速水头和断面能量损失对水流演进影响引进到方程，得到水头衔接的能量方程为

$$Z_k^{n+1} + \frac{|u_k^{n+1}|^2}{2g} + \delta_k^{n+1}\frac{|u_k^{n+1}|^2}{2g} = Z_j^{n+1} + \frac{|u_j^{n+1}|^2}{2g} + \delta_k^{n+1}\frac{|u_j^{n+1}|^2}{2g} \tag{4-20}$$

式（3－20）可以写作水位和流量改正值的形式，也可以作线性变化处理。

4.2.3.3　求解方法

MIKE11 HD 河道水动力模型求解一维河道非恒定流的基本方程组，应用了 Abbott 六点隐式差分法。该方法在求解时，河道上的断面（节点）按照水位、流量的顺序交替布置，也就是要求不在同一个计算节点上同时出现，Q 点总是布置在相邻的 h 点之间，距离不一定相同，如图 4－7 所示。然后，在每个时间步长内，利用隐式格式的有限差分法交替计算 Q 和 h，如图 4－8 所示。

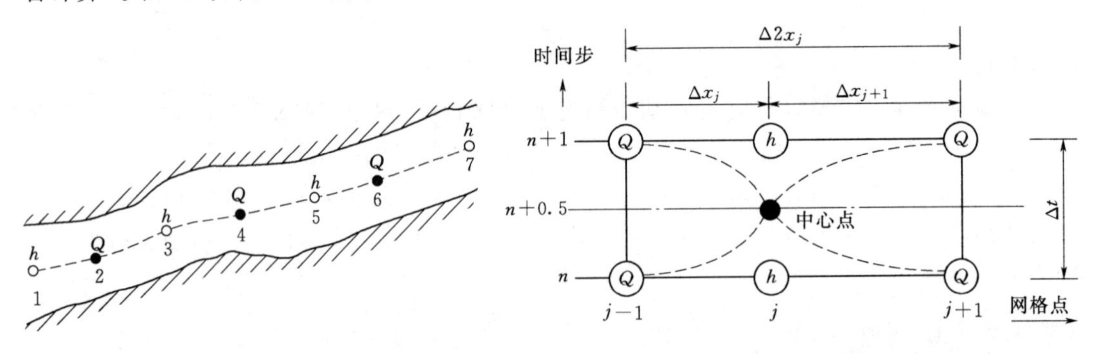

图 4－7　河道上节点布置示意图　　　图 4－8　连续方程 Abbott 六点隐式差分格式图

运动方程则以 Q 为中心。在 $n+1/2$ 时刻，式中的偏微分项可以近似表达为

$$\begin{cases} \dfrac{\alpha Q}{\alpha x} \approx \dfrac{\dfrac{Q_{j+1}^{n+1}+Q_{j+1}^{n}}{2} - \dfrac{Q_{j-1}^{n+1}+Q_{j-1}^{n}}{2}}{\Delta 2x_j} \\ \dfrac{\alpha h}{\alpha t} \approx \dfrac{h_j^{n+1}-h_j^{n}}{\Delta t} \end{cases} \tag{4-21}$$

河道宽度 b_s 可近似为

$$b_s = \frac{A_{0,j} + A_{0,j+1}}{\Delta 2x_j} \tag{4-22}$$

式中：$A_{0,j}$ 为差分格点 $j-1$ 和 j 之间的水面面积，m^2；$A_{0,j+1}$ 为差分格点 j 和 $j+1$ 之间的水面面积，m^2；$\Delta 2x_j$ 为差分格点 $j-1$ 和 $j+1$ 之间的距离，m。

代入偏微分项近似表达式后，圣维南方程组水流连续方程可改写成如下形式：

$$b_s\frac{h_j^{n+1}-h_j^n}{\Delta t}+\frac{\frac{Q_{j+1}^{n+1}+Q_{j+1}^n}{2}-\frac{Q_{j-1}^{n+1}+Q_{j-1}^n}{2}}{\Delta 2x_j}=q_j \tag{4-23}$$

式（4-23）可以表示为如下形式：

$$\alpha_j Q_{j-1}^{n+1}+\beta_j h_j^{n+1}+\gamma_j Q_{j+1}^{n+1}=\delta_j \tag{4-24}$$

式中：α、β、γ 均为河道宽度 b_s 和变量 δ 的函数，且与 Q^{n+1}、h^{n+1}和 Q^{n+1}有关。

对于动量方程，类似的，以 Q 点为中心，如图 4-9 所示。

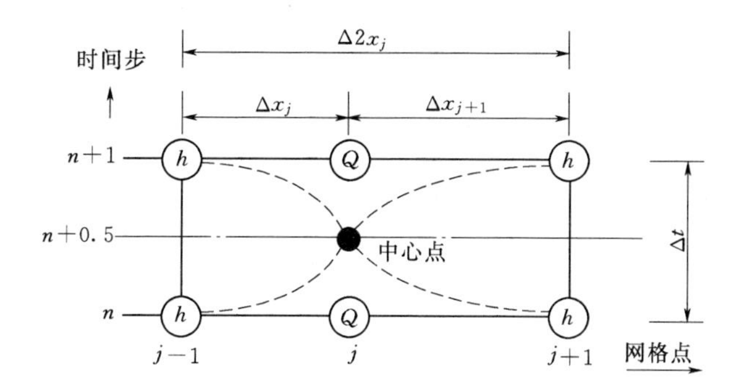

图 4-9　动量方程 Abbott 六点隐式差分格式

可以将运动方程偏微分项在流量节点上进行差分，得到近似表达式：

$$\frac{\alpha Q}{\alpha t}\approx\frac{Q_j^{n+1}-Q_j^n}{\Delta t} \tag{4-25}$$

$$\begin{cases}\dfrac{\alpha\left(\alpha\dfrac{Q^2}{A}\right)}{\alpha t}\approx\dfrac{\left(a\dfrac{Q^2}{A}\right)_{j+1}^{n+\frac{1}{2}}-\left(a\dfrac{Q^2}{A}\right)_{j-1}^{n+\frac{1}{2}}}{\Delta 2x_j}\\ \dfrac{\alpha h}{\alpha x}\approx\left(\dfrac{h_{j+1}^{n+1}+h_{j+1}^n}{2}-\dfrac{h_{j-1}^{n+1}+h_{j-1}^n}{2}\right)/\Delta 2x_j\end{cases} \tag{4-26}$$

在一个时间步长内，差分节点流速方向发生变化时，式（4-26）中 Q^2 可以写成：

$$Q^2\approx\theta Q_k^{n+1}Q_k^n-(\theta-1)Q_k^{n+1}Q_k^n \tag{4-27}$$

参数 θ 在 MIKE11 HD 模块编辑器中为默认值，其取值范围为 $0\leqslant\theta\leqslant1$，代入偏微分项近似表达式后，运动方程可表示为如下形式：

$$\alpha_j h_{j-1}^{n+1}+\beta_j Q_j^{n+1}+\gamma_j h_{j+1}^{n+1}=\delta_j \tag{4-28}$$

式中：

$$\begin{cases}\alpha_j=f(A)\\ \beta_j=f(Q_j^n,\Delta t,\Delta z,C,A,R)\\ \gamma_j=f(A)\\ \delta_j=f(A,\Delta t,\alpha,q,v,\theta,h_{j-1}^n,Q_{j-1}^n,h_{j+1}^n,Q_{j+1}^{n+1/2})\end{cases} \tag{4-29}$$

4.2.3.4　模型构建

MIKE11 HD 模型构建需要其特定的数据信息，主要包括研究区河网数据、沿程河道断面形状变化数据、水文边界条件和模型运行的初始条件。在完成数据收集的基础上，需应用 MIKE11 和 MIKE ZERO 中相关的文件编辑工具生成模型要求的数据类型。模型构建所需数据要求和来源信息见表 4-12。

表 4-12　模型数据组织信息表

数据类型	格式	来　源
河网文件	.nwk11	dem 高程数据生成河网
断面文件	.xns11	实测大断面
边界条件	.bnd11	时间序列文件等
时间序列文件	.dfs0	水文年鉴
模型参数文件	.hd11	根据流域概况设定
模拟文件	.sim11	

(1) 河网文件。MIKE11 模型河网文件的建立有两种方法：一是通过普通纸质地图引入到 MIKE11 河网文件编辑器后人工数字化；二是将 ArcGIS 软件生成的 .shp 格式流域水系直接引入到 MIKE11 河网文件编辑器中，转化为模型所需的 .nwk11 格式文件。本节选用前者生成河网文件。

基于 ArcGIS 数字高程 DEM 生成流域水系，主要涉及步骤有 DEM 填洼处理、水流方向提取、汇流累计量的计算、栅格河网数据的生成、.shp 格式河网水系的转化。将 ArcGIS 生成的 .shp 格式河流数据导入到 MIKE11 的河网文件编辑器中，应用程序自带工具自动生成 .nwk11 格式的河网文件，完成河段、支流的删除与连接，并根据实际水文站之间的距离关系修正生成河网属性，MIKE11 河网编辑器生成的河如图 4-10 所示。

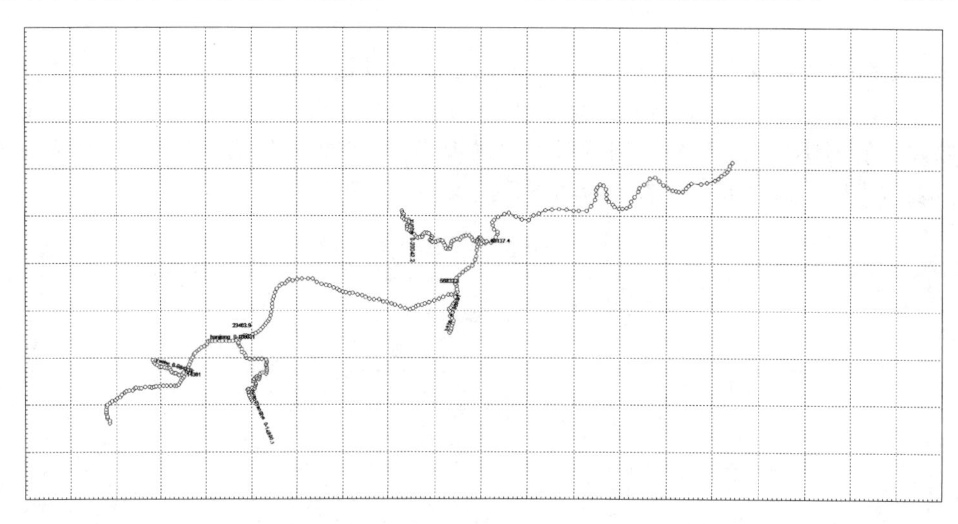

图 4-10　MIKE11 河网编辑器生成河网

(2) 断面数据生成。MIKE11 模型认为河道是由若干个棱柱体连接而成的，洪水演算是根据恒定非均匀流的水力学原理计算的，因此理论上要求在河道断面形状发生变化的各个断面都有实测数据，即需要详尽的河道断面数据。在资料收集的过程中，河道断面数据主要来源于水文站的测验断面和水电站建设实测断面数据。水文站测验断面数据和水电站建设实测断面数据精度很高，因此断面数据以前二者为主。断面数据形式为起点距和与之对应的高程值的坐标格式。

根据模拟河段已有水文站情况，可获得水文站测验断面的几何资料。模拟河段干流上有安康水文站、月河长枪铺水文站、黄洋河县河口水文站、坝河桂花园水文站、旬河向家坪水文站，以上水文站断面资料均可通过水文年鉴等资料查阅。建模河段近年来由于水电站建设需要，实测了旬阳的河道断面数据，通过收集整理作为模型的断面数据。

原始断面数据文件为文本格式或格式文件，将以上各种途径得到的河道断面数据全部转化为黄海平面基准高程。用 EXCEL VBA 自编小程序，将原始数据格式转换成符合 MIKE11 要求的输入格式。在 MIKE11 中的断面编辑中输入河道断面数据生成断面形状图，如图 4-11 所示。

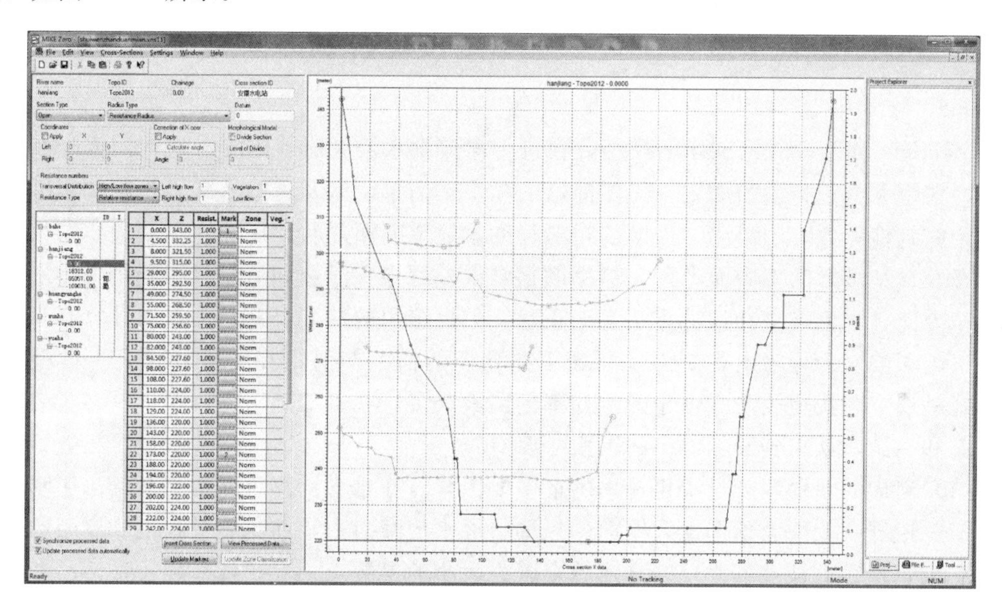

图 4-11　MIKE11 编辑实测断面

（3）边界条件与时间序列文件。根据本文建模河段，确定干流上游安康水文站、月河长枪铺水文站、黄洋河县河口水文站、坝河桂花园水文站、旬河向家坪水文站实测洪水为时间序列文件（.dfs0），由时间序列文件组成入流边界条件。蜀河水电站坝址上游断面作为出流边界，输入水位过程数据作为出流边界条件。在 MIKE ZERO 中引入安康水电站某时段实测入流边界条件，如图 4-12 所示。

（4）初始条件。MIKE11 在求解圣维南方程组时，计算起始时刻河段沿程各断面的水位、流量必须是已知的。初始条件的设定是为了让模型平稳启动，所以在设定初始条件时，应注意设定的初始值与河流实际情况保持一致。有实测资料的断面，初始值可采用水文站的水位或流量值，其他断面可根据实测资料内插；若无实测资料，一般可从恒定流状

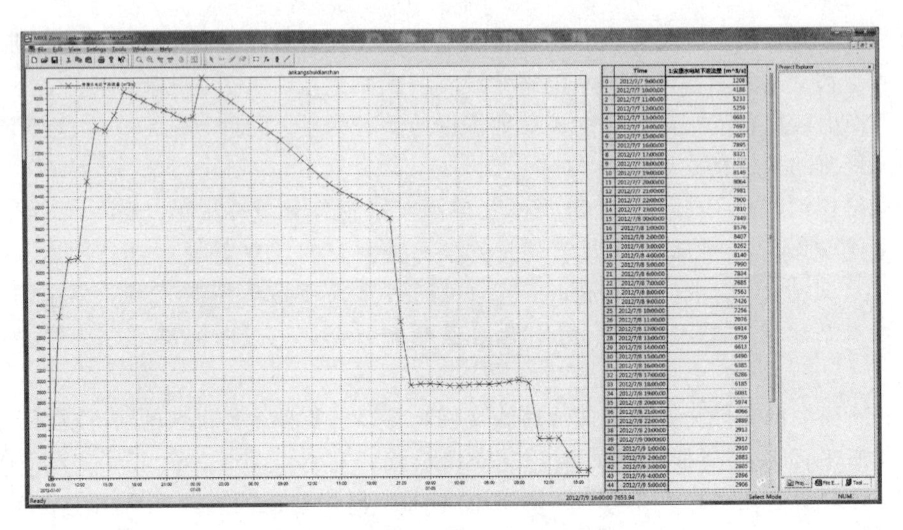

图 4-12　安康水电站入流边界条件

态开始，确定沿程各断面的水位、流量初始值。

4.2.3.5　参数率定

MIKE11 作为一维河网水力模型，在进行河道洪水演算时，需要对反映河床表面阻水作用的糙率 n 值进行参数率定。天然河道的糙率是衡量河床及边壁形状不规则和粗糙程度的一个综合性系数，因河床、岸壁的粗糙程度，河道断面形状，床面、岸壁地质特性，水流流态及含沙量等的不同而不同。糙率的相对误差可导致流速和流量具有同等大小的相对误差。因此，不论模型和计算方法多么正确，如果选用的糙率误差较大，对计算结果仍会产生很大影响。合理给出各断面及断面不同部位的糙率初值，有利于 MIKE11 模型在模拟时容易稳定和快速收敛。由于影响糙率的因素众多，很难准确求得。经过许多学者长期的研究和总结，认识到影响糙率的因素主要有：

（1）河床的粗糙程度是决定糙率的最主要因素。在水力计算手册中据此给出了糙率的参考值。根据一般的力学概念，壁面的粗糙造成水流摩阻力，而且粗糙程度和摩阻力的大小成正比，糙率也被理解为反映水流综合阻力大小的参数。

（2）明渠断面形状和水力半径对糙率的影响。对于相同面积的过水断面，不同的断面形状造成湿周和水力半径不同，因此断面形状对糙率有一定影响。特别对于复式断面的河流，在流量较小时，水流集中在主槽，有洪水时，水流会漫上两侧滩地，过水断面形状发生很大变化，湿周随之出现一个突变段，水力半径是过水断面面积与湿周的比值，显然对糙率会有影响。

（3）水位和流量的变化会引起水力半径和断面平均流速的变化，从水文资料计算的结论和工程实际情况看，都能反映对糙率的影响。

（4）冲游河流的河流形态不稳定，糙率很难确定。一般是根据沙粒及沙波的情况确定相应的沙粒阻力和沙波阻力，然后用水力半径分割或能坡分割将各类阻力汇成总阻力，再推导相应的糙率。

一般地，糙率不能直接由测量获得。当设计断面上下游附近水文站有较完整的水位糙率关系分析成果，且河段特性及水流流态相近时，可以借用已有糙率值的变化规律，但仍应该调查分析设计河段的水面比降。经分析比较参证站和设计断面水面比降、河床断面形态、河床平均比降等因素，认为基本相同时，可移用上下游水文站的水位糙率关系成果。中、低水位糙率根据判断水位糙率的变化类型后类比确定，高水位值需靠较大洪水的调查资料推算。

为确定模型对糙率的敏感程度，将计算河段沿程断面糙率设为统一值，应用模型对20120707次洪水进行河道洪水演算。根据上述糙率与水位流量关系的计算分析，糙率首先取0.03、0.04、0.05三个值进行模拟，所得结果如图4-13～图4-15所示。

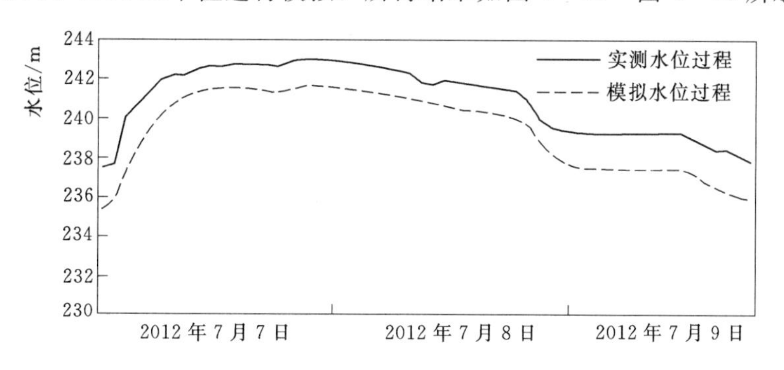

图4-13　安康断面水位过程模拟结果（n=0.03）

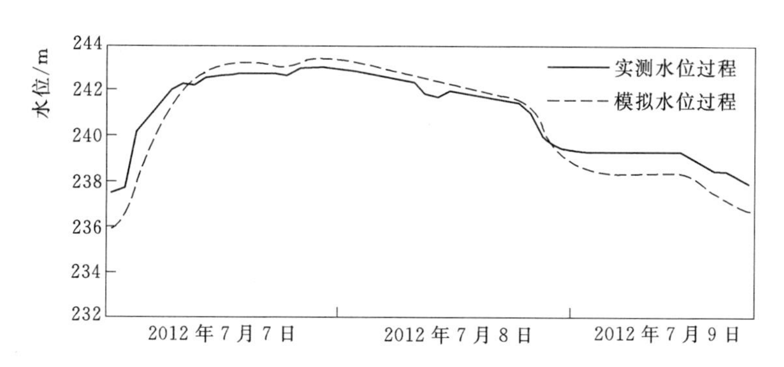

图4-14　安康断面水位过程模拟结果（n=0.04）

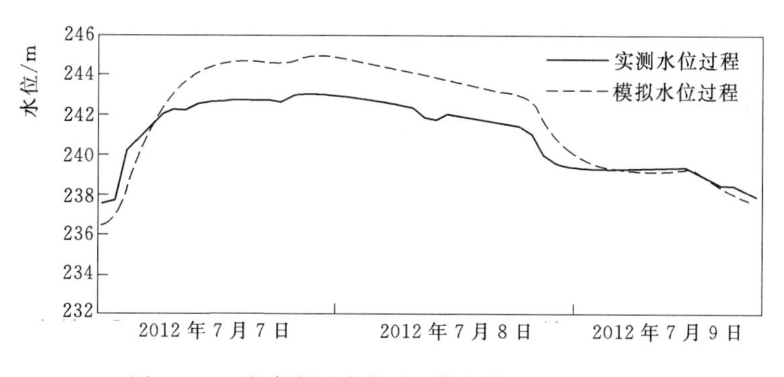

图4-15　安康断面水位过程模拟结果（n=0.05）

通过图4-13～图4-15可以看出：随着n值从0.03增加到0.05，安康断面模拟水位过程不断抬高，在n=0.04时，模拟水位过程和实际水位过程拟合相对较好，初步确定

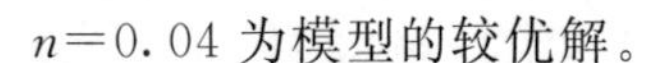

n=0.04 为模型的较优解。

4.2.3.6　模型验证

建立的模型能否适用于预报，需要应用已率定的模型计算实测洪水，与实测资料进行比较，先验证模型的适用性和稳定性，再将经过验证的模型应用于不同条件下的工程实际。

确定糙率 n=0.04 后，设置安康水文站断面为对比断面，分别对 2010—2012 年八场洪水模拟计算该站断面流量过程，与实际流量过程对比，对模型进行验证。不改变模型的河网文件、断面文件和参数文件，将上述洪水资料整理为时间序列文件，作为新的边界条件，进行模拟计算。洪水模拟结果如图 4-16 所示。

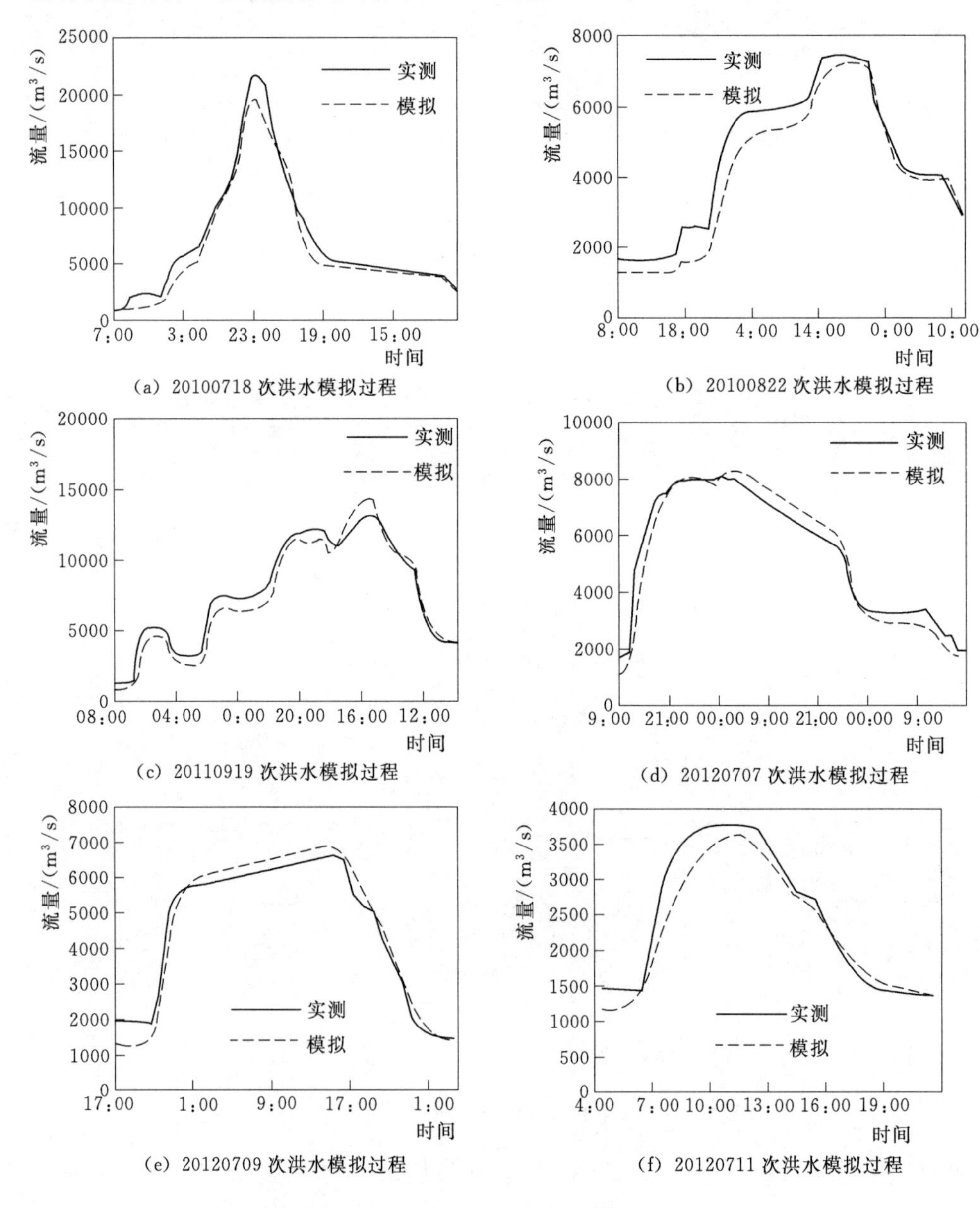

(a) 20100718 次洪水模拟过程

(b) 20100822 次洪水模拟过程

(c) 20110919 次洪水模拟过程

(d) 20120707 次洪水模拟过程

(e) 20120709 次洪水模拟过程

(f) 20120711 次洪水模拟过程

图 4-16（一）　2012 年洪水过程模拟

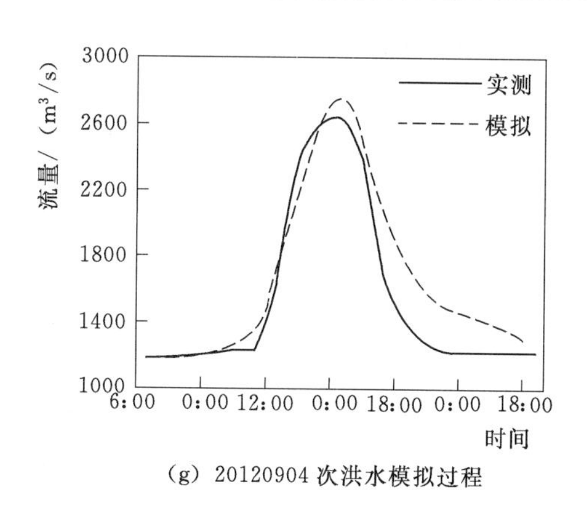

（g）20120904 次洪水模拟过程

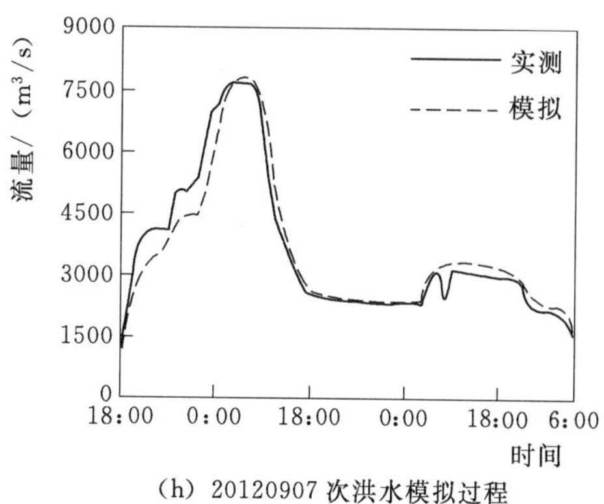

（h）20120907 次洪水模拟过程

图 4-16（二） 2012 年洪水过程模拟

由图 4-16 可以看出：采用 MIKE11 软件对安康水电站—安康城区河段的洪水过程的模拟具有相当高的精度，模拟洪水流量过程线与实测洪水拟合较好。对比图 4-16（a）和图 4-16（g）可知，MIKE11 对大流量洪水过程模拟精度高于小流量洪水过程，并且大流量洪水过程的退水段拟合程度高于涨水段，当洪水量级为 4000～8000m^3/s 时，模拟结果最为接近实测。

从表 4-13 可以看出：模拟洪水总量误差都小于 7.5%，说明区间洪水采用的估计方法基本正确；洪峰在安康水文站出现时刻的差值不一，个别场次洪水洪峰时差较大，流域洪水洪峰持续时间不一，洪峰流量模拟的误差均小于 4.5%。依据 GB/T 22482《水文情报预报规范》可知，采用确定性系数将预报项目精度划分为三个等级：甲级 DC>0.90；乙级 0.90>DC>0.70；丙级 0.70>DC>0.50。由表 4-13 可知，MIKE11 模拟结果的确定性系数均大于 0.93，均为甲级预报精度。

表 4-13　　MIKE11 模拟洪水结论分析

洪次	洪　量			洪　峰			洪峰时差 /h	确定性系数
	实测 /亿 m^3	模拟 /亿 m^3	误差 /%	实测 /(m^3/s)	模拟 /(m^3/s)	误差 /%		
20100718	25.63	23.76	−7.30	20700	19819.00	−4.26	<1	0.95
20100822	8.23	7.68	−6.88	7480	7234.00	−3.29	2	0.94
20110919	31.39	29.67	−5.48	13200	13661.00	3.49	1	0.95
20120707	11.07	10.99	−0.72	8080	8354.97	3.40	1	0.97
20120709	5.82	5.90	1.25	6670	6946.99	4.15	<1	0.98
20120711	1.59	1.48	−6.94	3770	3648.73	−3.22	<1	0.95
20120904	1.06	1.13	7.26	2650	2763.94	4.30	<1	0.93
20120907	9.32	9.09	−2.44	7680	7799.11	1.55	2	0.95

从表 4-13 中四个参数分析评价模型的模拟效果可以看出，本节建立的 MIKE11 HD 模型数据合理可靠，率定的参数能够反映流域的真实情况，模拟效果良好。

MIKE11 HD 模型计算的汛期洪峰传播时间见表 4-14。

表 4－14　　MIKE11 HD 模型计算的汛期洪峰传播时间

洪水场次	洪峰流量/(m^3/s)	传达时间/h			总时间/h
		安康水电站—安康城区	安康城区—旬阳	旬阳—蜀河水电站	
20100717	19154	0.5	2.5	1.5	4.5
20110916	14497	1.0	3.0	1.0	5.0
20120707	8576	1.0	3.5	4.0	8.5
20140910	8518	1.0	4.0	3.0	8.0
20120901	7935	1.0	3.0	3.0	7.0
20120907	7845	1.0	3.0	2.0	6.0
20130721	7758	1.0	2.0	1.0	4.0
20100821	7277	2.0	3.0	1.0	6.0
20120709	7015	1.0	2.5	2.0	5.5
20110607	5684	1.0	6.0	2.0	9.0
20130719	5678	1.0	3.0	3.0	7.0
20120906	4184	3.0	5.0	4.0	12.0
20120711	3825	2.5	4.0	2.5	9.0
20120904	3008	3.0	5.0	3.0	11.0

4.2.4　传播时间规律分析

现将马斯京根模型和 MIKE11 模型计算的同等量级洪水洪峰传达时间和实测传播时间三者对比结果列于表 4－15。考虑两种方法所选洪水场次受资料的尺度和方法限制，故同等量级的洪水场次的选取不完全相同。尽管同等量级选取不同场次洪水进行模拟，但对于洪水传播时间的规律分析不会产生影响，同等量级同一场次或不同场次的洪峰传达时间见表 4－15。

表 4－15　　两种方法传播时间与实测对比

洪峰量级/(m^3/s)	安康水电站—蜀河水电站传达时间/h			洪峰量级/(m^3/s)	安康水电站—蜀河水电站传达时间/h		
	马斯京根法	MIKE11 HD	实测		马斯京根法	MIKE11 HD	实测
19000	2.0	4.0	3.0	7000	6.0	7.0	7.0
15000	2.5	4.5	3.5	6000	7.0	8.0	7.5
12000	3.0	5.0	4.0	5000	7.5	9.0	8.0
10000	4.0	5.5	4.5	4000	8.0	10.0	10.0
9000	4.5	5.5	5.0	3000	9.0	11.0	11.0
8000	5.0	6.0	6.0				

由图 4－17 可以看出：MIKE11 HD 模型演算结果相比马斯京根模型演算结果偏大，实测结果比 MIKE11 HD 模型结果偏大，而 MIKE11 HD 的结果和实测结果更为接近。对比表 4－14 和表 4－15，马斯京根法更适应于小流量的洪水过程模拟，而对于大于 3000m^3/s 的洪水，MIKE11 HD 模型的结果精度更高。由于马斯京根模型需要同时知道上下游实测流量过程才能模拟，对资料依赖程度高，而实际中间断面无实测资料，导致马斯京根模型受限。由于河段断面资料和水文站资料短缺的原因，MIKE11 HD 模拟结果和实测结果也存在一定的误差。

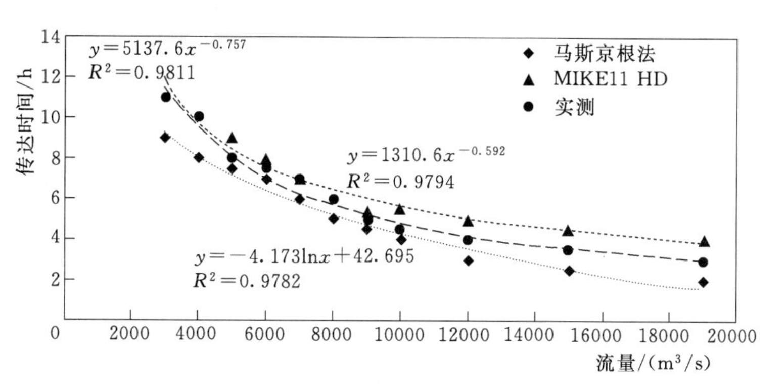

图 4-17 三种方法传达时间比较

因此，在MIKE11 HD模型结果检验精度合格的前提下，选用MIKE11 HD模型的模拟结果。由此得到汛期各控制断面洪峰传达时间曲线，如图4-18所示。

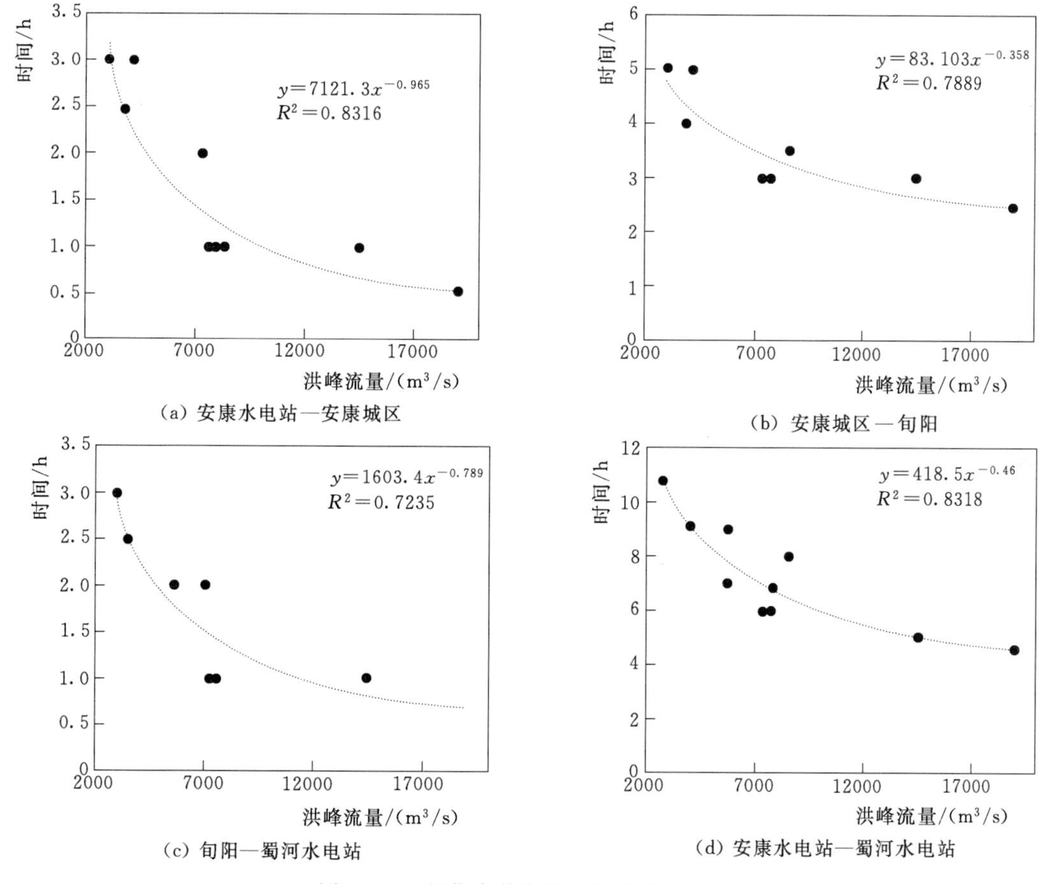

图 4-18 汛期各控制断面洪峰传达时间

非汛期小流量的河道流量演进时间，直接采用设定流量相应的流速进行计算，计算传播时间公式为

$$\tau=\frac{L}{\nu} \tag{4-30}$$

依据表4-2和表4-3中各控制断面的流速和河长，计算各区间段的小流量传播时间，计算结果见表4-16和图4-19。

表4-16　小流量传播时间结果表

流量级/(m^3/s)	安康水电站—安康城区传播时间/h	安康城区—旬阳传播时间/h	旬阳—蜀河水电站传播时间/h	总时间/h
100	35	48	68	150
200	20	26	35	80
300	14	18	24	56
400	11	14	19	44
500	10	12	15	36
600	8	10	13	32
700	7	9	12	28
800	7	8	10	25
900	6	8	10	24
1000	6	7	9	22
1200	5	7	9	20
1400	4	6	8	18
1600	4	5	7	16
1800	4	5	7	15
2000	3	5	6	14
2500	3	4	6	13

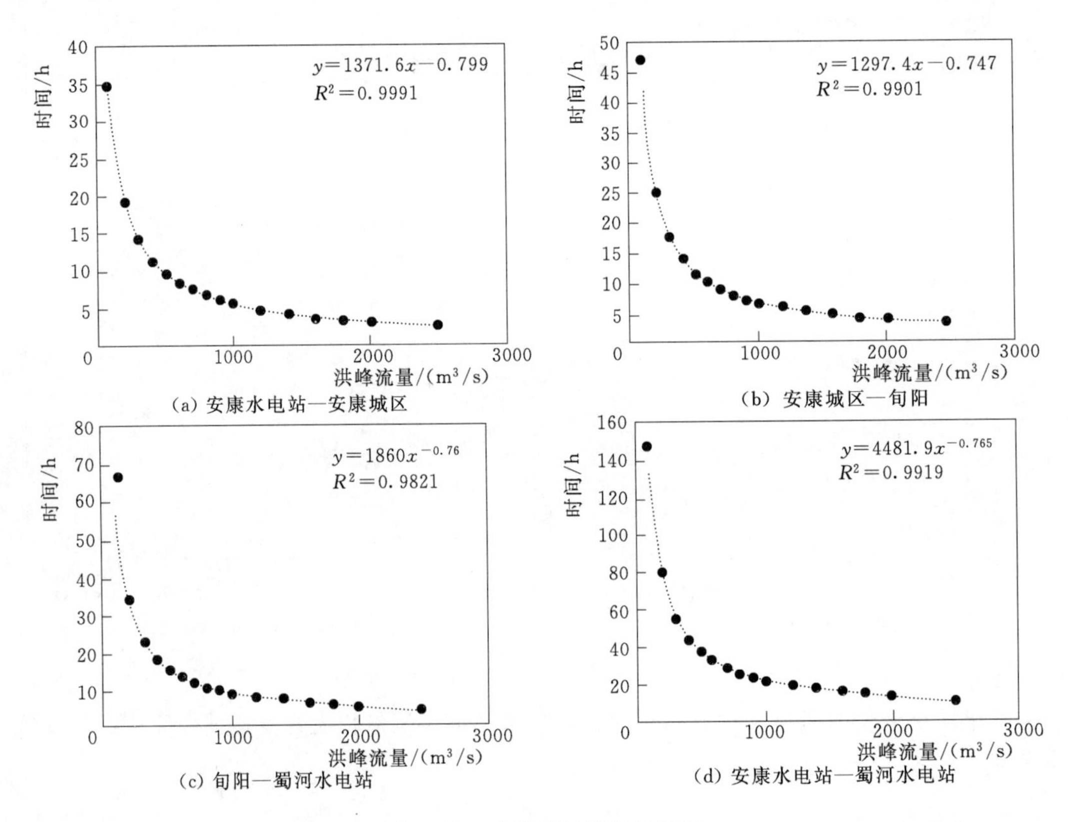

图4-19　小流量洪峰传播时间

现将不同站点汛期和非汛期不同洪水级别的洪峰传播时间绘制于同一张图上，观察不同流量的拟合情况。由图 4-20～图 4-23 可知，汛期和非汛期的拟合曲线可由同一曲线进行拟合替代，拟合结果如图 4-24～图 4-27 所示。

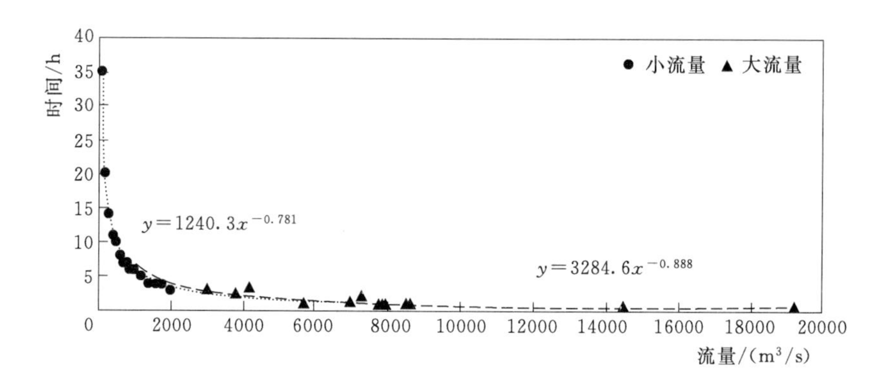

图 4-20 安康水电站—安康城区流量传播时间

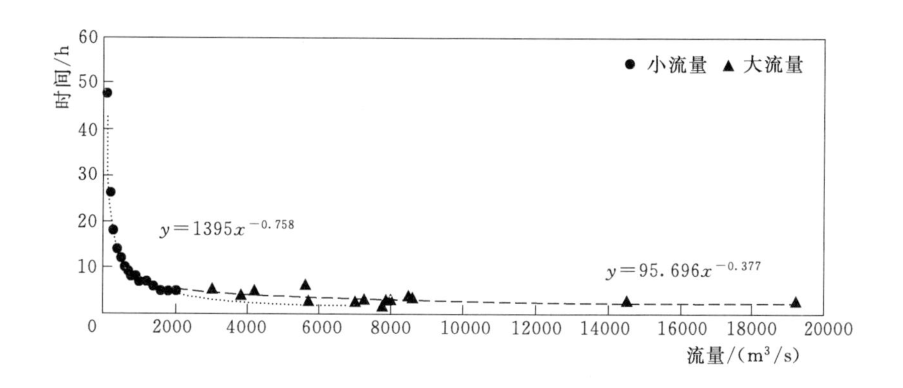

图 4-21 安康城区—旬阳流量传播时间

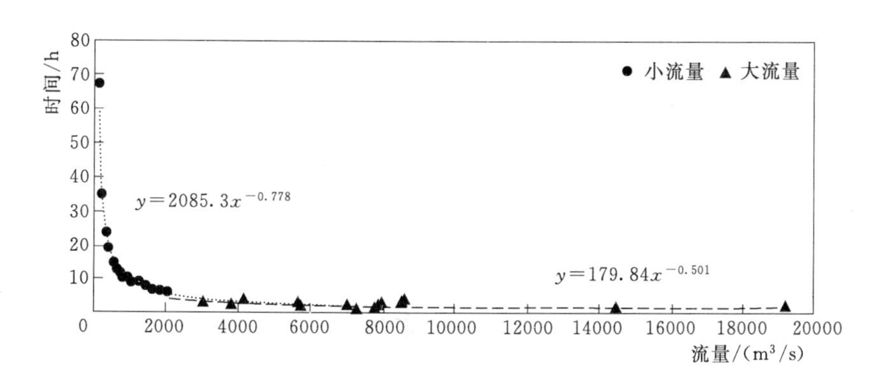

图 4-22 旬阳—蜀河水电站流量传播时间

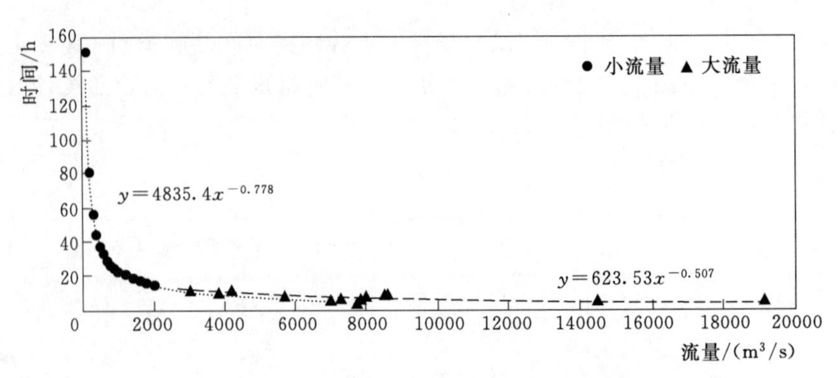

图4-23　安康水电站—蜀河水电站流量传播时间

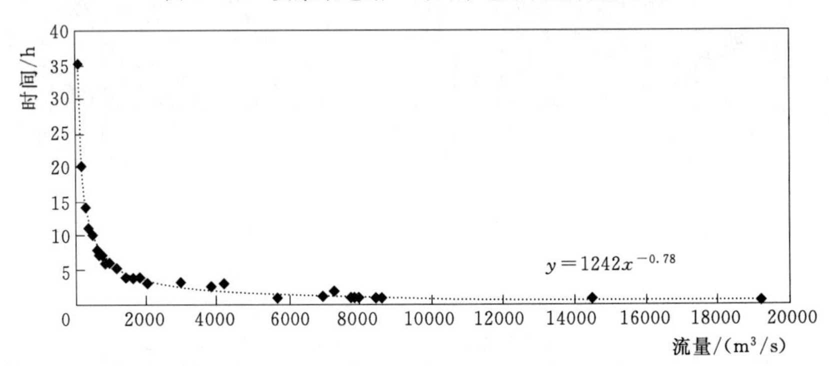

图4-24　安康水电站—安康城区流量传播时间

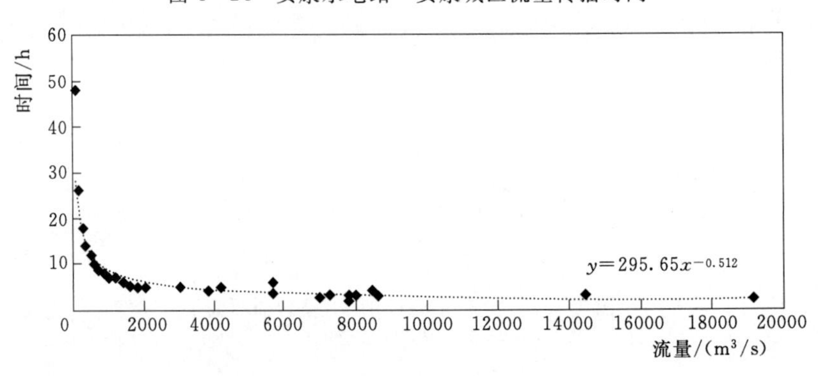

图4-25　安康城区—旬阳流量传播时间

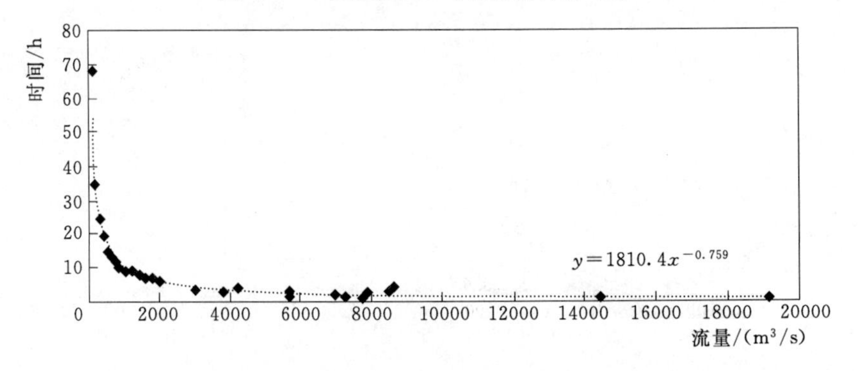

图4-26　旬阳—蜀河水电站流量传播时间

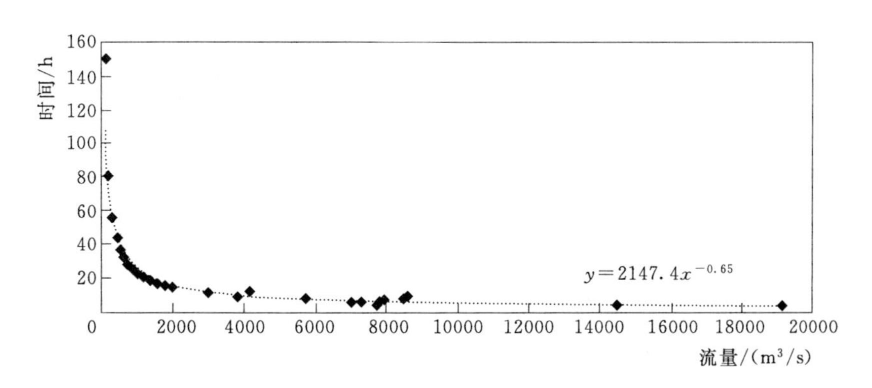

图 4-27　安康水电站—蜀河水电站流量传播时间

各站点流量传播时间公式总结见表 4-17，由各公式推求各区间不同流量级别传播时间，见表 4-18。

表 4-17　　安康水电站—蜀河区间洪峰传播时间公式

断　面	分 河 段	流量传达时间公式
安康水电站	安康水电站—安康城区	$y=1242x^{-0.78}$
安康城区	安康城区—旬阳	$y=295.65x^{-0.512}$
旬阳	旬阳—蜀河水电站	$y=1810.4x^{-0.759}$
蜀河水电站	安康水电站—蜀河水电站	$y=2147.4x^{-0.65}$

表 4-18　　安康水电站—蜀河区间不同流量级洪水传播时间

流量/(m^3/s)	安康水电站—安康城区传播时间/h	安康城区—旬阳传播时间/h	旬阳—蜀河水电站传播时间/h	安康水电站—蜀河水电站传播时间/h
80	40.71	31.36	65.06	137.13
100	34.21	27.98	54.93	117.11
150	24.93	22.73	40.38	88.04
200	19.92	19.62	32.46	71.99
250	16.74	17.50	27.40	61.64
300	14.52	15.94	23.86	54.32
350	12.88	14.73	21.22	48.83
400	11.60	13.76	19.18	44.54
450	10.58	12.95	17.54	41.07
500	9.75	12.27	16.19	38.21
550	9.05	11.69	15.06	35.80
600	8.46	11.18	14.10	33.73
650	7.94	10.73	13.27	31.94
700	7.50	10.33	12.54	30.37
750	7.11	9.97	11.90	28.98

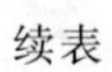

流量/(m^3/s)	安康水电站—安康城区传播时间/h	安康城区—旬阳传播时间/h	旬阳—蜀河水电站传播时间/h	安康水电站—蜀河水电站传播时间/h
800	6.76	9.65	11.33	27.74
850	6.44	9.35	10.82	26.62
900	6.16	9.08	10.36	25.61
950	5.91	8.83	9.95	24.69
1000	5.68	8.61	9.57	23.85
1100	5.27	8.20	8.90	22.37
1200	4.92	7.84	8.33	21.09
1300	4.63	7.52	7.84	19.99
1400	4.37	7.24	7.41	19.02
1500	4.14	6.99	7.03	18.16
1600	3.93	6.77	6.70	17.40
1700	3.75	6.56	6.40	16.71
1800	3.59	6.37	6.12	16.08
1900	3.44	6.20	5.88	15.51
2000	3.31	6.03	5.65	14.99
2500	2.78	5.38	4.77	12.93
3000	2.41	4.90	4.16	11.47
3500	2.14	4.53	3.70	10.36
4000	1.93	4.23	3.34	9.50
4500	1.76	3.98	3.05	8.80
5000	1.62	3.77	2.82	8.21
5500	1.50	3.60	2.62	7.72
6000	1.40	3.44	2.46	7.30
6500	1.32	3.30	2.31	6.93
7000	1.24	3.18	2.18	6.61
7500	1.18	3.07	2.07	6.32
8000	1.12	2.97	1.97	6.06
8500	1.07	2.88	1.89	5.83
9000	1.02	2.79	1.81	5.62
9500	0.98	2.72	1.73	5.43
10000	0.94	2.65	1.67	5.26
11000	0.87	2.52	1.55	4.95
12000	0.82	2.41	1.45	4.68
13000	0.77	2.31	1.37	4.45

续表

流量/(m³/s)	安康水电站—安康城区传播时间/h	安康城区—旬阳传播时间/h	旬阳—蜀河水电站传播时间/h	安康水电站—蜀河水电站传播时间/h
14000	0.72	2.23	1.29	4.24
15000	0.69	2.15	1.22	4.06
16000	0.65	2.08	1.17	3.90
17000	0.62	2.02	1.11	3.75
18000	0.60	1.96	1.07	3.62
19000	0.57	1.91	1.02	3.50
20000	0.55	1.86	0.98	3.39
21000	0.53	1.81	0.95	3.29
22000	0.51	1.77	0.92	3.19
23000	0.49	1.73	0.89	3.11
24000	0.48	1.69	0.86	3.02
25000	0.46	1.66	0.83	2.95
26000	0.45	1.62	0.81	2.88
27000	0.43	1.59	0.78	2.81
28000	0.42	1.56	0.76	2.75
29000	0.41	1.53	0.74	2.69
30000	0.40	1.51	0.72	2.63

4.3 石泉防洪调度研究

4.3.1 石泉水库洪水调度规则

水库的下泄流量控制根据库水位及入库流量两个因素确定，水库泄流确保大坝的安全。具体规定如下：①当库水位在 400～405m 时，控制下泄流量不大于入库流量；②当库水位在 405m 左右时，控制下泄流量等于入库流量；③当入库流量大于或等于 13700m³/s 且库水位超过 405m 时，除小表孔外所有闸门全开；④当入库流量大于或等于 16300m³/s 时，所有闸门全开。

根据喜河设计报告，喜河洪水调节计算必须考虑石泉水库的调节作用。为减少喜河回水对石泉电站厂房的影响，考虑石泉水库遇 50 年一遇洪水时适当控制下泄流量，减少喜河水库的入库流量，以降低相应的回水位。设计报告根据回水计算分析，当石泉水库遇 50 年一遇洪水，控制下泄流量 16500m³/s 时，喜河水库在石泉电厂处的回水水位满足石泉电站厂房洪水设计标准，同时可满足石泉水库自身的防洪安全。

4.3.2 石泉水库设计洪水

石泉水库设计洪水选用 1983 年典型洪水。在 1983 年 7 月 31 日汉江上游发生了自

1583 年以来的特大洪水，其特点是洪峰流量大，洪量比较集中，洪水调度难度大，对防洪极为不利，依据石泉水库的设计洪水成果进行洪水缩放得到不同频率的设计洪水过程见表 4－19。

表 4－19　　石泉水库设计洪水过程线（1983 年典型洪水）　　单位：m^3/s

月	日	时	1983 年典型	$P=0.1\%$	$P=1\%$	$P=2\%$	$P=5\%$	$P=20\%$
7	29	18	4630	7780	6110	5650	4950	3610
7	29	21	4460	7490	5890	5440	4770	3480
7	30	0	4470	7510	5900	5450	4780	3490
7	30	3	4720	7930	6230	5760	5050	3680
7	30	6	5560	9340	7340	6780	5950	4340
7	30	9	5720	9500	7440	6690	5770	4120
7	30	12	5560	9230	7230	6710	5560	4000
7	30	15	8870	14720	11530	10180	8550	6390
7	30	18	10400	17240	13520	12170	10200	7490
7	30	21	13300	20250	15460	14160	11800	8370
7	31	0	14900	22670	17280	15290	12960	9080
7	31	3	15700	24100	18380	16360	13880	9690
7	31	6	15900	25600	19380	17470	14670	10170
7	31	9	16020	27100	20400	18400	15580	10690
7	31	12	16070	28400	21500	19300	16400	11300
7	31	15	14300	23370	17660	15540	13610	9200
7	31	18	13500	20900	15700	14480	11700	8300
7	31	21	11200	18020	14160	12880	10700	7860
8	1	0	9290	15420	11980	10870	9290	6690
8	1	3	7780	12900	10010	9100	7780	5602
8	1	6	6100	10130	7830	7140	6600	4590
8	1	9	5380	9140	6990	6560	5750	4100
8	1	12	4650	7810	6140	5670	4980	3630
8	1	15	4100	6890	5410	5000	4390	3200

4.3.3　洪水调度及结果

根据修订后的石泉水库防洪调度规则，采用面向对象语言 Visual Basic 编程，对不同频率设计洪水进行调洪演算，计算时段取为 3h，汛限水位为 405m，各频率洪水调节计算成果见表4-20。由表4-20可知：根据石泉水库最新的水位库容曲线进行洪水调节计算得到的结果与设计值基本吻合，保证了石泉水库大坝及厂房的安全，同时也保证了石泉县城及阳安铁路（防洪标准为百年一遇设计洪水）的安全。石泉水库各频率洪水调度结果如图4-28～图4-32所示。

表4-20　石泉水库各设计频率洪水调节结果表

项目		频率/%				
		0.1	1	2	5	10
设计值	洪峰/(m^3/s)	28400	21500	19300	16400	13900
	最高水位/m	415.01	410.30			
	最大泄量/(m^3/s)	25950	20050			
调度结果	最高水位/m	414.99	410.25	409.38	406.23	405.05
	最大泄量/(m^3/s)	25597	19679	16500	15777	13746

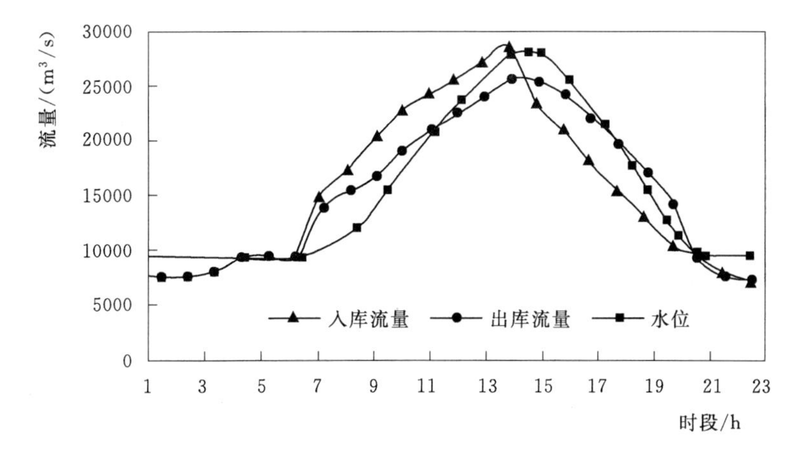

图4-28　石泉水库千年一遇洪水调度过程线

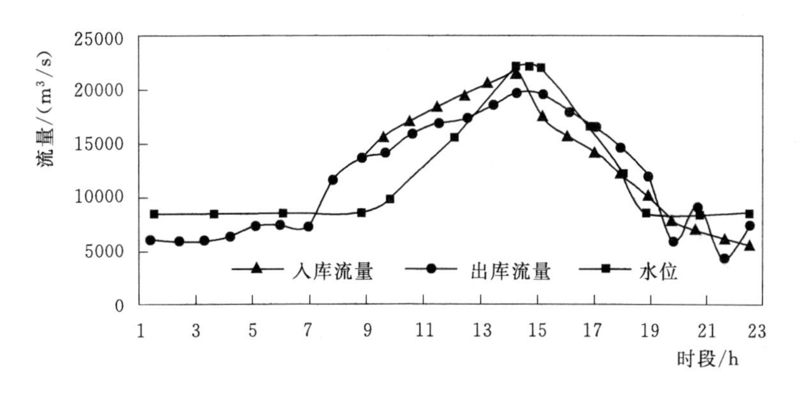

图4-29　石泉水库百年一遇洪水调度过程线

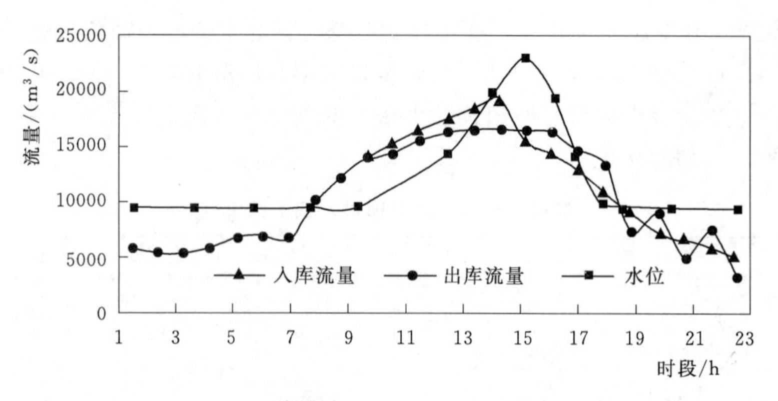

图4-30　石泉水库五十年一遇洪水调度过程线

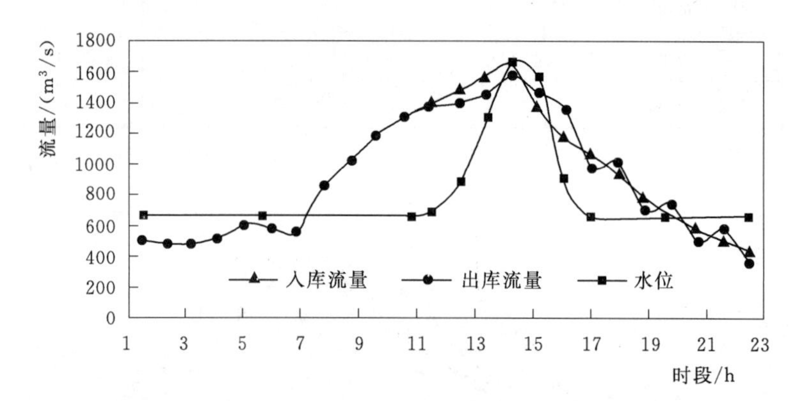

图4-31　石泉水库二十年一遇洪水调度过程线

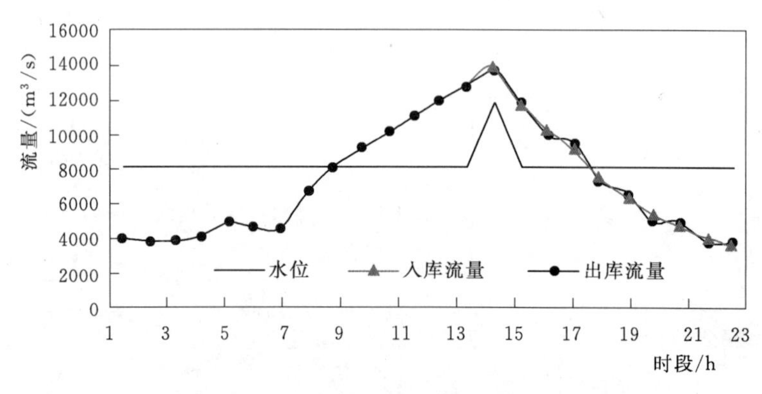

图4-32　石泉水库十年一遇洪水调度过程线

4.4　喜河防洪调度研究

4.4.1　喜河水库蓄泄能力分析

水库将水位抬高是为了充分利用洪水，若将超蓄水量以弃水的方式泄掉，既冒风险又不获利，显然不合理。所以，将超蓄水量全部满发是最理想的利用方式。洪水退水段超蓄

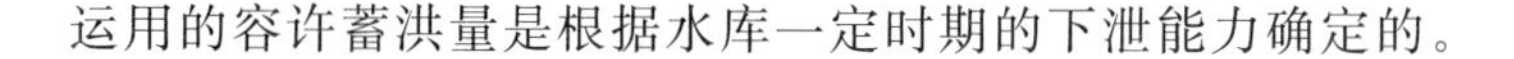

运用的容许蓄洪量是根据水库一定时期的下泄能力确定的。

4.4.1.1 预泄控制水位确定

预泄控制水位的高低对洪水预泄调度效果具有至关重要的作用，预泄控制水位越低，腾出的防洪库容越大，对防洪有利，但存在水位回蓄风险；预泄控制水位越高，水位回蓄风险低，但腾出的防洪库容小，对提高防洪能力效果不显著。对于喜河水库预泄控制水位的确定，采用原设计汛限水位357m作为预泄控制水位，不论从喜河水库的防洪安全还是上游淹没各方面都可得到满足。

4.4.1.2 喜河水库的蓄泄能力分析

喜河水库设有9孔泄洪闸门，分别是中孔［P1，共4孔，若开2孔中孔，则记为P1（2），余类推］，表孔［P2，共5孔，若开2孔表孔，则记为P2（2），余依次类推］。水电站共装有3台发电机组，总装机容量180MW（3×60MW）。由于喜河水库水位变幅小，水头对发电影响比较小，为了简化分析，且不失分析结果的可接受性，在汛期采用满发方式泄流，并将满发流量视为一常数，按800m^3/s计。假定在退水段蓄水至最高水位后，入库流量分别以100m^3/s、200m^3/s、300m^3/s、400m^3/s、500m^3/s和600m^3/s六个级别入库。

表4-21为水库超蓄后，由电站机组满发流量泄流时从不同超蓄水位消落到预泄控制水位时所需时间的计算结果，由表4-21中数据绘出机组满发流量泄流时不同超蓄水位消落时间曲线，如图4-33～图4-38所示。表4-21～表4-26为不同组合泄流方式库水位消落到预泄水位时的消落时间，相应的泄流消落时间曲线如图4-33～图4-38所示。表4-27～

表4-21 满发流量（800m^3/s）泄流时不同超蓄水位消落时间（预泄控制水位357m）

超蓄水位/m	库容差/百万m^3	基流/(m^3/s)	消落时间/h	超蓄水位/m	库容差/百万m^3	基流/(m^3/s)	消落时间/h
362	50.69	100	20.1	360	29.05	100	11.5
362	50.69	200	23.5	360	29.05	200	13.4
362	50.69	300	28.2	360	29.05	300	16.1
362	50.69	400	35.2	360	29.05	400	20.2
362	50.69	500	46.9	360	29.05	500	26.9
362	50.69	600	70.4	360	29.05	600	40.3
361.5	45.28	100	18.0	359	19.37	100	7.7
361.5	45.28	200	30.0	359	19.37	200	9.0
361.5	45.28	300	25.2	359	19.37	300	10.8
361.5	45.28	400	31.4	359	19.37	400	13.5
361.5	45.28	500	41.9	359	19.37	500	17.9
361.5	45.28	600	62.9	359	19.37	600	26.9
361	39.87	100	15.8	358	9.69	100	3.8
361	39.87	200	18.5	358	9.69	200	4.5
361	39.87	300	22.2	358	9.69	300	5.4
361	39.87	400	27.7	358	9.69	400	6.7
361	39.87	500	36.9	358	9.69	500	9.0
361	39.87	600	55.4	358	9.69	600	13.5

表4-32为下泄流量分别比入库流量大1000m³/s、2000m³/s、3000m³/s、4000m³/s、5000m³/s和6000m³/s时不同超蓄水位消落时间。

表4-22　满发流量[800m³/s+P1(1)]泄流时不同超蓄水位消落时间（预泄控制水位357m）

超蓄水位/m	库容差/百万m³	基流/(m³/s)	消落时间/h	超蓄水位/m	库容差/百万m³	基流/(m³/s)	消落时间/h
362	50.69	100	6.21	360	29.05	100	3.67
362	50.69	200	6.50	360	29.05	200	3.85
362	50.69	300	6.82	360	29.05	300	4.04
362	50.69	400	7.17	360	29.05	400	4.25
362	50.69	500	7.55	360	29.05	500	4.49
362	50.69	600	7.98	360	29.05	600	4.76
361.5	45.28	100	5.59	359	19.37	100	2.49
361.5	45.28	200	5.85	359	19.37	200	2.61
361.5	45.28	300	6.14	359	19.37	300	2.74
361.5	45.28	400	6.45	359	19.37	400	2.89
361.5	45.28	500	6.80	359	19.37	500	3.05
361.5	45.28	600	7.20	359	19.37	600	3.24
361	39.87	100	4.96	358	9.69	100	1.27
361	39.87	200	5.19	358	9.69	200	1.33
361	39.87	300	5.45	358	9.69	300	1.40
361	39.87	400	5.73	358	9.69	400	1.47
361	39.87	500	6.05	358	9.69	500	1.56
361	39.87	600	6.40	358	9.69	600	1.65

表4-23　满发流量[800m³/s+P1(1)+P2(1)]泄流时不同超蓄水位消落时间（预泄控制水位357m）

超蓄水位/m	库容差/百万m³	基流/(m³/s)	消落时间/h	超蓄水位/m	库容差/百万m³	基流/(m³/s)	消落时间/h
362	50.69	100	3.04	360	29.05	100	1.85
362	50.69	200	3.11	360	29.05	200	1.89
362	50.69	300	3.18	360	29.05	300	1.93
362	50.69	400	3.25	360	29.05	400	1.98
362	50.69	500	3.33	360	29.05	500	2.03
362	50.69	600	3.41	360	29.05	600	2.09
361.5	45.28	100	2.75	359	19.37	100	1.27
361.5	45.28	200	2.82	359	19.37	200	1.30
361.5	45.28	300	2.88	359	19.37	300	1.33
361.5	45.28	400	2.95	359	19.37	400	1.36
361.5	45.28	500	3.02	359	19.37	500	1.40
361.5	45.28	600	3.10	359	19.37	600	1.44
361	39.87	100	2.46	358	9.69	100	0.65
361	39.87	200	2.52	358	9.69	200	0.67
361	39.87	300	2.57	358	9.69	300	0.69
361	39.87	400	2.64	358	9.69	400	0.70
361	39.87	500	2.70	358	9.69	500	0.72
361	39.87	600	2.77	358	9.69	600	0.74

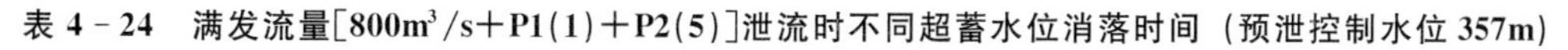

表 4-24 满发流量[800m³/s+P1(1)+P2(5)]泄流时不同超蓄水位消落时间（预泄控制水位 357m）

超蓄水位/m	库容差/百万 m³	基流/(m³/s)	消落时间/h	超蓄水位/m	库容差/百万 m³	基流/(m³/s)	消落时间/h
362	50.69	100	1.002	360	29.05	100	0.618
362	50.69	200	1.009	360	29.05	200	0.623
362	50.69	300	1.016	360	29.05	300	0.627
362	50.69	400	1.024	360	29.05	400	0.632
362	50.69	500	1.031	360	29.05	500	0.637
362	50.69	600	1.039	360	29.05	600	0.642
361.5	45.28	100	0.910	359	19.37	100	0.428
361.5	45.28	200	0.917	359	19.37	200	0.431
361.5	45.28	300	0.924	359	19.37	300	0.435
361.5	45.28	400	0.931	359	19.37	400	0.438
361.5	45.28	500	0.938	359	19.37	500	0.442
361.5	45.28	600	0.945	359	19.37	600	0.445
361	39.87	100	0.816	358	9.69	100	0.222
361	39.87	200	0.822	358	9.69	200	0.224
361	39.87	300	0.829	358	9.69	300	0.226
361	39.87	400	0.835	358	9.69	400	0.228
361	39.87	500	0.841	358	9.69	500	0.230
361	39.87	600	0.848	358	9.69	600	0.232

表 4-25 满发流量[8800m³/s+P1(4)+P2(5)]泄流时不同超蓄水位消落时间（预泄控制水位 357m）

超蓄水位/m	库容差/百万 m³	基流/(m³/s)	消落时间/h	超蓄水位/m	库容差/百万 m³	基流/(m³/s)	消落时间/h
362	50.69	100	0.751	360	29.05	100	0.460
362	50.69	200	0.755	360	29.05	200	0.462
362	50.69	300	0.759	360	29.05	300	0.465
362	50.69	400	0.763	360	29.05	400	0.468
362	50.69	500	0.767	360	29.05	500	0.470
362	50.69	600	0.772	360	29.05	600	0.473
361.5	45.28	100	0.681	359	19.37	100	0.317
361.5	45.28	200	0.685	359	19.37	200	0.319
361.5	45.28	300	0.689	359	19.37	300	0.321
361.5	45.28	400	0.693	359	19.37	400	0.323
361.5	45.28	500	0.696	359	19.37	500	0.325
361.5	45.28	600	0.700	359	19.37	600	0.327
361	39.87	100	0.610	358	9.69	100	0.164
361	39.87	200	0.613	358	9.69	200	0.165
361	39.87	300	0.617	358	9.69	300	0.166
361	39.87	400	0.620	358	9.69	400	0.167
361	39.87	500	0.623	358	9.69	500	0.168
361	39.87	600	0.627	358	9.69	600	0.169

表 4-26　满发流量（8800m³/s）泄流时不同超蓄水位消落时间（预泄控制水位 357m）

超蓄水位/m	库容差/百万 m³	基流/(m³/s)	消落时间/h	超蓄水位/m	库容差/百万 m³	基流/(m³/s)	消落时间/h
362	50.69	100	1.618	360	29.05	100	0.928
362	50.69	200	1.637	360	29.05	200	0.938
362	50.69	300	1.657	360	29.05	300	0.949
362	50.69	400	1.676	360	29.05	400	0.961
362	50.69	500	1.696	360	29.05	500	0.972
362	50.69	600	1.717	360	29.05	600	0.984
361.5	45.28	100	1.446	359	19.37	100	0.618
361.5	45.28	200	1.463	359	19.37	200	0.626
361.5	45.28	300	1.480	359	19.37	300	0.633
361.5	45.28	400	1.497	359	19.37	400	0.641
361.5	45.28	500	1.515	359	19.37	500	0.648
361.5	45.28	600	1.534	359	19.37	600	0.656
361	39.87	100	1.273	358	9.69	100	0.309
361	39.87	200	1.288	358	9.69	200	0.313
361	39.87	300	1.303	358	9.69	300	0.317
361	39.87	400	1.318	358	9.69	400	0.320
361	39.87	500	1.334	358	9.69	500	0.324
361	39.87	600	1.351	358	9.69	600	0.328

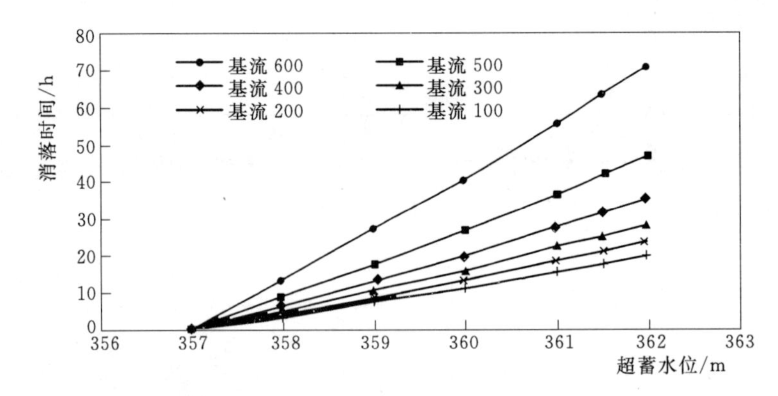

图 4-33　满发流量（800m³/s）泄流时不同超蓄水位消落时间曲线

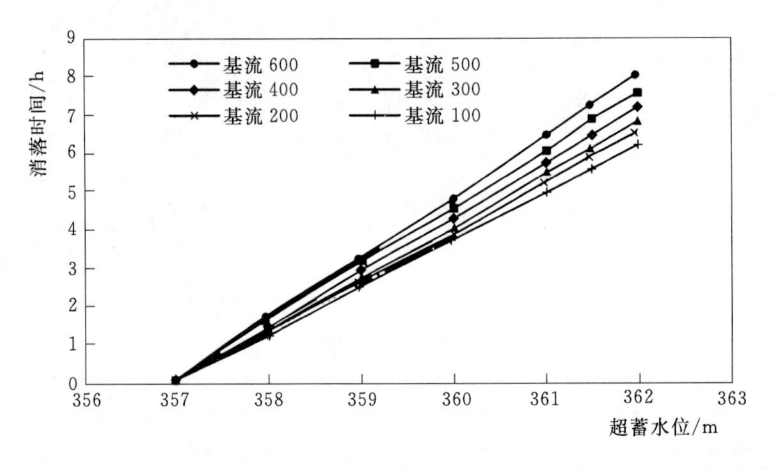

图 4-34　满发流量［800m³/s+P1（1）］泄流时不同超蓄水位消落时间曲线

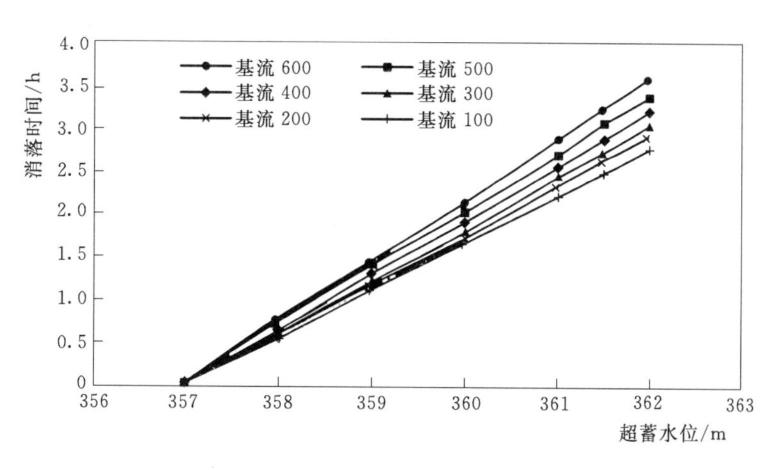

图 4-35 满发流量[800m³/s+P1(1)+P2(1)]泄流时不同超蓄水位消落时间曲线

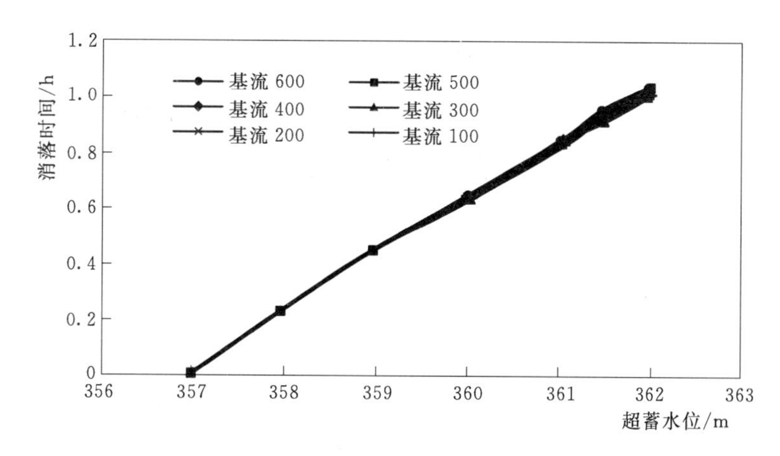

图 4-36 满发流量[800m³/s+P1(1)+P2(5)]泄流时不同超蓄水位消落时间曲线

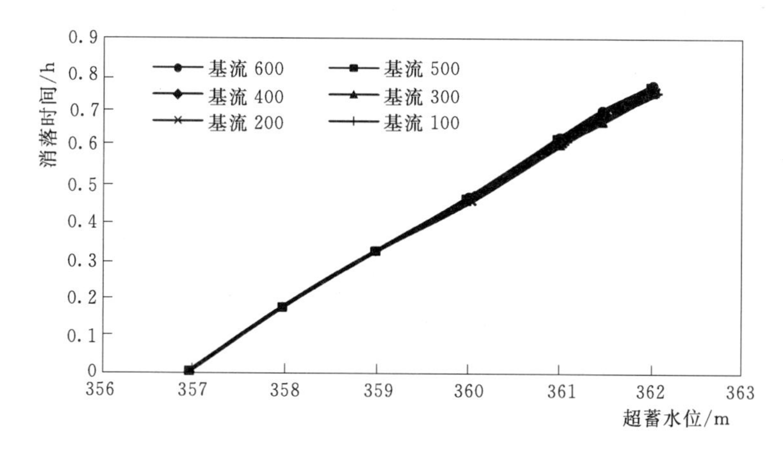

图 4-37 满发流量[800m³/s+P1(4)+P2(5)] 泄流时不同超蓄水位消落时间曲线

拟定初始入库流量为 4100m³/s，且入库流量以每小时最大涨幅 1600m³/s 增大，下泄流量为 8800m³/s 时，不同超蓄水位消落到预泄控制水位的时间见表4-33～表 4-35。在

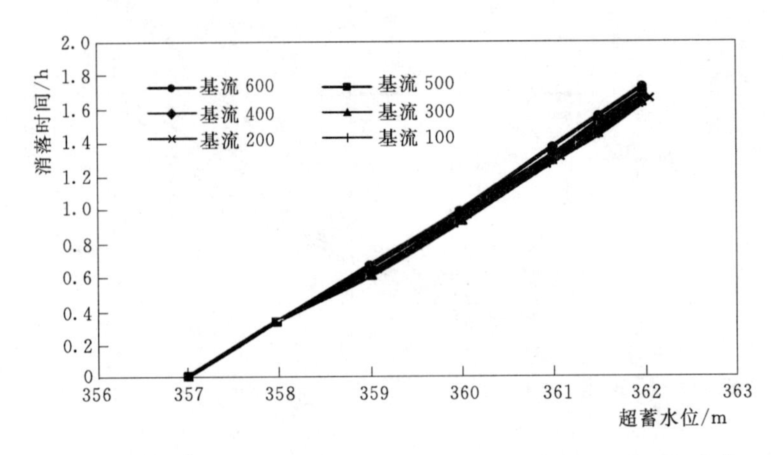

图 4-38 满发流量（8800m³/s）泄流时不同超蓄水位消落时间曲线

表4-33～表4-35的计算中，当入库流量大于8800m³/s时，下泄流量增加2500m³/s，即水库将泄流量控制在11300m³/s；当入库流量大于11300m³/s时，水库按13800m³/s下泄。

表 4-27　下泄流量比入库流量大 1000m³/s 时不同超蓄水位消落时间（预泄控制水位 357m）

超蓄水位/m	库容差/百万 m³	消落时间/h	超蓄水位/m	库容差/百万 m³	消落时间/h
362	50.69	14.08	359.5	24.21	6.73
361.5	45.28	12.58	359	19.37	5.38
361	39.87	11.08	358.5	14.53	4.04
360.5	34.46	9.57	358	9.69	2.69
360	29.05	8.07	357.5	4.85	1.35

表 4-28　下泄流量比入库流量大 2000m³/s 时泄流不同超蓄水位消落时间（预泄控制水位 357m）

超蓄水位/m	库容差/百万 m³	消落时间/h	超蓄水位/m	库容差/百万 m³	消落时间/h
362	50.69	7.04	359.5	24.21	3.36
361.5	45.28	6.29	359	19.37	2.69
361	39.87	5.54	358.5	14.53	2.02
360.5	34.46	4.79	358	9.69	1.35
360	29.05	4.03	357.5	4.85	0.67

表 4-29　下泄流量比入库流量大 3000m³/s 时泄流不同超蓄水位消落时间（预泄控制水位 357m）

超蓄水位/m	库容差/百万 m³	消落时间/h	超蓄水位/m	库容差/百万 m³	消落时间/h
362	50.69	4.69	359.5	24.21	2.24
361.5	45.28	4.19	359	19.37	1.79
361	39.87	3.69	358.5	14.53	1.35
360.5	34.46	3.19	358	9.69	0.90
360	29.05	2.69	357.5	4.85	0.45

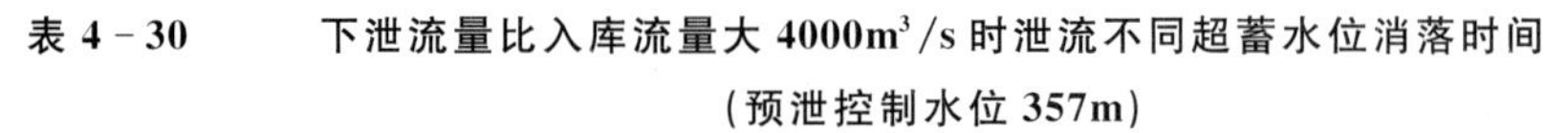

表 4-30　下泄流量比入库流量大 4000m³/s 时泄流不同超蓄水位消落时间（预泄控制水位 357m）

超蓄水位/m	库容差/百万 m³	消落时间/h	超蓄水位/m	库容差/百万 m³	消落时间/h
362	50.69	3.52	359.5	24.21	1.68
361.5	45.28	3.14	359	19.37	1.35
361	39.87	2.77	358.5	14.53	1.01
360.5	34.46	2.39	358	9.69	0.67
360	29.05	2.02	357.5	4.85	0.34

表 4-31　下泄流量比入库流量大 5000m³/s 时泄流不同超蓄水位消落时间（预泄控制水位 357m）

超蓄水位/m	库容差/百万 m³	消落时间/h	超蓄水位/m	库容差/百万 m³	消落时间/h
362	50.69	2.82	359.5	24.21	1.35
361.5	45.28	2.52	359	19.37	1.08
361	39.87	2.22	358.5	14.53	0.81
360.5	34.46	1.91	358	9.69	0.54
360	29.05	1.61	357.5	4.85	0.27

表 4-32　下泄流量比入库流量大 6000m³/s 时泄流不同超蓄水位消落时间（预泄控制水位 357m）

超蓄水位/m	库容差/百万 m³	消落时间/h	超蓄水位/m	库容差/百万 m³	消落时间/h
362	50.69	2.35	359.5	24.21	1.12
361.5	45.28	2.10	359	19.37	0.90
361	39.87	1.85	358.5	14.53	0.67
360.5	34.46	1.60	358	9.69	0.45
360	29.05	1.34	357.5	4.85	0.22

表 4-33　初始入库流量为 4100m³/s 且下泄流量为 8800m³/s 时超蓄水位消落时间

时段	入库流量/(m³/s)	超蓄水位/m	库容/百万 m³	消落后水位/m	消落后库容/百万 m³
$\Delta t=1$	4100	362.00	167.000	360.39	150.080
$\Delta t=1$	5710	360.39	150.080	359.27	138.956
$\Delta t=1$	7320	359.27	138.956	358.74	133.628
$\Delta t=1$	8930	358.74	133.628	357.88	125.096
$\Delta t=1$	10540	357.88	125.096	357.60	122.360
$\Delta t=1$	12150	357.60	122.360	357.00	116.420

表 4-34　初始入库流量为 4100m³/s 且下泄流量为 8800m³/s 时超蓄水位消落时间

时段	入库流量/(m³/s)	超蓄水位/m	库容/百万 m³	消落后水位/m	消落后库容/百万 m³
$\Delta t=1$	4100	361.50	161.100	359.80	144.180
$\Delta t=1$	5710	359.80	144.180	358.68	133.056
$\Delta t=1$	7320	358.68	133.056	358.14	127.728
$\Delta t=1$	8930	358.14	127.728	357.28	119.196
$\Delta t=1$	10540	357.28	119.196	357.00	116.460

表 4-35　初始入库流量为 4100m³/s 且下泄流量为 8800m³/s 时超蓄水位消落时间

时段	入库流量/(m³/s)	超蓄水位/m	库容/百万 m³	消落后水位/m	消落后库容/百万 m³
$\Delta t=1$	4100	361.00	156.240	359.31	139.320
$\Delta t=1$	5710	359.31	139.320	358.19	128.196
$\Delta t=1$	7320	358.19	128.196	357.65	122.868
$\Delta t=1$	8930	357.65	122.868	356.80	114.336

由表 4-21～表 4-26 可知：

（1）水库以满发流量 800m³/s 控泄时，按平均来流（基流 100～600m³/s）情况，水位从 362m 消落到预泄控制水位需要 20.1～70.4h（0.84～2.93 天）。

（2）水库以满发流量 800m³/s 控泄时，按平均来流（基流 100～600m³/s）情况，水位分别从 361.5m、361m、360m、359m、358m 消落到预泄控制水位各需要 18.0～62.9h（0.75～2.62 天）、15.8～55.4h（0.66～2.31 天）、11.5～40.3h（0.48～1.68 天）、7.7～26.9h（0.32～1.12 天）、3.8～13.5h（0.16～0.56 天）。

（3）为防止造成人造洪峰而对下游产生影响，将水库泄流量控制在 8800m³/s（相当于喜河坝址两年一遇的常遇洪峰流量），按平均来流（基流 100～600m³/s）情况，水位分别从 362m、361.5m、361m 消落到预泄控制水位各需要 1.618～1.717h、1.446～1.534h、1.273～1.351h。

由表 4-27～表 4-32 可知：当水库控制在下泄流量大于入库流量 1000m³/s 时泄流，水位分别从 361m、361.5m、362m 消落到预泄控制水位需 11.08～14.08h；当控制在下泄流量大于入库流量 2000m³/s 时，水位分别从 361m、361.5m、362m 消落到预泄控制水位需 5.54～7.04h；当控制在下泄流量大于入库流量 3000m³/s 时，水位分别从 361m、361.5m、362m 消落到预泄控制水位需 3.69～4.49h；当控制在下泄流量大于入库流量 4000m³/s 时，水位分别从 361m、361.5m、362m 消落到预泄控制水位需 2.77～3.52h；当控制在下泄流量大于入库流量 5000m³/s 时泄流，水位分别从 361m、361.5m、362m 消落到预泄控制水位需 2.22～2.82h；当控制在下泄流量大于入库流量 6000m³/s 时泄流，水位分别从 361m、361.5m、362m 消落到预泄控制水位需 1.85～2.35h。

由表 4-33～表 4-35 可知：当拟定初始入库流量为 4100m³/s 时，以每小时最大涨幅 1600m³/s，下泄流量从 8800m³/s 开始控泄，当入库流量大于控泄流量时，下泄流量就增加 2500m³/s，超蓄水位 362m 消落到预泄控制水位需 6h，361.5m 消落到预泄控制水位需要 5h，361m 消落到 356.8m 需 4h。

4.4.2　基于设计调度规则的喜河水库洪水调度研究

喜河水库的入库洪水 90%以上来自于石泉水库的下泄。因此，必须根据设计的洪水调度规则，对石泉水库不同频率的设计洪水进行洪水调节计算，获得其相应的下泄过程，再根据洪水地区组成方法，与区间洪水进行叠加，获得喜河水库的入库过程，进行喜河水库的调洪计算。通过计算结果分析，选择对喜河水库防洪最不利的洪水地区组成和入库洪水过程，为预泄调度奠定基础。

4.4.2.1 喜河水库洪水调度规则

根据《喜河水电站可行性研究报告》，喜河水电站的洪水调度规则如下：

（1）喜河水库作为石泉水库的反调节水库，本身无滞洪调洪能力，其洪水调度方式基本取决于石泉水库的洪水调度方式。

（2）喜河水库的洪水调节，要考虑上游石泉水库的调节作用。当石泉水库遇 50 年一遇洪水时，可控制下泄流量小于 16500m^3/s，以减少喜河水库的入库流量、降低相应的回水位，保障石泉水电站厂房安全。

（3）喜河水库没有削峰、错峰能力，不成单上下游防洪任务。但是为了不给下游造成人为洪水，一般情况下应控制下泄流量不超过该次洪水的最大入流量，只是当库水位在 360m 以上或者排沙排查清污时才例外。

（4）当入库流量小于 14300m^3/s，水库水位维持在 357m 运行；当入库流量大于 14300m^3/s，水库自由敞泄。

4.4.2.2 喜河水库洪水调节及结果

根据调洪原则，喜河洪水调节计算必须考虑石泉水库的调节作用。首先采用表 4-36 最不利洪水地区组成的设计成果，进行洪水缩放得到石泉水库相应的洪水过程；然后采用已编制的石泉水库的洪水调节程序，进行石泉水库的洪水调节计算，获得石泉水库的下泄过程；据此与区间洪水过程进行叠加确定不同频率的喜河水库的入库洪水过程；最后，根据喜河水库设计洪水调度规则，及原设计汛限水位 357m，时段取为 3h，进行洪水调节计算。喜河水库最不利洪水组合的调节计算结果见表 4-36。从表 4-36 可以看出，各频率洪水调节计算得到的最高水位与设计值基本吻合。

表 4-36　喜河水库调洪计算结果表（喜河坝址与区间同频率）

项目		频率/%				
		0.1	1	2	5	10
设计值	洪峰/(m^3/s)	28200	21800	18900	16700	11900
	最高水位/m	367.00	362.20	360.10	358.20	357.00
	最大泄量/(m^3/s)	27300	21200	18500	16300	11900
调度结果	最高水位/m	366.99	362.05	360.11	358.23	357.00
	最大泄量/(m^3/s)	27300	21100	18500	16332	11900

4.4.2.3 喜河水库防洪调度图绘制

对于喜河水库，为了不减少发电量，同时发挥水库的防洪作用，绘制了洪水调度期末水库水位为 362m、361m 和 360m 的防洪调度图。每个调度图由出力为 180MW、160MW、140MW、120MW 和 100MW 的五个调度线组成。图中水位从 357～362m 以 0.1m 为单位进行离散，退水曲线由石泉水库实测退水最快的洪水过程加上区间典型洪水组成。调度线的绘制方法如同石泉水库调度线的绘制方法。洪水调度图如图 4-39～图 4-41所示。

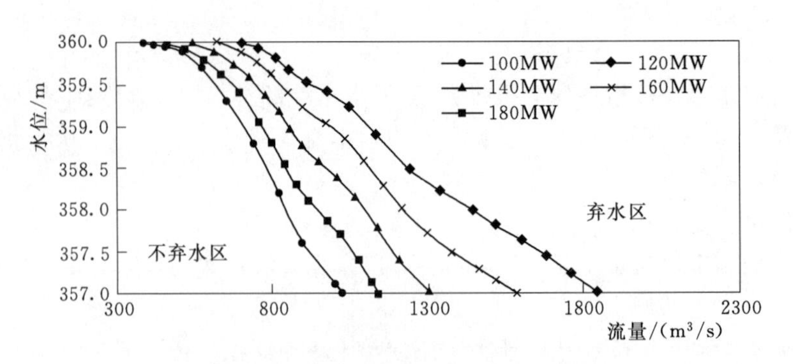

图 4-39　喜河水库洪水调度图（调度期末水库水位 360m）

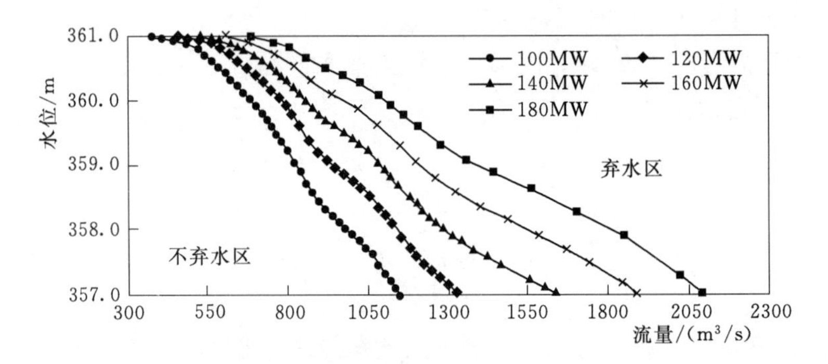

图 4-40　喜河水库洪水调度图（调度期末水库水位 361m）

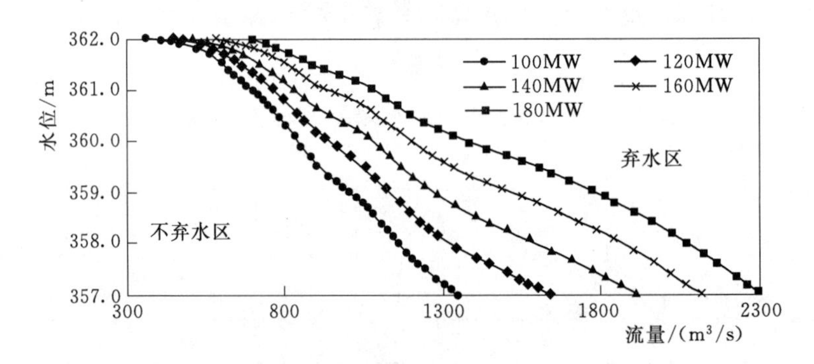

图 4-41　喜河水库洪水调度图（调度期末水库水位 362m）

4.5　安康防洪调度研究

4.5.1　安康水库蓄泄能力分析

假定安康水库在退水段蓄水至最高水位后，入库流量分别以 200～1000m³/s 9 个级别入库（每一级增幅 100m³/s），库水位消落到汛限水位有多种组合泄流方式。安康大坝的泄流能力较强，设有 14 孔泄洪闸门，分别为底孔（共 4 孔，代号 P1），中孔 [P2，共 5 孔，若开 3 孔中孔，则记为 P2（3），余类推]，表孔 [P3，共 4 孔，若开 2 孔表孔，则记为P3（2），余类推]。水电站共装有4台发电机组，总装机容量850MW（4×200MW+1×50MW）。在汛期假定一般采用满发方式泄流，则将满发流量视为一常数，按1250m³/s计。对安康水库超蓄水位、基流和泄洪方式的不同组合，进行蓄泄能力分析，得到了不同超蓄水位对应的消落时间的大量计算图表，分别见表4-37～表4-45，计算时考虑了下游防洪安全的要求，控制最大泄量为17000m³/s。其中，表4-37为电站机组满发时从不同超蓄水位消落到汛限水位所需时间的计算结果，最大消落时间为382.3h，最短消落时间为18.2h。表4-38～表4-45列出了不同组合泄流方式水库水位消落时间。

表4-37　　安康按满发(1250m³/s)泄流时不同超蓄水位的消落时间

起始水位/m	消落后水位/m	库容差/m³	基流/(m³/s)	消落时间/h	起始水位/m	消落后水位/m	库容差/m³	基流/(m³/s)	消落时间/h
330	325	344021100	200	91.1	327	325	137405600	500	51.0
330	325	344068100	300	100.7	327	325	137348600	600	58.8
330	325	343929100	400	112.5	327	325	137423100	700	69.5
330	325	343996800	500	127.5	327	325	137416700	800	84.9
330	325	344190500	600	147.2	327	325	137413600	900	109.2
330	325	344045300	700	173.9	327	325	137405600	1000	152.8
330	325	344190000	800	212.5	326	325	68415100	200	18.2
330	325	344100900	900	273.3	326	325	68403200	300	20.1
330	325	344152800	1000	382.3	326	325	68554750	400	22.5
329	325	274980900	300	80.5	326	325	68297860	500	25.4
329	325	275097100	400	90.0	326	325	68557310	600	29.4
329	325	275126400	500	102.0	326	325	68513540	700	34.7
329	325	275165200	600	117.7	326	325	68546300	800	42.4
329	325	275180300	700	139.1	326	325	68517890	900	54.5
329	325	275157500	800	169.9	326	325	68477820	1000	76.2
329	325	275205100	900	218.6	325	324	63501310	200	16.9
329	325	275217200	1000	305.8	325	324	63614980	300	18.7
328	325	206010400	200	54.6	325	324	63657980	400	20.9
328	325	206235600	300	60.4	325	324	63708670	500	23.7
328	325	206265100	400	67.5	325	324	63643650	600	27.3
328	325	206256000	500	76.5	325	324	63761150	700	32.3
328	325	206373900	600	88.3	325	324	63684860	800	39.4
328	325	206315300	700	104.3	325	324	63708670	1000	70.9
328	325	206287100	800	127.4	325	323	127758600	200	33.9
328	325	206309400	900	163.9	325	323	127572000	300	37.4
328	325	206371500	1000	229.4	325	323	127622000	400	41.8
327	325	137208200	200	36.4	325	323	127687300	500	47.4
327	325	137148400	300	40.2	325	323	127755300	600	54.7
327	325	137415600	400	45.0	325	323	127720300	700	64.6

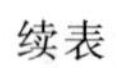

起始水位 /m	消落后水位 /m	库容差 /m³	基流 /(m³/s)	消落时间 /h	起始水位 /m	消落后水位 /m	库容差 /m³	基流 /(m³/s)	消落时间 /h
325	323	127855900	800	79	325	319	375076400	600	160.4
325	323	127841300	900	101.6	325	319	375042300	700	189.5
325	323	127867300	1000	142.2	325	319	374979100	800	231.5
325	322	191637900	200	50.8	325	319	375085100	900	297.9
325	322	191871000	300	56.2	325	319	375053300	1000	416.9
325	322	191892100	400	62.8	325	318	429914100	300	125.8
325	322	191935900	500	71.2	325	318	429997400	400	140.6
325	322	191866900	600	82.1	325	318	429763600	500	159.3
325	322	191877500	700	97.0	325	318	429828600	600	183.8
325	322	191864800	800	118.5	325	318	429892700	700	217.2
325	322	191950800	900	152.5	325	318	429913300	800	265.4
325	322	191935900	1000	213.4	325	318	430000100	900	341.5
325	321	255895200	200	67.8	325	318	429943600	1000	477.9
325	321	255828000	300	74.9	325	317	484575500	200	128.3
325	321	255856100	400	83.7	325	317	484636700	300	141.8
325	321	255914500	500	94.9	325	317	484780000	400	158.5
325	321	255978500	600	109.5	325	317	484833800	500	179.7
325	321	256034700	700	129.4	325	317	484814800	600	207.3
325	321	256035800	800	158.1	325	317	484743200	700	244.9
325	321	256060400	900	203.4	325	317	484847600	800	299.3
325	321	256094500	1000	284.7	325	317	484789200	900	385.0
325	320	320152400	200	84.8	325	317	484833800	1000	538.9
325	320	320127000	300	93.7	325	316	539761200	200	142.9
325	320	320126200	400	104.7	325	316	539701200	300	157.9
325	320	320163100	500	118.7	325	316	539562600	400	176.4
325	320	320090100	600	136.9	325	316	539634000	500	200.0
325	320	320191900	700	161.8	325	316	539567100	600	230.7
325	320	320206800	800	197.7	325	316	539593600	700	272.6
325	320	320170000	900	254.3	325	316	539619800	800	333.1
325	320	320163100	1000	355.9	325	316	539704300	900	428.6
325	319	374960100	200	99.3	325	316	539724000	1000	599.9
325	319	374849500	300	109.7	325	315	594568800	200	157.4
325	319	374908800	400	122.6	325	315	594423800	300	173.9
325	319	374963300	500	139.0	325	315	594651300	400	194.4

续表

起始水位/m	消落后水位/m	库容差/m^3	基流/(m^3/s)	消落时间/h	起始水位/m	消落后水位/m	库容差/m^3	基流/(m^3/s)	消落时间/h
325	315	594434300	500	220.3	325	312	739718000	400	241.8
325	315	594553300	600	254.2	325	312	739668500	500	274.1
325	315	594642000	700	300.4	325	312	739623400	600	316.2
325	315	594554100	800	367.0	325	312	739787800	700	373.7
325	315	594619400	900	472.2	325	312	739749100	800	456.6
325	315	594614300	1000	660.9	325	312	739716100	900	587.4
325	314	642950800	200	170.2	325	312	739758500	1000	822.2
325	314	642990100	300	188.1	325	311	788096600	200	208.6
325	314	643006800	400	210.2	325	311	788004900	300	230.5
325	314	643025700	500	238.3	325	311	788073600	400	257.6
325	314	642988000	600	274.9	325	311	787989900	500	292.0
325	314	642958000	700	324.8	325	311	788058100	600	336.9
325	314	643006500	800	396.9	325	311	788103700	700	398.1
325	314	643025700	1000	714.7	325	311	788201500	800	486.5
325	313	691332700	200	183.0	325	311	788207600	900	625.9
325	313	691214300	300	202.2	325	311	788169900	1000	876.0
325	313	691362400	400	226.0	325	310	836478600	200	221.4
325	313	691347100	500	256.2	325	310	836571100	300	244.7
325	313	691422700	600	295.6	325	310	836429200	400	273.4
325	313	691273900	700	349.2	325	310	836581200	500	310.0
325	313	691296800	800	426.7	325	310	836492800	600	357.6
325	313	691350500	900	549.0	325	310	836419600	700	422.5
325	313	691437100	1000	768.5	325	310	836491800	800	516.3
325	312	739714700	200	195.8	325	310	836573200	900	664.3
325	312	739780600	300	216.4	325	310	836581200	1000	929.8

表 4-38　满发流量(1250m^3/s) +P3(1) 泄流超蓄水位消落时间

超蓄水位/m	消落后水位/m	库容差/m^3	基流/(m^3/s)	消落时间/h	超蓄水位/m	消落后水位/m	库容差/m^3	基流/(m^3/s)	消落时间/h
330	325	343815200	200	35.9	330	325	344054500	800	46.5
330	325	343743900	300	37.3	330	325	344001500	900	48.9
330	325	343556100	400	38.8	330	325	344114800	1000	51.6
330	325	343865100	500	40.5	329	325	274486800	200	29.6
330	325	343820800	600	42.3	329	325	274521500	300	30.8
330	325	343938800	700	44.3	329	325	275278100	400	32.2

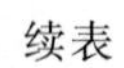
续表

超蓄水位/m	消落后水位/m	库容差/m³	基流/(m³/s)	消落时间/h	超蓄水位/m	消落后水位/m	库容差/m³	基流/(m³/s)	消落时间/h
329	325	275149200	500	33.6	327	325	137387500	400	17.3
329	325	274822500	600	35.1	327	325	137289700	500	18.1
329	325	274821100	700	36.8	327	325	137324000	600	19.0
329	325	274991900	800	38.7	327	325	137406500	700	20.0
329	325	275098400	900	40.8	327	325	137410300	800	21.1
329	325	274988700	1000	43.1	327	325	137261600	900	22.3
328	325	206193400	200	23.0	327	325	137378000	1000	23.7
328	325	205744900	300	23.9	326	325	68187520	200	8.2
328	325	206196500	400	25.0	326	325	68483460	300	8.6
328	325	205932400	500	26.1	326	325	68497660	400	9.0
328	325	206298100	600	27.4	326	325	68234370	500	9.4
328	325	205832400	700	28.7	326	325	68363260	600	9.9
328	325	206335100	800	30.3	326	325	68152190	700	10.4
328	325	205831900	900	31.9	326	325	68192510	800	11.0
328	325	205896200	1000	33.8	326	325	68382210	900	11.7
327	325	136777600	200	15.8	326	325	68090750	1000	12.4
327	325	136946700	300	16.5	0	0	0	0	0

表 4-39　满发流量 (1250m³/s) +P3 (3) 泄流超蓄水位消落时间

超蓄水位/m	消落后水位/m	库容差/m³	基流/(m³/s)	消落时间/h	超蓄水位/m	消落后水位/m	库容差/m³	基流/(m³/s)	消落时间/h
330	325	343034500	200	16.3	329	325	274973700	900	15.6
330	325	343252200	500	17.2	329	325	274610800	1000	15.9
330	325	342971300	600	17.5	328	325	205973500	200	10.7
330	325	344020500	700	17.9	328	325	205950800	300	10.9
330	325	343366000	800	18.2	328	325	205795800	400	11.1
330	325	343947100	900	18.6	328	325	205526900	500	11.3
330	325	342918000	1000	18.9	328	325	205119500	600	11.5
329	325	274139000	200	13.6	328	325	206093400	700	11.8
329	325	275023900	300	13.9	328	325	205079800	1000	12.5
329	325	274106600	400	14.1	327	325	137367800	200	7.5
329	325	274646300	500	14.4	327	325	136593200	300	7.6
329	325	275004400	600	14.7	327	325	137374100	400	7.8
329	325	275189100	700	15.0	327	325	136437400	500	7.9
329	325	275165800	800	15.3	327	325	136973700	600	8.1

续表

超蓄水位/m	消落后水位/m	库容差/m^3	基流/(m^3/s)	消落时间/h	超蓄水位/m	消落后水位/m	库容差/m^3	基流/(m^3/s)	消落时间/h
327	325	137393300	700	8.3	326	325	68142210	500	4.2
327	325	136199800	800	8.4	326	325	68283650	600	4.3
327	325	136378900	900	8.6	326	325	68354940	700	4.4
327	325	136431600	1000	8.8	326	325	68359420	800	4.5
326	325	67317380	200	3.9	326	325	68289920	900	4.6
326	325	67657470	300	4.0	326	325	68154240	1000	4.7
326	325	67935620	400	4.1	0	0	0	0	0

表 4-40　满发流量($1250m^3$/s)+P3(5)泄流超蓄水位消落时间

超蓄水位/m	消落后水位/m	库容差/m^3	基流/(m^3/s)	消落时间/h	超蓄水位/m	消落后水位/m	库容差/m^3	基流/(m^3/s)	消落时间/h
330	325	343181600	200	10.6	328	325	204576800	700	7.4
330	325	342677100	300	10.7	328	325	204667400	800	7.5
330	325	342146300	400	10.8	328	325	204703200	900	7.6
330	325	343990900	500	11.0	328	325	204685600	1000	7.7
330	325	343300100	600	11.1	327	325	136303100	200	4.9
330	325	342558600	700	11.2	327	325	137250200	300	5.0
330	325	344097000	800	11.4	327	325	135665300	400	5.0
330	325	343224800	900	11.5	327	325	136528000	500	5.1
330	325	342291800	1000	11.6	327	325	137323000	600	5.2
329	325	274864600	200	8.9	327	325	135674600	700	5.2
329	325	274769000	300	9.0	327	325	136362900	800	5.3
329	325	274604700	400	9.1	327	325	136996600	900	5.4
329	325	274374400	500	9.2	327	325	135286400	1000	5.4
329	325	274097700	600	9.3	326	325	67416830	200	2.6
329	325	273765200	700	9.4	326	325	66549380	300	2.6
329	325	273373600	800	9.5	326	325	68183040	400	2.7
329	325	275209100	900	9.7	326	325	67294210	500	2.7
329	325	274681600	1000	9.8	326	325	66406400	600	2.7
328	325	205702700	200	7.0	326	325	67895040	700	2.8
328	325	206070800	300	7.1	326	325	66980350	800	2.8
328	325	203899100	400	7.1	326	325	68363650	900	2.9
328	325	204195100	500	7.2	326	325	67418880	1000	2.9
328	325	204416500	600	7.3	0	0	0	0	0

表 4-41　满发流量(1250m³/s)+P3(5)+P1(4)泄流超蓄水位消落时间

超蓄水位/m	消落后水位/m	库容差/m³	基流/(m³/s)	消落时间/h	超蓄水位/m	消落后水位/m	库容差/m³	基流/(m³/s)	消落时间/h
330	325	342840700	200	7.1	328	325	205570700	700	4.8
330	325	340659500	300	7.2	328	325	204049000	800	4.8
330	325	342528100	400	7.2	328	325	206372600	900	4.9
330	325	340293600	500	7.3	328	325	204827400	1000	4.9
330	325	342056700	600	7.3	327	325	136409300	200	3.2
330	325	343734700	700	7.4	327	325	135365900	300	3.2
330	325	341476100	800	7.5	327	325	134336800	400	3.2
330	325	343065700	900	7.5	327	325	137282200	500	3.3
330	325	340770800	1000	7.6	327	325	136207700	600	3.3
329	325	273300700	200	5.9	327	325	135137500	700	3.3
329	325	271476500	300	5.9	327	325	134062700	800	3.3
329	325	273685200	400	6.0	327	325	136850800	900	3.4
329	325	271836900	500	6.0	327	325	135750400	1000	3.4
329	325	273933400	600	6.1	326	325	67920510	200	1.7
329	325	272054900	700	6.1	326	325	67366400	300	1.7
329	325	274066800	800	6.2	326	325	66821380	400	1.7
329	325	272157700	900	6.2	326	325	66254720	500	1.7
329	325	274059100	1000	6.3	326	325	65702020	600	1.7
328	325	205012600	200	4.6	326	325	65149310	700	1.7
328	325	203557500	300	4.6	326	325	68474880	800	1.8
328	325	206113800	400	4.7	326	325	67884540	900	1.8
328	325	204624000	500	4.7	326	325	67294210	1000	1.8
328	325	203137700	600	4.7	0	0	0	0	0

表 4-42　满发流量(1250m³/s)+P3(5)+P1(4)+P2(2)泄流超蓄水位消落时间

超蓄水位/m	消落后水位/m	库容差/m³	基流/(m³/s)	消落时间/h	超蓄水位/m	消落后水位/m	库容差/m³	基流/(m³/s)	消落时间/h
330	325	343210600	200	5.9	330	325	340042400	1000	6.2
330	325	340933800	300	5.9	329	325	273494100	200	4.8
330	325	343889500	400	6.0	329	325	271673000	300	4.8
330	325	341573100	500	6.0	329	325	275089500	400	4.8
330	325	339259800	600	6.0	329	325	273240600	500	4.9
330	325	342077600	700	6.1	329	325	271391400	600	4.9
330	325	339718300	800	6.1	329	325	274659600	700	4.9
330	325	342430000	900	6.2	329	325	272780400	800	4.9

续表

超蓄水位/m	消落后水位/m	库容差/m^3	基流/(m^3/s)	消落时间/h	超蓄水位/m	消落后水位/m	库容差/m^3	基流/(m^3/s)	消落时间/h
329	325	270891600	900	5.0	327	325	135644700	600	2.5
329	325	274018900	1000	5.0	327	325	134721200	700	2.6
328	325	203769700	200	3.6	327	325	133795700	800	2.6
328	325	202414100	300	3.6	327	325	132869400	900	2.6
328	325	206293100	400	3.7	327	325	136958800	1000	2.6
328	325	204903600	500	3.7	326	325	64320130	200	1.3
328	325	203520100	600	3.7	326	325	63891970	300	1.3
328	325	202128400	700	3.7	326	325	63465600	400	1.3
328	325	205828100	800	3.8	326	325	68235010	500	1.3
328	325	204407800	900	3.8	326	325	67772670	600	1.3
328	325	202983000	1000	3.8	326	325	67308540	700	1.3
327	325	134044500	200	2.5	326	325	66846210	800	1.4
327	325	133152400	300	2.5	326	325	66383740	900	1.4
327	325	132262000	400	2.5	326	325	65924740	1000	1.4
327	325	136567600	500	2.5	0	0	0	0	0

表 4-43 满发流量(1250m^3/s)+P3(5)+P1(4)+P2(3)泄流超蓄水位消落时间

超蓄水位/m	消落后水位/m	库容差/m^3	基流/(m^3/s)	消落时间/h	超蓄水位/m	消落后水位/m	库容差/m^3	基流/(m^3/s)	消落时间/h
330	325	343294000	200	5.7	329	325	270939400	900	4.8
330	325	340988400	300	5.8	329	325	274102300	1000	4.8
330	325	343982100	400	5.8	328	325	203830800	200	3.5
330	325	341635800	500	5.9	328	325	202463400	300	3.5
330	325	339301900	600	5.9	328	325	201097200	400	3.5
330	325	342144000	700	5.9	328	325	204981500	500	3.5
330	325	339766000	800	6.0	328	325	203579400	600	3.6
330	325	342508300	900	6.0	328	325	202176000	700	3.6
330	325	340089900	1000	6.0	328	325	205920600	800	3.6
329	325	273562400	200	4.6	328	325	204482600	900	3.6
329	325	271725800	300	4.6	328	325	203038700	1000	3.6
329	325	275185700	400	4.7	327	325	134099200	200	2.3
329	325	273308700	500	4.7	327	325	133200000	300	2.3
329	325	271440600	600	4.7	327	325	132300800	400	2.4
329	325	274752000	700	4.7	327	325	136654500	500	2.4
329	325	272843400	800	4.8	327	325	135719200	600	2.4

续表

超蓄水位 /m	消落后水位 /m	库容差 /m³	基流 /(m³/s)	消落时间 /h	超蓄水位 /m	消落后水位 /m	库容差 /m³	基流 /(m³/s)	消落时间 /h
327	325	134784000	700	2.4	326	325	68327300	500	1.2
327	325	133848800	800	2.4	326	325	67859580	600	1.2
327	325	132913500	900	2.4	326	325	67392000	700	1.2
327	325	137051100	1000	2.4	326	325	66924420	800	1.2
326	325	64367620	200	1.2	326	325	66456700	900	1.2
326	325	63936000	300	1.2	326	325	65987580	1000	1.2
326	325	63504380	400	1.2	0	0	0	0	0

表 4-44　满发流量(1250m³/s)+P3(5)+P1(4)+P2(4)泄流超蓄水位消落时间

超蓄水位 /m	消落后水位 /m	库容差 /m³	基流 /(m³/s)	消落时间 /h	超蓄水位 /m	消落后水位 /m	库容差 /m³	基流 /(m³/s)	消落时间 /h
330	325	343294000	200	5.7	328	325	202176000	700	3.6
330	325	340988400	300	5.8	328	325	205920600	800	3.6
330	325	343982100	400	5.8	328	325	204482600	900	3.6
330	325	341635800	500	5.8	328	325	203038700	1000	3.6
330	325	339301900	600	5.9	327	325	134099200	200	2.3
330	325	342144000	700	5.9	327	325	133200000	300	2.3
330	325	339766000	800	6.0	327	325	132300800	400	2.4
330	325	342508300	900	6.0	327	325	136654500	500	2.4
330	325	340089900	1000	6.0	327	325	135719200	600	2.4
329	325	273562400	200	4.6	327	325	134784000	700	2.4
329	325	271725800	300	4.6	327	325	133848800	800	2.4
329	325	275185700	400	4.7	327	325	132913500	900	2.4
329	325	273308700	500	4.7	327	325	137051100	1000	2.4
329	325	271440600	600	4.7	326	325	64367620	200	1.2
329	325	274752000	700	4.7	326	325	63936000	300	1.2
329	325	272843400	800	4.8	326	325	63504380	400	1.2
329	325	270939400	900	4.8	326	325	68327300	500	1.2
329	325	274102300	1000	4.8	326	325	67859580	600	1.2
328	325	203830800	200	3.5	326	325	67392000	700	1.2
328	325	202463400	300	3.5	326	325	66924420	800	1.2
328	325	201097200	400	3.5	326	325	66456700	900	1.2
328	325	204981500	500	3.5	326	325	65987580	1000	1.2
328	325	203579400	600	3.5	0	0	0	0	0

表 4-45 满发流量(1250m³/s)+P3(5)+P1(4)+P2(5)泄流超蓄水位消落时间

超蓄水位 /m	消落后水位 /m	库容差 /m³	基流 /(m³/s)	消落时间 /h	超蓄水位 /m	消落后水位 /m	库容差 /m³	基流 /(m³/s)	消落时间 /h
330	325	343294000	200	5.7	328	325	202176000	700	3.6
330	325	340988400	300	5.8	328	325	205920600	800	3.6
330	325	343982100	400	5.8	328	325	204482600	900	3.6
330	325	341635800	500	5.8	328	325	203038700	1000	3.6
330	325	339301900	600	5.9	327	325	134099200	200	2.3
330	325	342144000	700	5.9	327	325	133200000	300	2.3
330	325	339766000	800	6.0	327	325	132300800	400	2.4
330	325	342508300	900	6.0	327	325	136654500	500	2.4
330	325	340089900	1000	6.0	327	325	135719200	600	2.4
329	325	273562400	200	4.6	327	325	134784000	700	2.4
329	325	271725800	300	4.6	327	325	133848800	800	2.4
329	325	275185700	400	4.7	327	325	132913500	900	2.4
329	325	273308700	500	4.7	327	325	137051100	1000	2.8
329	325	271440600	600	4.7	326	325	64367620	200	1.2
329	325	274752000	700	4.7	326	325	63936000	300	1.2
329	325	272843400	800	4.8	326	325	63504380	400	1.2
329	325	270939400	900	4.8	326	325	68327300	500	1.2
329	325	274102300	1000	4.8	326	325	67859580	600	1.2
328	325	203830800	200	3.5	326	325	67392000	700	1.2
328	325	202463400	300	3.5	326	325	66924420	800	1.2
328	325	201097200	400	3.5	326	325	66456700	900	1.2
328	325	204981500	500	3.5	326	325	65987580	1000	1.2
328	325	203579400	600	3.5	0	0	0	0	0

由表 4-37～表 4-45 所示结果可知：

（1）水库以满发流量 1250m³/s 控泄时，按平均来流（基流 200～1000m³/s）情况，水位从 330m 消落到汛限水位 325m 需要 91.1～382.3h（3.83～15.93 天）。

（2）水库仍以满发流量 1250m³/s 控泄时，按平均来流（基流 200～1000m³/s）情况，水位分别从 329m、328m、327m、326m 消落到汛限水位 325m 各需要 80.5～305.8h（3.35～12.74 天）、54.6～229.4h（2.28～9.56 天）、36.4～152.8h（1.52 ～6.37 天）、18.2～76.2h（0.76～3.18 天）。

（3）水库仍以满发流量 1250m³/s 控泄，按平均来流（基流 200～1000m³/s）情况，水位从汛限水位 325m 分别消落到 324m、323m、322m 各需要 16.9～70.9h（0.70～2.95 天）、33.9～142.2h（1.41～5.93 天）、50.8～213.4h（2.12～8.89 天）。

(4) 水库仍以满发流量 1250m^3/s 控泄时，按平均来流（基流 200～1000m^3/s）情况，水位从汛限水位动态控制值上限 327.5m 消落到 325m 各需要 45.5～191.1h（1.90～7.96 天）。

(5) 由第 3 章可知，洪水的歇洪间期 96.3%以上都大于 4 天（96h），按平均来流情况满发，可将水位蓄至 328m 以上。若歇洪间期大于 6 天（占 81.5%）按平均来流情况满发，可将水位蓄至接近 330m。

一场洪水退水段超蓄运用的容许蓄洪量是根据歇洪间期的下泄能力确定的，消落时间可看作是歇洪间期，从而可由歇洪间期反推出可超蓄水位。拦蓄洪尾是为了充分利用洪水，进行风险超蓄再将超蓄水量用弃水的方式泄掉，既冒风险又不获利，显然不合理，所以将超蓄水量全部满发是最理想的洪水利用方式。

4.5.2　基于设计调度规则的安康水库洪水调度研究

4.5.2.1　安康水库洪水调度规则

(1) 起调水位 325m。

(2) 泄量控制原则：

1) 当 $Q_{来}<12000m^3/s$ 时，$Q_{泄}=Q_{来}$。

2) 当 $12000m^3/s<Q_{来}<15100m^3/s$，库水位 $Z\leqslant 326m$ 时，$Q_{泄}=12000m^3/s$；$Z>326m$ 时，$Q_{泄}=Q_{来}$。

3) 当 $15100m^3/s<Q_{来}<17000m^3/s$，$Z>326m$ 时，$Q_{泄}=Q_{来}$。

4) 当 $17000m^3/s<Q_{来}<21500m^3/s$，$326m<Z\leqslant 328m$ 时，$Q_{泄}=17000m^3/s$；$Z>328m$ 时，$Q_{泄}=Q_{来}$。

5) $21500m^3/s<Q_{来}<24200m^3/s$，且 $Z>328m$ 时，$Q_{泄}=Q_{来}$。

6) 当 $Q_{来}>24200m^3/s$，泄洪设备全部闸门打开，按泄流能力敞泄。

7) $P=5\%$，$Q_{来}\geqslant 21500m^3/s$，$Q_{泄}\leqslant 17000m^3/s$。

8) $P=20\%$，$Q_{来}\geqslant 15100m^3/s$，$Q_{泄}\leqslant 12000m^3/s$。

4.5.2.2　洪水调度及结果

采用安康新水位库容曲线和泄流能力曲线，按洪水调度规则对设计洪水进行调洪计算，起调水位为汛限水位 325.0m，计算时段为 3h。各设计频率洪水调节计算成果见表4-46。

表 4-46　各设计频率洪水调节计算成果表

项目		频率/%				
		0.01	0.1	1	5	20
安康水库	洪峰流量/(m^3/s)	45000	36700	28100	21500	15100
	最高水位/m	337.12	333.09	328.96	329.07	326.63
	下泄流量/(m^3/s)	36302	31022	25043	17000	12000
	削减洪水流量/(m^3/s)	8698	5678	3057	4500	3100
工程采用标准		大坝校核	大坝设计 厂房校核	厂房设计 襄渝铁路		安康市

千年一遇及万年一遇设计洪水过程调度过程见表4-47和表4-48。

表4-47 千年一遇设计洪水过程调度结果表

序号	入库流量 /(m^3/s)	下泄流量 /(m^3/s)	水位 /m	序号	入库流量 /(m^3/s)	下泄流量 /(m^3/s)	水位 /m
1	7360	7360	325.00	27	17100	25439	329.25
2	8030	8030	325.00	28	14900	23639	327.93
3	8600	8600	325.00	29	12000	21720	326.48
4	9360	9360	325.00	30	9970	19793	324.91
5	10300	10300	325.00	31	9070	9070	324.11
6	11200	11200	325.00	32	8170	8170	324.11
7	12300	12000	325.02	33	7260	7260	324.11
8	13400	12000	325.16	34	6980	6980	324.11
9	14500	12000	325.48	35	6700	6700	324.11
10	15800	12000	325.98	36	6420	6420	324.11
11	17000	12000	326.68	37	6130	6130	324.11
12	18100	17000	327.16	38	5850	5850	324.11
13	19200	17000	327.42	39	5560	5560	324.11
14	21300	17000	327.93	40	5280	5280	324.11
15	24800	24155	328.31	41	4990	4990	324.11
16	26800	24469	328.54	42	4390	4390	324.11
17	30300	25248	329.11	43	4230	4230	324.11
18	32400	26537	329.95	44	4080	4080	324.11
19	34800	27816	330.93	45	3930	3930	324.11
20	36700	29439	332.04	46	3780	3780	324.11
21	33700	30645	332.84	47	3650	3650	324.11
22	31800	31022	333.09	48	3510	3510	324.11
23	29400	30962	333.05	49	3370	3370	324.11
24	25200	30238	332.57	50	4840	4840	324.11
25	21900	28837	331.63	51	4690	4690	324.11
26	19300	27183	330.49	52	4500	4500	324.11

表4-48 万年一遇设计洪水过程调度结果表

序号	入库流量 /(m^3/s)	下泄流量 /(m^3/s)	水位 /m	序号	入库流量 /(m^3/s)	下泄流量 /(m^3/s)	水位 /m
1	9090	9090	325.00	5	12400	12000	325.03
2	9850	9850	325.00	6	13500	12000	325.19
3	10700	10700	325.00	7	15200	12000	325.56
4	11700	11700	325.00	8	16400	12000	326.17

续表

序号	入库流量 /(m^3/s)	下泄流量 /(m^3/s)	水位 /m	序号	入库流量 /(m^3/s)	下泄流量 /(m^3/s)	水位 /m
9	17600	17000	326.57	31	11100	21773	326.52
10	19000	17000	326.77	32	9860	19747	324.87
11	20100	17000	327.18	33	8700	8700	324.06
12	21900	21500	327.45	34	8430	8430	324.06
13	23900	21500	327.67	35	8080	8080	324.06
14	26900	23855	328.09	36	7750	7750	324.06
15	30400	24783	328.77	37	7400	7400	324.06
16	33600	26239	329.76	38	7060	7060	324.06
17	36700	27916	331.00	39	6720	6720	324.06
18	39800	30042	332.44	40	6470	6470	324.06
19	42100	31580	333.65	41	6030	6030	324.06
20	45000	33144	335.16	42	5290	5290	324.06
21	42200	34915	336.30	43	5110	5110	324.06
22	39100	36026	336.96	44	4930	4930	324.06
23	34800	36302	337.12	45	4750	4750	324.06
24	30800	35437	336.61	46	4550	4550	324.06
25	26700	34427	336.01	47	4400	4400	324.06
26	23400	32774	334.86	48	4240	4240	324.06
27	21200	31461	333.53	49	4070	4070	324.06
28	17100	29544	332.11	50	5850	5850	324.06
29	14300	26819	330.18	51	5660	5660	324.06
30	12100	24128	328.29	52	5480	5480	324.06

各频率洪水调度结果如图 4－42～图 4－46 所示。

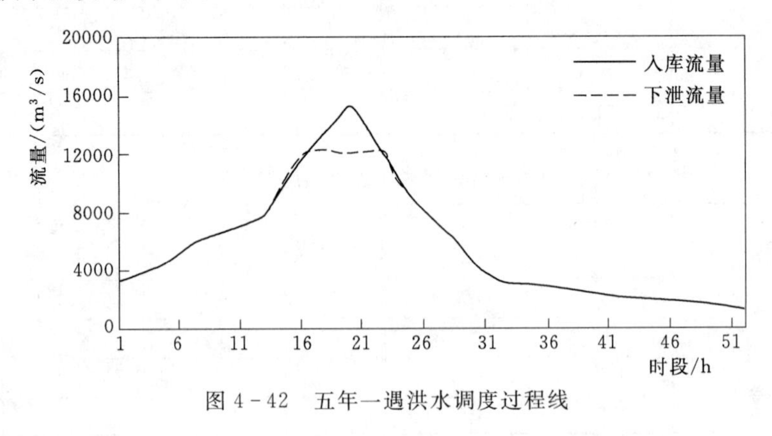

图 4－42　五年一遇洪水调度过程线

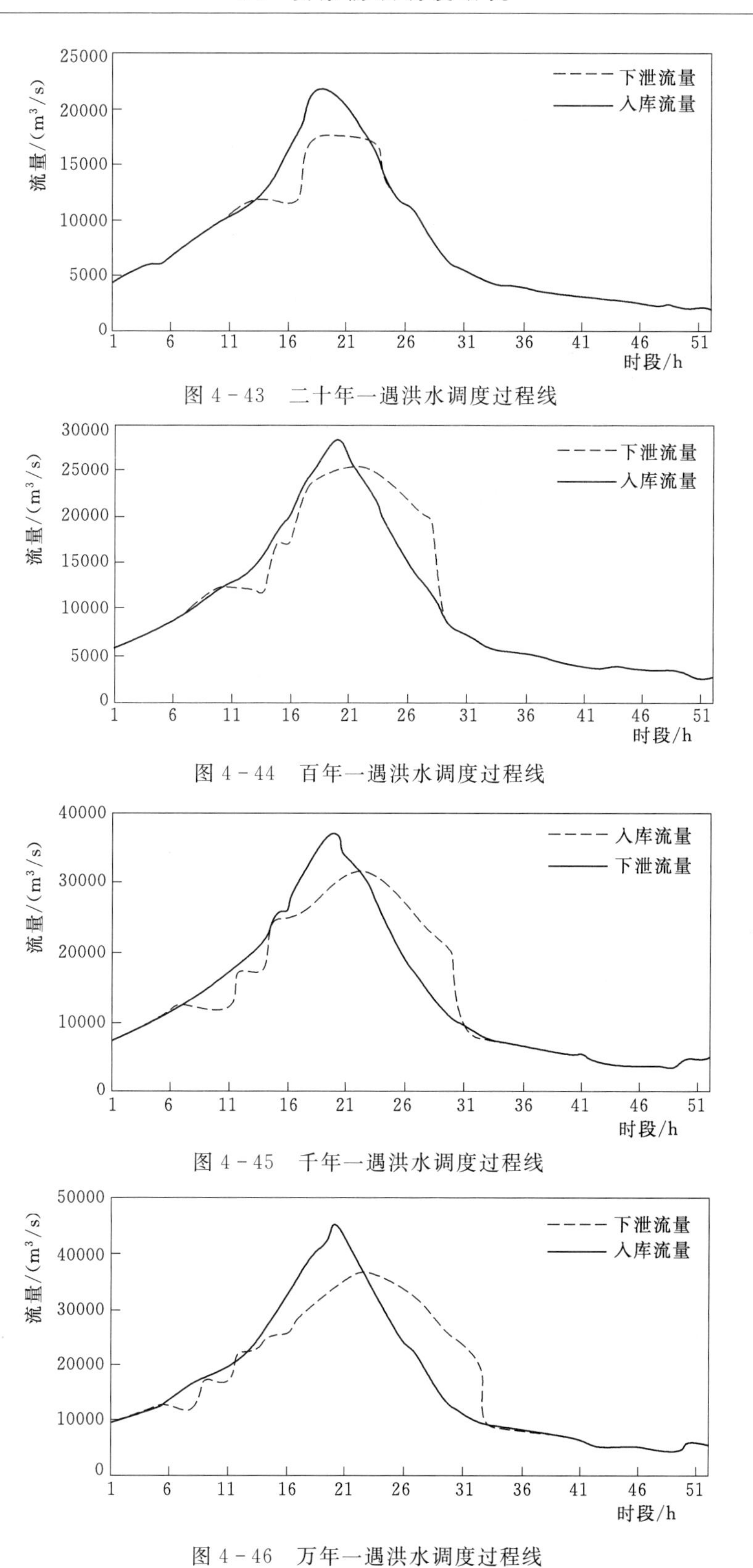

图 4-43　二十年一遇洪水调度过程线

图 4-44　百年一遇洪水调度过程线

图 4-45　千年一遇洪水调度过程线

图 4-46　万年一遇洪水调度过程线

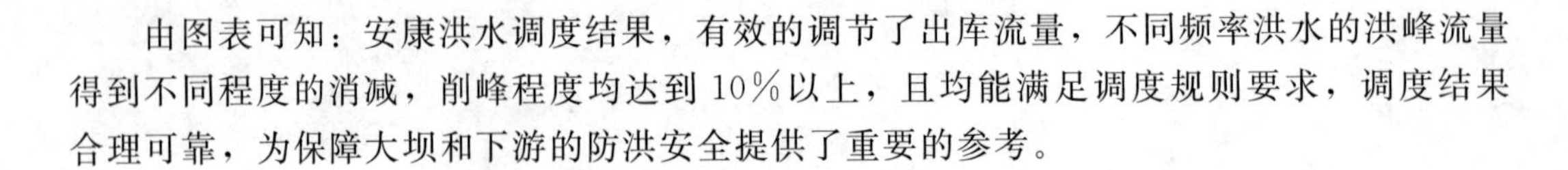

由图表可知：安康洪水调度结果，有效的调节了出库流量，不同频率洪水的洪峰流量得到不同程度的消减，削峰程度均达到 10%以上，且均能满足调度规则要求，调度结果合理可靠，为保障大坝和下游的防洪安全提供了重要的参考。

4.6　本 章 小 结

本章介绍了防洪调度、调洪验算和防洪调度图绘制的基本理论和方法。通过对比马斯京根和 MIKE11 模型分别模拟计算的洪水演进结果，最终选取模拟精度更高的 MIKE11 模型进行洪水演进研究，揭示了安康水电站至蜀河水电站河段的洪水演进规律。基于洪水演进规律和第 3 章研究结果，制定了可以保障石泉、喜河和安康水库防洪安全的调度规则，得到了不同频率洪水下的防洪调度结果并绘制了防洪调度图，为保障水库防洪安全提供重要参考依据，同时为接下来的汛限水位动态控制研究奠定基础。

第 5 章　水库优化调度理论与方法

水库优化调度研究主要解决两方面的问题：一是如何确定水库的最优准则、建立相应的数学模型；二是如何选择求解数学模型的最优方法。结合当前研究现状，水库优化调度研究主要集中在模型和算法上。梯级水库调度研究进展包括：以运筹学理论为主体，序列运算理论、决策论、系统参数辨识理论、群集智能与计算机技术相结合，理论研究丰富且趋于多元化、交叉等综合发展；传统数学优化算法（如线性规划、动态规划、大系统分解协调）改进趋于完善，基本上克服了梯级调度中的“维数灾”；水文预报的发展大大提高了径流预报精度和预见期，使确定性优化调度优势明显；现代智能优化算法如遗传算法、粒子群算法、蚁群算法、混沌理论、模拟退火算法、克隆选择算法、差分进化算法及其改进算法等研究成果卓著。

5.1　优化调度模型

水库优化调度首先要解决的问题是：根据水电系统在电力系统中的作用，确定水库调度的优化目标，建立不同的优化模型，从而得到不同的优化结果。常用的优化目标有发电量最大、发电效益最大、耗水量最小、弃水最小、多目标综合效益最大等模型。

5.1.1　发电量最大模型

（1）优化问题描述：给定调度期内入库径流过程和水库始末水位，综合考虑各种约束条件，确定水库（群）的发电及用水（或水库蓄水位）过程，使调度期内的发电量最大。

（2）目标函数：

$$E=\max\left(\sum_{i=1}^{N}\sum_{t=1}^{T}N_{i,t}\Delta t\right)\quad(\forall i\in N,\ t\in T)\tag{5-1}$$

式中：E 为梯级总发电量；$N_{i,t}$为第 i 水库第 t 时段出力；Δt 为时段长；T 为时段数目。

（3）约束条件：

1）水库水位（库容）约束：

$$\underline{Z}_{i,t}\leqslant Z_{i,t}\leqslant\overline{Z}_{i,t}\tag{5-2}$$

2）电站出力约束：

$$\underline{N}_{i,t}\leqslant N_{i,t}\leqslant\overline{N}_{i,t}\tag{5-3}$$

3）下泄流量约束：

$$\underline{Q}_{出i,t}\leqslant Q_{出i,t}\leqslant\overline{Q}_{出i,t}\tag{5-4}$$

4）水量平衡约束：

$$V_{i,t+1}=V_{i,t}+(Q_{入i,t}-Q_{出i,t})\Delta t\tag{5-5}$$

5）生态约束：

$$Q_{(t)} \leqslant Q_{\min} \tag{5-6}$$

6）非负约束。

式中：$Z_{i,t}$为第 i 水库第 t 时段初水位；$\overline{Z}_{i,t}$、$\underline{Z}_{i,t}$分别为第 i 水库第 t 时段水位上、下限；$\overline{N}_{i,t}$、$\underline{N}_{i,t}$分别为第 i 水库第 t 时段出力上、下限；$\overline{Q}_{出i,t}$、$\underline{Q}_{出i,t}$分别为第 i 水库第 t 时段下泄流量上、下限；$V_{i,t+1}$、$V_{i,t}$分别为第 i 水库第 t 时段初、末蓄水量。

（4）模型适用范围。在制定发电计划时，通常采用该模型。在使用该模型时，调度者要根据电网及电站实际情况，合理设定电站各时段的最小出力。

5.1.2　发电效益最大模型

梯级水电站中长期优化运行是根据水库入流过程和综合利用要求，考虑水轮发电机组的运转特性以及丰枯分时电价的作用，制定并实施梯级水电站及其水库中长期最优运行调度方式，以获得最大的社会经济效益。

电力市场环境下，发电效益最大是水库优化调度模型常用的目标函数，其优化准则是水电站总收益最大，水电站总收益即为调度期内各时段上网电价与该时段电量乘积之和。

（1）优化问题描述。给定调度期内入库径流过程、水库始末水位及各时段的上网电价，综合考虑各种约束条件，确定梯级水库群的发电用水（或水库蓄水位）过程，使调度期内梯级的发电效益最大。

（2）目标函数：

$$B = \max \sum_{i=1}^{N} \sum_{t=1}^{T} N_{i,t} \Delta t P_{i,t} \quad (\forall i \in N, \ t \in T) \tag{5-7}$$

式中：$P_{i,t}$为第 i 个水库第 t 时段的上网电价。

（3）约束条件。水库水位（库容）约束、水电站出力约束、水库下泄流量约束、水量平衡约束、梯级流量关系约束等。

（4）模型适用范围。在电力市场环境下，由于实行了分时电价而不是恒定电价，若以发电量最大为目标建立模型，没有考虑电价的差别，得到的发电效益不一定是最大的，因此在建立模型时要考虑分时电价的影响，以发电效益最大为目标建立模型，进行水库优化调度。

5.1.3　耗水量最小模型

（1）优化问题描述：在保证各时段总发电量要求的前提下，以调度期内各电站出库水量最小为目标，优化计算各电站的出力过程。此目标是从水调和水能利用角度出发追求的重要目标。

（2）目标函数：

$$F = \min \sum_{i=1}^{N} \sum_{t=1}^{T} (Q_{i,t} + Qss_{i,t}) \quad (\forall i \in N, \ t \in T) \tag{5-8}$$

式中：$Q_{i,t}$为第 i 个电站第 t 时段的发电流；$Qss_{i,t}$为第 i 个电站机组第 t 时段启停对应的流量。

（3）约束条件：水库水位（库容）约束、水电站出力约束、水库下泄流量约束、水量平衡约束等。

（4）模型适用范围。已知未来一个调度期内各时段的总出力或总电量要求，在电站间合理分配负荷，即用电量优化水量。

5.1.4 弃水最小模型

（1）优化问题描述：最小弃水法不同于以往其他的调度模型，其侧重于高水头发电，最大限度减少水库弃水，提高水资源利用率。该目标是追求资源最大化利用的重要目标。目标函数中包括两个目标，弃水量最小目标 P_1 和高水位发电目标 P_2，在满足 P_1 的前提下求解 P_2 最优解。

（2）目标函数：

$$P = \max\left\{\int_0^T H(t)\mathrm{d}t\right\} \Big| \min\left\{\int_0^T Qq(t)\mathrm{d}t\right\} \tag{5-9}$$

式中：$Qq(t)$ 为时段 dt 内的弃水量；$H(t)$ 为时段 dt 内的发电水头；T 为计算期长度。

（3）约束条件：水库水位（库容）约束、水电站出力约束、水库下泄流量约束、水量平衡约束等。

5.1.5 多目标综合效益最大模型

（1）优化问题描述：在模型中考虑发电目标，工业、农业等供水目标，河道基流、纳污和输沙等生态目标，构建多目标模型，寻求多个目标的均衡解。该目标是可持续发展追求的重要目标。

（2）目标函数：

1）农业需水缺水量最小：

$$\min W_{SD} = \sum_{t=1}^{T}\sum_{m=1}^{M}(D_{(m,t)} - Q_{D(m,t)}\Delta t) \tag{5-10}$$

2）生态需水缺水量最小：

$$\min W_{SEco} = \sum_{t=1}^{T}\sum_{m=1}^{M}(Q_{Eco(m,t)} - Q_{E(m,t)}) \tag{5-11}$$

3）梯级发电量最大：

$$\max E = \sum_{t=1}^{T}\sum_{m=1}^{M}N_{(m,t)}\Delta t \tag{5-12}$$

式中：W_{SD} 为调度期内综合用水缺水量；W_{SEco} 为调度期内生态缺水量；E 为调度期内梯级总发电量；t、T 分别为调度期内时段编号和总时段数；Δt 为计算时段长度；m 表示水库水电站编号，也表示 m 和 $m+1$ 河段 t 时段综合需水量；$Q_{Eco(m,t)}$ 为 m 河段 t 时段下游河道生态需水流量；$Q_{D(m,t)}$、$Q_{E(m,t)}$ 分别为 m 水库 t 时段出库流量供给综合用水和生态用水的流量；$N_{(m,t)}$ 表示 m 电站 t 时段平均出力。

（3）约束条件：水库水位（库容）约束、水电站出力约束、水库下泄流量约束、水量平衡约束等。

5.1.6　调水费用最小模型

（1）优化问题描述：在满足受水区需水要求的前提下，以调度期内各水库调水和供水成本之和为目标，优化计算各水库的调水过程。此目标是从经济效益角度出发追求的重要目标。

（2）目标函数：

$$\min P = \sum_{i=1}^{T}\sum_{j=1}^{M} p_{i,j} w_{i,j} \tag{5-13}$$

式中：P 为总调水费用；T 为调度期时段总数；M 为调水线路数；$w_{i,j}$ 为第 i 时第 j 条引水线路的调水量；$p_{i,j}$ 为第 i 时第 j 条引水线路成本。

（3）约束条件：水库水位（库容）约束、水电站出力约束、水库下泄流量约束、水量平衡约束等。

5.2　优化调度算法

5.2.1　传统优化算法

从 20 世纪 30 年代起，水库优化调度研究已在国内外兴起，经过几十年的探索与研究，近乎所有的数学规划方法都被研究应用过，并且依据计算机的先进技术，借用运筹学理论方法，形成了许多具有成熟理论和丰富有成效的应用实例。概括起来，传统优化方法主要有线性规划、非线性规划、动态规划、逐步优化、大系统分解协调等方法及其对应的各改进算法。

（1）线性规划（LP）算法。运筹学中研究最早、应用最广泛的一部分，该方法于 1939 年提出，是研究最完善的数学规划方法之一。线性规划是静态的优化方法，其数学模型的目标函数和约束条件均是线性的。线性规划模型已发展为应用最为广泛的一种规划方法，有成熟、通用的求解方法和程序，因此在水资源系统规划、设计、施工和管理运行中都得到广泛的应用。但是由于水库调度自身的复杂性无法完全满足线性规划的条件要求，其计算结果不足以满足水库运行的要求。1994 年，Piekutowski 等应用线性迭代的方法分解非线性问题进行求解，使线性规划算法得以进一步发展。

（2）非线性规划（NLP）算法。具有非线性约束条件或目标函数的数学规划算法，能有效地处理许多其他数学方法不能处理的不可分目标函数和非线性约束问题。如：如逐次线性规划（SLP）、乘子罚函数法、增量拉格朗日方法、广义梯度下降法等。非线性规划没有解各种问题的一般算法，各解法有特定的适用范围，计算程序的通用性比较低，数学模型也较为复杂。非线性规划在水资源和水电工程中有广泛的应用，各变量之间存在大量的非线性关系。但该方法优化过程慢，耗费较大成本，因此在水库调度研究方面应用不是十分广泛。

（3）动态规划（DP）算法。解决多阶段决策最优化的一种方法，其基本思想：将待求解问题分解成若干个子问题，先求解子问题，然后从这些子问题的解得到原问题的解。

基本原理：贝尔曼最优化原理。性质：对于最优策略的任意状态而言，无论其过去的状态或者决策如何，余下的诸决策必构成一个最优资策略。自 1957 年问世以来，动态规划算法因其思路易于理解，计算比较简单，能够适应于简单的系统优化问题，又由于水电站系统的多阶段决策问题的特征与其相符，在水电站调度系统中一直备受关注且卓有成效。但是随着水电系统向量维数的增加及解决问题的复杂化，计算机存储受到限制，不可避免会出现“维数灾”。而后各国学者致力于降维方法的研究，提出多种有效的改进方法，如：微分动态规划（DIIF DP）、离散微分动态规划（DDDP）算法、状态增量动态规划（IDP）算法和逐次逼近动态规划（DPSA）算法等。

动态规划问题常采用网格法（图 5-1）求解，在以纵坐标为水库蓄水量、横坐标为时间的图上，将调节库容分为 m 等分，时间分为 T 段，从格点上取值求解递推方程，从中选优，就能得到目标函数的最优解。具体步骤如下：

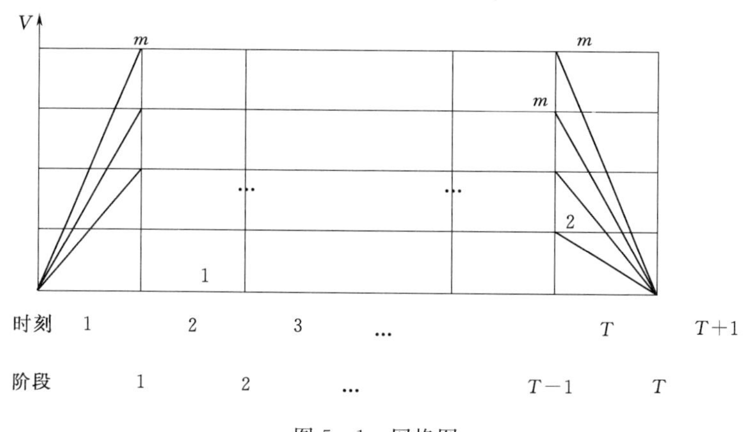

图 5-1 网格图

1）确定第 T 时段的发电量。由于该时段是调节期的最后时段，故余留期效益为零，即 $E_{T+1}^{T}(V_{T+1})=0$，则 $E_T(V_T)=\max[N_T(V_T,Q_T)]$。

时段末水库水位降至死水位，只需在时段初取格点上的 V_{T1}，V_{T2}，…，V_{Tm}，带入状态转移方程和递推方程，即可求出相应格点的 E_{T1}，E_{T2}，…，E_{Tm}，并且作为 $T-1$ 时段的余留期效益 E_{T1}^{T}，E_{T2}^{T}，…，E_{Tm}^{T}。由于已知 $V_{T+1}=V_d$，故本时段不存在优选问题。

2）确定 $T-1$ 时段的最大累计发电量。该时段初、末各有 m 个格点，首先选取 $V_{T-1,1}$ 及其时段末所有出现的状态 V_{T1}，V_{T2}，…，V_{Tm} 分别进行水能计算（计算时注意：决策变量应满足其约束条件的要求，否则所对应的时段初变量状态不可行），得到本时段相应的发电量，对应的余留期效益分别为 E_{T1}^{T}，E_{T2}^{T}，…，E_{Tm}^{T}；再将本时段效益和余留期效益累加，即得 m 个累计发电量，选出最大一个累计发电量值，加以标记，即为从点 $V_{T-1,1}$ 出发到终了时段末状态的最优总出力。同理分别对 $V_{T-1,2}$，$V_{T-1,3}$，…，$V_{T-1,m}$ 进行上述计算，可得出相应的最大累计值，并且作为 $T-2$ 时段的余留期效益 $E_{T-1,1}^{T}$，$E_{T-1,2}^{T}$，…，$E_{T-1,m}^{T}$。

3）采用上述方法确定 $T-2$ 时段直到第 2 时段的各时段最大累计发电量。

4）同样方法计算最后时段即第 1 时段的最大累计发电量。由于本时段初状态只有一个且已知 $V_1=V_d$，故所求的最大累计发电量即为目标函数最优值。

5）根据最优值进行顺向决策，即可找到最优的调度线及最优出力过程。

（4）逐步优化算法（POA）。根据 Bellman 最优化原理的思想，提出了逐步最优化原理，即“最优策略具有这样的性质，每两阶段的决策相对其始端决策和终端决策是最优”。将多阶段问题分解为多个两阶段问题，每次都只对多阶段决策中的两个阶段的决策进行优化调整，将上次优化结果作为下次优化的初始条件，如此逐时段进行，反复循环，直至收敛。逐步优化算法的优点是状态变量不必离散，因而可获得较精确的解，求解步骤如下：

1）给定一组V_i^k（$i=0$，1，2，…，n）初始值，置$k=0$，k为逐次寻优次数。

2）固定V_{i-1}^k、V_{i+1}^k两个值，调整V_i^k，用 0.618 法，得出新的V_i^{*k}，新值V_i^{*k}代替旧值V_i^k，再固定V_{i+2}^k，用同样的方法求得新值V_{i+1}^{*k}，并用V_{i+1}^{*k}代替V_{i+1}^k，使$i=1$，2，…，$n-1$循环迭代，完成一轮计算。

3）把前一轮计算出的新轨迹替代旧轨迹，重复 2），然后比较两轮轨迹。判断$|V_i^{k+1}-V_i^k|$是否满足精度，如不满足，则用$k+1$次求得的轨迹替代k次轨迹，重复 3），否则转到 4）。

4）$k+1$次轨迹为最优轨迹，按此轨迹计算各时段最优出力、发电量等。

（5）大系统分解协调法。将大系统分解成相对独立的若干个子问题，形成递阶结构型式，以便运用现有的优化方法实现各个子系统的局部最优，然后再根据大系统的总目标，使各子系统相互协调起来，以获得整个大系统的全部最优。这种分解—协调—聚合方法与一般优化方法相比，可以有效地简化复杂问题，减少工作量，很大程度上避免了“维数灾”的问题，但大系统分解协调法计算结果收敛性差，即使收敛也需要耗费较长的时间。

5.2.2　现代优化算法

随着科学技术的发展，单一水库的调度研究还不足以满足实际需求，因此，水库群的调度研究开始大规模发展。由于实际水库（群）调度的复杂性，单纯的传统水库调度算法不能满足计算精度的要求，并且与水库的实际运行相矛盾。从 20 世纪 40 年代以来，针对不同问题，人们开始从实际经济领域出发，通过将大自然的运行规律与实际经验及可靠规则相结合，提出了一些解决实际问题中快速有效的搜索算法。而后人们将启发式思想与人工智能领域中各种求解搜索方法相结合，提出许多启发式搜索算法。20 世纪 80 年代以来，随着现代启发式算法研究的不断深入及其在实际应用中的不断扩展，水库（群）优化调度应用研究领域受到人们越来越多的关注。

5.2.2.1　遗传算法

遗传算法（Genetic Algorithm，简称 GA）是模拟达尔文生物进化论中自然选择和遗传学机制的生物进化过程算法。由美国 J. H. Holland 于 1975 年提出的一种全新的优化搜索算法。GA 的特点就是可以直接对结构对象进行操作，不存在求导和函数连续性的限定，具有内在的隐并行性和更好的全局寻优能力，采用概率化的寻优方法，能自动获取和指导优化搜索空间，自适应地调整搜索方向，不需要确定的规则，就能够并行计算与自适应搜索，可以从多个初值点、多路径进行全局最优或者准全局最优搜索，尤其适用于求解大规模复杂的多维非线性规划问题。GA 用于水库（电站）群的调度研究，有效避免了使用传统常规调度算法出现的一系列问题，因此在水库（群）调度中一直备受关注。

首先对问题的候选解即染色体编码。编码过去常用二进制数，对于水库群联合调度，由于水库数目较多，用二进制编码时，会导致数字串过长，操作复杂，而且编码时需进行二进制数到十进制数的变换，输出结果时要解码。为了改进和简化计算，对水库群联合调度引入十进制编码。由于水库调度决策变量是水库水位（或库容）的隐性函数，所以把水库水位（或库容）作为优化变量。把各时段每个水库优化变量的可行区间分为 m 个等份，并按从小到大的次序用整数 1，2，…，m，$m+1$ 表示。染色体的每一向量（基因）即用该整数 $n(n=1, 2, \cdots, m, m+1)$ 表示，它代表的水库水位在某一时段的值 Z_t：

$$Z_t = Z_{t,\min} + (n-1)\frac{Z_{t,\max} - Z_{t,\min}}{m} \tag{5-14}$$

式中：$Z_{t,\min}$、$Z_{t,\max}$ 分别为时段 t 允许水库水位的最小值和最大值。

如果优化调度计算时段为月，那么每个水库的编码包含 12 个向量，若 m 取为 20，染色体就可用十进制码表示，如：一个水库的十进制编码染色体（1，3，4，7，12，15，18，21，16，11，6，4）的意义为

$$Z_1 = Z_{1,\min} \tag{5-15}$$

$$Z_2 = Z_{2,\min} + 3\times(Z_{2,\max} - Z_{2,\min})/20 \tag{5-16}$$

水库群联合调度中的每个染色体由所有水库的编码组成，如水库个数是 3 个，调度时段取为月，那么染色体长度为 36（即基因个数为 36），每个基因表示其对应水库在某个时段的优化变量取值。适应度函数为目标函数的某种数学变换。随机选取初始母体群，运用遗传算子往复循环寻优，直至最优个体的适应度函数值小于某一设定值。其计算步骤总结如下：

（1）确定 GA 的运行参数。

（2）确定决策变量和约束条件并建立优化模型。

（3）确定编码方式、个体评价方法。

（4）随机产生初始种群。

（5）遗传操作：选择、交叉、变异运算。

（6）收敛准则判定，用式（5－17）或者给定最大迭代次数作为收敛准则：

$$|f(n+1) - f(n)| \leqslant \varepsilon \tag{5-17}$$

式中：$f(n)$ 表示第 n 代最优染色体的适应度值；$f(n+1)$ 表示第 $n+1$ 代最优染色体的适应度值。

（7）如果满足精度要求，输出最优个体，计算结束；否则返回步骤（5）。

5.2.2.2 蚂蚁算法

蚂蚁优化算法又称蚁群优化算法（Ant Colony Optimization，简称 ACO）是模拟自然界中蚂蚁群体的觅食行为过程，该算法基于一些基本假设：

（1）蚂蚁个体仅仅根据其周围的局部环境做出反应和产生相应的影响，蚂蚁群体之间通过信息素完成交流。

（2）蚂蚁个体对环境的反应根据其自身的内部运行模式而决定，本质上是蚂蚁基因的适应性表现，蚂蚁个体是反应型的适应性主体。

（3）蚂蚁个体根据环境做出独立选择，其单独个体行为随机，而整个蚁群通过自组织过程形成高度有序的群体行为。

基于上述基本假设，基本蚁群算法的寻优体现了两个要点：适应和协作。前者主要根据信息素不断调整自身结构，路径上通过蚂蚁越多，信息素浓度越大，则该路径越容易被选择；反之，信息素浓度越低，该路径越不容易被选择；后者类似自动机的学习机制，主要通过信息交流，以期产生更优解。

ACO算法的基本思想是利用蚂蚁群体之间相互协作和邻域搜索寻找功能来对问题进行优化，该算法的优点是鲁棒性强、适合并行分布计算等，缺点是搜索时间较长、容易陷入局部最优解等。

5.2.2.3　粒子群算法

粒子群算法（Particle Swarm Optimization，简称PSO），是一种通过粒子间相互作用产生群体智能进行搜索的随机全局优化技术，当前算法的标准版本是Shi等在最初版本基础上引入惯性权重形成的。鸟群在飞行过程中经常会突然改变方向，其行为不可预测，但其整体总保持一致性，个体与个体间也保持着最适宜的距离。通过对类似生物群体行为的研究，发现生物群体中存在着一种社会信息共享机制。它为群体的进化提供了一种优势。这是PSO算法形成的基础。

PSO解优化问题时，问题的解对应于搜索空间中一只鸟的位置，称这些鸟为“粒子”。它根据自己的飞行经验和同伴的飞行经验来调整自己的飞行。每个粒子在飞行过程中所经历过的最好位置，就是粒子本身找到的最优解，整个群体所经历过的最好位置，就是整个群体目前找到的最优解。前者叫做个体极值（*pbest*），后者叫做全局极值（*gbest*）。实际操作中通过由优化问题所决定的适应度值来评价粒子的“好坏”程度。每个粒子都通过上述两个极值不断更新自己，从而产生新一代群体。

粒子i的信息可以用D维向量表示，位置表示为$x_i(x_{i1}, x_{i2}, \cdots, x_{iD})^T$，速度为$V_i(V_{i1}, V_{i2}, \cdots, V_{iD})^T$。速度和位置更新方程为

$$v_{id}^{k+1}=v_{id}^{k}+C_1 rand_1^k(pbest_{id}^k-x_{id}^k)+C_2 rand_2^k(gbest_d^k-x_{id}^k) \tag{5-18}$$

式中：v_{id}^k为粒子i在第k次迭代中第d维的速度；C_1、C_2为加速系数；x_{id}^k为粒子i在第k次迭代中第d维的当前位置；*pbest*为粒子i在第d维的个体极值点的位置（即坐标）；*gbest*为群体在第d维的全局极值点的位置。

基本粒子群算法的计算步骤如下：

（1）初始化。随机产生初始搜索点的位置x_i^0及其速度v_i^0，每个粒子的*pbest*坐标设置为其当前位置，且计算出其相应的个体极值（即个体极值点的适应度值），而全局极值（即全局极值点的适应度值）就是个体极值中最好的记录最好值的粒子序号，并将*pbest*设置为该最好粒子的当前位置。

（2）评价每一个粒子。计算粒子的适应度值，如果好于该粒子当前的个体极值，则将*pbest*设置为该粒子的位置，且更新个体极值。如果所有粒子的个体极值中最好的好于当前的全局极值，则将*pbest*设置为该粒子的位置，记录该粒子的序号，且更新全局极值。

（3）粒子的更新。

(4) 检验是否符合结束条件。如果当前的迭代次数达到了预先设定的最大次数，则停止迭代，输出最优解，否则转到步骤 (2)。

PSO 算法具有不依赖于问题信息、原理简单、容易实现、群体搜索、协同搜索等优点，因此在水库（群）优化调度分析中应用广泛，如在求解水电厂厂内经济运行、梯级水电厂短期优化调度问题中得以应用，并通过实例验证得到了较满意结果。

5.2.2.4 布谷鸟搜索算法

布谷鸟搜索算法（Cuckoo Search，简称 CS）是由英国学者 Xin - She Yang 和 Suash Deb 于 2009 年提出的一种新颖的现代启发式全局搜索算法，该算法通过模拟布谷鸟寄生育雏的繁殖行为以及莱维飞行（Lévy flight）特征以寻求优化问题的最优解。CS 算法有两个非常关键的组件：莱维飞行随机游动以及偏好随机游动，这两个组件决定了 CS 算法具有显著的高效性。由于 CS 算法搜索性能高效、参数少、鲁棒性强，已被广泛应用于各个领域，成为继 GA 和 PSO 之后启发式算法的一个新亮点。

在自然界中，布谷鸟寻找适合自己产卵的鸟窝位置是随机的或是类似随机的方式，为了模拟布谷鸟寻窝的方式，首先，需要设定以下 3 个理想化规则：

(1) 每只布谷鸟每次只有一个卵，即有一个最优值解，鸟巢进行赔化时遵从随机选择。

(2) 放置在宿主鸟窝中的最高质量的卵将被孵化，成为下一代布谷鸟。

(3) 布谷鸟可利用的宿主鸟窝数量为定值N_{pop}，卵被宿主发现的概率为 $P_a \in [0, 1]$。

布谷鸟搜索算法中个体更新方式有两种：

(1) 通过 Lévy flight，公式如下：

$$x_i^{(t+1)} = x_i^{(t)} + \alpha \otimes L(\lambda) \tag{5-19}$$

式中：$x_i^{(t+1)}$ 为第 $t+1$ 代中个体 i；α 为步长控制量，用于控制随机搜索的范围；$\otimes$为点对点乘法；$L(\lambda)$ 为 Lévy 随机搜索步长，服从 Lévy 分布。

$$L(\lambda) \otimes u = t^{-\lambda} \quad (1 < \lambda \leqslant 3) \tag{5-20}$$

为了便于计算，采用式 (5 - 21) 计算 Lévy 随机数：

$$L(\lambda) = \frac{\varphi u}{|\nu|^{\frac{1}{\beta}}} \tag{5-21}$$

式中：μ、ν 均服从标准正态分布；β 为常数，取值范围在 [1, 2] 之间。

φ 取值如下：

$$\varphi = \left[\frac{\Gamma(1+\beta) \times \sin\frac{\pi\beta}{2}}{\Gamma\left(\frac{1+\beta}{2}\beta \times 2^{\frac{\beta-1}{2}}\right)} \right]^{\frac{1}{\beta}} \tag{5-22}$$

在 Lévy flight 随机游动组件中，为了充分利用当前个体所提供的信息，CS 算法可按式 (5 - 23) 生成新个体：

$$x_i^{(t+1)} = x_i^{(t)} + \alpha_0 \frac{\varphi u}{|\nu|^{\frac{1}{\beta}}} (x_i^{(t)} - x_{best}^{(t)}) \tag{5-23}$$

式中：$x_{best}^{(t)}$ 为第 t 代中最优个体；α_0 为常数，用于控制步长大小，默认值为 0.01。

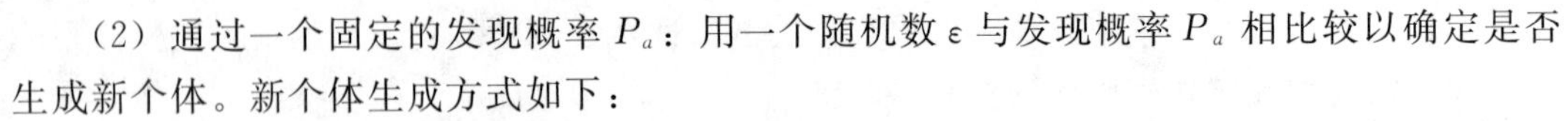

（2）通过一个固定的发现概率 P_a：用一个随机数 ε 与发现概率 P_a 相比较以确定是否生成新个体。新个体生成方式如下：

$$x_i^{(t+1)}=x_i^{(t)}+\gamma H(P_a-\varepsilon)\otimes(x_j^{(t)}-x_k^{(t)}) \tag{5-24}$$

式中：ε，$\gamma\in[0,1]$，二者均服从均匀分布；$x_i^{(t)}$，$x_j^{(t)}$，$x_k^{(t)}$ 分别为第 t 代中的 3 个随机个体；$H(P_a-\varepsilon)$ 为赫维赛德函数。

5.2.3　多目标优化算法

随着水资源的不断开发，在水库优化调度中，单纯的以供水或发电的单目标调度已经不能满足人们的要求，实际上水库群是一个大型水利枢纽系统，通常需要兼顾发电、防洪、供水、灌溉等多种功能，其本质上是一个具有复杂约束条件的多目标优化问题，因此，多目标优化调度的实质就是同时满足多个目标的需求，使得水利枢纽最大限度地发挥其综合效益。目前存在的水库群优化方法主要分为两大类：传统和现代方法。

5.2.3.1　传统方法

最初多目标优化调度问题是以单目标优化为基础，以约束法、层次分析法、线性加权法、理想点法为主要的处理手段，根据决策者的主观因素，将多目标优化问题转化为单目标优化问题进行求解，因此，其本质上还是单目标优化问题。早在 1982 年，美国学者 Yeh 和 Becker 在对实际工程进行多目标分析过程中采用 ε 约束法，得到了兼顾发电和供水两个目标的折中解；经过国内外学者的共同努力，传统多目标优化算法已经发展的比较成熟。

（1）层次分析法。层次分析法（Analytic Hierarchy Process，简称 AHP）是美国运筹学家 Saaty 在 20 世纪 70 年代初提出的，它能将决策问题的有关元素分解成目标、准则、方案等层次，以同一层次的各要素按照某一准则进行两两判断，引入 1～9 比率标度法比较其重要性，以此计算各层要素的权重，最后根据组合权重并按最大权重原则确定最优方案。应用层次分析法（AHP）的基本步骤包括：①建立层次结构模型；②构造判断矩阵；③层次单排序并检验一致性；④层次总排序并检验一致性。

（2）线性加权法。线性加权法是针对目标函数的重要性不同，给定一组与各目标 f_i 对应的非负 ω_i（$i=1,2,\cdots,m$），$\sum_{i=1}^{m}\omega_i=1$，然后将 f_i 与 ω_i 做线性组合，得到评价函数：

$$u[f(x)]=\sum_{i=1}^{m}\omega_i f_i(x) \tag{5-25}$$

当 ω_i 全相等时，取评价函数：

$$(M1)\left[\sum_{i=1}^{m}\frac{f_i(x)}{m},\ st.\ x\in X\right] \tag{5-26}$$

当 ω_i 不全相等时，取评价函数：

$$(M2)\left[\prod_{i=1}^{m}f_i\ (x)^{\omega_i},\ st.\ x\in X\right] \tag{5-27}$$

线性加权求解多目标模型步骤：

1）统一量纲，规范化各目标函数 f_i。通过函数 $\varphi_i(x)=\dfrac{f_i(x)-f_{i,\min}}{f_{i,\max}-f_{i,\min}}$将目标函数规范化。

2）按各目标函数的重要性不同，给定一组与目标函数 $\varphi_i(x)$ 对应的权重 ω_i，将多目标问题转化为单目标问题：

$$(M3)\left[\prod_{i=1}^{m}\varphi_i\ (x)^{\omega_i},st.\ x\in X\right] \tag{5-28}$$

5.2.3.2 现代方法

多目标优化问题有时需要考虑不同目标函数之间的相对重要性，传统的多目标加权法是将每个目标函数乘上一个权重后加起来作为一个目标，再采用单目标优化方法求得最优解。在水库优化调度问题中，目标权重作为决策者的一种偏好信息，一般很难预先确定。另外，决策者往往希望提供不止一种方案供选择，而传统解法只能提供唯一解。近年来，随着智能优化理论的快速发展，各种各样的智能优化算法被相继提出，这类优化算法可同时处理多个目标，得到目标间互为非劣的 Pareto 前沿解集，便于分析多目标之间的竞争协同关系和制定多目标决策，为水库调度的多目标直接优化提供了有效的计算工具。目前比较成功的多目标进化算法有小生境 Pareto 遗传算法（NPGA）、非支配遗传算法（NSGA）、快速非支配遗传算法（NSGA－Ⅱ）、多目标粒子群算法（MOPSO）和 Pareto 存档动态维度搜索（PADDS）。

（1）小生境 Pareto 遗传算法（NPGA）。在种群中随机地挑选两个候选个体，在种群中另外随机挑选一个个体参照集。然后候选个体一一与参照集中的个体作比较。如果一个个体劣于参照集，另一个个体优于参照集，则后者被选为再生对象。如果两个个体均优于或劣于参照集，必须采用分享法（sharing method）以确定哪一个是选中的个体。但并非所有情况下都要在给定的候选集中决定出一个个体。例如两个个体正好处于当前的无支配前沿（Non－dominated frontier）时两个个体之间不存在优劣。为了防止种群收敛到 Pareto 前沿的单一区域，当两个个体之间无偏好时引入一种适应度分享法，保持 Pareto 前沿的遗传多样性。分享操作的目的是减少相似个体的复制量以尽可能保持种群的多样性，从而达到同时搜索多个区域的目的。小生境遗传算法借鉴了 Pareto 最优解理论，从初始种群出发，通过选择、交叉和变异操作，对代表整个解集的种群进行优化，以内在并行的方式搜索非劣解，使群体进化到目标更好的搜索空间中，最终得到的种群中包含了多个 Pareto 最优解。其具体实施步骤如下：

1）编码。采用实数编码表示参数向量 X。

2）初始化。在 X 对应的优化参数可行域内，随机生成 N 个个体作为初始种群。

3）计算目标函数值。对种群的所有个体分别计算相应的目标函数值。

4）罚函数处理约束条件。

5）个体非劣解排序。根据 Pareto 最优解理论，对种群中所有个体计算其非劣解的状态。

6）适应度函数。为了保证种群的多样性和搜索能力，引入了基于共享机制的小生境技术。

7）选择操作。

8）交叉操作。

9）变异操作。

10）终止条件判断。以进化代数作为终止判断条件，如果进化代数小于设定值，则返回 3)；如果满足，输出结果。

（2）非支配遗传算法。非支配排序遗传算法（NSGA）(Nno - dominated Sorting Genetic Algorithms）是由 Srinivas 和 Deb 于 1995 年提出的。这是一种基于 Pareto 最优概念的遗传算法。该算法就是在基本遗传算法的基础上，对选择再生方法进行改进：将每个个体按照它们的支配与非支配关系进行分层，再做选择操作，从而使得该算法在多目标优化方面得到非常满意的结果。非支配遗传算法（NSGA）与简单的遗传算法的主要区别在于：该算法在选择算子执行之前根据个体之间的支配关系进行了分层。其选择算子、交叉算子和变异算子与简单遗传算法没有区别。在选择操作执行之前，种群根据个体之间的支配与非支配关系进行排序。首先，找出该种群中的所有非支配个体，并赋予他们一个共享的虚拟适应度值，得到第一个非支配最优层；然后，忽略这组已分层的个体，对种群中的其他个体继续按照支配与非支配关系进行分层，并赋予它们一个新的虚拟适应度值，该值要小于上一层的值，对剩下的个体继续上述操作，直到种群中的所有个体都被分层，多目标遗传算法的具体实施步骤如下：

1）采用矢量 $V=(x_1, x_2, \cdots, x_n)$ 来表示染色体，但它必须满足所有的约束条件。其中，x_1，x_2，…，x_n 为决策变量。

2）适应度函数。首先按照个体的秩大小对种群中的个体进行由小到大排序，然后采用线性函数或指数函数。依据最好（秩为 0）个体适应值最大，最差个体适应值最小的原则进行内插来得到个体 V_i 的适应值 $fit(V_i)$，最后对秩相同的个体的适应值求均值，并以该均值作为这些个体的适应值以保证秩相同的个体具有相同的选择概率。

3）种群初始化。种群初始化是遗传算法最为基本的步骤。为了保证种群的可行性，首先选择一个满足所有约束条件的点 V_0，并且定义一个较大的正数 INFTY 来保证产生可行解。

4）选择操作。

5）交叉操作。

6）变异操作。

7）迁移操作按照个体的适应值大小对种群中个体进行由大到小排序，然后将以事先给定迁移率 r 随机地生成 $n=r\times popsize$ 个个体替换掉排序后序位为 n 以下的所有个体。

8）判断算法停止条件：若算法满足停止条件，则输出种群作为 Pareto 最优解集；否则转 4)。

（3）快速非支配遗传算法。2002 年，Deb 等改进了 NSGA，提出了 NSGA - Ⅱ 算法，同时引入了拥挤距离测度从而保持了种群多样性，并保留了精英个体，大大降低了计算复杂度。NSGA - Ⅱ 算法采用了精英策略和保护多样性的方法，性能较好、效率高且计算简单。NSGA - Ⅱ 算法的基本思想：首先，随机产生规模为 N 的初始种群，经过非支配排序后，通过遗传算法的选择、交叉和变异 3 个基本操作后得到第一代子代种群；然后从第二

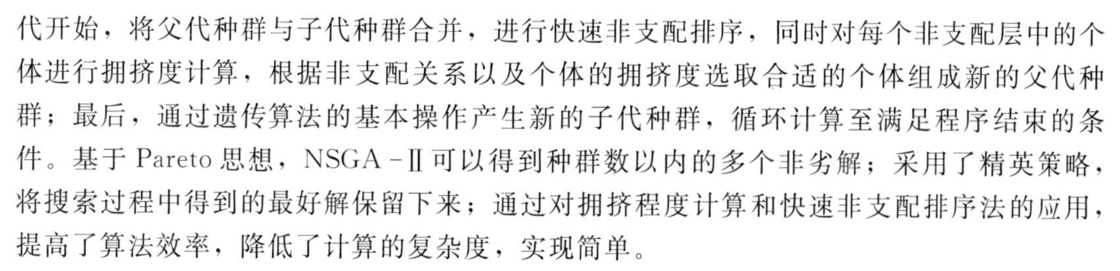

代开始，将父代种群与子代种群合并，进行快速非支配排序，同时对每个非支配层中的个体进行拥挤度计算，根据非支配关系以及个体的拥挤度选取合适的个体组成新的父代种群；最后，通过遗传算法的基本操作产生新的子代种群，循环计算至满足程序结束的条件。基于 Pareto 思想，NSGA－Ⅱ可以得到种群数以内的多个非劣解；采用了精英策略，将搜索过程中得到的最好解保留下来；通过对拥挤程度计算和快速非支配排序法的应用，提高了算法效率，降低了计算的复杂度，实现简单。

快速非支配排序遗传算法对于约束条件的处理，为了在多目标优化问题中区分不可行解与可行解，Deb 等在 NSGA－Ⅱ中定义了一个约束主导原理，即对于群体中任意两个个体优劣采用非支配原理进行判断，判断方式如下：

1）解 a 是可行解，而解 b 不是可行解，那么解 a 支配 b。

2）解 a 与 b 都不可行，但解 a 的总体约束冲突值小于解 b，那么解 a 支配 b。

3）解 a 与 b 都是可行解，且 a 优于 b，那么解 a 支配 b。

快速非支配排序遗传算法计算流程如下：

1）初始化：初始化染色体种群 P_0，群体规模为 N，设初始时刻迭代次数 $t=0$。

2）基因运算：分为选择、交叉、变异和群体合并四个过程。首先，通过锦标赛法从群体 P_t 中选择规模为 $N/2$ 的父代种群个体 P_t，从 P_t 中选择两个父代个体 p_1、p_2；其次，采用模拟二进制交叉操作，产生子代个体 C；并对 C 进行多项式变异操作，产生 C'；最后将父代群体和子代群体合并 $Q_t=Q_t\cup C'$。

3）更新种群：$P_{t+1}=P_t\cup Q_t$，采用基于非支配分层和拥挤度的选择方法，选择个体，使 P_{t+1}代种群的规模为 N，转 2）。

4）判断算法停止条件：若算法满足停止条件，则输出种群 P_t 作为 Pareto 最优解集；否则转 3）。

基于非支配分层和拥挤度的选择方法是 NSGA－Ⅱ中使用的选择策略，在锦标赛选择过程中，非支配秩越小的个体被选中的概率越大，初始种群中个体的非支配等级均初始化为 0。在非支配排序时，将种群中的 Pareto 最优个体的非支配秩记为 *rank*0，将 *rank*0 层的个体删除后的种群中的 Pareto 最优个体记为 *rank*1，依次类推，直到种群中的所有个体都赋予一个非支配层数。而在选择过程中，先将非支配层数小的个体加入种群，若超出种群规模上限 N，则依据拥挤度删除拥挤度小的个体，在以满足种群规模限制的前提下保证种群的多样性。若首层个体不足 N 个，则将 *rank*1 个体加入种群，若超出种群规模上限 N，同样以拥挤度为依据，删除拥挤距离小的个体。依次类推直到选择了 N 个个体构成子代种群为止。

（4）多目标粒子群算法。由于多目标优化问题不像单目标优化问题那样存在唯一的全局最优解，而是存在一组 Pareto 最优解，因此全局极值选择策略的设计是多目标 PSO 算法研究的重点。粒子在选定了 *gbest* 之后，根据粒子当前的位置、当前的速度、粒子与 *pbest* 之间的距离和粒子与 *gbest* 之间的距离按照一定的规则对粒子的飞行速度进行修正，进而更新粒子的当前位置，得到新的粒子后代种群。在多目标 PSO 算法的框架下，MOPSO 算法的流程设计如下：

1）初始化：设置粒子种群规模 N，精英种群规模 M，设置算法停止条件，随机初始化

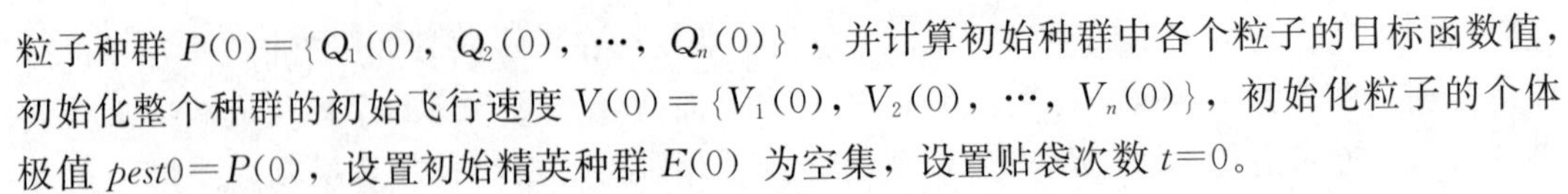

粒子种群 $P(0)=\{Q_1(0),\ Q_2(0),\ \cdots,\ Q_n(0)\}$，并计算初始种群中各个粒子的目标函数值，初始化整个种群的初始飞行速度 $V(0)=\{V_1(0),\ V_2(0),\ \cdots,\ V_n(0)\}$，初始化粒子的个体极值 $pest0=P(0)$，设置初始精英种群 $E(0)$ 为空集，设置贴袋次数 $t=0$。

2）更新精英种群：从当前粒子种群 $P(t)$ 中提取 Pareto 最优的粒子集合，将其与当前精英种群 $E(t)$ 合并，采用非支配排序和拥挤距离的方法控制 $E(t)$ 的规模不超过其上界 M。

3）判断算法停止条件：若算法停止条件满足，则输出当前精英种群 $E(t)$ 作为 Pareto 最优解集；否则转步骤 4)。

4）精英种群自学习：对当前精英种群 $E(t)$ 使用基于差分进化的精英种群自学习算子，得到新的精英种群 $E'(t)$。

5）选择全局极值：使用基于邻域最大拥挤距离的全局极值选择算子对于前粒子种群 $P(t)$ 中的每一个粒子，在当前精英种群 $E'(t)$ 中为其选择一个全局极值构成全局极值集 $gbest=\{gbest_1,\ gbest_2,\ \cdots,\ gbest_N\}$。

6）更新粒子速度和位置：对于前粒子种群 $P(t)$ 中的每一个粒子 $Q_i(t)$，$i=1,\ 2,\ 3,\ \cdots,\ N$，根据其个体极值 $pbest_i$ 和全局极值 $gbest_i$，对其当前飞行速度 $V_i(t)$ 进行如下更新：

$$V_i(t+1)=\omega V_i(t)+c_1r_1[pbest_i-Q_i(t)]+c_2r_2[gbest_i-Q_i(t)] \tag{5-29}$$

式中：ω 为惯性权值；c_1 和 c_2 为学习因子；r_1 和 r_2 为 0 到 1 之间的随机数。

然后根据更新后的飞行速度对粒子的当前位置进行如下更新：

$$Q_i(t+1)=Q_i(t)+V_i(t+1) \tag{5-30}$$

更新后的粒子构成 $P(t+1)=\{Q_1(t+1),\ Q_2(t+1),\ \cdots,\ Q_N(t+1)\}$。

7）更新个体极值：计算当前粒子种群 $P(t+1)$ 中粒子的目标函数值，对其中的每一个粒子，若 $Q_i(t+1)$ 支配 $pbest_i$，$i=1,\ 2,\ 3,\ \cdots,\ N$，则用 $Q_i(t+1)$ 替代当前的 $pbest_i$，否则 $pbest_i$ 保持不变。

8）令迭代次数 $t=t+1$，转步骤 2)。

（5）Pareto 存档动态维度搜索。PA - DDS 算法是 DDS 算法在多目标优化问题上的延伸，该算法引入 Pareto 存档进化（Pareto - Archived Evolution）策略作为多目标寻优机制，并将 DDS 算法应用于优化过程中。其中，DDS 算法起始于全局搜索，即在全搜索域上产生初始解，但随着迭代的进行，算法逐渐局限在一个局部空间内。搜索空间由全局向局部的转化过程通过以一定概率动态地减少解的变化维度实现。只有在选定的维度上，才会在原解的某一邻域内通过扰动产生新的解，这种扰动符合均值为 0，方差为 1 的正态分布。算法中唯一的参数是用于确定该正态分布的标准差的扰动参数 r，即确定原解上用于产生新解的邻域的大小，r 的默认值为 0.2。

DDS 算法的流程设计如下：

1）确定算法参数，包括扰动参数 r 值（默认值为 0.2）；最大迭代次数 m，D 维解向量每一个维度上的上下限 $X_{\min}$ 和 $X_{\max}$，以及初始解向量 $X_0=[X_1,\ \cdots,\ X_D]$。

2）计算当前解对应的目标函数值 $F(X_0)$，设定当前解为最优解，即 $X_{\text{best}}=X_0$，$F_{\text{best}}=F(X_0)$。

3）在 D 维空间内随机选取 J 个维度用以建立产生新解的邻域｛N｝，计算｛N｝中每一个决策变量对应发生变化的概率 $P(i)=1-\ln(i)/\ln(m)$，对于 $d=1$，…，D 维决策变量，将 d 以 $P(i)$ 的概率加入空间｛N｝，如果｛N｝为空，选取任一维度 d 作为｛N｝。

4）对于｛N｝中的决策变量，在维度 $j=1$，…，J 上对当前最优解 X_{best}，j 加入扰动，该扰动符合标准正态分布 $N(0，1)$，扰动的程度通过解在该维度上的上下限表达：

$$x_j^{new}=x_j^{best}+\sigma_j N(0,1),\quad \sigma_j=r(x_j^{max}-x_j^{min}) \tag{5-31}$$

5）计算 X_{new}对应的目标函数值 $F(X_{new})$。当 $F(X_{new})<F_{best}$［假设目标函数最小化，即（X_{new}）优于 F_{best}］时，更新当前最优解，令 $F_{best}=F(X_{new})$，$X_{best}=X_{new}$，否则当前最优解不变。

当前迭代等于 m 时结束，对应的 X_{new}和 $F(X_{new})$ 分别为最优参数和最优函数值，否则回到步骤（2）。

PA-DDS 算法的具体寻优步骤如下：

1）采用 DSS 算法初始化种群，并生成 Pareto 前端。

2）计算当前所有优化结果的拥挤半径，并根据拥挤半径寻找出 Pareto 前端。

3）对当前解的集合进行一定邻域上的随机扰动，采用 DDS 算法产生出新的解集，如 DDS 算法中的步骤（4）。

4）判断（3）中产生的新解集是否是非劣解，如果是，则代替原来的解。

5）重复步骤（2）～（4），直到满足结束条件。

5.3 本 章 小 结

本章主要对基础理论部分，如水库化化调度的基本概念模型、方法进行了论述。综合以往梯级水库优化调度的研究现状，描述了常用的优化目标，即发电量最大，发电效益最大、耗水量最小、弃水最小，多目标综合效益最大等模型。介绍了传统优化算法和现代优化算法，并给出了相应的计算步骤。奠定了汉江上游梯级水库群优化调度理论与方法基础。

第6章　汉江上游梯级水库优化调度研究

汉江上游水库群承担着防洪、供水、发电等综合利用任务，是维持汉江健康发展，促进沿江城市经济社会可持续发展的骨干工程。由于各水库承担的任务各不相同，其不同的调度方式对整个汉江流域的防洪、供水、发电等有着巨大的影响。因此，对汉江上游梯级水库群进行调度研究，寻求最合理、经济的调度方式是汉江水资源研究的重中之重。分析汉江上游梯级水电站的调度方式，在摸清各水库功能及在水库群系统中承担任务的基础上，根据第5章水库优化调度的理论与方法，选取合适的模型与方法进行计算。本章主要介绍汉江上游水库优化调度研究。

6.1　黄金峡、三河口梯级水库优化调度研究

6.1.1　引汉济渭工程概况

陕西省引汉济渭工程建设规划是从陕西南部水资源相对富裕的汉江流域地区引、调水进入缺水较为严重的陕西省渭河流域的关中地区，将有效缓解陕西关中地区水资源严重短缺的问题，是促进陕西省内水资源优化配置，改善整个渭河流域的生态环境，促进关中地区经济社会可持续发展的大型跨流域调水工程。同时，引汉济渭工程也是国务院批复的《渭河流域重点治理规划》《全国水资源综合规划》和《渭河流域重点治理规划陕西水利项目实施方案》中确定的跨流域调水工程。工程调水主要解决渭河沿岸的重要城市、县城、工业园区供水，逐步退还挤占的农业与生态用水，缓解城市与农村、生态用水的矛盾，为陕西省水资源配置提供条件。

引汉济渭工程地跨黄河、长江两大流域，穿越秦岭屏障，分为调水、输配水两大部分。调水工程主要由黄金峡水利枢纽、三河口水利枢纽和秦岭输水隧洞组成，如图6-1所示。输配水工程由南干线、过渭干线、渭北东干线和渭北西干线组成。

工程采取“一次立项，分期配水”的建设方案，逐步实现2020年配水5亿m^3，2025年配水10亿m^3，2030年配水15亿m^3。工程计划工期78个月，预计2020年三河口水库将先投入运行。

工程建成后，可满足西安、咸阳、渭南、杨凌4个重点城市及沿渭河两岸的11个中小城市、5个新城和2个工业园区等22个受水对象的生活及工业用水，以及返还被大量挤占的农用水。此外，可有效改变关中超采地下水、挤占生态水的状况，实现地下水采补平衡，缓解城市环境地质灾害。每年增加渭河干流水量7亿～8亿m^3，从而有效提高渭河纳污能力，维持渭河健康生命，实现人水和谐，为关中—天水经济区发展提供水源支撑。

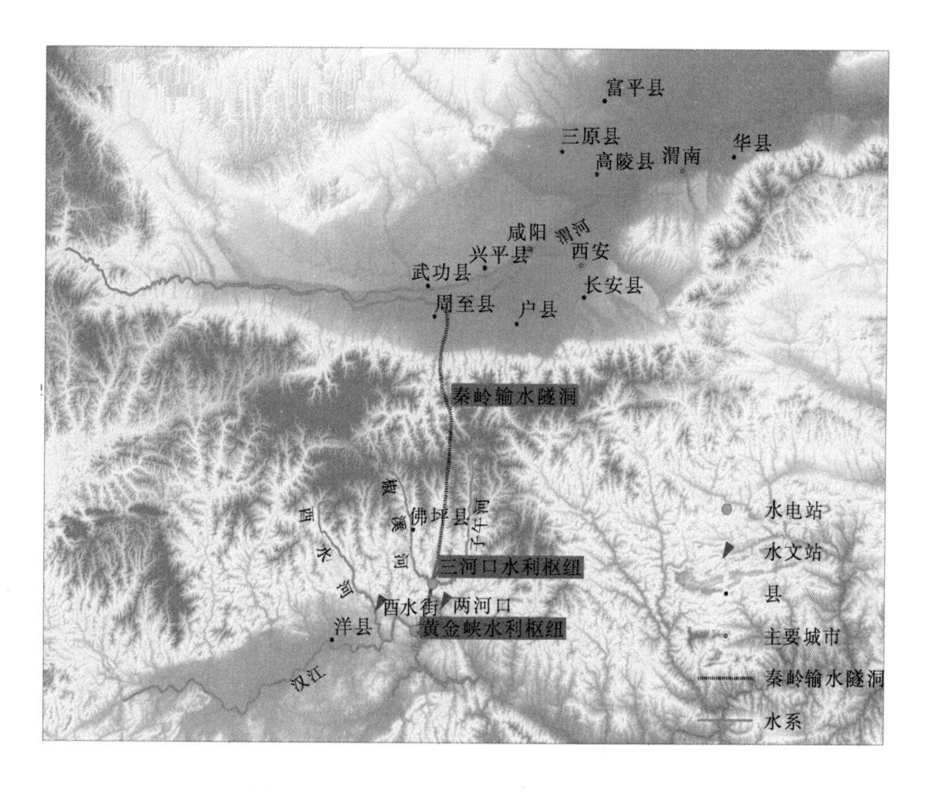

图 6-1　引汉济渭工程调水区工程示意图

工程总体开发方案是：以陕南汉江流域及其支流子午河为水源，以干流的黄金峡水库及其支流的三河口水库为调蓄水库，以黄金峡泵站、三河口泵站、秦岭输水隧洞（黄三段、越岭段）为调水工程，先从黄金峡水库提水，若无法满足关中地区的调水需求，则三河口水库进行调蓄补充，若大于调水需求，则补水至三河口水库。

6.1.2　调水区调度节点图

陕西省引汉济渭跨流域调水工程水源区水库联调系统涉及水库、泵站、电站等多个元素，根据拓扑学原理，将水库、抽水泵站、调节池等抽象为点元素，把调水和供水路线抽象为线元素，借此构建水源区水库联调节点图，实现调水系统网络的仿真模拟，如图 6-2 所示。

6.1.3　调度模型的建立

黄金峡水库和三河口水库的主要功能均是优先考虑供水，其次是考虑发电、防洪、航运等指标。本节主要是建立多年平均调水量模型模拟多年平均调水 15 亿 m^3 下三河口和黄金峡的蓄放过程；其次，为了充分利用三河口的调蓄库容和水位，在满足多年平均调水 15 亿 m^3 的前提下，建立发电量最大优化模型，使引汉济渭工程发挥最大的效益。

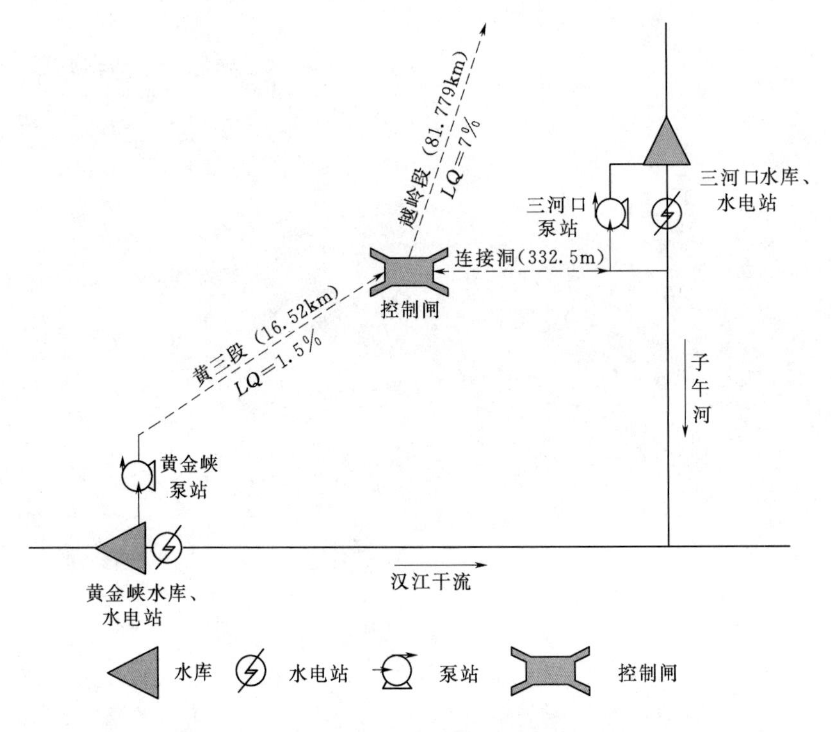

图 6-2　调水区调度节点图

注：LQ 表示水量损失系数。

6.1.3.1　模拟模型

（1）问题描述。引汉济渭工程的主体布局是先从黄金峡水库提水，若无法满足关中地区的调水需求，则三河口水库进行调蓄补充，若大于调水需求，则补水至三河口水库。考虑到黄金峡位于汉江流域上游，多年平均来水量为 67 亿 m^3，远大于子午河上游来水量，因此，在建立调水量模拟模型时，以工程的总体布局为原则进行建模，按照不同的约束进行调水。

（2）目标函数：

$$W = \sum_{t=1}^{T}\sum_{m=1}^{M} Q_g(m,t)\Delta t \tag{6-1}$$

式中：W 为调度期内引汉济渭黄金峡和三河口水库的总供水量；$Q_g(m,t)$ 为调度期内第 m 水库第 t 时段的供水流量；T、t 分别为调度时期内段编号以及总时段数。

（3）约束函数。约束条件主要包括黄金峡和三河口水库特征约束、泵站、电站等约束，汉江流域的生态约束等。

1）黄金峡泵站运行功率约束：

$$p_{i,j}^{h} = \begin{cases} 0 \\ p_{m}^{h} \end{cases} \tag{6-2}$$

式中：p_m^h 为黄金峡单个泵站的额定功率。

2）三河口泵站运行功率约束：

$$p_{i,j}^s=\begin{cases}0\\ p_m^s\end{cases} \tag{6-3}$$

式中：p_m^s 为三河口单个泵站的额定功率。

3）黄金峡水库特性约束。

a. 水量平衡约束：

$$V_{i+1}^h-V_i^h=\left(I_i^h-O_i^h-\sum_{j=1}^{n_1}q_{i,j}^h\right)\Delta t \tag{6-4}$$

式中：V_i^h 为黄金峡水库第 i 时段库容；I_i^h 为黄金峡水库第 i 时段的入库流量；Q_i^h 为黄金峡水库自身第 i 时段自流下泄流量；$q_{i,j}^h$ 为第 i 时段黄金峡第 j 泵站的提水流量。

b. 下泄流量约束：

$$O_{\min}^h\leqslant O_i^h\leqslant O_{\max}^h \tag{6-5}$$

式中：$O_{\min}^h$ 为黄金峡水库下泄流量下限值，一般由下游综合用水及生态基流共同确定；$O_{\max}^h$ 为黄金峡水库下泄流量上限值。

c. 出力约束：

$$N_{\min}^h\leqslant k^hO_i^hH_i^h\leqslant N_{\max}^h \tag{6-6}$$

式中：$N_{\min}^h$、$N_{\max}^h$ 分别为黄金峡电站的出力上限和下限；k^h 为黄金峡电站的出力系数。

4）三河口水库特性约束。

a. 水量平衡约束：

$$V_{i+1}^s-V_i^s=\left(I_i^s-O_i^s-\sum_{k=1}^{n_2}q_{i,k}^s\right)\Delta t \tag{6-7}$$

式中：V_i^s 为三河口水库第 i 时段库容；I_i^s 为三河口水库第 i 时段的入库流量；O_i^s 为三河口水库自身第 i 时段自流下泄流量；$q_{i,k}^s$ 为第 i 时段三河口第 k 泵站的提水流量。

b. 流量节点约束：

$$\sum_{k=1}^{n_2}q_{i,k}^s=Q_i^d-\sum_{j=1}^{n_1}q_{i,j}^h \tag{6-8}$$

式中：Q_i^d 为受水区第 i 时段的需水量，当黄金峡提水流量大于受水区需水量时，将多余的水量储存在三河口水库，当黄金峡提水流量小于受水区时，不足的水量将由三河口水库继续补充。

c. 库容约束：

$$V_{\min}^s\leqslant V_i^s\leqslant V_{\max}^s \tag{6-9}$$

式中：V_{min}^{s}为三河口水库第 i 时段库容下限值；V_{max}^{s}为三河口水库第 i 时段库容上限值。

d. 水位约束：

$$Z_{min}^{s} \leqslant Z_{i}^{s} \leqslant Z_{max}^{s} \tag{6-10}$$

式中：Z_{min}^{s}为三河口水库第 i 时段库水位下限值；一般取死水位；Z_{max}^{s}为三河口水库第 i 时段库水位上限值；一般取正常蓄水位或者防洪限制水位。

e. 下泄流量约束：

$$O_{min}^{s} \leqslant O_{i}^{s} \leqslant O_{max}^{s} \tag{6-11}$$

式中：O_{min}^{s}为三河口水库下泄流量下限值，一般由下游综合用水及生态基流共同确定；O_{max}^{s}为黄金峡水库下泄流量上限值。

f. 出力约束：

$$N_{min}^{s} \leqslant k^{s} O_{i}^{s} H_{i}^{s} \leqslant N_{max}^{s} \tag{6-12}$$

式中：N_{min}^{s}为三河口电站出力下限值；N_{max}^{s}为三河口电站出力的上限值；k^{s} 为三河口电站的综合出力系数；H_{i}^{s} 为三河口电站第 i 时段平均水头。

5）隧洞流量约束：

$$Q_{ds}(t) \leqslant Q_{sd\max} \tag{6-13}$$

式中：$Q_{ds}(t)$为 t 时刻输水隧洞内的流量大小；$Q_{sd\max}$为输水隧洞的流量上限。

（4）求解方法。选用自适应迭代算法求解模拟模型。

6.1.3.2　优化模型

（1）问题描述。引汉济渭工程中黄金峡和三河口水库之间的水力联系是工程的特色之一，可充分将汉江上游充分的水量和三河口水库的库容充分结合起来，从两个方面保证供水和发电的效益。因此，本节在满足多年平均调水 15 亿 m^3 的前提下，建立发电量最大模型，利用优化算法求解满足发电量最大的调水过程。

（2）目标函数：

$$\max E_{发电} = \sum_{t=1}^{T} \sum_{m=1}^{2} N_{电站}(m,t) \Delta t \tag{6-14}$$

（3）约束条件。主要包括电站、泵站和水库的约束，同模拟模型中约束条件一致。

（4）求解方法。选用遗传算法求解发电量最大模型。

6.1.4　模拟模型结果分析

利用 1954—2009 年长系列资料，模拟 2030 年黄金峡水库和三河口水库联合调度下从汉江和子午河调水量为多年平均 15 亿 m^3 的运行过程，并分析长系列计算结果。

6.1.4.1　调水运行过程

黄金峡和三河口的径流量与调水量关系曲线如图 6－3 所示。

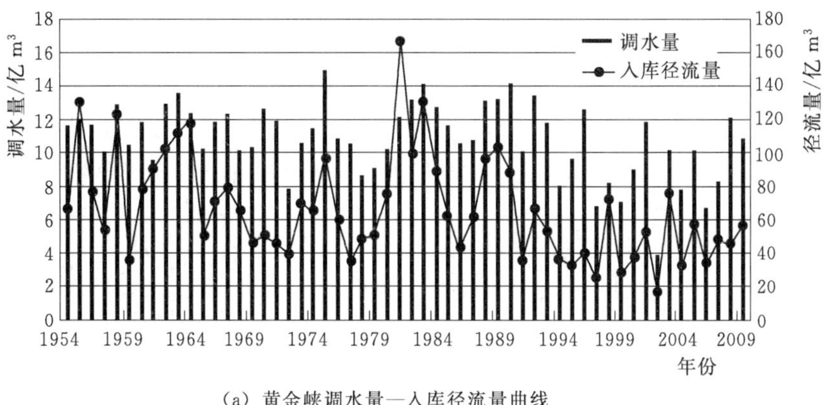

(a) 黄金峡调水量—入库径流量曲线

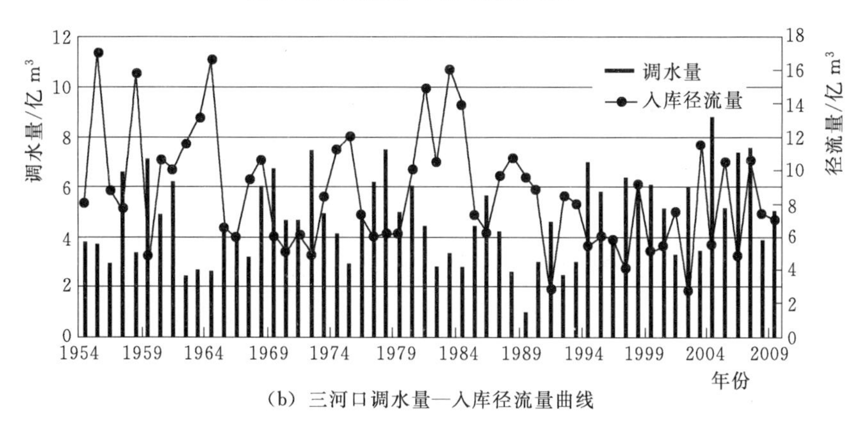

(b) 三河口调水量—入库径流量曲线

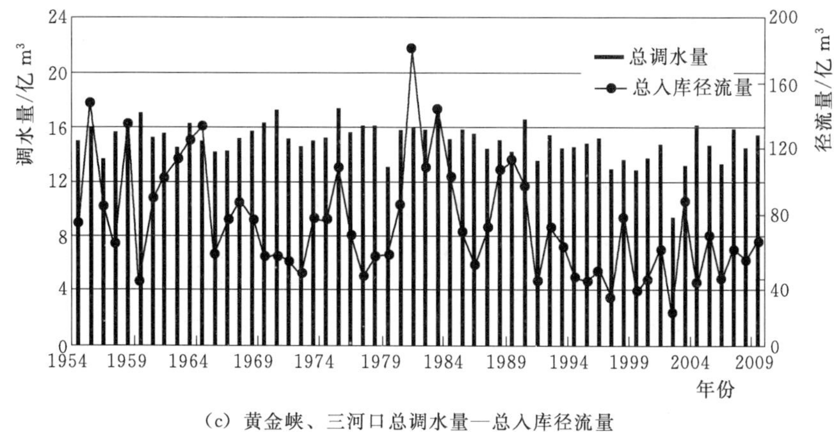

(c) 黄金峡、三河口总调水量—总入库径流量

图 6-3 黄金峡和三河口的径流量与调水量关系曲线

6.1.4.2 电量、耗能变化过程

黄金峡水库和三河口水库的调水量与发电量、耗电量如图 6-4 所示。

6.1.4.3 三河口水位变化过程

三河口运行水位如图 6-5 所示。

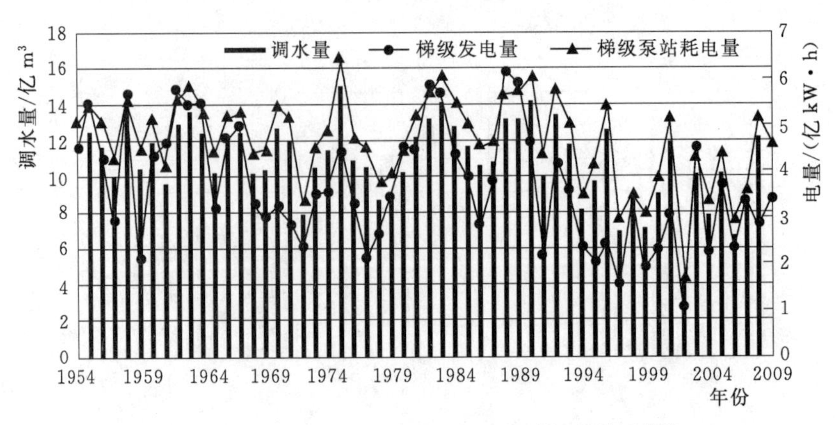

(a) 黄金峡水库调水量—发电量—耗电量关系曲线

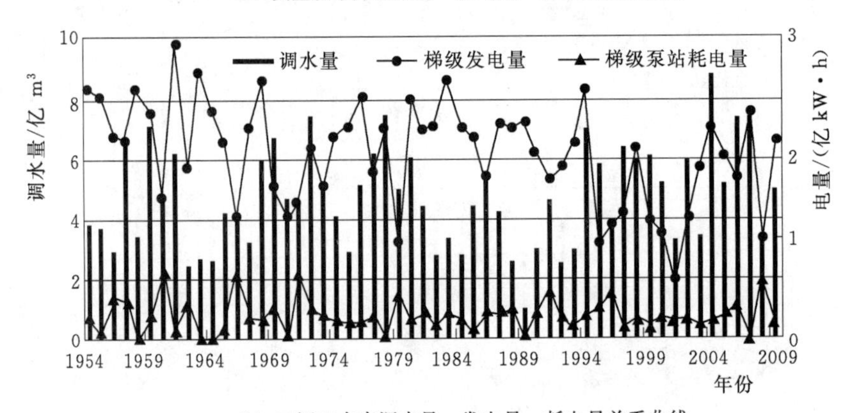

(b) 三河口水库调水量—发电量—耗电量关系曲线

图6-4　黄金峡和三河口调水量—发电量—耗电量关系曲线

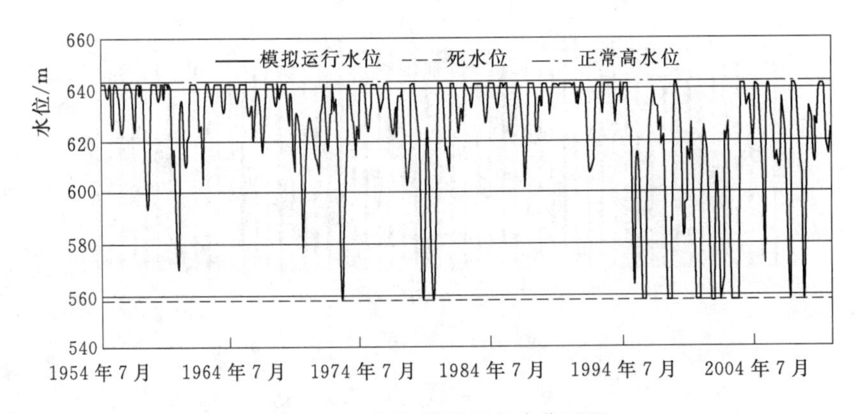

图6-5　三河口模拟运行水位过程

6.1.4.4　多年平均结果与分析

模拟运行总结果见表6-1。由表6-1分析可知：

(1) 根据水量平衡方程验证，黄金峡、三河口调水结果均满足等式要求，计算结果正确；模型计算值与引汉济渭原始设计值均相接近。

表 6-1 **模拟运行结果总计**

项目	水库	入库/亿 m^3	出库/亿 m^3	弃水/亿 m^3	调水/亿 m^3	至控制闸/亿 m^3	至三河口/亿 m^3	发电量/(亿 kW·h)	耗电量/(亿 kW·h)
多年平均总计	黄金峡	66.36	55.52	12.95	10.84	10.31	0.53	3.67	4.67
	三河口	8.61	9.24	1.51	4.71	4.71	—	1.86	0.24
	引汉济渭	74.97	64.76	14.46	15.55	15.02	0.53	5.53	4.91

(2) 模拟模型中建模要求多年平均调水 15 亿 m^3，根据计算结果显示，控制闸处总调水量为 15.02 亿 m^3，其中，三河口调水至控制闸处 4.71 亿 m^3，黄金峡调水 10.84 亿 m^3，包括至控制闸处 10.31 亿 m^3，补水三河口 0.53 亿 m^3，总调水量基本满足模型要求，两库调水规模合理。

(3) 在 56 年长系列计算中，供水保证率为 95%，共计有 8 年调水量大于 16 亿 m^3，其中，1975 年调水最大，达到 17.74 亿 m^3，2002 年调水最少，为 9.41 亿 m^3。

(4) 为满足调水要求，三河口水库不断地调蓄汉江上游的补水以及子午河的来水，水位波动较大。设定水库水位达到 635m 即为蓄满，水位将至死水位 560m 为库空，在长系列计算中，共计 18 年水库在年末水位时蓄满，计算得三河口水库库满率为 32.14%，库空率为 8.93%。

(5) 黄金峡发电保证率为 96%，大于设计值 75%，梯级电站发电量大于设计值 5 亿 kW·h，增幅为 6.55%。黄金峡处来水较多，发电水量为 42.57 亿 m^3，占总来水量的 64.2%，梯级总弃水较小，水能发电利用率更高。

(6) 黄金峡泵站耗电量 5 亿 kW·h，比设计值 4 亿 kW·h 增加 31.67%，分析原因主要是黄金峡泵站的扬水高程较高，同时抽水效率设置略低，导致耗电量增加；三河口泵站的耗电量较设计值增加 0.04 亿 kW·h，增幅为 16.67%。

(7) 在大部分年份，黄金峡泵站的各年耗电量高于电站的各年发电量，净发电量为负值；三河口正好相反，各年发电量始终大于各年耗电量。

6.1.5 优化模型结果分析

6.1.5.1 合理性分析

黄金峡和三河口的多年平均入库、出库和发电等水量见表 6-2。黄金峡的调水量的变化与其天然来水量的变化趋势一致；黄金峡弃水主要发生在夏季，除了满足关中地区的调水需求，向三河口补充水量和满足机组发电外，产生弃水，其中黄金峡水量利用率为 79.93%，弃水率为 20.07%；三河口水量利用率为 82.04%，弃水率为 17.96%。

在模型计算中，优化模型的调水结果和发电量见表 6-3 和表 6-4。由表 6-3 可知：黄金峡和三河口向控制闸处的总调水量为 14.6 亿 m^3，高于设计值 14.5 亿 m^3，增幅为 1%，黄金峡和三河口向关中地区的供水比为 1∶2.27；调水总量一定的情况下，黄金峡和三河口的调水量变化较大，其中黄金峡处共计调水 8.9 亿 m^3，低于设计值 9.59 亿 m^3，三河口正好相反；黄金峡向三河口的补水量远远大于设计值，增幅为 784%。

表 6-2　　黄金峡和三河口水库水量计算结果　　单位：亿 m^3

水库	入库水量	出库水量	发电水量	弃水量	调水量
黄金峡	66.36	57.46	44.14	13.32	8.90
三河口	8.61	13.04	10.70	2.34	10.12

表 6-3　　优化模型中黄金峡、三河口调水量结果表

水库	设计值/亿 m^3		模型结果/亿 m^3		变化幅度/%	
	向控制闸	向三河口	向控制闸	向三河口	向控制闸	向三河口
黄金峡	9.19	0.50	4.48	4.42	-51	784
三河口	5.31	—	10.12	—	91	—
调水总计	14.50	—	14.60	—	1	—

表 6-4　　优化模型中黄金峡、三河口发电量结果表

水库	设计值/(亿 kW·h)	模型结果/(亿 kW·h)	变化幅度/%
黄金峡	3.87	3.80	-2
三河口	1.32	2.51	90
总计	5.19	6.31	22

黄金峡的发电保证率为94%，满足设计发电保证率90%的要求。

由表6-4可知：黄金峡和三河口控制闸处的总发电量为6亿kW·h，高于设计值5亿kW·h，增幅为22%；黄金峡的发电量较设计值减幅为2%，三河口增幅为90%，原因是在发电量最大模型的求解中，为了充分利用三河口水库的发电水头与黄金峡的水量，模型向着三河口补水较多的解优化，以获取更多的发电量。

6.1.5.2 调水过程

黄金峡和三河口水库调水过程如图6-6所示。通过图6-6可以看出：在调水过程中最大调水量为19.53亿 m^3，出现在1981年，最小调水量为5.59亿 m^3，出现在1963年；有20年的调水量接近15亿 m^3，有16年的调水量大于15亿 m^3，只有4年的调水量较小。

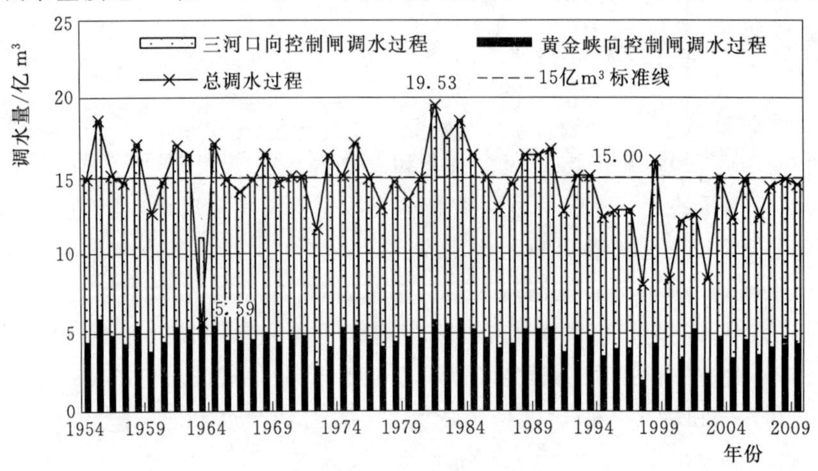

图6-6　调水量过程

6.1.5.3 三河口水位变化过程

三河口水库调水过程如图 6-7 所示。由图 6-7 可知：三河口常年运行水位在死水位和正常高水位之间，无超出水库限制水位的情况，表明运算合理。三河口的常年运行水位为 600～640m，充分利用三河口的高水位进行发电；同时，在长系列中，出现 10 次回落到死水位的情况，库空率为 1.5%；出现 8 次蓄水至正常高水库的情况，库满率为 1.2%，表明在调水运算过程中，充分利用了三河口水库的调蓄作用。

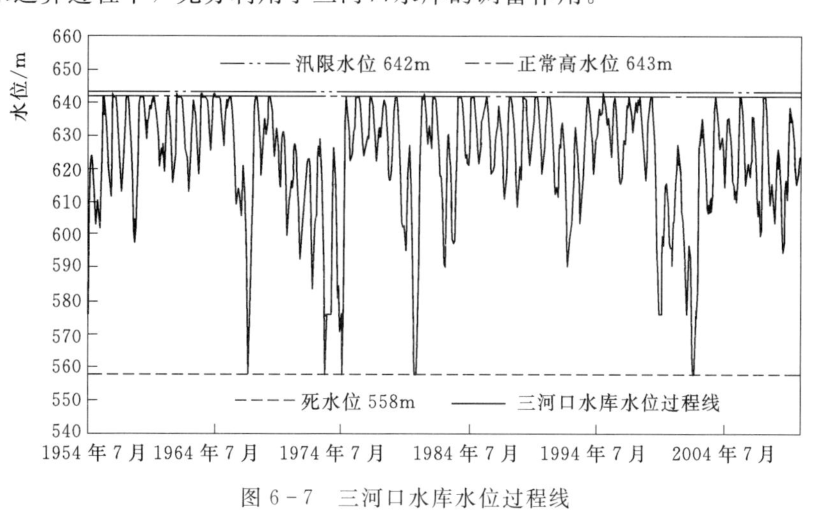

图 6-7 三河口水库水位过程线

6.1.5.4 泵站耗能结果

黄金峡泵站和三河口泵站的耗能结果见表 6-5。由表 6-5 可知：黄金峡泵站和三河口泵站的耗能均呈现增加的趋势，尤其是三河口泵站，增幅为 28.55 倍，两座泵站总计耗能增幅为 1.66 倍。

表 6-5　　黄金峡和三河口泵站耗能结果

水库	设计值/(亿 kW·h)	模型结果/(亿 kW·h)	变化幅度/%
黄金峡	3.84	4.84	26
三河口	0.20	5.91	2855
总计	4.04	10.75	166

综合以上调水量、发电量和耗能量的值，得出在多年平均发电量最大模型中，最大的梯级发电量为 6 亿 kW·h，对应的耗能为 11 亿 kW·h，多年平均调水量为 14.6 亿 m^3。

6.2 安康、喜河梯级水库优化调度研究

6.2.1 安康水库优化调度研究

6.2.1.1 优化调度模型

水库的优化调度运行，不仅具有库容补偿效益和水文补偿效益，且具有电力补偿效

益。在调度期内已知径流过程条件下，以发电量为最大目标，追求发电效益最大。

(1) 目标函数：

$$\max E = \max \sum_{t=1}^{T} N(t)\Delta t \tag{6-15}$$

(2) 约束条件。水量平衡约束；水库水位约束；水库下泄流量约束；水电站装机容量约束；水电站最大过机流量约束；变量非负约束。

6.2.1.2　模型求解方法

采用遗传算法，具体的求解步骤如下：

(1) 处理约束条件，整理数据并调整其格式。

(2) 确定选择、交叉、变异算子、最大迭代次数等参变量，具体见表 6-6。

表 6-6　遗传算法参数设置

参数	设置取值	参数	设置取值	参数	设置取值
种群规模	100	交叉概率	0.8	最大迭代次数	1000
选择概率	0.5	变异概率	0.05		

(3) 编写适应度函数代码。

(4) 调用遗传算法工具箱，不考虑生态条件，根据已知条件，各区间入流量，水位库容关系，流量尾水位关系，安康水头损失，水电站特征参数等。运用遗传算法工具箱，选取算子和参数值，调用适应度函数，在可行空间内搜索最优解。

(5) 得到结果并导出，对数据处理并作分析。

6.2.1.3　优化调度结果

根据安康水库 1950—2014 年的入库径流资料代入模型中，得到安康水库逐月出库流量，计算得到年平均径流量。由于安康水库实际建成发电为 1990 年，因此只选择 1990—2014 水文年结果与实际值对比，优化结果与实际的出库年均流量对比如图 6-8 所示。由图 6-8 可知：运用遗传算法求解模型得到的结果与实际值接近，一方面表明遗传算法在水库调度求解中具有较强的仿真性能，可用遗传算法的计算结果作为水库的模拟调度；另

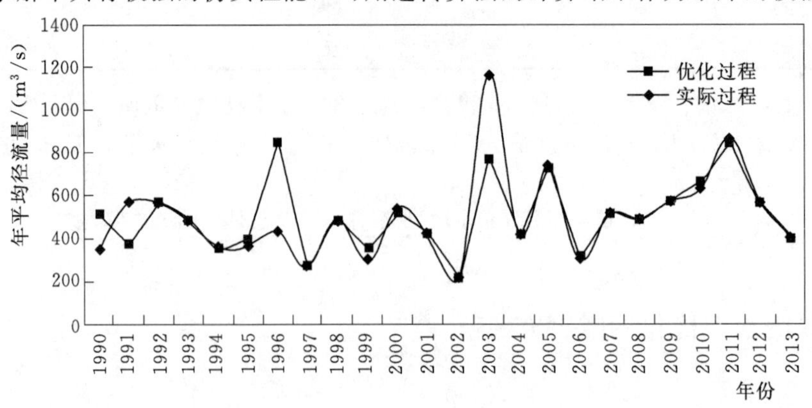

图 6-8　年平均出库流量系列

一方表明现有的水库调度方案是以追求水库发电效益为主。

将长系列25年资料划分，以来水频率0～20%为丰水年，20%～50%为平水年，80%～100%为枯水年，得到1990—2014年发电量长系列结果见表6-7，其中 f_1 为模型比实际值增减幅度。由表6-7可知：模型的结果相比于实际发电量值都有所增加，f_1 系列增幅范围为［0，91%］。说明尽管模拟过程中年均出库流量相差不多，但在调度中出库流量的年内分配对发电量影响很大，也说明了原有的年内调度规则有待改善。

表6-7　年发电量系列

年份	模拟/(亿kW·h)	实际值/(亿kW·h)	f_1	年份	模拟/(亿kW·h)	实际值/(亿kW·h)	f_1
1990	24.47	11.49	1.13	2003	32.04	31.65	0.01
1991	19.28	10.09	0.91	2004	23.17	22.62	0.02
1992	28.35	23.37	0.21	2005	31.11	30.92	0.01
1993	26.88	23.67	0.14	2006	16.82	16.36	0.03
1994	20.06	17.62	0.14	2007	23.99	23.90	0.00
1995	21.73	19.89	0.09	2008	27.76	27.56	0.01
1996	28.75	27.56	0.04	2009	30.15	29.70	0.01
1997	15.41	14.18	0.09	2010	29.13	26.37	0.10
1998	18.80	17.94	0.05	2011	36.30	35.24	0.03
1999	16.71	14.84	0.13	2012	27.65	26.38	0.05
2000	27.77	26.04	0.07	2013	21.53	19.65	0.10
2001	22.60	22.49	0.01	2014	24.57	22.17	0.11
2002	12.89	12.58	0.02				

将1950—1989年的径流资料代入模型，求出多年平均发电量为29亿kW·h，与安康水库的多年平均发电量的理论设计值28亿kW·h比较吻合，证明遗传算法在水库优化调度中具有良好的拟合度。将1990—2014年系列带入模型中，与实际运行值对比，结果见表6-8和表6-9。由表6-8和表6-9可知：安康水库的实际运行值与理论设计值有较大差距。主要原因是：电站投产发电前期，大坝正处于建设后期，发电量与发电能力较小，以及建库后水文及水情状况的改变和年来水状况等。

表6-8　多年平均发电变化

时间系列	1950—1989年系列			1990—2014年系列		
多年平均发电量	理论设计值	模拟值	增长比例	实际运行值	模拟值	增长比例
	28	29.41	5	23.25	24.53	5.5

表6-9　模型发电量数据对比

状　　态	实际运行值	模拟值
多年平均发电量/(亿kW·h)	23.25	24.56
发电保证率/%	55	75

6.2.2　喜河水库短期调度研究

喜河水电站短期调度研究是根据不同水文年的来水情况，建立水电站短期调度模型，计算各个时段的发电运行策略。研究成果不仅能够减少电站的受阻容量，而且能充分发挥喜河水库对石泉水库的反调节作用，提高梯级水电站的经济效益。

6.2.2.1　短期调度计算

由于喜河水库入库径流主要由石泉水库下泄流量和区间池河入流径流量组成，而池河径流量相对比较小。因此，典型年按石泉水库的入库径流选取。根据 1954—1998 年的旬径流资料，对石泉水库入库径流进行排频计算，选取 95％、75％、50％、25％、5％作为典型年，分别代表枯水年、偏枯水年、中水年、偏丰水年，以及丰水年的来水情况。其中，频率为 95％对应的年份为 1959 年，频率为 75％对应的年份为 1996 年，频率为 50％对应的年份为 1954 年，频率为 25％对应的年份为 1990 年，频率为 5％对应的年份为 1955 年。对上述典型年份，石泉水库的泄流量采用等流量进行调节计算。由于计算时段为旬，喜河水库属于日调节水库，因此，将喜河水库上游水位作为定值考虑，分别取 360m、361m、362m，尾水位按尾水位—流量关系插值计算。水头损失取平均值 0.5m。发电水头可按下式计算：

$$H = Z_{up} - Z_{down} - h_l \tag{6-16}$$

式中：Z_{up}为水库上游水位；Z_{down}为水电站尾水位；h_l 为水头损失。

6.2.2.2　短期调度结果

水库不同上游水位下各典型年出力过程如图 6-9～图 6-11 所示。由图 6-9～图 6-11 可知：水库上游水位分别取 360m、361m、362m 时，喜河电站年平均出力为 4 万～9 万 kW，基本为一台机组满负荷运行。其中，平水年、丰水年以及偏丰水年从 7 月上旬到 10 月中旬电站出力基本在 18 万 kW 左右。水库上游水位对年平均出力影响比较小，而石泉水库的入库径流量影响比较大。

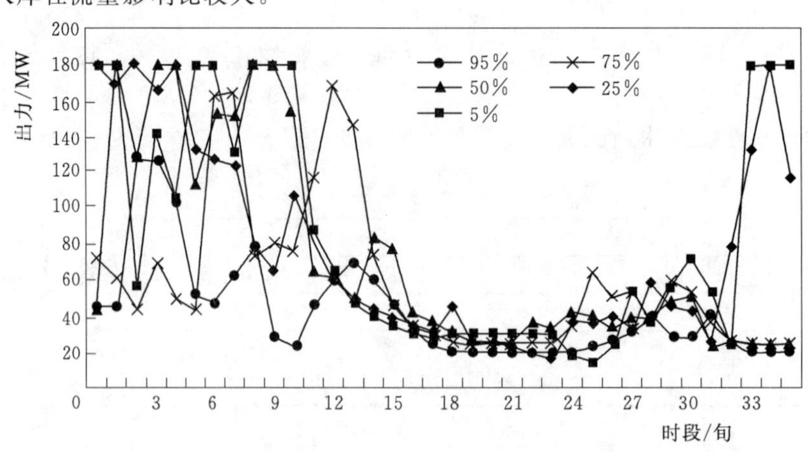

图 6-9　360m 时不同来水频率机组出力

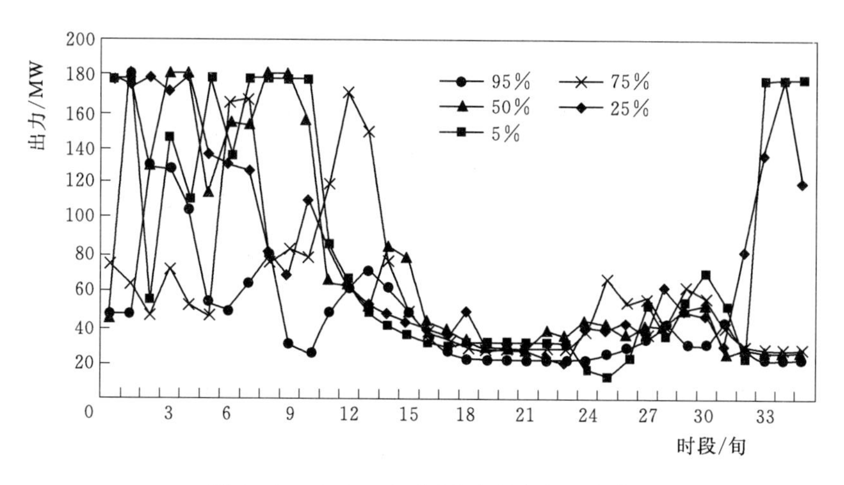

图 6-10 361m时不同来水频率机组出力

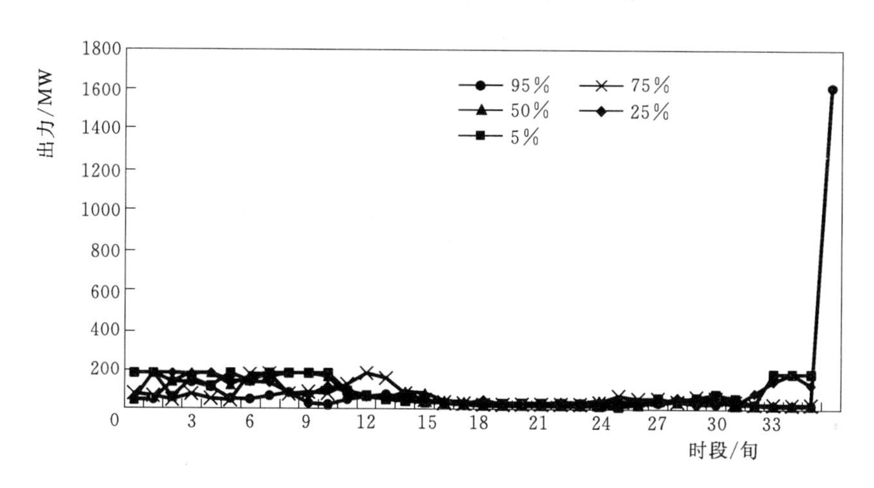

图 6-11 362m时不同来水频率机组出力

6.2.2.3 短期发电能力研究

为了考察喜河水电站在不同来水与不同水库水位组合下发电的能力，分别选取来水频率为95%、75%、50%、25%、5%的典型年份，研究电站开启一台机组、两台机组、三台机组的运行时间。

(1) 计算时间与起调水位的选取。喜河水库属于日调节，一天之间水库水位变化幅度比较大。根据喜河电厂运行规律，计算时间从18时开始集中发电，截至第二天8时。水库水位在8时分别取360m和361m。

(2) 计算过程。从8时水库开始从指定的水库水位蓄水，到18时开始以不同台数的机组满负荷集中发电，如果到某个时段水库水位消落到死水位360m，则停止计算，那么从18时到此时的时间就是机组发电时间；如果到第二天8时，水库水位仍未消落到死水位，则机组发电时间记为14h。

(3) 计算结果分析。具体计算结果如图6-12～图6-16所示。由图6-12～图6-16可知：

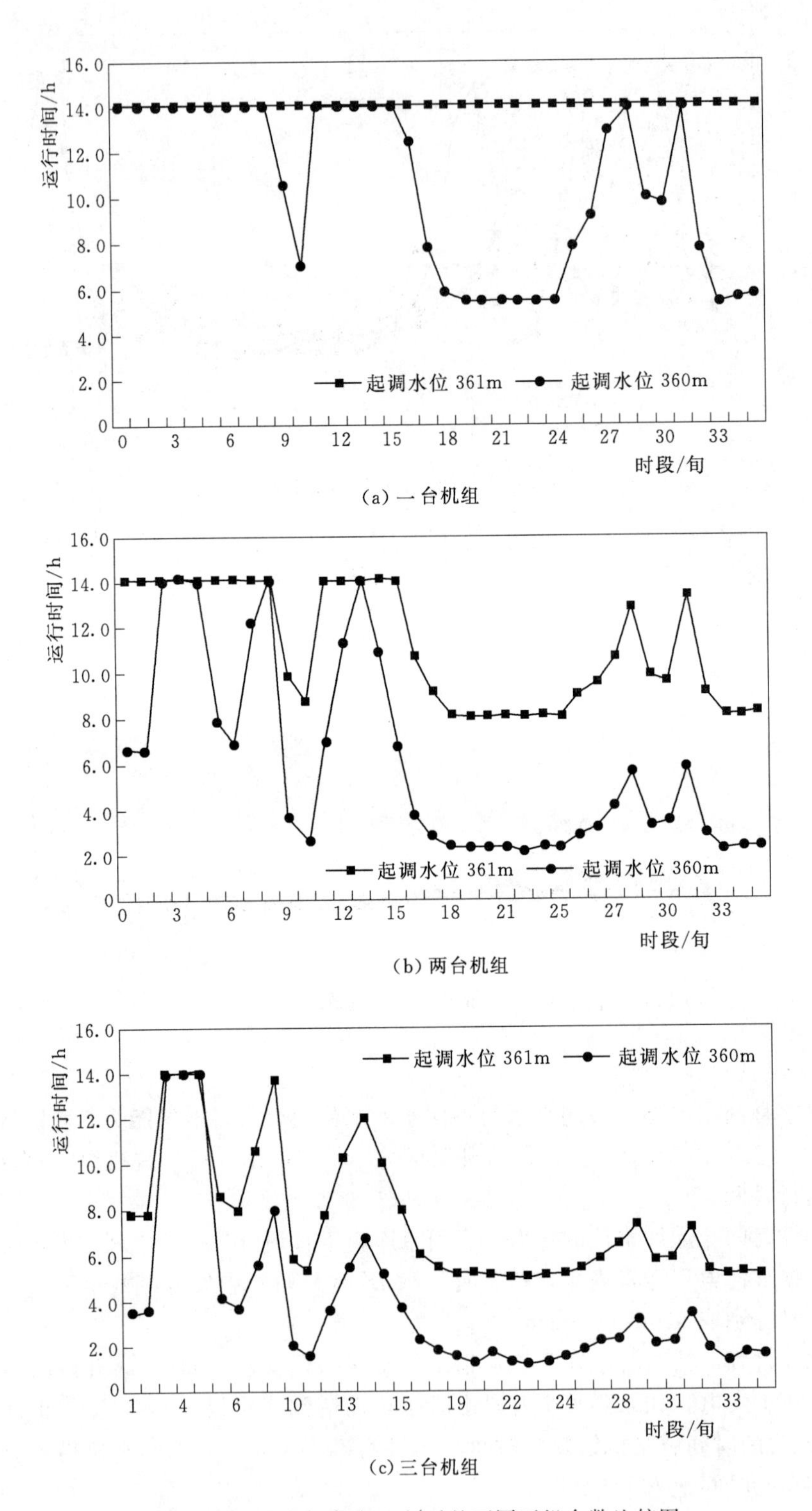

图 6-12　来水频率为 95%时的不同开机台数比较图

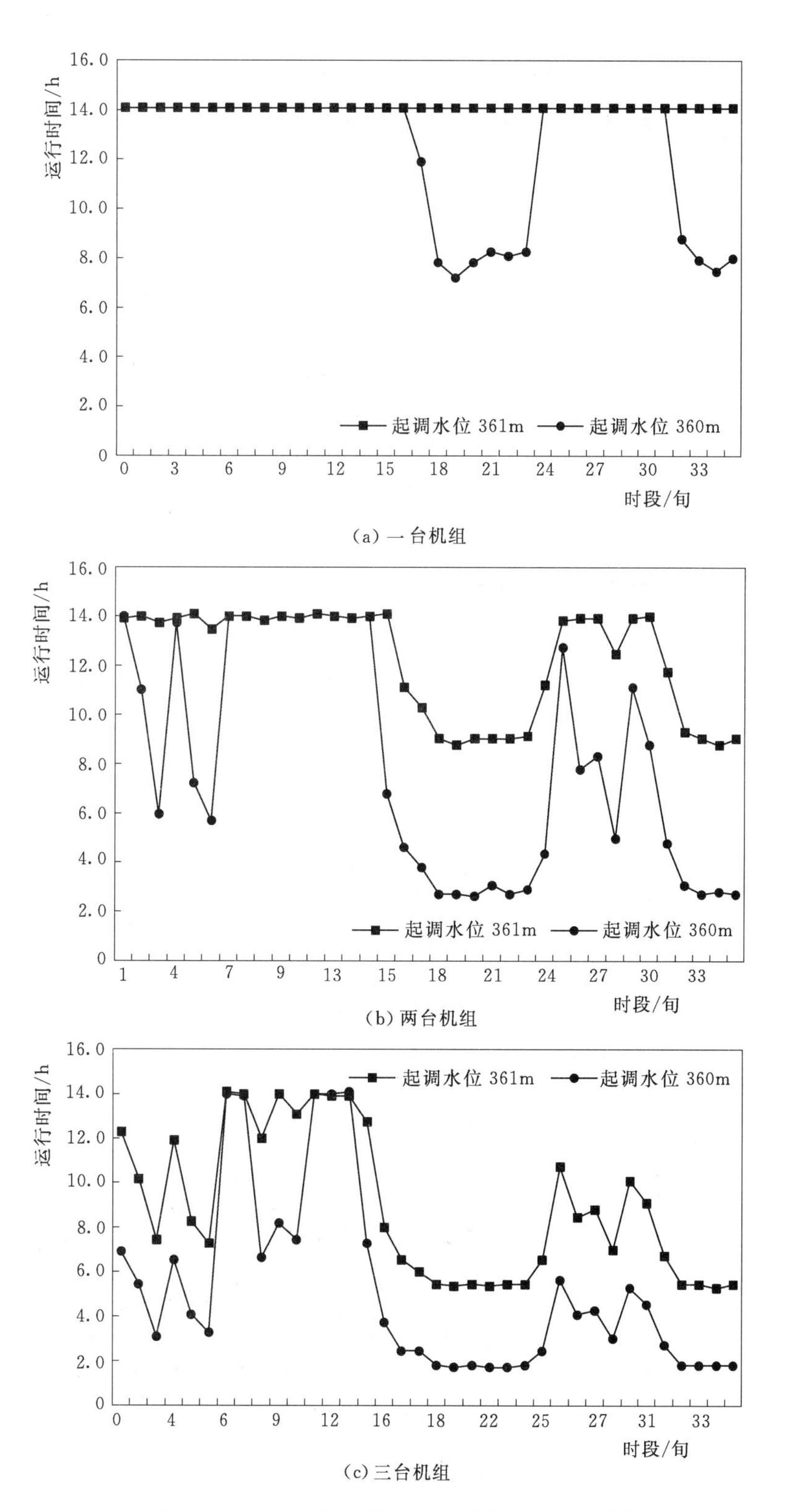

(a) 一台机组

(b) 两台机组

(c) 三台机组

图 6-13 来水频率为 75%时的不同开机台数比较图

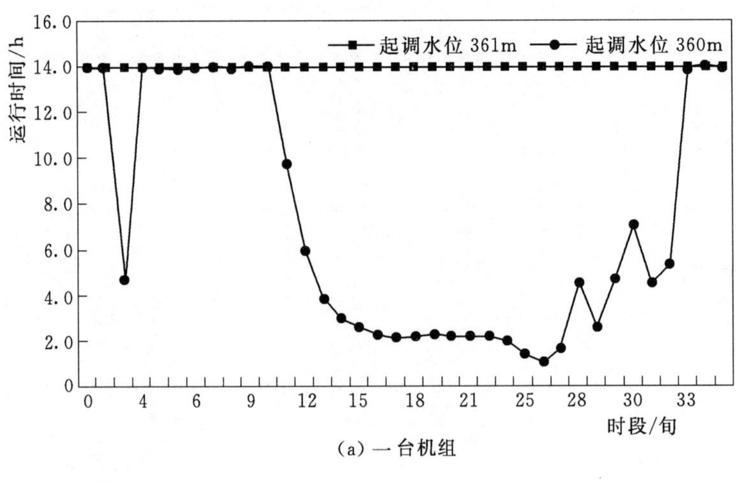

(a) 一台机组

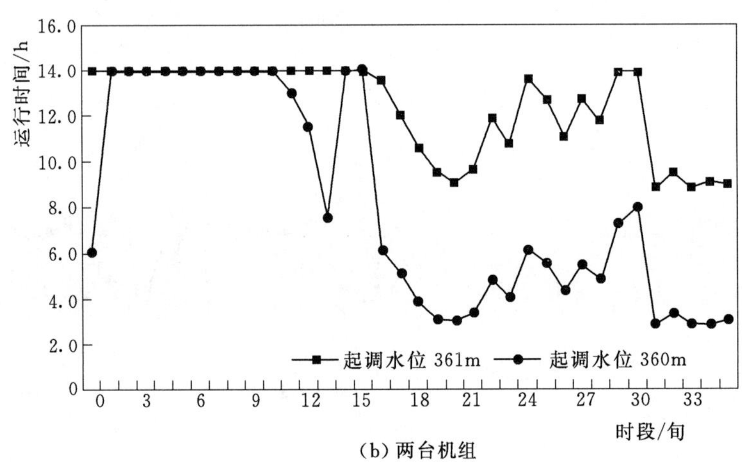

(b) 两台机组

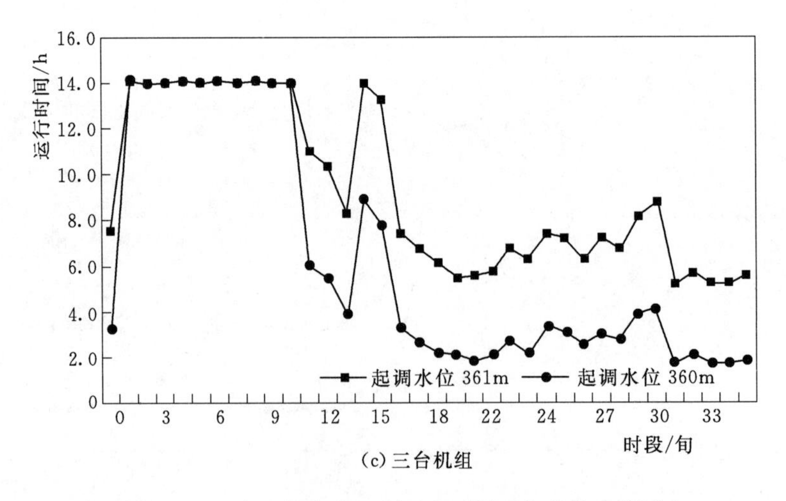

(c) 三台机组

图 6-14　来水频率为 50%时的不同开机台数比较图

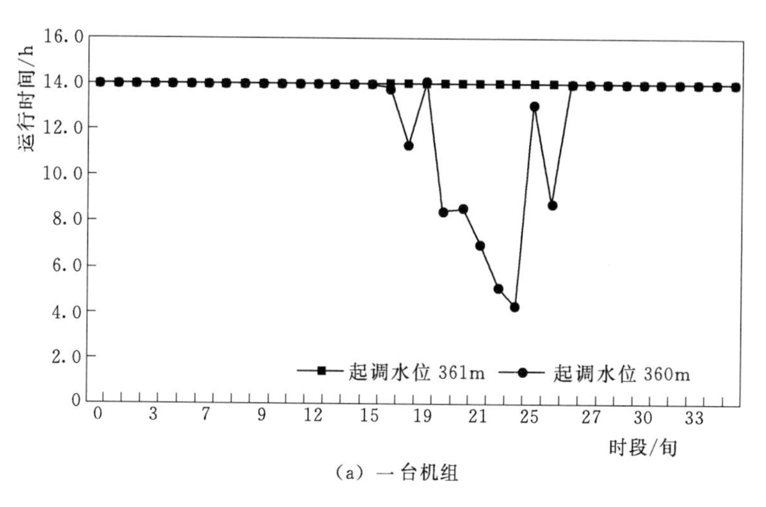

(a) 一台机组

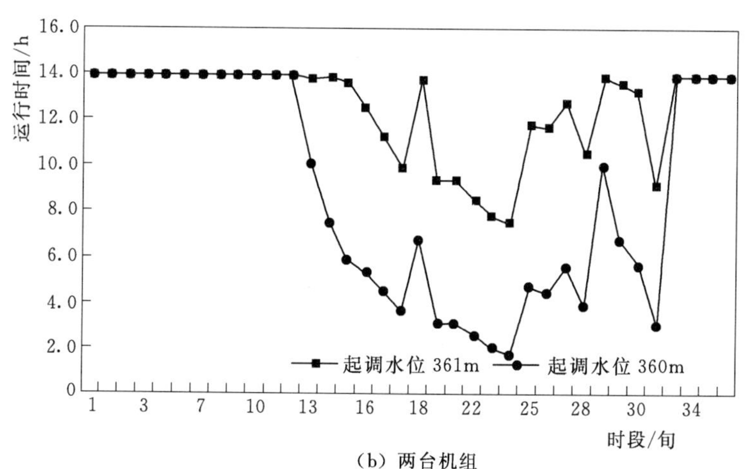

(b) 两台机组

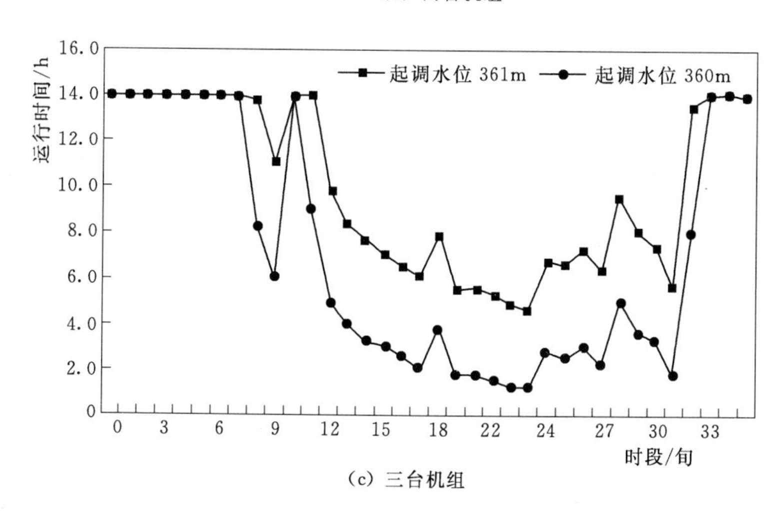

(c) 三台机组

图 6-15　来水频率为 25%时的不同开机台数比较图

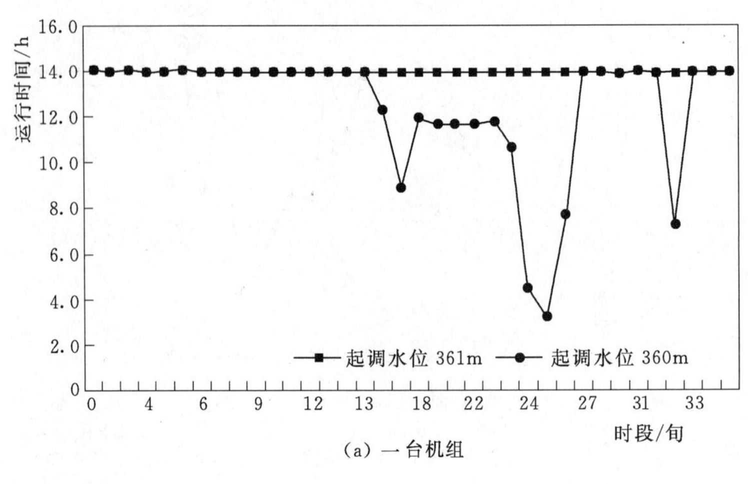

(a) 一台机组

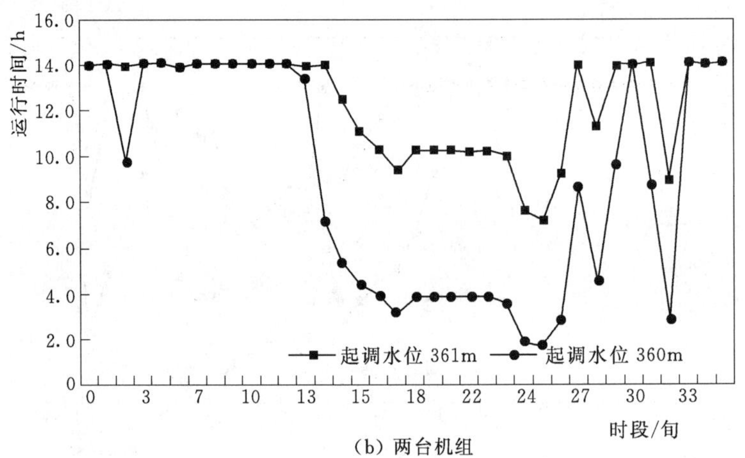

(b) 两台机组

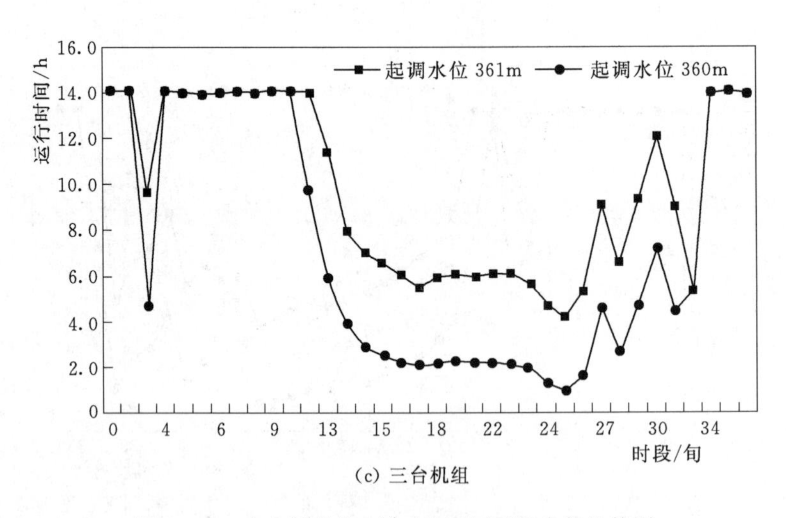

(c) 三台机组

图6-16　来水频率为5%时的不同开机台数比较图

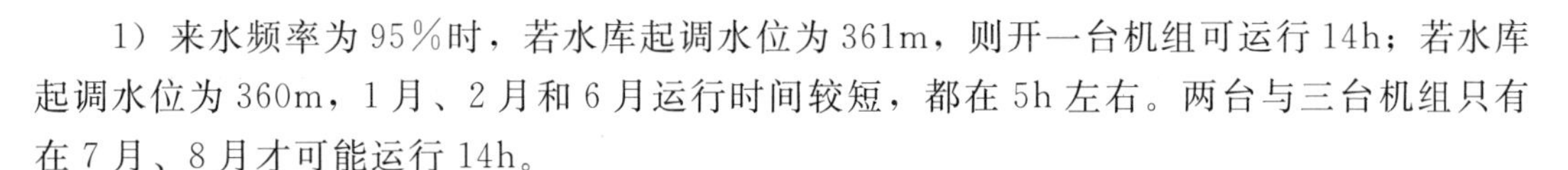

1）来水频率为95%时，若水库起调水位为361m，则开一台机组可运行14h；若水库起调水位为360m，1月、2月和6月运行时间较短，都在5h左右。两台与三台机组只有在7月、8月才可能运行14h。

2）来水频率为75%时，水库起调水位为360m，1月、2月和6月开一台机组的运行时间比枯水年要长；开两台机组在不同起调水位情况下，9月、10月和11月均可运行14h。

3）来水频率为50%时，7—10月三台机组大部分时间可运行14h；当起调水位为360m时，两台和三台机组在12—6月均运行3～5h；当起调水位为361m时，两台机组运行9～12h，三台机组运行5～8h。

4）来水频率为25%时，同平水年相似，7—10月三台机组可运行14h；其余时段当起调水位为360m时，两台机组运行3～6h，三台机组运行1～3h；当起调水位在361m时，两台机组运行8～11h，三台机组运行5～8h。

5）来水频率为5%时，除3月之外，一台机组几乎均可运行14h。两台机组起调水位为360m时，在7—10月以及6月运行14h，其余时段运行2～5h；当起调水位为361m时，在7—11月以及5—6月运行14h，其余时段运行7～10h。三台机组起调水位为360m时，7—10月以及6月运行14h，其余时段运行2～3h；当起调水位为361m时，7—10月以及6月运行14h，其余时段运行5～8h。

6.3 石泉、喜河梯级水库优化调度研究

6.3.1 常规调度模型

按等流量调节计算方法，利用长系列径流资料，以旬为计算时段，梯级保证出力计算步骤如下：

（1）对石泉水库进行等流量调节计算，计算出库流量 Q_{t1} 及各时段的出力和发电量。

（2）将经石泉水库调节后的出库流量 Q_{t1} 与石泉至喜河之间的区间径流量 ΔQ_2 相加，得喜河水库的入库流量 Q_{t2}，即

$$Q_{t2}=Q_{t1}+\Delta Q_2 \qquad (6-17)$$

（3）对喜河水电站进行水能计算，计算各时段出力和发电量。由于喜河水库为日调节水库，在进行梯级联合调度时按径流式水电站计算。

（4）将石泉水库各年供水期的平均出力与其相应时段的喜河出力相加，得梯级供水期平均出力，并按从大到小进行排频计算，根据石泉水库的设计保证率确定梯级水电站的保证出力。

6.3.2 常规调度计算结果

表6-10为长系列石泉、喜河梯级水库供水期平均出力表。根据石泉水库的设计保证率80%，由表6-10可知，石泉、喜河梯级水库的保证出力为7万kW；多年平均发电量为13亿kW·h。

表6-10　石泉、喜河梯级水库常规调度计算结果

年份	平均出力/(万kW·h)	发电量/(亿kW·h)	排序年份	排序出力/万kW	发电量/(亿kW·h)	频率/%
1955	5.69	14.16	1991	17.11	14.67	0.02
1956	10.70	16.36	1990	15.32	17.91	0.04
1957	12.48	12.56	1992	13.80	8.47	0.07
1958	8.85	10.05	1993	13.39	13.54	0.09
1959	7.41	17.77	1967	13.28	13.85	0.11
1960	5.11	7.84	1957	12.48	12.56	0.13
1961	9.58	12.05	1980	12.23	10.44	0.16
1962	4.73	13.57	1989	12.18	17.97	0.18
1963	9.76	15.98	1987	11.86	11.10	0.20
1964	11.42	18.31	1964	11.42	18.31	0.22
1965	8.00	18.22	1985	10.98	15.87	0.24
1966	6.36	10.10	1956	10.70	16.36	0.27
1967	13.28	13.85	1963	9.76	15.98	0.29
1968	6.59	15.26	1983	9.69	9.69	0.31
1969	5.62	13.09	1961	9.58	12.05	0.33
1970	7.78	10.72	1998	9.26	7.71	0.36
1971	7.48	11.53	1986	9.10	13.17	0.38
1972	7.04	11.61	1958	8.85	10.05	0.40
1973	7.56	8.89	1978	8.69	8.85	0.42
1974	6.30	12.20	1965	8.00	18.22	0.44
1975	7.35	12.34	1970	7.78	10.72	0.47
1976	6.22	15.70	1973	7.56	8.89	0.49
1977	6.95	10.32	1971	7.48	11.53	0.51
1978	8.69	8.85	1959	7.41	17.77	0.53
1979	3.11	8.59	1975	7.35	12.34	0.56
1980	12.23	10.44	1972	7.04	11.61	0.58
1981	4.59	14.19	1977	6.95	10.32	0.60
1982	4.69	14.09	1968	6.59	15.26	0.62
1983	9.69	15.65	1984	6.51	18.06	0.64
1984	6.51	18.06	1966	6.36	10.10	0.67
1985	10.98	15.87	1974	6.30	12.20	0.69
1986	9.10	13.17	1994	6.28	12.97	0.71
1987	11.86	11.10	1976	6.22	15.70	0.73
1988	5.66	12.10	1955	5.69	14.16	0.76

续表

年份	平均出力/(万 kW·h)	发电量/(亿 kW·h)	排序年份	排序出力/万 kW	发电量/(亿 kW·h)	频率/%
1989	12.18	17.97	1988	5.66	12.10	0.78
1990	15.32	17.91	1969	5.62	13.09	0.80
1991	17.11	14.67	1996	5.34	9.42	0.82
1992	13.80	8.47	1997	5.33	11.24	0.84
1993	13.39	13.54	1995	5.24	8.75	0.87
1994	6.28	12.97	1960	5.11	12.56	0.89
1995	5.24	8.75	1962	4.73	13.57	0.91
1996	5.34	9.42	1982	4.69	14.09	0.93
1997	5.33	11.24	1981	4.59	14.19	0.96
1998	9.26	7.71	1979	3.11	8.59	0.98

表 6-11 为石泉、喜河梯级联合调度计算结果与单独运行时的特征值比较表。由表 6-11 可知：石泉、喜河设计保证出力分别为 3 万 kW 和 2 万 kW，两站之和为 5 万 kW，进行联合调度后梯级保证出力为 6 万 kW，增加了 6.4%。石泉、喜河多年平均发电量之和为 12 亿 kW，联合调度计算发电量为 13 亿 kW·h，比设计值增加了 7.07%。分析原因主要是，石泉水库为季调节水库，有一定的调蓄能力，能够对入库径流进行较好的调蓄分配，以充分利用石泉水库的调节能力，对下游喜河水库进行补偿调节，从而加大了下游喜河水电站的出力，提高了整个梯级的保证出力和发电量。

表 6-11　石泉、喜河梯级联合调度计算结果与单独运行时的特征值比较表

项　目	单独运行		梯级联合调度
	石泉	喜河	
径流系列	1954 年 7 月—1998 年 6 月	1954 年 7 月—1998 年 6 月	1954 年 7 月—1998 年 6 月
保证出力/万 kW	3.10	2.18	5.62
多年平均发电量/(亿 kW·h)	7.09	4.92	12.86

6.3.3　优化调度模型

石泉和喜河梯级水库中，石泉是季调节水库，喜河为日调节水库，其调节能力较差，在长系列计算中将其作为径流式电站，只考虑利用其水头发电，因此梯级优化调度可概化为一个水库的优化调度问题。

(1) 优化问题描述：给定调度期内入库径流过程和水库始末水位，综合考虑各种约束条件，确定水库（群）的发电用水（或水库蓄水位）过程，使调度期内的发电量最大。

(2) 目标函数：

$$E = \max\sum_{t=1}^{T}(N_t + N_{XH,t})\Delta t \quad (\forall t \in T) \tag{6-18}$$

式中：E 为梯级总发电量；N_t 为石泉水库第 t 时段出力；$N_{XH,t}$ 为喜河水库第 t 时段出力；

Δt 为时段长；T 为时段数目。

（3）约束条件：①水量平衡约束；②水库水位约束；③水库下泄流量约束；④电站装机容量约束；⑤电站最大过机流量约束；⑥变量非负约束。

6.3.4　模型求解方法

长系列优化计算中，石泉和喜河梯级水库可以概化为石泉单库的优化调度问题，采用确定性动态规划法对石泉和喜河梯级水电站中长期发电优化调度模型进行求解。模型参数及方程如下：

（1）阶段变量：将调度期分成若干时段，以计算时段为阶段，时段变量 t 为阶段变量。

（2）状态变量：以时段初的石泉水库水位 Z_t 或蓄水量 V_t 作为状态变量。在确定性模型中，假定水库的入流过程是已知的，因此用该状态变量描述水库运行过程具有无后效性。

（3）决策变量：取第 t 时段的石泉电站出力 N_t 或引用流量 $Q_{出t}$ 为决策变量。

（4）状态转移方程：状态转移方程为水量平衡方程。

（5）目标函数及递推方程：

$$E_t^T(V_t) = \max\left[E_t(V_t, Q_t) + E_{t+1}^T(V_{t+1})\right] \tag{6-19}$$

式中：$E_t^T(V_t)$ 为从第 t 时段初水库蓄水量 V_t 出发，到第 T 时段的最优总发电量；$E_t(V_t, Q_t)$为时段 t 在时段初水库蓄水量为 V_t 和该时段发电引用流量为 Q_t 时的发电量；$E_{t+1}^T(V_{t+1})$ 为余留时期（从第 $t+1$ 时段到 T 时段）的最优总发电量。

（6）边界条件，长系列始末水库库容放至死库容，即

$$V_1 = V_{T+1} = V_d \tag{6-20}$$

式中：V_d 为石泉水库死库容。

（7）单一水库发电优化调度求解算法采用动态规划算法。

6.3.5　优化调度结果

选取石泉水库 1954—1998 年长系列径流资料作为入库径流，以旬为计算时段，按照上述模型算法进行计算，优化调度结果见表 6－12。

表 6－12　长系列优化调度结果表

年份	石泉年平均入库流量 /(m^3/s)	石泉年发电量 /(亿 kW·h)	喜河年发电量 /(亿 kW·h)	梯级年发电量 /(亿 kW·h)
1954	307.42	8.38	5.81	14.19
1955	571.50	9.60	7.05	16.65
1956	362.43	7.80	5.35	13.15
1957	268.38	6.02	4.23	10.25
1958	535.63	10.70	7.40	18.10
1959	147.77	4.70	3.12	7.82
1960	337.31	7.27	5.02	12.29
1961	375.54	8.04	5.61	13.65
1962	425.36	9.56	6.75	16.31

续表

年份	石泉年平均入库流量 /(m^3/s)	石泉年发电量 /(亿 kW·h)	喜河年发电量 /(亿 kW·h)	梯级年发电量 /(亿 kW·h)
1963	516.78	11.11	7.71	18.82
1964	544.17	10.70	7.58	18.28
1965	263.67	6.00	4.17	10.17
1966	269.94	8.38	5.87	14.25
1967	343.64	9.15	6.21	15.36
1968	356.43	8.03	5.55	13.58
1969	245.19	6.61	4.34	10.95
1970	239.20	7.12	4.71	11.83
1971	225.60	7.16	4.69	11.85
1972	198.09	5.14	3.57	8.71
1973	321.44	7.39	5.09	12.48
1974	303.74	7.36	5.41	12.77
1975	440.33	9.40	6.5	15.90
1976	263.61	6.36	4.25	10.61
1977	168.63	5.28	3.58	8.86
1978	236.24	5.09	3.56	8.65
1979	228.70	6.24	4.31	10.55
1980	372.56	8.49	5.82	14.31
1981	693.19	8.17	5.86	14.03
1982	453.12	9.64	6.87	16.51
1983	638.11	10.63	7.90	18.53
1984	502.91	9.21	6.70	15.91
1985	314.75	8.09	5.52	13.61
1986	236.93	6.66	4.69	11.35
1987	351.52	7.44	5.23	12.67
1988	425.76	10.93	7.48	18.41
1989	467.06	11.11	7.76	18.87
1990	405.39	8.89	6.08	14.97
1991	166.41	5.22	3.35	8.57
1992	323.79	8.23	5.79	14.02
1993	273.88	7.96	5.37	13.33
1994	188.73	5.33	3.62	8.95
1995	183.96	5.58	3.87	9.45
1996	215.52	6.98	4.55	11.53
1997	152.67	4.64	3.19	7.83

将动态规划计算成果与常规等流量调节结果和设计值相比较，发电量比较见表 6－13，弃水量比较见表 6－14。由表 6－13 可知：优化调度计算石泉的多年平均发电量 8 亿 kW·h，比设计值增加了 0.68 亿 kW·h，比常规调度增加了 0.26 亿 kW·h；优化调度

计算喜河的多年平均发电量 5 亿 kW·h，比设计值增加了 0.47 亿 kW·h，比常规调度增加了 0.04 亿 kW·h；优化调度梯级多年平均发电量与设计值相比增加了 1 亿 kW·h，与常规调度相比，增加了 0.3 亿 kW·h。优化调度可以增加单库和梯级的发电效益，表明该模型算法是合理的。采用动态规划法进行梯级水库联合发电优化调度计算时，最小出力限制为保证出力，若时段入库径流非常小无法满足保证出力，则将水库水位放至死水位，通过加大出力，以获得最大效益。因此，计算得出梯级 12 月至次年 6 月平均出力为 7 万 kW，与常规调度结果相比增加 0.09 万 kW；可见采用动态规划算法进行优化能够提高水电站发电保证率和供水期的发电效益。由表 6－14 可知：石泉多年平均来水量 106.55 亿 m^3，与常规调度相比，优化计算的石泉多年平均弃水量减少 2.74 亿 m^3，弃水率降低了 2.6%；喜河电站多年平均来水量 114.08 亿 m^3，较之常规调度结果，多年平均弃水量减少 0.53 亿 m^3，弃水率降低 0.46%。表明采用动态规划法进行梯级发电优化调度，能够减少弃水，提高水资源利用程度。

表 6－13　　**发电量比较表**　　单位：亿 kW·h

项　目	石泉多年平均发电量	喜河多年平均发电量	梯级多年平均发电量
设计值	7.09	4.92	12.01
常规调度	7.51	5.35	12.86
动态规划优化调度	7.77	5.39	13.16

表 6－14　　**弃水量比较表**

水库	比较指标	常规调度	动态规划优化调度
石泉	多年平均弃水量/亿 m^3	29.94	27.20
	弃水率/%	28.10	25.50
	多年平均发电用水量/亿 m^3	76.61	79.37
	发电径流利用率/%	71.90	74.49
喜河	多年平均弃水量/亿 m^3	26.73	26.20
	弃水率/%	23.43	22.97
	多年平均发电用水量/亿 m^3	87.34	87.88
	发电径流利用率/%	76.57	77.03

6.4　石泉、安康、喜河梯级水库优化调度研究

6.4.1　联合调度模型

水库群长期联合调度目标（或准则）的选取对获得水库的运行策略至关重要。就发电为主的水库群而言，常用的目标函数有梯级发电量最大、梯级蓄能最大、梯级枯水期最小以及出力最大等。考虑石泉、喜河和安康梯级水电站的特点，分别选取梯级总发电量最大和梯级总发电效益最大作为目标函数建立优化调度模型。

（1）发电量最大模型。目标函数：

$$E = \max \sum_{i=1}^{N} \sum_{t=1}^{T} N_{i,t} \Delta t \tag{6-21}$$

（2）发电量效益最大模型。目标函数：

$$B = \max \sum_{i=1}^{N} \sum_{t=1}^{T} N_{i,t} \Delta t P_t \tag{6-22}$$

式中：N 为水库数目，取 3；Δt 为时段长；P_t 为第 t 时段的电价。

（3）约束条件：①水量平衡约束；②梯级流量关系约束；③水库水位约束；④水库下泄流量约束；⑤电站装机容量约束；⑥电站最大过机流量约束；⑦变量非负约束。

6.4.2　丰枯电价制定

（1）丰枯季节电价。将一年按照来水的多少分为丰水期、平水期、枯水期三个时期，根据水电发电成本的不同制定季节差别电价即为丰枯电价。在发电侧实施丰枯电价，可以引导发电企业充分利用资源、提高设备利用率、降低成本，以获取更多效益。丰枯季节电价充分发挥了价格的经济杠杆作用，给予有调节能力的电厂发挥水库调节作用的空间，在丰水期将发电量让给调节能力弱的电厂，减少了无调节能力水电站丰水期的弃水；火电厂尽量减少丰水期发电，集中在枯水期发电。这种方式充分利用了自然资源，优化了资源配置。实施丰枯季节电价，为调节性能强的水电厂提供了获取更大利益的机会，减少了水电的盲目建设，有利于水电企业的健康发展，也改善了能源结构。丰枯季节电价鼓励用户在丰水期多用电，消纳富余电能，在枯水期节约用电，促使大用户改变生产计划，有效缓解了季节性供用电矛盾，减少了限电拉闸频率，有益于社会的稳定。

（2）丰枯季节电价制定步骤。与峰谷电价制定相似，丰枯电价的制定步骤为：

1）确定电价水平，即平水期电价 p，可以采用还本付息法或经营期法测算电价水平。

2）划分丰水期、平水期、枯水期。

3）选择丰水期电价下调比例 m，计算丰水期电价；丰水期电价是在电价水平基础上下调比例 m，即 $(1-m)p$。

4）选择枯水期电价上浮比例 n，计算枯水期电价；枯水期电价是电价水平基础上上浮比 n，即 $(1+n)p$。

5）确定发电厂丰水期发电量 F，平水期发电量 E，枯水期发电量 K。

6）检验电厂的平均电价是否等于设定的电价水平；丰枯电价应使平均电价保持在合理水平，即保持总电费收入基本不变，并且在不增加用户的负担的条件下，不使电厂亏损，应使下式成立：

$$(1-m)pF + pE + (1+n)pK = p(F+E+K) \tag{6-23}$$

若式（6-23）不成立，则可以通过调整丰水期电价和枯水期电价浮动比例使上述等式成立。将式（6-23）整理可得到：

$$mF = nK \quad 即 \quad \frac{F}{K} = \frac{n}{m} \tag{6-24}$$

由式（6-24）可以看出：丰、枯电量之比与丰、枯电价浮动比例之比成反比关系。若 $mF=nK$，则电厂不盈利也不亏损；$mF<nK$，则电厂盈利；$mF>nK$，则电厂亏损。

$mF=nK$ 关系式的意义就是增加枯水期发电收益，减少丰水期发电收益。

（3）丰枯时段划分。丰水期为7—9月，枯水期为12月至次年3月，平水期为4—6月及10月、11月。

（4）汉江上游梯级丰枯季节电价制定方案。用户的用电量分布受价格因素的影响较大，如果高峰期的电价较高，则在条件允许的情况下，用户会趋向于将此部分的用电量转移到其他时段执行。同理，发电厂的发电量分布也受到价格因素的影响，如果丰水期的电价较低，则在条件允许的情况下，发电厂会趋向于将此部分的发电量转移到其他时段，以获得更大的效益。根据我国实施分时电价的情况，电价可以根据实际情况浮动，峰、谷价差拉大，高峰电价可为低谷电价的2～4倍，甚至更高。丰枯电价中，丰水期电价可比现行电价低30%～50%，枯水期电价可比现行电价高30%～50%。例如：四川省对装机2000kW及以上的水电厂实行分时电价，平水期电价为基准电价，丰水期电价下调25%，枯水期电价上浮50%；湖北省实施丰枯电价，丰水期下调40%，枯水期上浮60%。选取不同的电价水平和丰枯电价浮动比进行梯级长期发电联合优化调度模拟计算，根据计算结果确定一个相对合适的丰枯电价浮动比作为最终采用的丰枯电价浮动比例。拟定各方案如下：

1）电价水平0.2元/kW·h。5个方案为：丰水期电价下调10%；丰水期电价下调20%；丰水期电价下调30%；丰水期电价下调40%；丰水期电价下调50%。

2）电价水平0.3元/kW·h。5个方案为：丰水期电价下调10%；丰水期电价下调20%；丰水期电价下调30%；丰水期电价下调40%；丰水期电价下调50%。

3）电价水平0.4元/kW·h。5个方案为：丰水期电价下调10%；丰水期电价下调20%；丰水期电价下调30%；丰水期电价下调40%；丰水期电价下调50%。

根据式（6-23）及式（6-24），统计发电量最大模型计算结果中梯级丰水期电量与枯水期电量之比（n/m），根据该比例和方案中拟定的丰水期电价下调比例，计算枯水期电价上浮比例；再由拟定的电价水平分别计算丰水期电价和枯水期电价$(n/m)'$，将计算得到的丰、枯季节电价带入发电效益最大模型中进行模拟计算，得到新的丰、枯电量之比，再根据新的电量之比和拟定的丰水期下调比例计算新的丰、枯电价，再带入发电效益最大模型进行计算，得到新的丰枯电量之比（n/m）$''$，重复计算，直到前后两次计算丰枯电量之比基本相等，则这时的丰、枯电量之比的倒数即为该方案的丰、枯电价浮动比例之比。

6.4.3　优化算法选取

根据建立的模型，选取DPSA与POA相结合的算法对汉江上游梯级水电站水库群优化模型进行求解。动态规划虽然能够得到全局最优解，但在计算时采用网格法进行状态变量的离散，网格划分的粗细对于动态规划求解的精度有很大的影响，网格划分越细，求解精度越高，工作量也越大，随之会产生“维数灾”。因此，针对这个问题，学者们提出了逐次逼近动态规划方法DPSA，将n维动态规划问题转化成n个一维子问题，在工程实际应用中，常将逐次逼近动态规划法与其他的优化算法相结合。POA算法虽然能够收敛到全局最优解，但是其初始轨迹的选择会影响计算的最优程度和计算速度。因此，选用POA算法进行梯级水库群的优化调度计算，在选取初始轨迹时，可以采用多种技术方法的分步结合使用，例如在使用POA法之前，可以先使用随机模拟技术、遗传算法、聚

集一解集技术等方法在适当精度条件下对库群系统进行初步优化，在此基础上再使用POA法进行较为精确的迭代计算。基本思路是：首先采用DP自上而下求解单一水库按自身最有利方式运行的轨迹线，作为POA和DPSA的初始轨迹线；然后用POA结合DPSA进一步优化，从而实现梯级最优。计算流程图如图6-17所示，具体步骤如下：

(1) 采用DP自上而下分别求解各水库单独运行时的最优轨迹线，作为POA及DPSA算法的初始轨迹线。

(2) 对石泉水库采用POA再次优化，保持喜河、安康水库的运行轨迹线（水库水位）不变，相当于对3维决策向量加2个约束，这样就可以用POA法求解，从而得到最上游石泉水库新的运行轨迹线。

(3) 对安康水库进行优化，石泉水库保持新的运行策略，喜河运行轨迹不变，用POA求解安康水库新的轨迹线。

(4) 重复步骤(2)和(3)，进行第二轮、第三轮……迭代计算，直到满足收敛条件为止。收敛判断条件：

$$\left|\frac{B(K+1)-B(K)}{B(K)}\right| \leqslant \varepsilon \quad 或 \quad \left|\frac{E(K+1)-E(K)}{E(K)}\right| \leqslant \varepsilon \tag{6-25}$$

式中：$E(K)$ 为第 K 轮迭代的梯级总发电量；$B(K)$ 为第 K 轮迭代的梯级总发电效益；ε 为一非常小的正数。

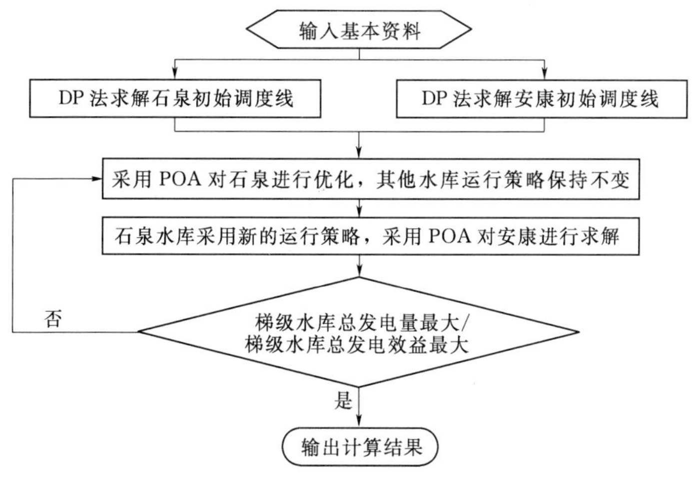

图6-17 计算流程图

关于动态规划法（DP）的改进：采用动态规划求解单一水库优化调度时，若状态变量离散成 L 个状态点，则求解一个水库需要作 $2L+(T-2)L^2$ 次状态转移计算，而每一次计算又包括若干参数如下泄流量、出力、发电量等的计算。在计算中，部分状态转移由于不满足模型的约束条件，是不可行的；因此，无需对这些状态转移再进行计算，可以节省较多计算时间。通过对时段末状态变量离散点编 j 循环进行控制，对不满足约束条件的状态转移不再进行计算，提高了动态规划的计算效率。

(1) j 循环的控制：在 j 循环的控制中，若检测到下泄流量小于 $Q_{i,t}$ 或出力小于 $N_{i,t}$，即控制 j 循环终止，因为计算是从状态变量 $V(j, t)$ 的低值向高值进行，若某次 j 循环计算的下泄流量小于最低值，则其后各点相应的下泄流量必然也小于最低值，所以无需继续计算。

(2) 算法的连续性处理：在 j 循环的控制中，若 $j=1$ 时，就出现下泄流量或出力小于其最小值，则说明 j 循环的各个状态点的转移不可行，按正常程序计算求不到最优余留效益，从而使计算不能连续进行。为了使出现这种极端情况时计算能连续进行，取最优的状态转移为第一个离散点 $V(1,t)$，此时模型的约束条件被破坏。通过以上处理，能够节约计算时间，因此可以增加状态离散点来提高计算精度。

(3) 约束条件的处理：在用 DP 或 POA 求解水库优化调度时，有些状态转移对应的决策变量不满足约束条件，则对这些不可行状态转移，结合汉江上游梯级水库群实际情况，做以下处理：若 $Q_{出i,t}<0$，则令 $N_{i,t}=-\infty$；若 $Q_{出i,t}\geqslant Q_{\max}(m)$，则令 $N_{i,t}=-\infty$；若 $N_{i,t}>\overline{N}_{i,t}$，则令 $N_{i,t}=\overline{N}_{i,t}$。

6.4.4 调度结果及分析

在发电量最大模型计算结果的基础上，根据丰水期与枯水期发电量之比，拟定丰枯电价浮动比例，确定丰枯分时电价，再对发电效益最大模型进行求解。汉江上游梯级水电站发电量最大模型计算结果及比较见表 6-15 和表 6-16。由表 6-15 和表 6-16 可知：通

表 6-15　发电量最大模型计算结果　单位：亿 kW·h

年份	石泉年发电量	喜河年发电量	安康年发电量	梯级总发电量	年份	石泉年发电量	喜河年发电量	安康年发电量	梯级总发电量
1954	9.00	5.78	30.88	45.66	1977	5.62	3.44	21.54	30.60
1955	10.51	7.35	38.47	56.33	1978	5.10	3.37	20.25	28.72
1956	9.98	5.91	31.57	47.46	1979	7.06	4.39	27.65	39.10
1957	6.09	3.99	20.74	30.82	1980	9.37	6.36	35.47	51.20
1958	10.81	6.91	35.66	53.38	1981	8.59	5.90	30.90	45.39
1959	4.80	2.91	15.41	23.12	1982	11.04	7.64	38.54	57.22
1960	8.89	5.77	33.22	47.87	1983	10.99	7.66	38.43	57.09
1961	8.59	5.67	28.33	42.59	1984	9.60	6.54	33.20	49.34
1962	10.76	7.30	36.29	54.35	1985	8.66	5.43	28.60	42.69
1963	11.25	7.30	41.95	60.49	1986	7.48	4.69	24.50	36.67
1964	10.91	7.33	37.32	55.56	1987	8.94	5.87	28.19	43.00
1965	6.73	4.38	28.39	39.51	1988	11.27	7.38	38.26	56.90
1966	8.66	5.62	31.07	45.35	1989	11.75	7.70	38.01	57.46
1967	9.24	5.82	29.29	44.35	1990	9.29	6.14	32.19	47.61
1968	8.19	5.31	40.21	53.70	1991	5.49	3.25	25.41	34.16
1969	7.45	4.70	26.79	38.94	1992	9.69	6.16	30.10	45.96
1970	7.50	4.70	28.54	40.74	1993	8.28	5.17	32.12	45.57
1971	7.51	4.49	28.90	40.90	1994	6.11	3.70	24.88	34.70
1972	5.43	3.48	23.17	32.07	1995	5.97	3.70	21.88	31.54
1973	7.73	5.17	32.24	45.14	1996	7.05	4.27	27.07	38.40
1974	7.70	5.82	36.57	50.09	1997	4.99	3.10	18.73	26.82
1975	9.56	6.50	33.84	49.90	多年平均	8.34	5.43	30.29	44.06
1976	7.41	4.71	28.09	40.21					

过优化，梯级各级水电站多年平均发电量和梯级总发电量都有所提高。石泉多年平均发电量比设计值提高了17.6%，增加了1.25亿kW·h；喜河多年平均发电量比设计值提高了10.34%，增加了0.51亿kW·h；安康多年平均发电量比设计值提高了8.18%，增加了2.29亿kW·h；梯级总发电量比设计值提高了10.12%，增加了4.05亿kW·h。

表6-16　　多年平均发电量比较结果

项　　目	石泉	喜河	安康	梯级
设计值/(kW·h)	7.09	4.92	28.00	40.01
发电量最大/(kW·h)	8.34	5.43	30.29	44.06
发电量变化/(kW·h)	1.25	0.51	2.29	4.05
发电量变化百分比/%	17.60	10.34	8.18	10.12

各水电站弃水量统计结果见表6-17。由表6-17可知：石泉多年平均来水量106.55亿m^3，与常规调度相比，优化计算的石泉多年平均弃水量减少了7.72亿m^3，多年平均弃水率降低了7.19%；喜河多年平均来水量114.08亿m^3，相比较常规调度结果，多年平均弃水量减少了6.54亿m^3，多年平均弃水率降低了5.69%；安康多年平均来水量187.11亿m^3，与实际运行结果相比，多年平均弃水量减少了2.70亿m^3，多年平均弃水率降低了1.46%。结果表明，进行梯级发电优化调度，能够减少弃水，提高水资源利用程度。

表6-17　　弃水量统计结果

水库	模　型	多年平均弃水量/亿m^3	多年平均弃水率/%	多年平均发电用水量/亿m^3	多年平均发电径流利用率/%
石泉	常规调度	29.94	28.10	76.61	71.90
	发电量最大模型	22.22	20.91	84.05	79.09
喜河	常规调度	26.73	23.43	87.34	76.57
	发电量最大模型	20.19	17.74	93.59	82.26
安康	实际运用	24.67	13.34	160.23	86.66
	发电量最大模型	21.97	11.88	162.93	88.12

6.4.2节中拟定的丰枯季节电价方案计算结果见表6-18和图6-18。由表6-18可知：在不同的电价水平下，丰水期电价下调比例一定时，则计算得到的梯级丰水期电量与枯水期电量之比基本不变；以梯级发电效益最大为目标函数进行梯级发电优化模拟计算，得到丰、枯电量之比受电价水平的影响较小，受枯、丰电价浮动比例之比影响较大；如图6-18所示，丰水期电价下调比例越大，枯、丰电价相差越大，则丰、枯电量之比也就越小，即丰、枯电量相差越小，枯水期发电量增幅越大。

表6-18　　丰枯电价拟订方案梯级丰枯电量比

电价水平/(元/kW·h)	丰水期电价下调比例				
	10%	20%	30%	40%	50%
0.2	2.9∶1	2.6∶1	2.47∶1	2.39∶1	2.32∶1
0.3	2.9∶1	2.6∶1	2.47∶1	2.40∶1	2.34∶1
0.4	2.9∶1	2.6∶1	2.47∶1	2.40∶1	2.34∶1

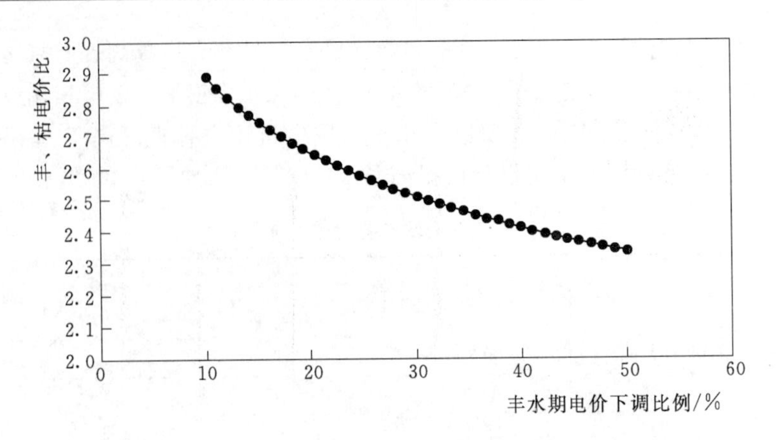

图 6-18　丰、枯电量比与丰水期电价下调比例关系图

表 6-16 中的结果是在满足式（6-9）的条件下求出的，由式（6-10）可知，当发电厂丰枯电量之比 F/K 小于枯、丰电价浮动比例之比 n/m，发电厂就会盈利。根据表 6-18 中的结果，石泉、喜河、安康梯级水电站丰枯电量之比在区间［2.3，2.9］内变化。因此，拟定该梯级采用的枯、丰电价浮动比例之比 n/m 为 3∶1，丰水期电价下调比例选取一个中间值即 30%，电价水平拟定为 0.2 元/kW·h，则根据拟定的丰、枯电价浮动比例可以计算得到丰水期电价为 0.14 元/kW·h，枯水期电价为 0.38 元/kW·h。汉江上游梯级水电站发电效益最大模型计算结果及比较见表 6-19 和表 6-20。

表 6-19　　发电效益最大模型计算结果　　单位：亿 kW·h

年份	石泉年发电量	喜河年发电量	安康年发电量	梯级总发电量	年份	石泉年发电量	喜河年发电量	安康年发电量	梯级总发电量
1954	8.86	5.81	30.58	45.25	1970	7.32	4.70	26.98	39.00
1955	10.33	7.35	37.70	55.38	1971	7.13	4.44	27.88	39.45
1956	9.15	5.91	31.01	46.07	1972	5.37	3.56	23.20	32.13
1957	6.00	3.99	20.20	30.19	1973	7.57	5.19	32.54	45.30
1958	10.72	7.01	36.17	53.90	1974	7.43	5.72	34.58	47.73
1959	4.62	2.91	14.84	22.37	1975	9.54	6.58	33.75	49.87
1960	8.57	5.67	30.06	44.30	1976	7.23	4.71	26.89	38.83
1961	8.54	5.68	29.29	43.51	1977	5.29	3.35	19.79	28.43
1962	10.64	7.37	34.39	52.40	1978	5.07	3.38	19.92	28.37
1963	11.08	7.24	40.95	59.27	1979	6.95	4.38	27.47	38.80
1964	10.66	7.34	36.70	54.70	1980	9.25	6.36	34.94	50.55
1965	6.79	4.47	30.03	41.29	1981	8.46	5.90	30.48	44.84
1966	8.14	5.53	27.98	41.65	1982	10.90	7.63	37.67	56.20
1967	9.16	5.91	29.96	45.03	1983	10.93	7.66	38.08	56.67
1968	7.95	5.31	38.50	51.76	1984	9.54	6.55	33.43	49.52
1969	7.17	4.67	25.61	37.45	1985	8.56	5.42	26.69	40.67

续表

年份	石泉 年发电量	喜河 年发电量	安康 年发电量	梯级 总发电量	年份	石泉 年发电量	喜河 年发电量	安康 年发电量	梯级 总发电量
1986	7.34	4.69	23.88	35.91	1993	8.30	5.29	30.74	44.33
1987	8.85	5.87	28.28	43.00	1994	5.97	3.73	25.44	35.14
1988	11.10	7.39	36.34	54.83	1995	5.73	3.65	21.29	30.67
1989	11.55	7.70	36.76	56.01	1996	6.95	4.32	25.17	36.44
1990	9.18	6.14	31.19	46.51	1997	4.68	3.00	17.41	25.09
1991	5.42	3.27	24.75	33.44	多年平均	8.17	5.43	29.53	43.13
1992	9.47	6.12	30.00	45.59					

表 6-20　　多年平均发电效益比较结果

项　　目	石泉	喜河	安康	梯级
设计值/(kW·h)	7.09	4.92	28.00	40.01
发电效益最大/(kW·h)	8.17	5.43	29.53	43.13
发电量变化/(kW·h)	1.08	0.51	1.53	3.12
发电量变化百分比/%	15.23	10.37	5.46	7.80

(1) 年发电量分析。由表 6-19 和表 6-20 可知：通过优化，梯级各级水电站多年平均发电量和梯级总发电量都有所提高。石泉多年平均发电量比设计值提高了 15.2%，增加了 1.08 亿 kW·h；喜河多年平均发电量比设计值提高了 10.4%，增加了 0.51 亿 kW·h；安康多年平均发电量比设计值提高了 5.5%，增加了 1.53 亿 kW·h；梯级总发电量比设计值提高了 7.8%，增加了 3.12 亿 kW·h。

(2) 弃水量分析。弃水量统计结果见表 6-21。石泉多年平均来水量 106.55 亿 m^3，与常规调度相比，优化计算的石泉多年平均弃水量减少了 7.77 亿 m^3，多年平均弃水率降低了 7.24%；喜河电站多年平均来水量 114.08 亿 m^3，相比较常规调度结果，多年平均弃水量减少了 6.59 亿 m^3，多年平均弃水率降低了 5.73%。安康多年平均来水量 184.90 亿 m^3，与实际运行结果相比，多年平均弃水量减少了 3.06 亿 m^3，多年平均弃水量降低了 1.65%。由此可见，进行梯级发电优化调度，能够减少弃水，提高水资源利用程度。

表 6-21　　弃水量统计结果

水库	模　型	多年平均弃水量 /亿 m^3	多年平均弃水率 /%	多年平均发电用水量 /亿 m^3	多年平均发电径流 利用率/%
石泉	常规调度	29.94	28.10	76.61	71.90
	发电效益最大模型	22.17	20.86	84.10	79.14
喜河	常规调度	26.73	23.43	87.34	76.57
	发电效益最大模型	20.14	17.70	93.64	82.30
安康	实际运用	24.67	13.34	160.23	86.66
	发电效益最大模型	21.61	11.69	163.29	88.31

为了比较发电量最大模型与发电效益最大模型的优化调度效果，将两种模型的优化调度模拟计算结果进行对比分析。发电量最大模型和发电效益最大模型的多年平均发电量统计结果见表 6-22 和图 6-17。由表 6-22 和图 6-19 可知：与发电量最大模型相比，石泉、安康的多年平均发电量分别减少了 0.17 亿 kW·h、0.76 亿 kW·h，梯级多年平均发电量减少了 0.93 亿 kW·h。因为受到电价的影响，发电效益最大模型在进行优化时，以发电效益最大为目标，将部分丰水期电量转移到了枯水期，丰水期电量减少；受来水和水库库容影响，枯水期发电量虽有所增加，但占总发电量的比例仍然较小，所以，总发电量较发电量最大模型略有减少。

表 6-22　　多年平均发电量比较结果

项　　目	石泉	喜河	安康	梯级
发电量最大/(kW·h)	8.34	5.43	30.29	44.06
发电效益最大/(kW·h)	8.17	5.43	29.53	43.13
发电量差值/(kW·h)	−0.17	0	−0.76	−0.93
发电量变化百分比/%	−2.03	0	−2.51	−2.11

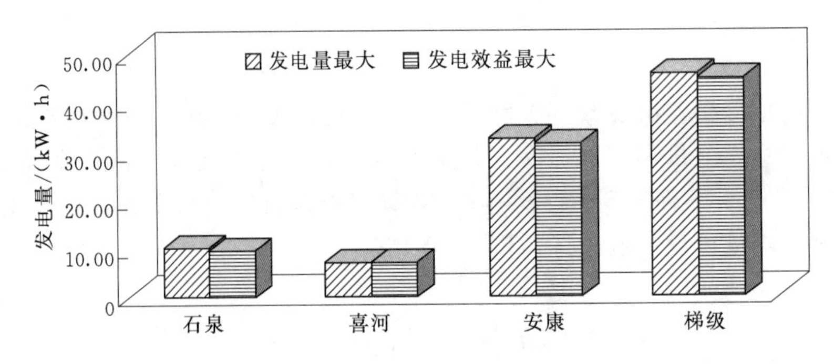

图 6-19　多年平均发电量比较图

(3) 多年平均发电效益对比分析。

1) 丰、平、枯发电量对比分析。各水电站及梯级在丰水期、平水期、枯水期多年平均发电量统计结果见表 6-23 和图 6-20～图 6-23。由表 6-18、图 6-20～图 6-23 可知：由于受到电价的影响，梯级及其各级水电站的发电量组成结构发生了变化。各水电站及梯级的枯水期发电量增加，丰水期和平水期发电量均有所下降。石泉、喜河、安康及梯级的枯水期发电量分别增加了 2%、1%、8%和 6%；平水期发电量分别下降了 1%、1%、6%和 6%；石泉和安康的丰水期发电量分别下降了 1%和 2%。喜河在梯级长期调度中作为径流式电站考虑，来水主要受到上游水库的放水和区间流量的影响。由于其本身没有调节能力，喜河的发电量结构变化不大。石泉和安康除了受到上游来水的影响，由于其自身调节性能较好，发电量结构变化相对较明显。石泉、喜河、安康梯级水库由于是大库在下、小库在上，与一般大库在上、小库在下的梯级水库群不同，石泉对于上游来水的调节能力较差，石泉与喜河受天然来水的影响较大。安康调节性能较好，可以对上游水库的下泄水量进行补偿调节。因此，安康的发电量结构变化较之石泉和喜河均比较明显。

表 6-23　　丰、平、枯各时期平均发电量统计结果　　单位：kW·h

时　期	指　标	石泉	喜河	安康	梯级
枯水期	发电量最大	0.97	0.58	3.44	5.00
	发电效益最大	1.12	0.67	5.48	7.28
丰水期	发电量最大	3.55	2.51	12.66	18.72
	发电效益最大	3.46	2.48	12.05	17.99
平水期	发电量最大	3.82	2.34	14.19	20.34
	发电效益最大	3.59	2.28	12.00	17.86
全年	发电量最大	8.34	5.43	30.29	44.06
	发电效益最大	8.17	5.43	29.53	43.13
	发电量差值	−0.17	0	−0.76	−0.93

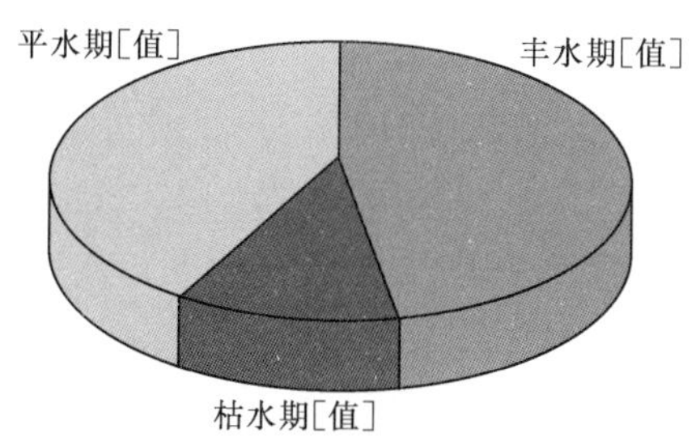

(a)发电量最大模型

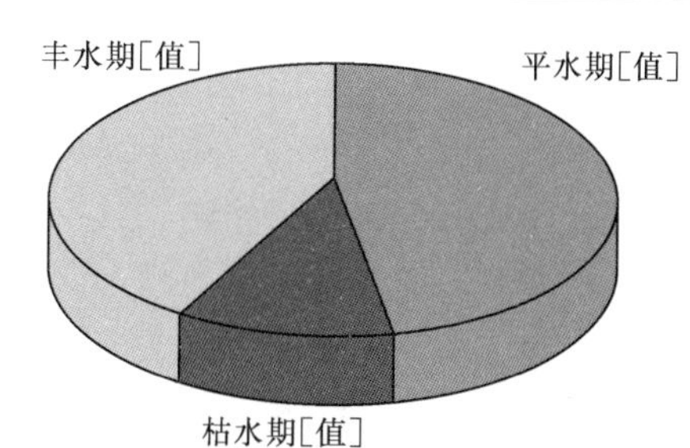

(b)发电效益最大模型

图 6-20　石泉水电站发电量组成结构图

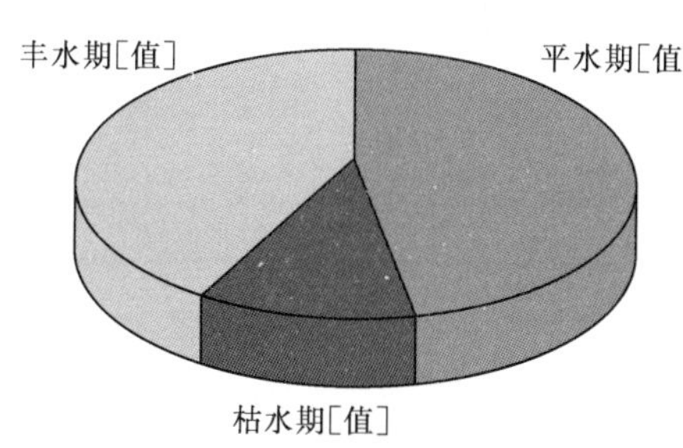

(a)发电量最大模型

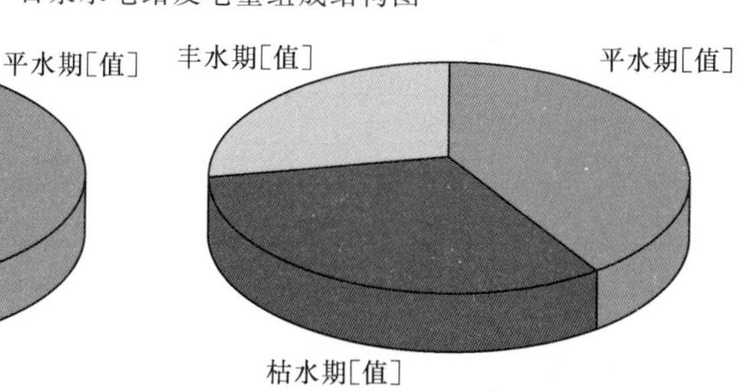

(b)发电效益最大模型

图 6-21　喜河水电站发电量组成结构图

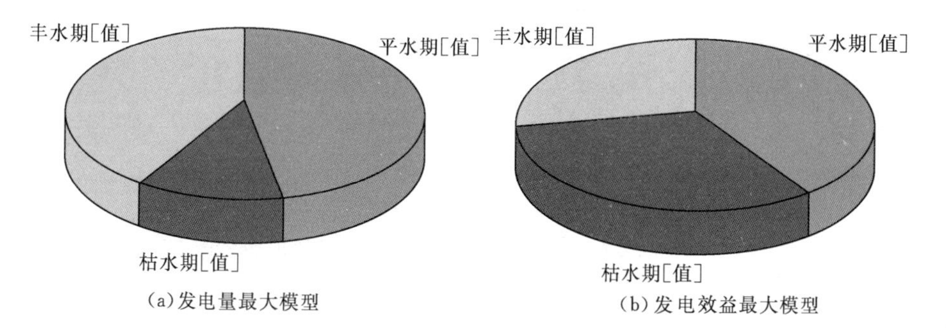

(a)发电量最大模型　　(b)发电效益最大模型

图 6-22　安康水电站发电量组成结构图

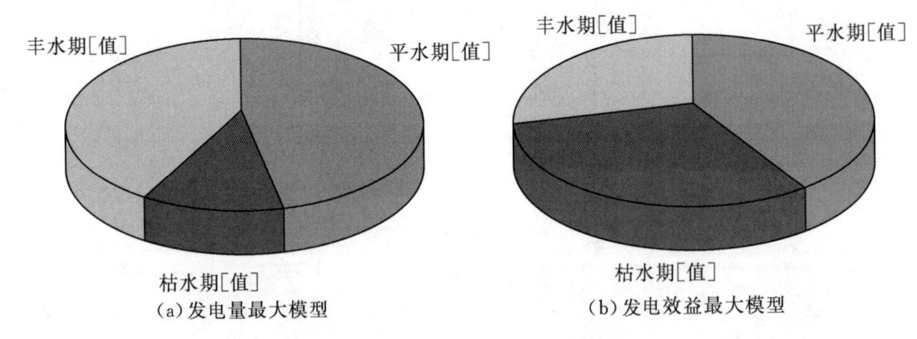

图 6-23　梯级发电量组成结构图

2）丰、平、枯发电效益对比分析。各水电站及梯级在丰水期、平水期、枯水期多年平均发电效益统计结果见表 6-24 和图 6-24～图 6-27。由表 6-24 和图 6-24～图 6-27 可知：由于梯级及其各级水电站的发电量组成结构发生了变化，因此发电效益的组成结构也发生了变化。由于采用丰枯季节电价，枯水期电价较高，丰水期电价较低，因此，各水电站及梯级的枯水期发电效益明显增加，丰水期发电效益明显减少；平水期电价与不采用丰枯季节电价的价格水平相同，且平水期电量变化不大，所以平水期的发电效益变化不大。石泉、喜河、安康及梯级的枯水期发电效益分别增加了 14%、13%、23%和 20%；丰水期发电效益分别下降了 13%、13%、15%和 14%；石泉、安康和梯级平水期发电效益分别下降了 1%、8%和 6%。

表 6-24　　丰、平、枯各时期平均发电效益统计结果

时期	指　标	电价 /(元/kW·h)	石泉 /亿元	喜河 /亿元	安康 /亿元	梯级 /亿元
枯水期	发电量最大	0.20	0.19	0.12	0.69	1.00
	发电效益最大	0.38	0.43	0.26	2.08	2.77
丰水期	发电量最大	0.20	0.71	0.50	2.53	3.74
	发电效益最大	0.14	0.48	0.35	1.69	2.52
平水期	发电量最大	0.20	0.76	0.47	2.84	4.07
	发电效益最大	0.20	0.72	0.46	2.40	3.57
全年	发电量最大	—	1.67	1.09	6.06	8.81
	发电效益最大	—	1.63	1.06	6.17	8.86
	发电效益差值	—	−0.04	−0.03	+0.11	+0.05

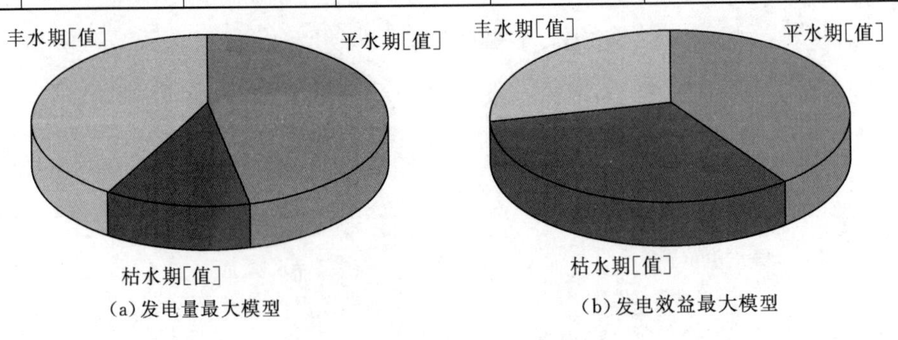

图 6-24　石泉水电站发电效益组成结构图

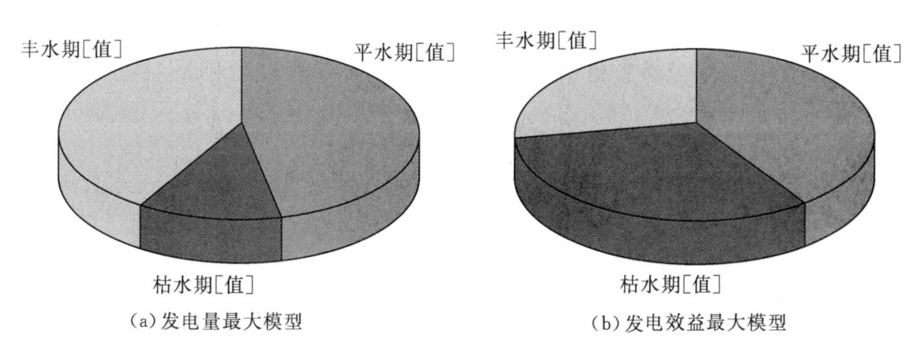

图 6-25　喜河水电站发电效益组成结构图

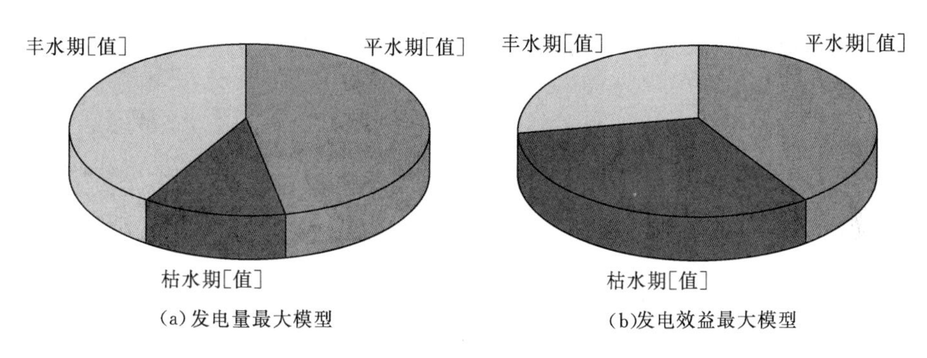

图 6-26　安康水电站发电效益组成结构图

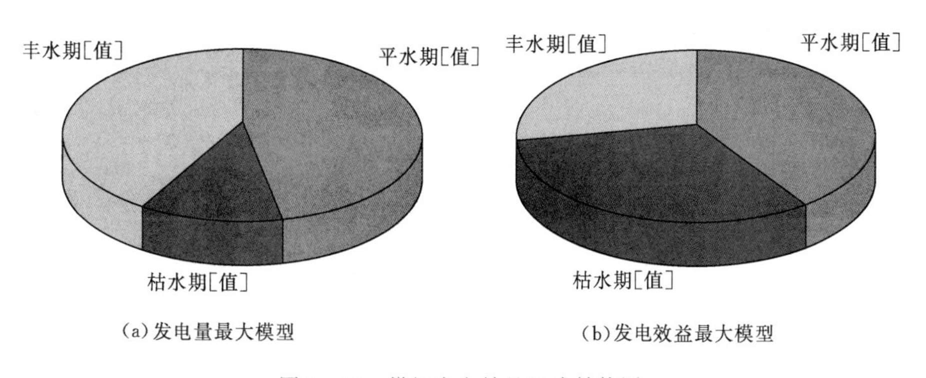

图 6-27　梯级发电效益组成结构图

由于丰枯电价的差异，梯级及其各级水电站的发电效益组成结构发生了明显变化。石泉与安康的发电量组成机构变化较大。因此，与喜河相比，石泉、安康两座水电站的发电效益结构变化比较明显。与发电量最大模型相比，石泉与喜河全年发电效益分别减少 0.04 亿元与 0.03 亿元，安康和梯级全年发电效益分别增加 0.11 亿元与 0.05 亿元，原因是：本节是以梯级的发电效益最大为目标，而不是某一水电站发电效益最大为目标，在梯级统一调度时牺牲了单一水电站的发电效益获得梯级最大效益。由于石泉、喜河与安康所属业主不同，因此在进行梯级联合调度时，需要两家业主进行协商，以梯级效益最大进行联合调度的同时要兼顾各水电站的利益，既要满足梯级效益最大也要使各家业主获得尽可能大的效益。

表 6-25 中列出了两种模型梯级及其各级水电站的多年平均发电效益和两种模型的发电效益差值。可以看出：虽然发电效益模型计算得到的石泉与喜河的发电效益略有减少，但是安康的发电效益有较大增长，梯级的发电效益也有所增长。这是因为调度时将 3 座水电站作为一个整体，目标是梯级的发电效益最大，而不是单库的发电效益最大；与发电量模型计算结果相比，尽管多年平均发电量有所下降，但是梯级的发电效益却增加了。

由上述分析可知，通过实行丰枯季节电价，可以调整水电站的负荷分配，在枯水期电价较高时多发电，在电价较低的丰水期减少发电量，能够充分发挥水电站的调峰调频作用。

3）枯水期平均出力对比分析。梯级及其各级水电站枯水期平均出力统计结果见表 6-25 和图 6-28。由表 6-25 和图 6-28 可知：以发电效益最大为目标进行长期优化调度计算得到的石泉、喜河、安康和梯级的枯水期平均出力分别为 38.53MW、23.12MW、187.75MW 和 249.40MW，与发电量最大模型相比分别增加了 5.21MW、3.12MW、69.82MW 和 78.15MW。由于汉江上游来水 80%集中在汛期，枯水期来水很少，因此水电站枯水期出力较低；通过以发电效益最大为目标函数进行优化，使水电站的枯水期平均出力有了明显提高，从而提高了水电站的发电保证率。

表 6-25　　枯水期平均出力统计结果　　单位：MW

模　型	石泉	喜河	安康	梯级
发电量最大	33.32	20.00	117.93	171.25
发电效益最大	38.53	23.12	187.75	249.40
差值	+5.21	+3.12	+69.82	+78.15

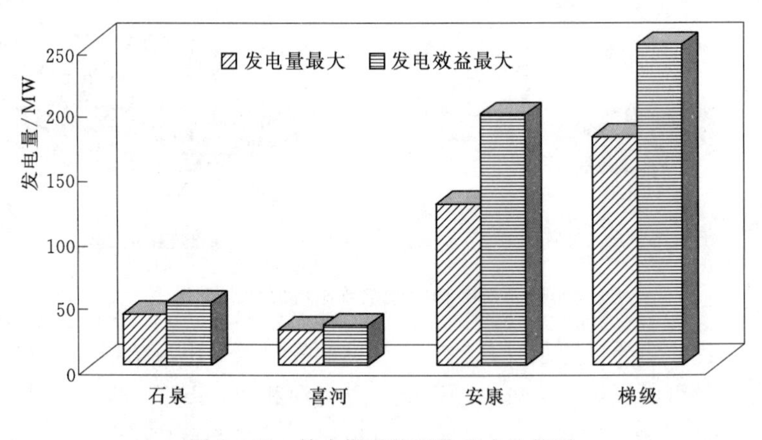

图 6-28　枯水期平均平均出力比较图

4）典型年计算结果对比分析。根据所选 44 年历史径流资料进行排频计算，选取来水频率分别为 95%、50%、5%的典型年的石泉水库和安康水库的水位变化过程及水电站出力过程进行分析。各典型年石泉水库和安康水库水位变化过程如图 6-29～图 6-34 所示，图中起始水位为上一年 6 月末的水位。按照时段编号，各时段依次是 7 月、8 月、9 月、10 月、11 月、12 月、次年 1 月、2 月、3 月、4 月、5 月、6 月。

a. 枯水年。由图6－29和图6－30可知：由于汛期来水相对较大，水库水位要在汛限水位以下，水电站出力较大，发电效益最大模型的汛期水位变化小于发电量最大模型，汛期发电量减少；在枯水期，发电量最大模型将水库保持在高水头运行，出力按来水多少进行，发电效益最大模型在枯水期加大了水电站出力，水位低于发电量最大模型的枯水期水库水位。

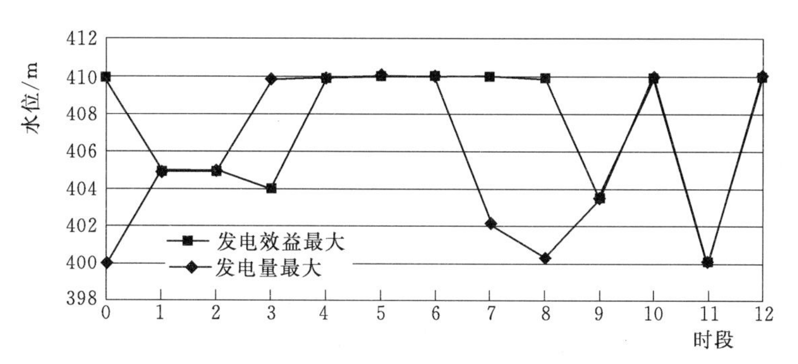

图6－29 石泉水库枯水年水位变化过程线

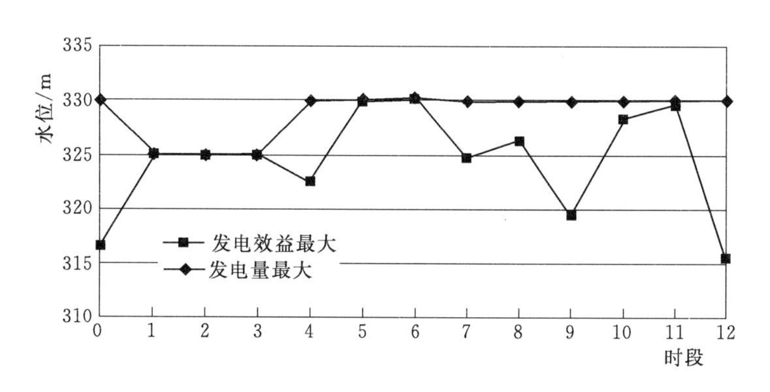

图6－30 安康水库枯水年水位变化过程线

b. 平水年。如图6－31和图6－32所示，平水年汛期来水较大，汛期两种模型求出的水位变化过程相差不大。石泉水库只在枯水期末即次年3月加大了水电站出力以提高枯水期的发电效益。安康水库虽然枯水期来水较少，但由于其调节性能较好，库容较大，可以对上游下泄水量进行调节，在枯水期和平水期均加大了机组出力，获得较多的发电效益。

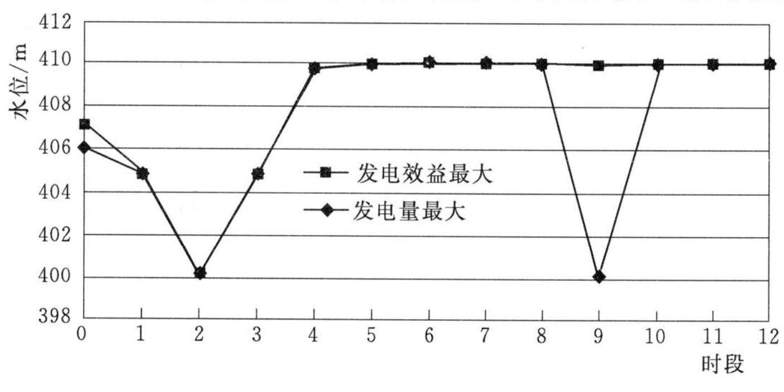

图6－31 石泉水库平水年水位变化过程线

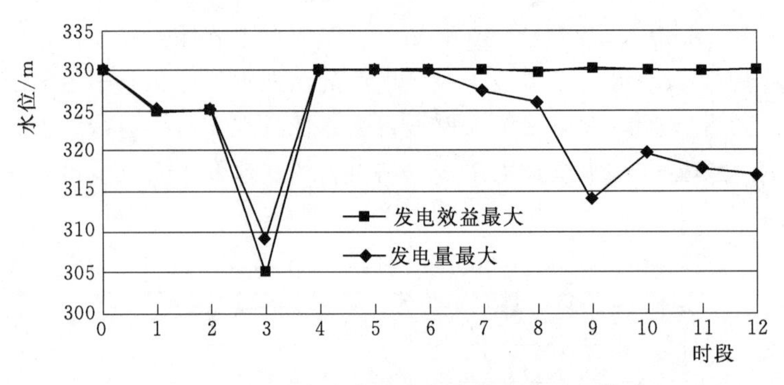

图 6-32　安康水库平水年水位变化过程线

c. 丰水年。丰水年来水较大，但丰枯差异仍然较大。由图 6-33 和图 6-34 可知：用发电效益最大模型进行优化，水库汛期在满足汛限水位约束的前提下，与发电量最大模型相比，机组出力变化不大，因此丰水期的发电量变化不大；汛末将水库水位蓄至正常高水位，平水期维持高水头运行，进入枯水期开始加大机组出力，增加枯水期发电量，增加枯水期的发电效益。在下一个汛期到来之前，加大机组出力，将水位降至死水位，以减少下一个汛期的发电量。

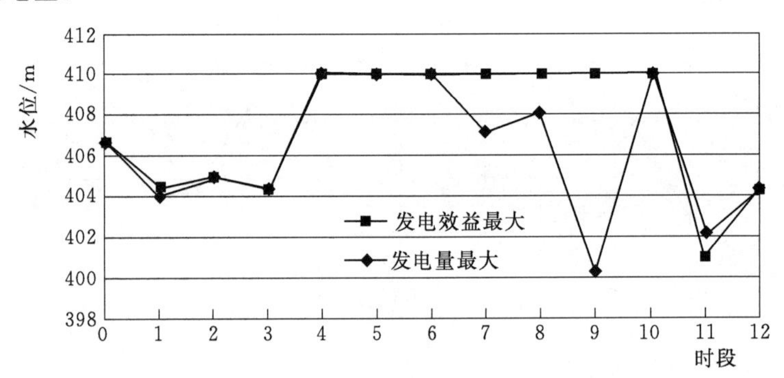

图 6-33　石泉水库丰水年水位变化过程线

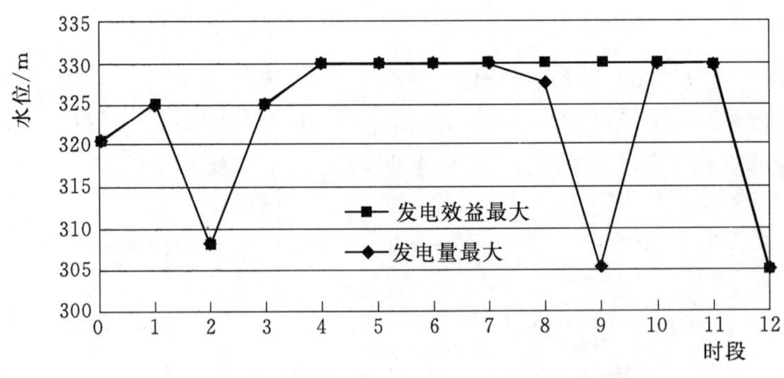

图 6-34　安康水库丰水年水位变化过程线

各典型年水库出力变化过程如图 6-35～图 6-40 所示。由图 6-35～图 6-40 可知：各典型年发电效益最大模型的水电站枯水期出力比发电量最大模型大，尤其是枯水期后期水电站出力加大，以减少平水期的出力。可以看出：发电量最大模型受来水影响较大，由于是以发电量最大为目标，在来水丰富的汛期加大出力，多发季节性电能，以期获得尽可

能大的发电量。

如图 6 - 35 和图 6 - 36 所示，由于枯水年来水较少，发电效益最大模型汛期与平水期水电站降低了出力，在枯水期加大出力提高枯水期发电效益。

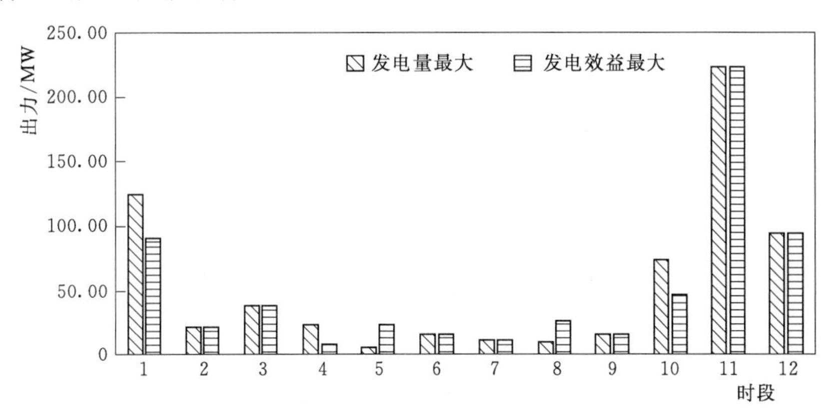

图 6 - 35 石泉水电站枯水年出力过程

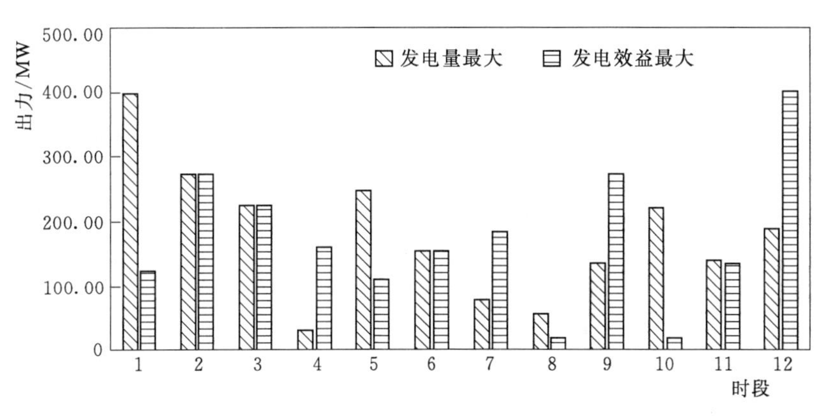

图 6 - 36 安康水电站枯水年出力过程

如图 6 - 37 和图 6 - 38 所示，平水年来水相对枯水年较多，两种模型得到的水电站汛期出力差别不大，枯水期出力相差较大；汛期，发电效益最大模型得到的水电站出力略有

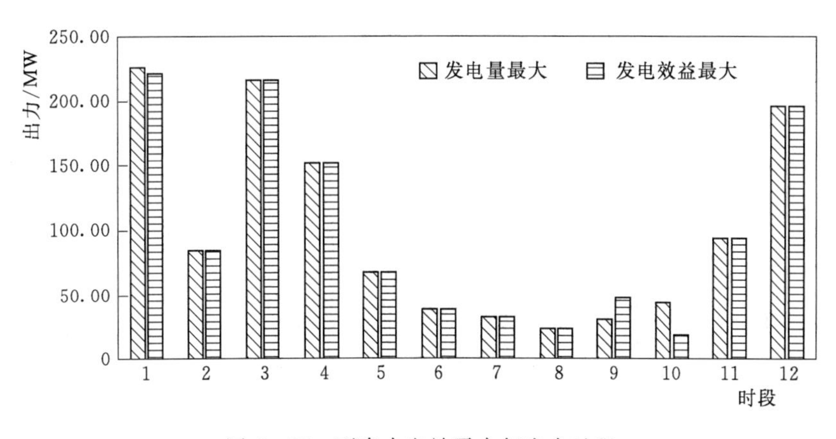

图 6 - 37 石泉水电站平水年出力过程

降低，枯水期末水电站加大出力，增加枯水期发电量，减少平水期发电量，获得较大地枯水期发电效益。

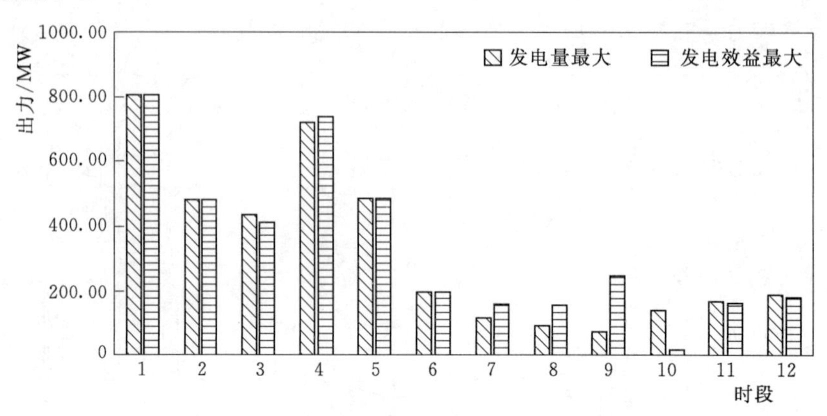

图 6-38　安康水电站平水年出力过程

如图 6-39 和图 6-40 所示，丰水年来水较多，两种模型求解的水电站汛期出力过程基本一致；发电效益最大模型加大了枯水期尤其是枯水期末的水电站出力，降低了枯水期后平水期的水电站出力。

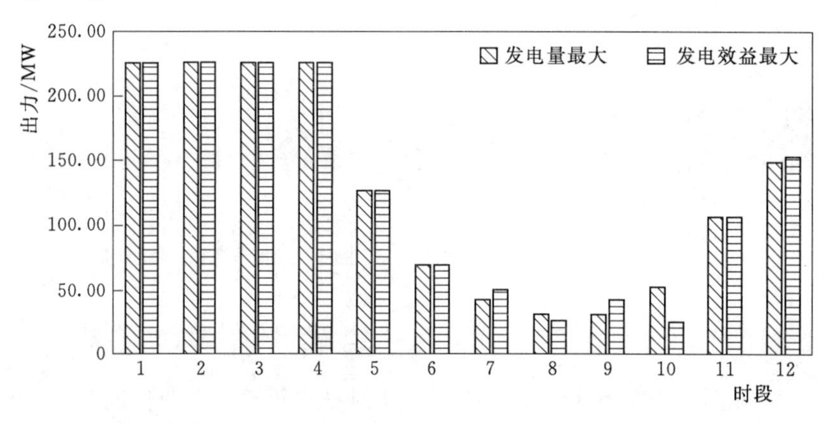

图 6-39　石泉水电站丰水年出力过程

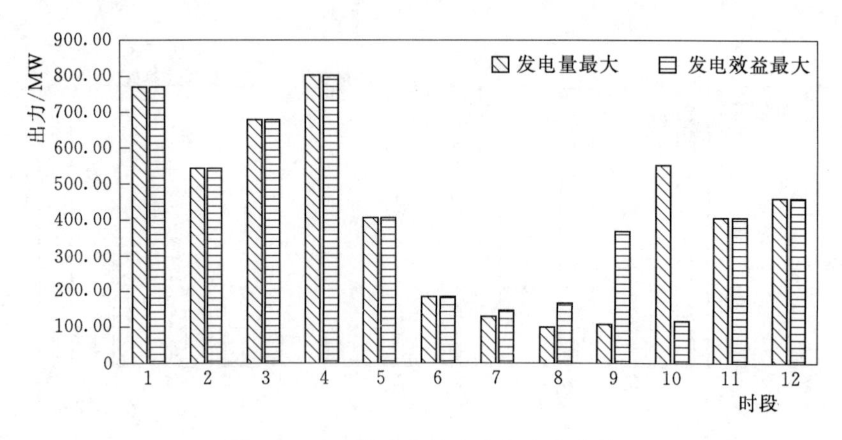

图 6-40　安康水电站丰水年出力过程

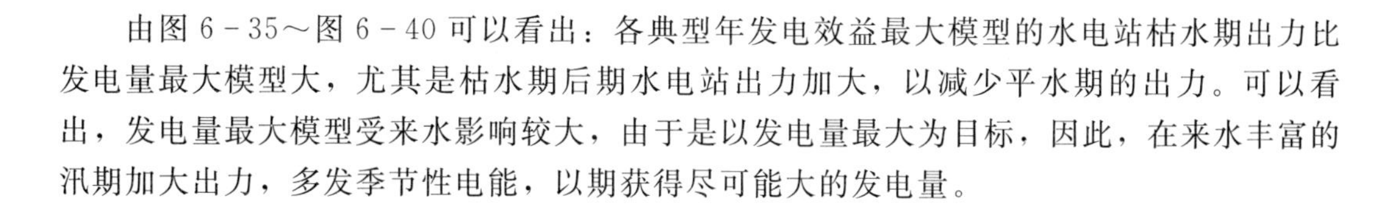

由图 6－35～图 6－40 可以看出：各典型年发电效益最大模型的水电站枯水期出力比发电量最大模型大，尤其是枯水期后期水电站出力加大，以减少平水期的出力。可以看出，发电量最大模型受来水影响较大，由于是以发电量最大为目标，因此，在来水丰富的汛期加大出力，多发季节性电能，以期获得尽可能大的发电量。

6.5 本 章 小 结

本章主要介绍了汉江上游梯级水库优化调度研究，分析了汉江上游梯级水电站的调度方式，在摸清各水库功能及在水库群系统中承担任务的基础上，针对黄金峡、三河口梯级水库，安康、喜河梯级水库，石泉、喜河梯级水库，石泉、安康、喜河梯级水库，通过选取合适的模型及方法进行优化计算，得出了以下结论：

(1) 黄金峡、三河口梯级水库优化计算得出最大的梯级发电量为 6 亿 kW·h，对应的耗能为 11 亿 kW·h，多年平均调水量为 14.6 亿 m^3，且黄金峡和三河口泵站的耗能均呈现增加的趋势，尤其是三河口泵站。

(2) 安康、喜河梯级水库优化调度研究表明，遗传算法在水库调度求解中具有较强的仿真性能，证明了遗传算法在水库优化调度中具有良好的拟合度。通过建立喜河水电站短期调度模型，计算了各个时段的发电运行策略，充分发挥了喜河水库对石泉水库的反调节作用，提高了梯级水电站的经济效益。

(3) 采用确定性动态规划法对石泉、喜河梯级水电站中长期发电优化调度模型进行求解。通过对比优化计算结果、常规等流量调节结果和设计值，可以得出：优化调度可以增加单库和梯级的发电效益，且采用动态规划算法进行优化，能够提高水电站发电保证率和供水期的发电效益，能够减少弃水，提高水资源利用程度。

(4) 选取梯级总发电量最大和梯级总发电效益最大作为目标函数建立了石泉、安康、喜河梯级水库优化调度模型。发电效益最大模型计算出的发电量较发电量最大模型略有减少；各典型年发电效益最大模型的水电站枯水期出力比发电量最大模型大。较常规调度结果及设计值，优化结果均取得较好的效果，能够有效地减少弃水，提高水电站的利用程度。

第7章 安康水库生态调度

安康水库现有的调度运行模式在追求多目标综合经济效益的情况下，造成下游河道的生态问题日益显现，水生生物种类减少、纳污能力降低等。为了还原河道生态健康，开展安康水库生态调度，提出维持河道生态系统良性循环需要的流量、水位等调控条件，揭示安康水库的生态流量过程对河道冲淤变化、水生生物变化、河道湿地纳污能力变化的响应关系，建立以生态为主的多种目标调度模型，得出合理的生态调度模式，以不同生态目标要求制定不同的生态调度方案供决策者选择。研究成果对于确保河流生态健康具有重大意义，对于缓解水利工程引起的河流生态问题，恢复、重建水电能源开发后退化的河道生态系统，促进新建水利工程的生态保护，具有重要的指导意义。

7.1 模拟生态径流过程

7.1.1 下游断面生态需水指标

国内对河流生态环境需水的计算一般采用历史流量法，或90%保证率河流最枯月平均流量作为河流环境用水；以水质目标为约束的生态环境需水量计算方法，主要计算污染水质稀释自净的需水量，作为满足环境质量目标约束的城市河段最小流量；河流输沙需水量主要针对黄河，且大多从水力学角度进行研究。安康水库下游现阶段生态目标主要包括：①维持稀释自净能力所需水量；②河道冲淤平衡所需水量；③模拟自然水文情势，为河流重要水生生物生长、繁殖提供有利条件。对于安康水库生态任务，主要考虑维持河道基本生态需水量、河流自净需水量、河流冲淤平衡需水量、维持水生生物栖息地所需水量。综合国内河道生态流量计算方法，总结其使用条件和优缺点（表7-1），以确定各个时期的生态流量模拟方法。

表7-1 国内生态基流计算方法统计

方 法	方法类别	指标表达	适用条件	优 缺 点
Tennant法	水文学法	将多年平均流量的10%～30%作为生态基流	适用于流量较大，拥有长序列水文资料的河流	简单快速，但没有考虑到流量的季节变化
Q90法	水文学法	90%保证率最枯月平均流量	水资源量小，且开发利用程度已经较高，拥有长序列水文资料的河流	维持河流水质标准，更适合于国内河流的生态环境需水要求
近10年最枯月流量法	水文学法	近10年最枯月平均流量	与90%保证率法相同，均用于纳污能力计算	维持河流水质标准，更适合于国内河流的生态环境需水要求

续表

方　法	方法类别	指标表达	适用条件	优 缺 点
流量历时曲线法	水文学法	利用历史流量资料构建各月流量历时曲线，以90%保证率对应的流量作为生态基流	拥有至少20年的日均流量资料	简单快速，同时考虑了各个月份流量的差异
7Q10法	水文学法	90%保证率最枯连续7d的平均流量	水资源量小，且开发利用程度已经较高，拥有长序列水文资料的资料	7Q10法标准要求比较高，鉴于我国经济发展水平比较落后，一般用其他方法代替
湿周法	水力学法	以湿周流量关系图中的拐点确定生态流量。湿周率为50%时对应的流量可作为生态基流	宽浅矩形渠道和抛物线形河道，且河床形状稳定	假设河道是稳定的，此方法河流湿地及河谷林的最小生态流量

7.1.2 选择模拟方法

（1）河道基本生态需水量。根据国内对大多数河流生态环境需水计算方法，选取河道基本生态需水量采用历史流量法和$Q90$法计算。历史流量法通常以多年平均流量的10%计算。$Q90$法也是一种水文学计算方法，即将90%保证率的最小月平均流量作为河道内生态环境需水流量值。其计算过程为，首先由各河段水文历史资料，在各年中找出其月平均流量最小月份的流量值，然后利用这些最小月平均流量进行频率计算，其90%保证率的流量值即可作为河道内生态环境需水流量值，由此流量值即可求得河道基本生态环境需水量。

（2）水污染防治需水量。河道水污染防治需水量采用$7Q10$法，该法采用90%保证率最枯连续7d的平均水量作为河流最小流量设计值。$7Q10$法标准要求比较高，鉴于我国南北方水资源情况差别较大，采用近10年最枯月平均流量或90%保证率最枯月平均流量。

（3）河流冲淤平衡需水量。河流的冲淤平衡功能主要在汛期完成。因此，忽略非汛期较小的冲淤平衡水量，通过人工调水调沙手段，利用汛期较大的洪水量和含沙量来完成冲淤平衡要求，也必将有利于水资源最大限度的开发利用。河流汛期冲淤平衡需水量计算公式为

$$W_{TS}=S_T/C_{\max} \tag{7-1}$$

式中：S_T为年输沙量；$C_{\max}$为最大月平均含沙量。

（4）维持水生生物栖息地所需水量。维持水生生物栖息地所需水量采用湿周法。湿周法是一种水力学计算方法，其主要依据是水力学研究中得到的基本认识。通常湿周随着河流流量的增大而增加，然而当湿周超过某临界值后，即使河流流量的巨幅增加也只能导致湿周的微小变化。注意到这一河流湿周临界值的特殊意义，只要保护好作为水生物栖息地的临界湿周区域，也就基本上满足了临界区域水生物栖息保护的最低需求。该方法利用湿周（水面以下河床的线性长度）作为栖息地的质量指标来估算期望的河道内流量值。通过从多个河道断面几何尺寸—流量，或从单一河道断面的一组几何尺寸—流量实测数据中，

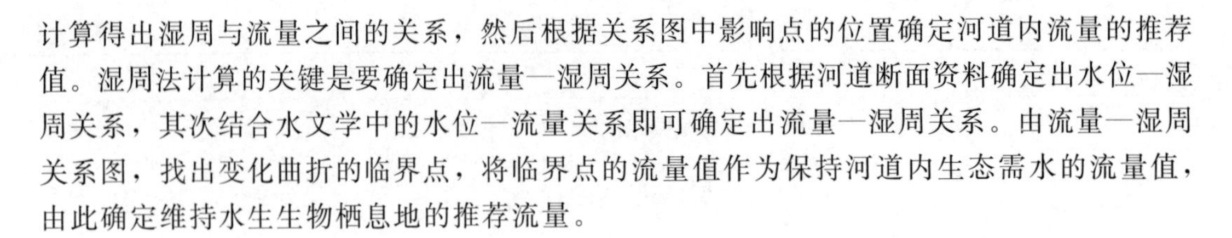

计算得出湿周与流量之间的关系，然后根据关系图中影响点的位置确定河道内流量的推荐值。湿周法计算的关键是要确定出流量—湿周关系。首先根据河道断面资料确定出水位—湿周关系，其次结合水文学中的水位—流量关系即可确定出流量—湿周关系。由流量—湿周关系图，找出变化曲折的临界点，将临界点的流量值作为保持河道内生态需水的流量值，由此确定维持水生生物栖息地的推荐流量。

7.1.3　计算结果

7.1.3.1　河道内基本生态需水量

安康水库下游河道生态环境需水量指为维持和保护河流最基本的生态功能不受破坏所必须在河道内保证的最小水量，具有优先满足性。只有当这部分水量得到满足时才能考虑其他用水，采用历史流量法和 Q90 法计算基本生态流量。

采用 1955—2015 年多年平均流量的 10%作为河道内基本生态需水量，计算得出安康水库下游生态基流，见表 7-2。从结果来看，Q90 法的结果接近多年平均流量的 10%，基本生态需水流量本质是对河道极端状态的描述，故河道基本生态流量取较小值 57.3m³/s。

表 7-2　　安康水库下游生态基流

方　法	生态基流流量/(m³/s)
历时流量法	57.3
Q90 法	68.0

7.1.3.2　河流自净需水量

河流自净需水量指的是通过河流水体对排入河道中的污染物净化来保护和改善河流水体水质，以保证水体满足生态环境功能要求，是河道中需要保持的最小水量。本节采用基于 7Q10 的十年最枯月平均流量法和 90%保证率最枯月平均流量。

对安康断面 1955—2015 年实测流量进行平均计算，获得每十年最枯月平均流量见表 7-3。由于河道变化，认为越接近现状年，河流越能更好地反映纳污能力。因此，选用 2005—2015 年最枯月平均流量作为河流自净所需流量。90%保证率最枯月平均流量法将 1955—2015 年长系列资料进行排频，获得 90%保证率的流量为 68m³/s。两种方法计算结果几乎没有差别，选取十年最枯月平均流量法，结果为 62m³/s。

表 7-3　　每十年最枯月平均流量

时段/年	1955—1965	1965—1975	1975—1985	1985—1995	1995—2005	2005—2015
流量/(m³/s)	86	11.3	83	61	60	62

7.1.3.3　河流冲淤平衡需水量

对于一般河流来说，汛期的输沙量约占全年输沙总量的 80%以上，其主要在汛期完成。因此，忽略非汛期较小的输沙水量，通过人工调节、控制河流含沙量，充分利用汛期洪水较强的输沙能力，以维持河流形态的动态平衡，是行之有效的手段。对于安康水电站来说，多年平均输沙量为 2540 万 t，74.7%集中在 7—9 月，为提高水资源利用率及输沙效率，采用在汛期 7—9 月进行输沙。因此，忽略非汛期较小的输沙水量，通过人工调水

调沙手段，利用汛期较大的洪水量和含沙量来完成输沙要求，也必将有利于水资源最大限度开发利用。由式（7-1）计算得出安康水库输沙流量为 131m³/s。

7.1.3.4 维持水生生物栖息地所需水量

由实测断面资料，逐段累加不同水位对应的湿周值，查相应水位对应的流量，绘制湿周流量关系图，如图 7-1 所示。湿周与流量的曲线方程为

$$\chi=\chi(Q)=50.202Ln(Q)+62.809 \quad (7-2)$$

曲率 k 的计算公式为

$$k=\left|\frac{\chi(Q)''}{[1+\chi(Q)'^2]^{3/2}}\right| \quad (7-3)$$

令 $dk/dQ=0$，求解出曲率 k 的极值点，即可求得湿周与流量关系曲线的变化点，由此求得临界流量 $Q_0=35.5m^3/s$，即安康站河道断面维持生物栖息地需水流量。

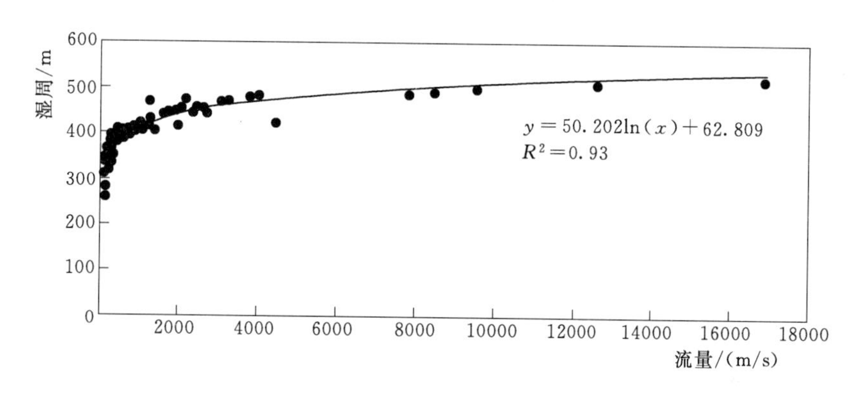

图 7-1 湿周—流量关系曲线

7.1.4 生态径流过程的生成

根据以上不同生态功能的用水特点，结合丰、平、枯水年来水特点，确定各生态因子耦合生态径流过程时的响应关系，按大小排序分别是冲淤平衡流量 131m³/s，自净流量 62m³/s，基本生态流量 57m³/s，维持栖息地流量 35m³/s。由此确定最优生态径流过程，在汛期考虑河道冲淤平衡需水量，供水期考虑河道内基本生态需水和河流自净需水；适宜生态流量过程，在汛期考虑冲淤平衡需水，供水期满足河道基本生态需水和维持水生生物栖息地需水；最小生态流量不考虑冲淤平衡需水，只满足维持水生生物栖息地、河道基本生态需水。最优生态径流过程见表 7-4，最适宜生态径流过程见表 7-5，最小生态径流过程见表 7-6。

表 7-4 最优生态流量过程 单位：m³/s

月份	6	7	8	9	10	11	12	1	2	3	4	5	6
流量	131	131	131	131	62	62	62	62	62	62	62	62	62

表 7-5　　最适宜生态流量过程　　单位：m^3/s

月份	6	7	8	9	10	11	12	1	2	3	4	5	6
流量	131	131	131	131	57.3	57.3	57.3	57.3	57.3	57.3	57.3	57.3	57.3

表 7-6　　最小生态流量过程　　单位：m^3/s

月份	6	7	8	9	10	11	12	1	2	3	4	5	6
流量	57.3	57.3	57.3	57.3	57.3	57.3	57.3	57.3	57.3	57.3	57.3	57.3	57.3

7.1.5 Tennant 评价法

Tennant 法是 Tennant，D. L 等学者于 1976 年提出的河流生态需水量的一种评估方法。该方法考虑保护鱼类、野生动物和有关环境资源的河流流量状况，是脱离特定用途的综合型计算方法，非现场测定类型的标准设定法，按照平均流量的百分数来推荐河流基流，是一种历史流量法，简单易行，便于操作，不需要现场测量，适应于任何有季节性变化的河流。Tennant 法将全年分为汛期和非汛期两个部分，根据多年平均流量百分比和河道内生态环境状况的对应关系，直接计算维持一定河道功能的生态环境需水量。该法将河流状况分为 8 个等级，见表 7-7。本节所选的各生态径流过程中的生态流量均处于极好以上标准。因此，本节选取的各种生态径流过程良好。

表 7-7　　河流流量状况分级标准　　单位：m^3/s

推荐的基流流量描述	时段		推荐的基流流量描述	时段	
	11 月至次年 5 月	6—10 月		11 月至次年 5 月	6—10 月
最大	200	200	好	20	40
最佳范围	60～100	60～100	中或差	10	30
极好	40	60	差或最小	10	10
非常好	30	50	极差	0～10	0～10

7.1.6 生态流量合理性论证

随着对汉江上游生态健康的关注日益增加，许多学者对安康段河道的生态流量做了部分研究，研究成果比较可观。将本节生成的生态径流过程与已有研究成果比较，论证本研究的合理性，见表 7-8。

表 7-8　　已有研究成果与本次研究成果比较

机构	采用方法	流量计算结果/(m^3/s)
河海大学	最小月 90%保证率平均流量设定法（Q90）	76
武汉大学	Tennant 法	枯水期生态流量为［58.5，106.1］
长江科学院	Q90 法	60
南京信息工程学院	Tennant 法和逐月最小流量法	枯水期生态流量为［95，100］
西安理工大学（本次研究结果）	不同时期的生态目标耦合不同的计算方法	形成根据典型年来水量不同生成不同生态径流过程，枯水期流量为［57.3，62］

由结果对比可以看出，本次结果相比于其他计算成果较小，但在理论范围内，引起差别的主要原因是选取的长系列资料不同。本次结果在生态流量计算时选用1950—2014年的长系列资料，比现有成果的系列资料历时长，且更具有可靠性和代表性，可用来作为水库的生态调度控制流量过程。

7.1.7 选择生态流量过程

7.1.7.1 马尔科夫链原理

马尔科夫预报技术是应用马尔科夫链的基本原理和方法来研究时间序列的变化规律，将现在与未来的变化联系起来，从而以现在和过去的状态推求未来趋势的一种方法。如果时间序列函数的状态为有限个，譬如为 N 个，那么从状态 i 经过一步状态转移到状态 j，都有不同概率发生，若用 P_{ij} 表示这种可能性，则称 P_{ij} 为一步状态概率。将这些概率依序排列就构成一个矩阵，称为一步状态转移概率矩阵，用 P 表示：

$$p=\begin{bmatrix} p_{11} & \cdots & p_{1N} \\ \vdots & \ddots & \vdots \\ p_{N1} & \cdots & p_{NN} \end{bmatrix} \tag{7-4}$$

该矩阵具有两个特性：①矩阵每行元素之和等于1；②矩阵每个元素均非负。因此，若序列在时刻 t_0 处于状态 i，经过 n 步转移，在时刻 t_n 处于状态 j，这种转移的可能性的数量指标称为 n 步转移概率，记为

$$p(i_n=j/t_0=i)=p_{ij}(n) \tag{7-5}$$

则 n 步转移概率矩阵记为

$$p=\begin{bmatrix} p_{11}(n) & \cdots & p_{1N}(n) \\ \vdots & \ddots & \vdots \\ p_{N1}(n) & \cdots & p_{NN}(n) \end{bmatrix} \tag{7-6}$$

综上所示，一步状态转移概率矩阵可用来预报来年的丰枯状态，n 步状态转移概率矩阵可用来预报 n 年后的丰枯状态。因此，只要对一步状态转移概率矩阵元素值进行统计，就可由关系式 $P(n)=P^n$ 计算出 n 步状态转移概率矩阵元素值来预报 n 年后的丰枯变化状态。

下一期所处状态等级判别准则：

(1) 先确定当前状态等级，然后比较矩阵中对应的下一期状态转移概率，概率最大者即为下一期所处状态等级。

(2) 下一循环中，概率最大者和次大者所对应的等级相邻时，下一期所处状态等级应该是两者的综合结果。

(3) 下一循环中，概率最大者与次大者所对应的等级不相邻时，下一期所处状态等级应该结合其他预报方法综合分析确定。

对安康水库进行丰枯预报分析，有利于决策者选择优化调度方案。分析的基本资料为1950—2014年长系列资料。将年径流划分为3个状态（$m=3$）：枯、平、丰分别用1，2，3表示。状态的划分标准用均值标准差法，即枯、平、丰分别对应 $[0,\ x-0.5s]$，

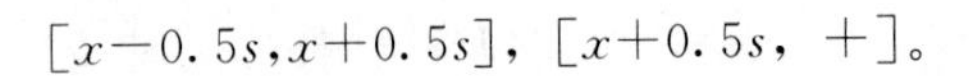

$[x-0.5s, x+0.5s]$，$[x+0.5s, +]$。

7.1.7.2　丰枯转移概率计算

对长系列资料的样本均值 $x=180.64$，均方差 $s=7.56$。对应状态区间分别为枯［0，176.86］、平［176.86，184.42］、丰［184.42，+］。每年的状态统计见表7-9。

表7-9　　安康水库径流及状态

年份	径流量/亿 m³	状态	年份	径流量/亿 m³	状态	年份	径流量/亿 m³	状态
1950	145.44	1	1972	123.78	1	1994	109.16	1
1951	204.46	3	1973	184.81	2	1995	128.91	1
1952	272.91	3	1974	228.14	3	1996	274.52	3
1953	137.93	1	1975	240.50	3	1997	90.64	1
1954	188.38	3	1976	147.27	1	1998	154.57	1
1955	291.64	3	1977	102.73	1	1999	105.33	1
1956	188.08	2	1978	144.88	1	2000	168.80	1
1957	131.66	1	1979	142.13	1	2001	138.61	1
1958	260.61	3	1980	215.18	3	2002	68.91	1
1959	78.93	1	1981	295.38	3	2003	241.37	3
1960	199.89	3	1982	250.77	3	2004	131.61	1
1961	176.82	2	1983	357.88	3	2005	234.48	3
1962	213.62	3	1984	275.29	3	2006	97.28	1
1963	245.07	3	1985	157.28	1	2007	163.95	1
1964	297.12	3	1986	123.96	1	2008	157.41	1
1965	188.42	3	1987	141.18	1	2009	180.51	2
1966	149.20	1	1988	171.92	1	2010	208.86	3
1967	187.58	2	1989	240.81	3	2011	266.57	3
1968	199.44	3	1990	169.49	1	2012	179.87	2
1969	131.80	1	1991	111.61	1	2013	124.86	1
1970	142.39	1	1992	184.95	2	2014	194.96	3
1971	127.53	1	1993	153.71	1			

一步转移的情况如下：

$$F=(f_{ij})_{m\times n}=\begin{bmatrix}1-1 & 1-2 & 1-3\\2-1 & 2-2 & 2-3\\3-1 & 3-2 & 3-3\end{bmatrix} \tag{7-7}$$

由表10-9统计一步转移频数矩阵：

$$F=(f_{ij})_{m\times n}=\begin{bmatrix}19 & 4 & 10\\3 & 0 & 4\\10 & 3 & 11\end{bmatrix} \tag{7-8}$$

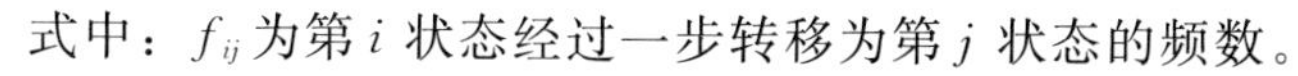

式中：f_{ij}为第i状态经过一步转移为第j状态的频数。

转移概率为

$$p^{(1)}=\begin{bmatrix}0.58 & 0.12 & 0.30\\ 0.43 & 0 & 0.57\\ 0.42 & 0.13 & 0.46\end{bmatrix} \tag{7-9}$$

根据一步转移矩阵求某一年的状态来预报下一年径流的状态，计算公式为

$$p_{t+1}=p_{t}p^{(1)} \tag{7-10}$$

（1）若上一年是枯水年，那么其无条件概率分布为

$$p_{上一年}=[1\quad 0\quad 0] \tag{7-11}$$

下一年径流可能出现的概率为

$$p_{下一年}=p_{上一年}p^{(1)}=[0.58\quad 0.12\quad 0.30] \tag{7-12}$$

（2）若上一年是平水年，那么其无条件概率分布为

$$p_{上一年}=[0\quad 1\quad 0] \tag{7-13}$$

下一年径流可能出现的概率为

$$p_{下一年}=p_{上一年}p^{(1)}=[0.43\quad 0\quad 0.57] \tag{7-14}$$

（3）若上一年是丰水年，那么其无条件概率分布为

$$p_{上一年}=[0\quad 0\quad 1] \tag{7-15}$$

下一年径流可能出现的概率为

$$p_{下一年}=p_{上一年}p^{(1)}=[0.42\quad 0.13\quad 0.46] \tag{7-16}$$

综上所述，马尔科夫链原理对于安康水库径流丰枯的预报如下：若上一年为枯水年，则下一年为枯水年的概率最大，为58%；若上一年为平水年，则下一年为丰水年的概率最大，为57%；若上一年为丰水年，则下一年为丰水年的概率最大，为46%。研究成果为决策者根据丰枯变化选择调度方案提供了理论基础。

径流量是影响水库综合效益的主要因素之一，水库依据预报入库流量制定调度决策。生态调度根据预测径流量的丰枯确定该年份的模拟生态流量过程；若为枯水年，生态流量过程选择最小生态径流过程；若为平水年，选择适宜生态径流过程；若为丰水年，选择最优生态径流过程。

7.2　安康水库调度模型建立及求解

模型一：以安康水电站发电量最大为目标，建立如下目标函数：

$$\max E=\sum_{t=1}^{T}N(t)\Delta t \tag{7-17}$$

模型二：以安康水电站生态缺水量最小为目标建立如下目标函数：

$$\mathrm{Min}W = \sum_{t=1}^{T} Q_S(t)\Delta t \tag{7-18}$$

模型三：为协调生态和发电两个目标，建立了兼顾生态、发电的多目标调度模型。式中：E 为调度期内水电站总发电量；W 为生态缺水量；t、T 分别表示调度时期内的时段编号以及总时段数；$N(t)$ 表示水电站第 t 时段的平均出力；$Q_S(t)$ 为各水电站的生态缺水流量。

约束条件：主要包括水库水位（库容）约束、水电站出力约束、水库下泄流量约束、水量平衡约束、梯级流量关系约束等。

7.3　安康水库单目标优化调度案例分析

采用上述优化算法，分别选取长系列和典型年资料计算三个模型。

7.3.1　长系列结果

7.3.1.1　年出库径流量结果分析

为检验调度结果的合理性和可靠性，选取实测出库流量作为参照。水库实际建成发电年份为 1990 年，因此选择 1990—2014 年结果与实际值对比，如图 7-2 所示。由图 7-2 可知，运用遗传算法求解模型一得到的结果与实际值接近，表明：遗传算法在水库调度求解中具有较强的仿真性能，可用遗传算法的计算结果作为水库的优化调度；水库调度方案以追求水库发电效益为主。

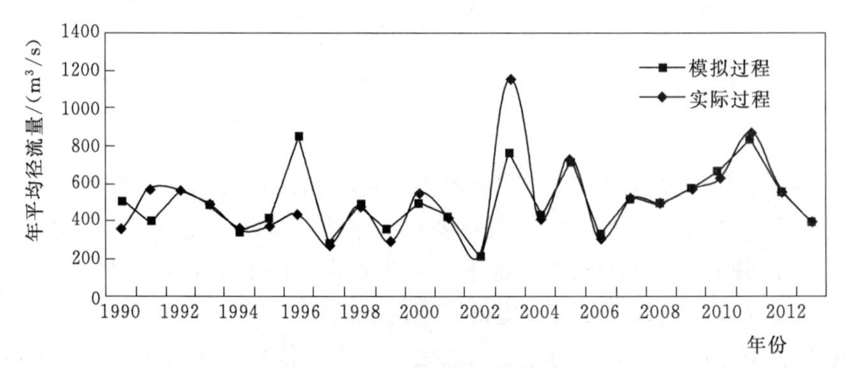

图 7-2　年平均出库流量系列

7.3.1.2　年发电量

运用遗传算法求解模型一和模型二，得到 1990—2014 年发电量长系列结果，见表 7-10。f_1 系列为模型一比实际值增减幅度，f_2 系列为模型二相比于模型一的发电量的增减幅度。由表 7-10 可知：模型一的结果相比于实际发电量值都有所增加，f_1 系列增幅范围为 [0，113%]。说明尽管模拟过程中年均出库流量相差不多，但在调度中出库流量的年内分配对发电量影响很大，也说明了年内调度规则有待改善。从 f_2 系列中可看出，考虑生态后对模型一发电量的减少幅度在 [0，7%] 区间内。从图 7-3 可知：模型一和模型二与实际年发电量的趋势吻合，可作为仿真调度模型对水库调度进行优化。

表 7-10　　各模型年发电量系列

年份	模型一/(亿 kW·h)	模型二/(亿 kW·h)	实际值/(亿 kW·h)	f_1	f_2
1990—1991	24.46501	23.85368	11.49262	1.13	0.02
1991—1992	19.27570	18.37221	10.09346	0.91	0.05
1992—1993	28.34791	27.99430	23.36854	0.21	0.01
1993—1994	26.87553	26.70973	23.66692	0.14	0.01
1994—1995	20.06367	19.66346	17.61853	0.14	0.02
1995—1996	21.73192	21.75995	19.89335	0.09	0.00
1996—1997	28.75173	28.43559	27.56395	0.04	0.01
1997—1998	15.41355	15.11464	14.17727	0.09	0.02
1998—1999	18.80423	18.47212	17.93505	0.05	0.02
1999—2000	16.70894	16.45448	14.83894	0.13	0.02
2000—2001	27.77239	27.59440	26.03915	0.07	0.01
2001—2002	22.60399	21.96332	22.48746	0.01	0.03
2002—2003	12.88778	12.72137	12.58240	0.02	0.01
2003—2004	32.03921	32.06396	31.64669	0.01	0.00
2004—2005	23.17350	22.98837	22.62161	0.02	0.01
2005—2006	31.11184	30.98643	30.92337	0.01	0.00
2006—2007	16.81599	16.41360	16.36003	0.03	0.02
2007—2008	23.98704	23.90150	23.89976	0.00	0.00
2008—2009	27.76049	27.5349	27.56395	0.01	0.01
2009—2010	30.14601	30.10256	29.70389	0.01	0.00
2010—2011	29.13467	29.02776	26.37033	0.10	0.00
2011—2012	36.30253	35.84566	35.24321	0.03	0.01
2012—2013	27.64655	27.52274	26.38180	0.05	0.00
2013—2014	21.52553	20.10206	19.64538	0.10	0.07
2014—2015	24.56662	24.46567	22.17157	0.11	0.00

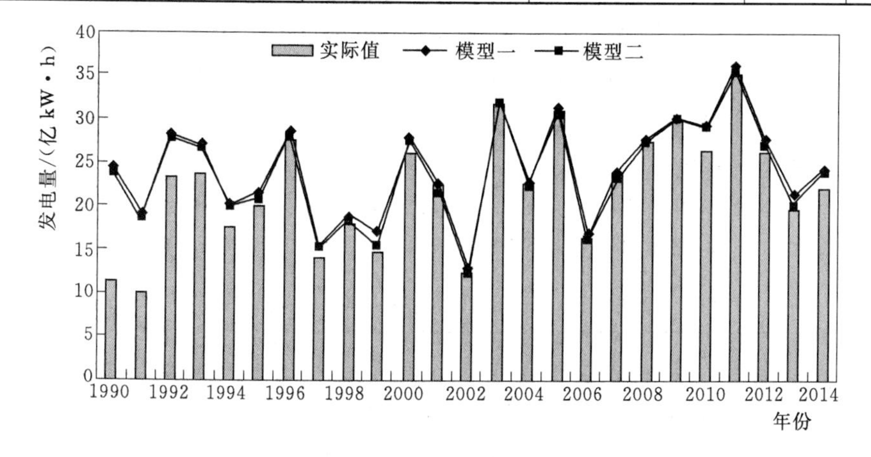

图 7-3　各年发电量对比图

7.3.1.3 多年平均发电量

由于生态需水的流量过程改变了最大发电量流量过程，因此两个模型的调度发电量有所不同。根据1950—1989年的径流资料，代入模型一求出多年平均发电量为29.41亿kW·h（表7-11），与安康水库的设计多年平均发电量值28亿kW·h比较吻合，证明遗传算法在水库优化调度中具有良好的适用性。由1990—2014年系列带入模型一与模型二，与实际运行值对比，见表7-12。

表7-11 多年平均发电变化

1950—1989年系列			1990—2014年系列		
理论设计值/(kW·h)	模型一/(kW·h)	增长比例/%	实际值/(kW·h)	模型一/(kW·h)	增长比例/%
28	29.41	5	23.25	24.53	5.5

表7-12 模型发电量数据对比

状 态	实际值	模型一	模型二
多年平均发电量/(亿kW·h)	23.25	24.56	24.25
发电保证率/%	55	75	73

由表7-11和表7-12可知：安康水库的实际值与模型计算的理论值有较大差距。主要原因是：电站投产发电前期，大坝正处于建设后期，发电量与发电能力较小，以及建库后水文及水情状况的改变和年来水状况等。考虑生态需水的模型二比不考虑生态需水的模型一发电量减少1%，模型一相比于实际值增加5.5%的发电量，发电保证率只有模型一在要求的范围内，模型二在考虑生态径流的前提下，发电量有一定的减少，但也完全满足了生态需水要求，会得到较好的生态环境效益。

7.3.1.4 生态保证率分析

对安康水库坝址断面进行生态保证率分析，由逐月出库流量过程与断面生态需水过程（取最优适宜生态过程）比较，统计25年长系列中满足生态需水的年份占长系列的比例，得出不同模型断面的生态需水保证率，见表7-13。由表7-13可知：①模型一为了发电量达到最大，使得很多月份的水量根本无法满足生态需水，导致河道纳污能力减弱，生态环境破坏，甚至会出现断流现象；②模型二考虑了生态要求，生态保证率提高到95%，虽然发电量有所下降，但大大降低了生态环境破坏程度，比模型一提高了5%，比实际值提高了17%。因此相对于模型一，模型二满足了下游河道所需的生态径流过程，产生了生态环境效益，具体体现在以下几个方面：

表7-13 不同模型生态保证率

模 型	实际值	模型一	模型二
生态需水保证率/%	78	90	95

（1）维持水库下游河道基本生态用水，生态基流为57.3 m^3/s，此项指标可使河道不断流，必须满足。

（2）提供冲淤平衡用水。一般此项指标在汛期完成，可保持河道中良好的水力特性。此项指标值为 131m^3/s，作为汛期调度的最低值，应尽力保证。

（3）一定程度地还原自然水文情势，为河流生物产卵、繁殖和生长提供适宜的水文条件，此项指标是在扩大极限生态径流过程才能完成的指标。

（4）还原河道的自净纳污能力。此项指标值为 62m^3/s，要求在丰水年必须大于此项指标，若被破坏，不仅丰水年的纳污能力被破坏，而且如果下一年是非丰水年，则河道纳污能力连续破坏，造成恶性循环。因此极限生态流量保证了河道纳污能力的现状保持。若需要修复现有河道的纳污能力需要加大生态径流。

7.3.2　典型年选取

从 1990—2015 年中筛选出 3 个典型来水年：丰水年（20%）、平水年（50%）、枯水年（80%）。选择典型年的目的是通过典型来水年份确定一般水文年的生态调度方案。按照安康水库的水文水情条件及实际运行情况，确定水文年为当年的 7 月到次年的 6 月。对安康水库 24 个水文年年径流量进行排序，结果见表 7-14。由表 7-14 可知，根据P-Ⅲ型曲线对安康水库年径流量进行适线后，结合各年径流量在年内分配情况，选取来水过程形态具有代表性的年份，从而确定安康水库坝址断面的丰水年为 2010—2011 年，平水年为 1993—1994 年，枯水年为 1994—1995 年。选择典型年来水过程如图 7-4 所示。可以看出：选出的典型年在径流量和来水过程形态均具有代表性。

表 7-14　　安康水库水文年年径流经验频率计算结果

序号	水文年	年径流量/亿 m^3	经验频率	序号	水文年	年径流量/亿 m^3	经验频率
1	1996	274.5213	0.0385	14	1998	154.5671	0.5385
2	2011	266.5699	0.0769	15	1993	153.7065	0.5769
3	2003	241.3697	0.1154	16	2001	138.6089	0.6154
4	2005	234.4871	0.1538	17	2004	131.6094	0.6538
5	2010	208.8634	0.1923	18	1995	128.9148	0.6923
6	1992	184.9470	0.2308	19	2013	124.8601	0.7308
7	2009	180.5129	0.2692	20	1991	111.6107	0.7692
8	2012	179.8676	0.3077	21	1994	109.1629	0.8077
9	1990	169.4874	0.3462	22	1999	105.3319	0.8462
10	2000	168.8050	0.3846	23	2006	97.2838	0.8846
11	2007	163.9526	0.4231	24	1997	90.6396	0.9231
12	2014	162.5882	0.4615	25	2002	68.9144	0.9615
13	2008	157.4070	0.5000				

7.3.3　典型年结果分析

7.3.3.1　丰水年结果分析

图 7-5～图 7-7 分别给出了丰水年安康水库水位、出库流量、出力等计算结果。

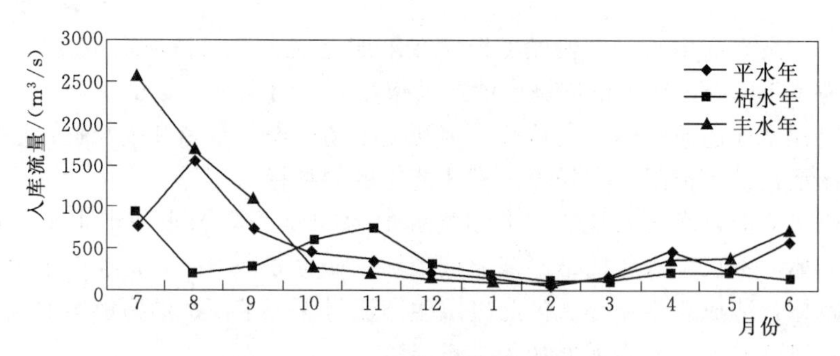

图 7-4　选取典型年来水过程形态

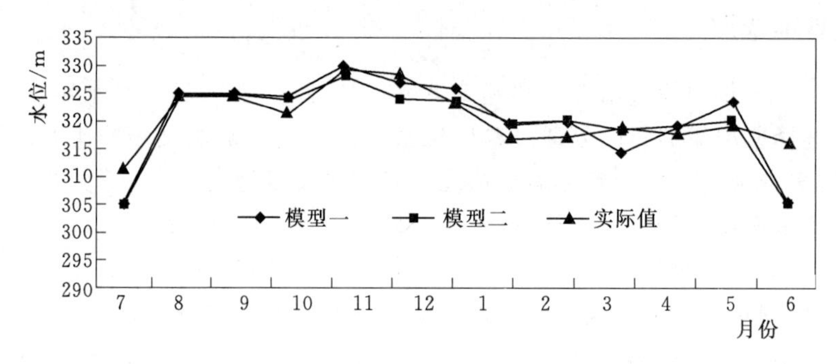

图 7-5　丰水年安康水库月末水位变化

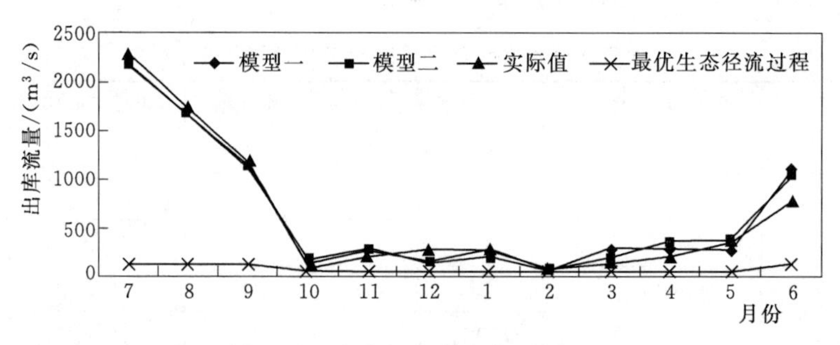

图 7-6　丰水年安康出库流量过程

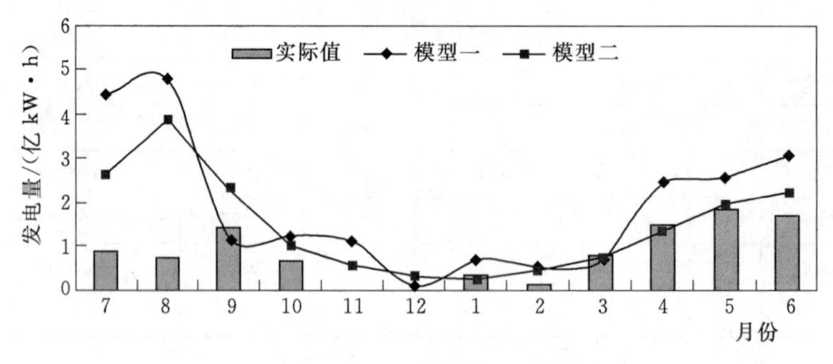

图 7-7　丰水年不同模型逐月出力及发电量

由安康水库水位和出库流量的变化过程可知：

(1) 非汛期 10 月至次年 3 月，模型一相对于实际水位较平稳，总水头较高。主要差别在桃汛期 3—5 月和汛前的最低水位控制上，模型二在汛后期 10 月和供水期为了满足下

游河道的最优生态径流过程，降低水位放弃高水头发电时期。

（2）在10月和2月，模型二增加出流量补给河道水量，在12月、1月、3月减少流量，这使得生态得到满足且对发电量最大目标的影响降低到最小。

（3）模型一的出库流量在10月、2月不能满足生态需水要求，模型二的出库流量过程均在生态需水过程之上，满足生态要求。在丰水年，水库理想的生态目标是出库流量最接近天然径流过程，在丰水年制造较大的出库峰值，调节库内淤积情况以改善河道的冲淤平衡状态。利用丰水年来水过程的优势最大限度恢复和改善河道生态健康。在10—11月模型二比模型一出库流量大，更有利于保证在抬高水位的同时不会造成生态破坏。

由安康水电站的出力和发电量的变化过程可知：

（1）丰水年中模型一在桃汛期和汛后时期的发电量比实际值大，说明实际运行中没有充分利用桃汛期的来水，使水能利用率降低，有待进一步优化桃汛期的调度规则。

（2）按照调度规则，主汛期（6月）的水位较低，且丰水年在枯水期为满足生态要求，模型一与模型二计算的发电量均有所下降。

7.3.3.2　平水年结果分析

图7-8～图7-10分别给出了平水年安康水库水位、出库流量、出力等计算结果。

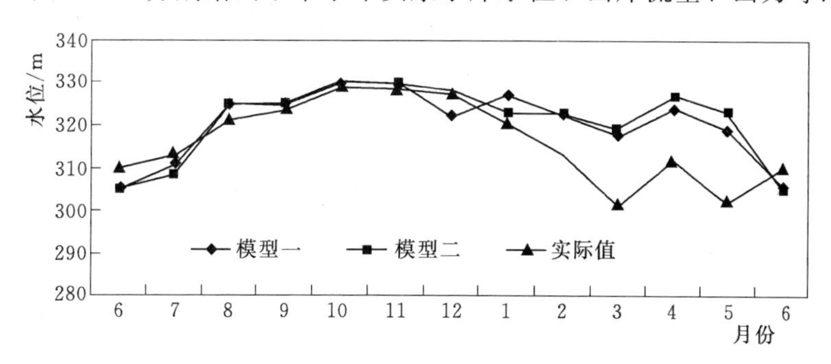

图7-8　平水年安康水库蓄水位变化

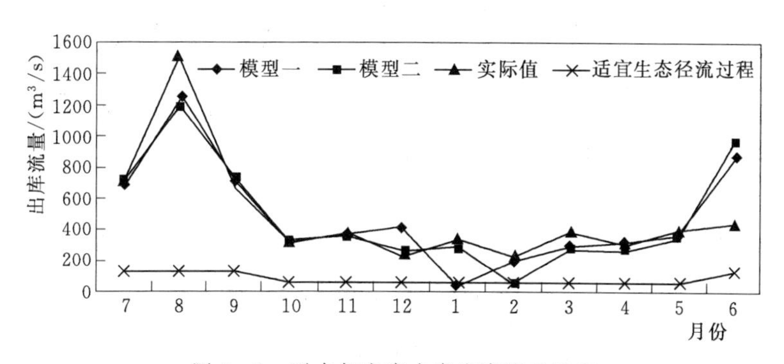

图7-9　平水年安康水库出库流量过程

由安康水库水位和出库流量的变化过程可知：

（1）模型一相比于实际值，高水位提前出现，发电量可达到理想中的最大值，而且水位波动较大，可用来集中水头增大发电量，在3—6月水位差别较大。

（2）与模型二对比，模型一后汛期10—11月水位较高，保证发电量最大，模型二在

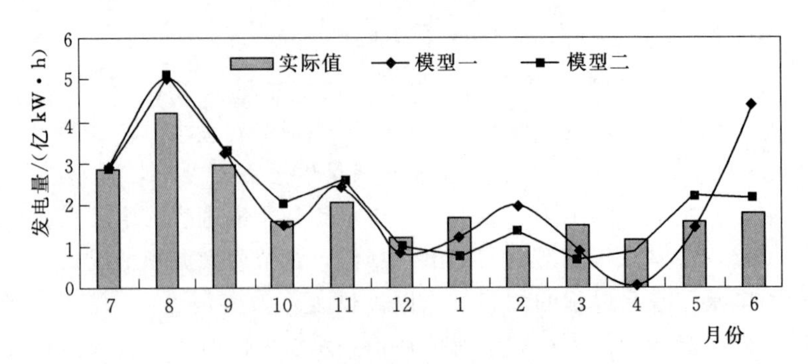

图 7-10 平水年不同模型逐月出力及发电量

12 月为了满足下游的生态需水，放水降低蓄水位，没有保持高水头运行。

(3) 模型一和模型二 8 月均出现最大流量，但都没有超过 2000m^3/s。实际值和模型一、模型二完全满足生态要求，所以在平水年最具优越性的出库流量过程是更有利于满足河道纳污需水量，保证河流健康。模型二在 12 月减少出库流量，抬高水位保证枯水期 2 月有足够的出库流量满足河道生态需水，恢复和改善河道纳污能力。

由安康水库出力和发电量的变化过程可知：

(1) 非汛期内模型一、模型二与发电量的实际值起伏相差不大，在汛期及汛后期发电量较小，主要原因是：前期抬高水位后集中放水，使短时期的发电量增大，使水库在枯水期出库流量减少至生态需水，破坏了保证出力，且可能破坏河道生态健康。

(2) 汛后模型二发电量相比模型一减少，但在枯水期发电量较小但稳定而且年度总的发电量与模型一相差很小，水库在平水年得到了较大综合效益。

7.3.3.3 枯水年结果分析

图 7-11～图 7-13 分别给出了平水年安康水库水位、出库流量、出力等计算结果。

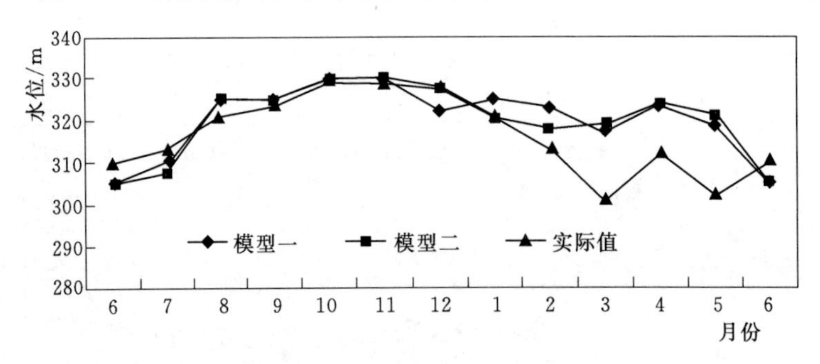

图 7-11 枯水年安康水库蓄水位变化

由安康水库水位和出库流量的变化过程可知：

(1) 在枯水年，为了满足发电量最大目标，模型一与实际运行的水位一直处于波动抬高阶段，实际运行过程对桃汛期的来水没有充分利用，以增加发电。

(2) 模型二为了满足下游的生态需水、放水降低蓄水位，汛后期和枯水期水位相比于模型一差距较大。

(3) 实际运行能满足生态要求，模型一、模型二最大流量都没有超 1000m^3/s。在枯

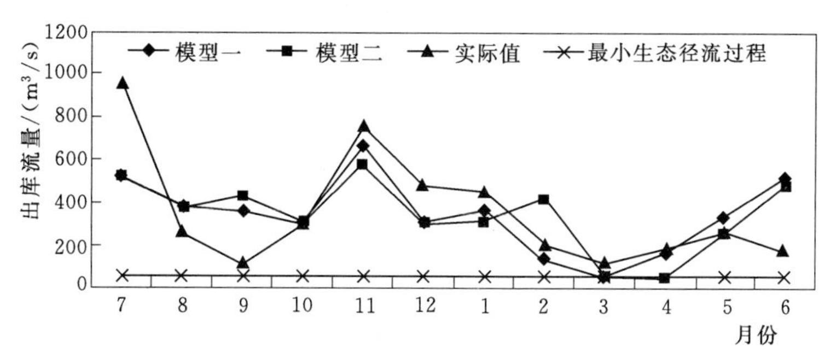

图 7-12 枯水年安康出库流量过程

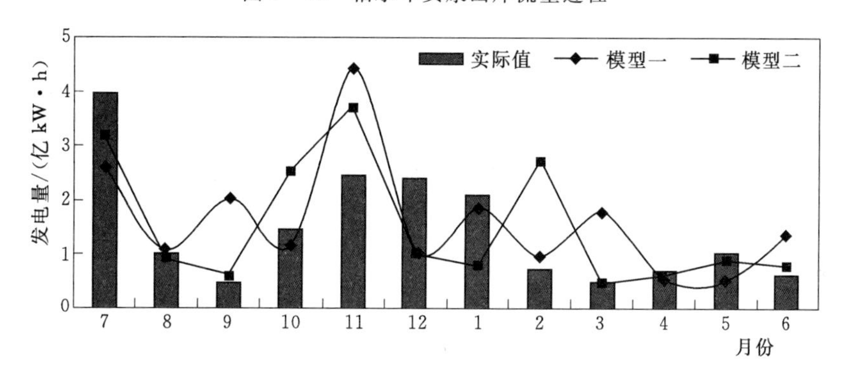

图 7-13 枯水年不同模型逐月发电量

水年，模型二在 4 月的出库流量相比于模型一更加满足生态需水，且在整个出库过程更趋均匀性，保证枯水年河道健康状态不被破坏。

由枯水年安康水库出力和发电量的变化过程可知：

（1）发电量实际值在 8 月、9 月急剧减少。

（2）模型一的发电量在 4 月减小，水库的逐月发电量过程变化剧烈，会造成电力系统不稳定。

（3）模型二汛前的发电量较汛期有不同程度的减少，但在汛后和枯水期发电量稳定均匀，水库处于良好的运行状态，且年度总发电量虽较少，但较好地保证了下游断面的生态需水。

7.3.3.4 典型年结果汇总分析

综合丰、平、枯水年发电量的计算结果，随着生态目标的达成，分析典型年内安康水电站发电效益的变化情况。生态保证率是在典型年内能满足生态要求的月数与生态理想目标（12 月）的比值。发电效益下降比例是各典型年考虑生态模型二相比于不考虑生态模型一的发电量变化情况，生态保证率增加比例是考虑生态模型二相比于不考虑生态模型一的生态保证率变化情况。

由表 7-15 可以看出：

（1）在考虑生态目标后，模型二在丰水年的发电效益下降了 0.4%，生态保证率为 99%，生态保证月数均为 12 个月。

（2）平水年的发电效益下降了 0.6%，生态保证月数从 11 个月提高到 12 个月，生态保证率提高8%。

（3）枯水年体现出了两目标较强的敏感性，即发电量下降2%，生态保证率增加8%。说明枯水年的生态目标随着来水的减少很容易被破坏。

（4）随着来水的减少，发电量依次减少，发电效益下降比例增大，生态保证率增加比例增大。因此，模型二考虑生态后在典型年中对枯水年的发电量影响最大，在实际调度中应尤其关注枯水年水位的调控。

表7-15　不同典型年的生态和发电的损益情况

典型年	模型一/(亿kW·h)	模型二/(亿kW·h)	发电效益下降比例	生态保证率增加比例
丰水年	29.14	29.03	0.004	0.00
平水年	26.88	26.71	0.006	0.08
枯水年	20.07	19.67	0.020	0.08

从典型年和长系列对模型一与模型二结果进行对比，可得到以下结论：

（1）模型一很好地模拟了实际运行过程，在实际中具有实用意义。

（2）模型一生态保证率仅为90%，模型二考虑了生态后生态保证率提高到95%，大大降低了生态环境破坏程度，比模型一提高了5%，比实际值提高了17%。因此，生态调度对于改善安康水库下游河道具有可行性。

（3）模型二长系列和典型年的计算结果中，发电效益减幅均维持在5%以内，即可满足生态目标。表明现状生态问题可通过调度改善，生态对发电效益影响较小，生态问题主要发生在枯水年。

（4）从丰、平、枯典型年结果分析可以看出，安康水库调度仍存在较大的优化空间，主要体现在桃汛期水位和年末水位的控制，且模型二的水位、流量调控过程对调度期内的生态调度具有指导意义。

7.4　枯水年生态调度方案

对于安康水库的下游生态问题，模型二的结果仅反映了枯水年生态对发电具有较为显著的影响。为探究随着来水的变化，生态对发电是否具有规律性变化，以寻求多目标调度模型的最优输入数据（对于多目标模型最优数据为生态与发电敏感性最强的年份的入库流量），本节选取脉冲指标σ对模型二长系列结果进行分析。σ用来判断考虑生态目标后对不同典型年的发电量影响，σ越大，年径流对发电量影响越大，即考虑生态后的出库流量对发电量影响也更为显著。σ的表达式为

$$\sigma=(E-E_i)/(R_i-R) \tag{7-19}$$

式中：E为多年平均发电量；E_i为第i年发电量；R为多年平均径流量；R_i为第i年径流量。

将长系列的典型年资料按来水排频形成新的序列，再对新序列进行σ指标计算，结果见表7-16，σ变化幅度如图7-14所示。由表7-16可知：

（1）随着来水量的减少，σ值有增大趋势，考虑生态的年径流对年发电量的影响也逐渐增大。来水越枯，生态与发电量的矛盾性增加，敏感性增强。

（2）根据 σ 值变化规律，结合第 5 章典型年结果分析与最不利原则可知，选择径流量少的枯水年，与河道所需生态径流有较强的矛盾关系。考虑到要与模型二对比分析，因此选取典型枯水年 1944—1945 年作为多目标调度模型三的输入，进行枯水年多目标调度研究。

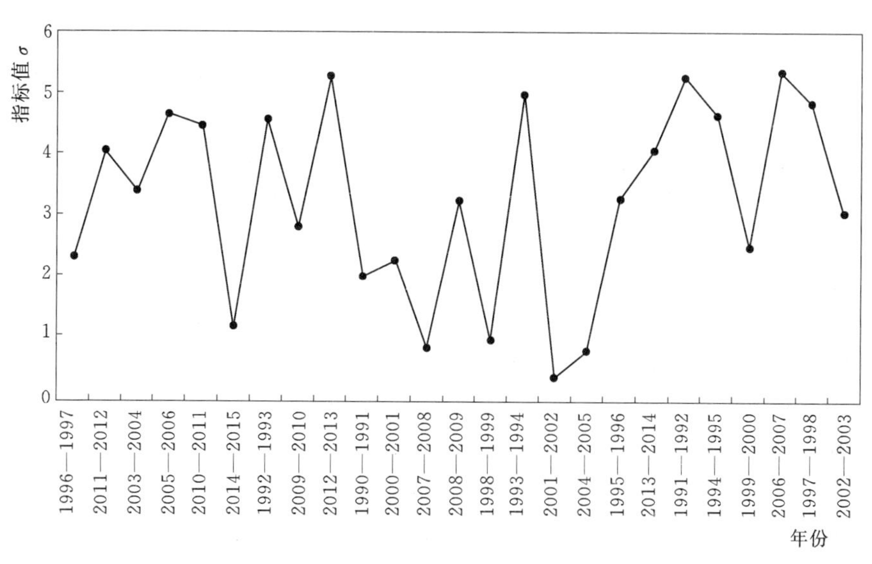

图 7-14　不同频率下的多目标敏感性

表 7-16　　生态目标对不同来水年发电量的影响

年　份	经验频率/%	脉冲	年　份	经验频率/%	脉冲
1996—1997	3.85	2.29	1998—1999	53.85	0.94
2011—2012	7.69	4.06	1993—1994	57.69	4.98
2003—2004	11.54	3.39	2001—2002	61.54	0.35
2005—2006	15.38	4.68	2004—2005	65.38	0.78
2010—2011	19.23	4.46	1995—1996	69.23	3.29
2014—2015	23.08	1.13	2013—2014	73.08	4.07
1992—1993	26.92	4.60	1991—1992	76.92	5.29
2009—2010	30.77	2.80	1994—1995	80.77	4.65
2012—2013	34.62	5.30	1999—2000	84.62	2.47
1990—1991	38.46	1.99	2006—2007	88.46	5.38
2000—2001	42.31	2.27	1997—1998	92.31	4.85
2007—2008	46.15	0.82	2002—2003	96.15	3.07
2008—2009	50.00	3.27			

7.5　枯水年多目标调度方案

7.5.1　构建枯水年不同方案

多目标模型三仅选取典型枯水年，运用 NSGA-Ⅱ求解，得到最优解集。最优解集中的每个点都代表一种均衡方案，在最优解集曲线上可根据不同调度任务取不同点作为不同的调度方案，增加了方案的多样性。典型枯水年多目标调度结果如图7-15所示，两个目标敏感度没有达到NSGA-Ⅱ算法的要求，目标可抗衡程度不够，表现为近似一条直线的解集，即生态缺水量目标在发电量最大目标的微小调整下就可完全达到理想状态。由图7-15可知：

（1）Pareto曲线前半段为直线，说明发电量的微小调整即可满足生态的需求，竞争关系不明显；Pareto曲线后半段为曲线，说明两个目标之间存在较强的竞争关系，符合多目标解集的分布规律。

（2）将单目标结果绘制在图7-15上，依据两目标之间此消彼长的关系，将Pareto曲线外延，发电量最大和缺水量最小的单目标极值点恰好落在Pareto曲线的外延线上，且为曲线的两个端点，论证了单、多目标结果的准确性和可靠性。

（3）单、多目标的Pareto曲线可将解集分为两段：左前段以单目标发电量最大值为起点、Pareto曲线中直线段的右端点为终点，右后段以Pareto曲线中直线段的右端点为起点、单目标缺水量最小的极值点为终点。

（4）前段Pareto曲线的生态缺水量都保持为0，在追求发电量最大时，多目标Pareto曲线中直线段的右端点为临界值点，其发电量为19.9亿kW·h，生态缺水量为0。此时，可在满足生态的基础上达到发电量的最大值，推荐为最佳均衡解。超过该临界点，Pareto呈现出曲线特征，即发电和生态呈现对立矛盾的关系，可为决策者提供多种均衡方案。

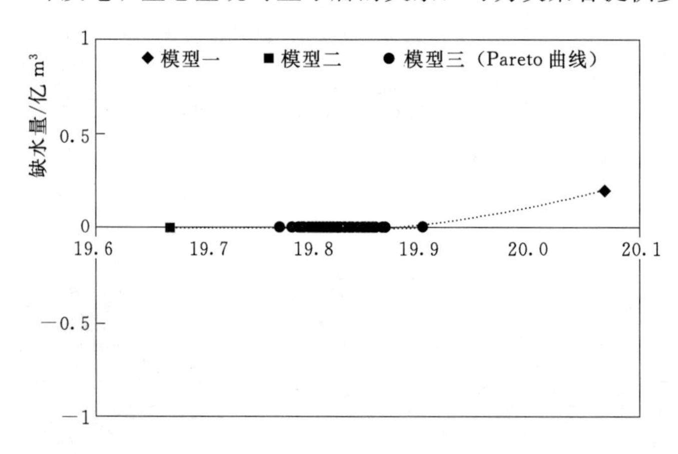

图7-15　枯水年Pareto前端最优解集

7.5.2　枯水年结果分析

根据多目标建模编程，调用已调试好的程序 f（size，generation，year）进行多目标求解，其中size指种群个体数取100，generation遗传进化代数取500代，year目标起始年份取1994年。枯水年1994—1995年的Pareto前端最优解如图7-15所示。将单目标结果与最优解集曲线对比，由图可知：模型二优化解空间的结果发电量和生态缺水量的坐标为(19.67，0)，在曲线的左端点附近。虽然优化结果不能较好地反映生态目标和发电目标的矛盾制约关系，但作为改善生态调度的发电量最大结果，可生成枯水年生态优化方案。

根据不同时期、不同调度任务和权衡水库生态和发电目标的优先性，在Pareto曲线的

最优解集取3个点，根据发电量的大小排序后取最大、最小及中间值作为不同调度方案，分别为方案一、方案二和方案三。统计结果将优化解空间映射到真实解空间结果，见表7-17。表7-17中按发电量最大任务从中选取方案，方案一最优。模型二结果19.67亿kW·h与NSGA-Ⅱ的求解结果中的最大发电量19.94亿kW·h相差1.4%。由此可知，多目标结果对安康水库生态调度中寻求发电量最大目标具有指导作用。各方案的出库流量如图7-16所示，可作为水库实际生态调度的参考。由图7-16可知：模型二结果与三种方案水位变化过程对比，差别主要在9—10月和4—5月，三种方案之间的明显差异在3月末。因此，枯水年生态调度能提高发电量的有效途径是调控好桃汛前期的水位。

表7-17　　　　各方案结果对比

选取方案	发电量/(亿kW·h)	生态保证月数/个	缺水量/(万m^3)	选取方案	发电量/(亿kW·h)	生态保证月数/个	缺水量/(万m^3)
方案一	19.94	12	0	方案三	19.89	12	0
方案二	19.91	12	0	模型二结果	19.67	12	0

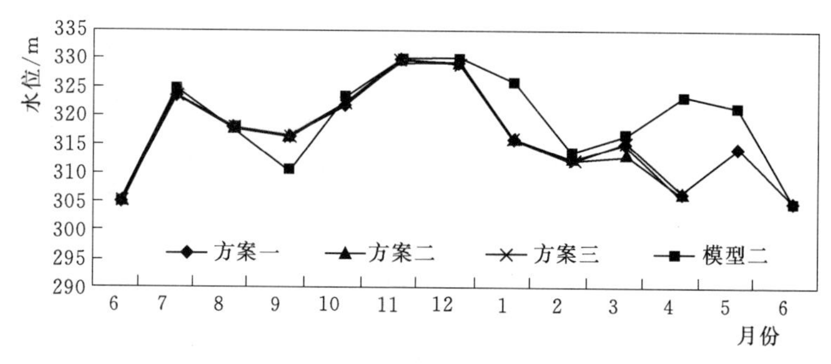

图7-16　各方案水位变化过程对比

枯水年主要矛盾是全年水量较少，优先保证生态基流不会使河道内断流，结合图7-17与图7-18可知，三种方案相比于模型二结果在各方面均有所改善：

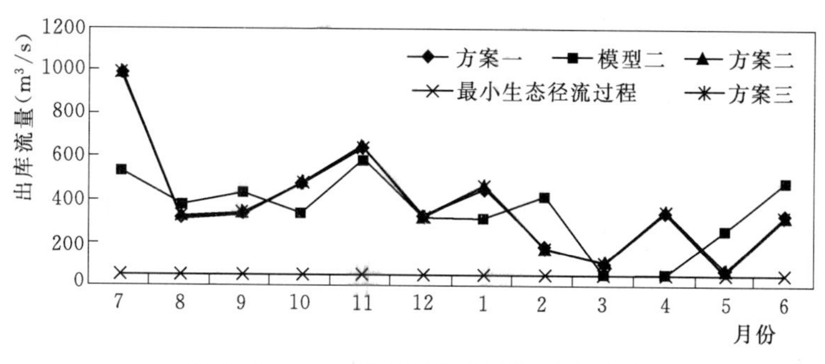

图7-17　各方案出库流量过程对比分析

（1）三种方案均在8—9月和12月至次年4月有所减少，在9月和4月流量增大，使发电量逐月差量趋于减少。

（2）模型二结果流量在3月和4月流量均在生态需水边界，但三种方案均在4月增加流量，缓解了下游生态需水的临界破坏状态和河道生态的恶化程度。

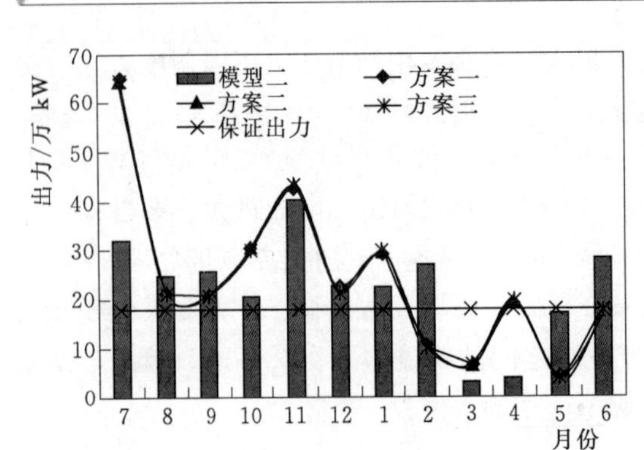

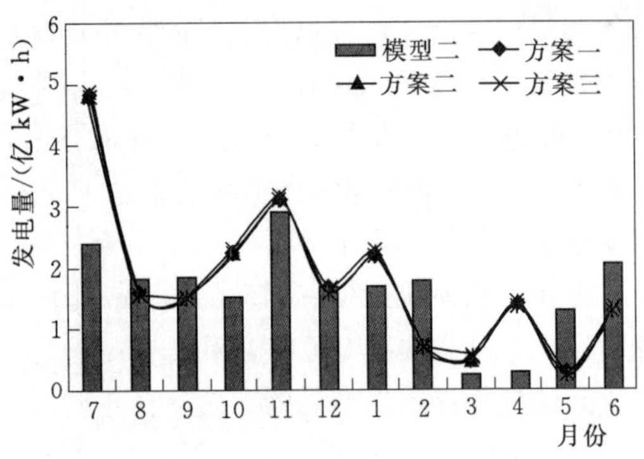

图 7-18　各方案发电量过程对比分析

7.6　生态过程对发电效益的影响

7.6.1　基于未来环境下的生态径流过程

由于引起河道水文环境变化的不确定性因子逐年增多，如城市化速度加快、污水增多、突发水污染事件增多，对于下游河道必须做出不同的响应，以维持或改善下游河道生态健康。根据未来环境变化程度，对基本生态径流过程按比例增加，见表 7-18。生成不同的生态目标，探究不同生态目标对水库发电效益的影响程度，并给出相应的生态调度方案。

表 7-18　不同典型年的扩大生态径流过程

典　型　年	增加比例/%	汛期/(m^3/s)	非汛期/(m^3/s)
平水年适宜生态过程	0	131	57.3
	100	262	115
	200	393	172
	300	524	229
	400	655	287
	500	786	344
枯水年最小生态过程	0	57.3	57.3
	100	115	115
	200	172	172
	300	229	229
	400	287	287
	500	344	344
丰水年最优生态过程	0	131	62
	100	262	124
	200	393	186
	300	524	248
	400	655	310
	500	786	372

7.6.2 生态对发电效益的影响

由长系列结果看出，安康水库的调度满足基本生态径流的生态目标，即现有的运行方式在兼顾基本生态径流的生态目标下，对发电效益基本没有影响，但是要改善河道生态健康需要进一步加大生态径流量。但随着生态径流的增加，水库的发电效益将会受到影响，按照在基本生态径流基础上增加100%、200%、300%、400%、500%的扩充生态基流，探究在争取发电经济效益的同时，最大限度恢复河流生态健康，以寻求不同生态目标下的优化调度方案。运用遗传算法对不同生态目标进行求解，求解适应度优化结果如图7-19所示。

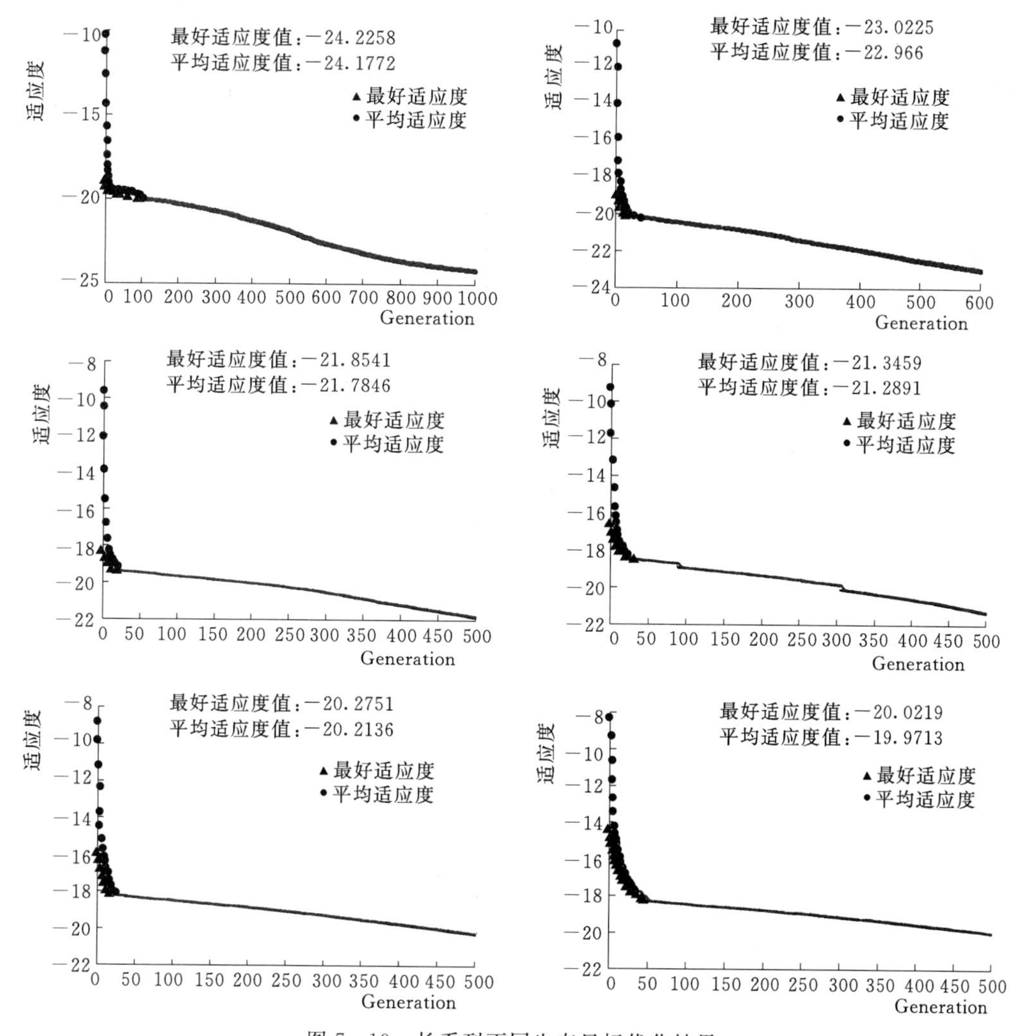

图7-19 长系列不同生态目标优化结果

以五种扩充生态基流、基本生态基流为生态目标和发电量最大目标模型求解，结果采用去量刚法分析，发电量与生态径流量不是单一的直线关系，发电量和生态径流量去量刚处理后的变量为p和q系列，p和q的比值表示生态发电损益比k。k值越小，生态目标对发电目标的影响越小，综合效益最大。

$$p_i=(E-E_i)/E \tag{7-20}$$

$$q_i=(R_i-R)/R \tag{7-21}$$

$$k=(E-E_i)/(R_i-R) \tag{7-22}$$

式中：E 为基本生态径流下的发电量；E_i 为扩大不同比例生态径流下的发电量；R 为基本生态基流下的生态补给量；R_i 为不同增幅下生态径流的生态补给量。

根据长系列优化算法得到的结果，发电量、生态补给量及指标值的变化见表7-19，可以看出在随着生态补给量的加大，发电量不同程度地下降。由表7-19中 k 值可得，增加100%生态的 k 值最小，为0.026。所以适宜选取基本生态的200%生态径流过程作为未来环境下的响应过程。

表7-19　长系列生态基流不同增幅下的发电量变化情况　单位：亿kW·h

长系列	基本生态	+100%生态	+200%生态	+300%生态	+400%生态	+500%生态
发电量	24.35	23.65	22.66	21.35	20.28	18.52
生态补给量	27.20	54.40	81.60	108.80	136.00	163.20
p	0.00	−0.03	−0.07	−0.12	−0.17	−0.24
q	0.00	1.00	2.00	3.00	4.00	5.00
k	0.00	0.026	0.031	0.037	0.037	0.043

由于生态对于水库直接影响的是放水过程。因此，以河道为对象，更关注水库以河道原始流量及其放水过程制定的生态可行域。本节采取对1950—2014年径流资料提取放水过程上下包线，检验基准为建库前河道所需生态流量，如图7-20所示。由图7-20可知：生态增加100%，生态发电损益比最小，且考虑河道自然状态下水流能力的可行域如图7-21所示，在增加100%后，生态径流过程进入可行域空间，可促使河道进入加速恢复改善区。因此，生态调度中若要增加径流过程，应将径流过程至少增加100%。

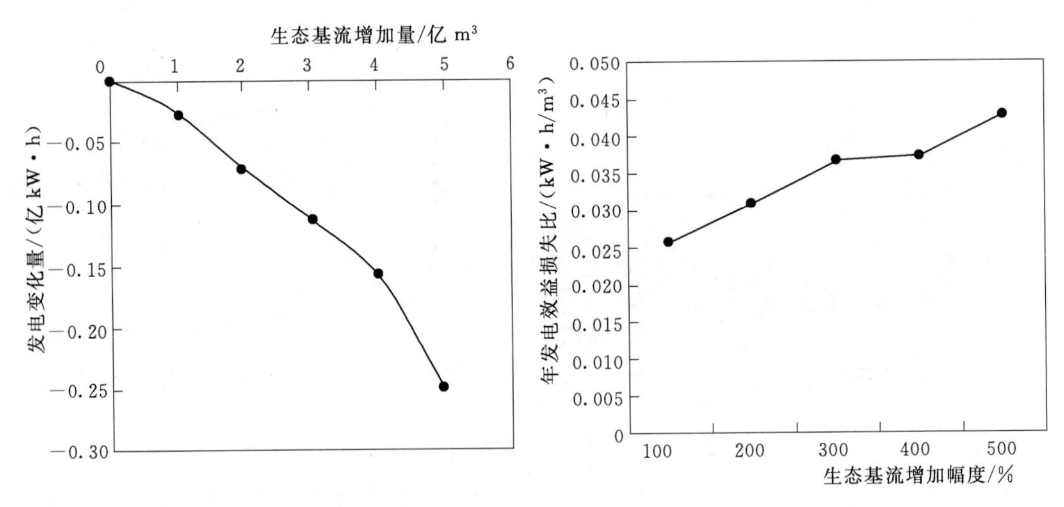

图7-20　目标损益示意图

(1) 为了提高和改善下游河道的生态健康，提出一系列生态径流过程，结合指标因子生态发电损益比 k，对生态目标进一步加大后进行生态优化调度。结果发现，损失的发电

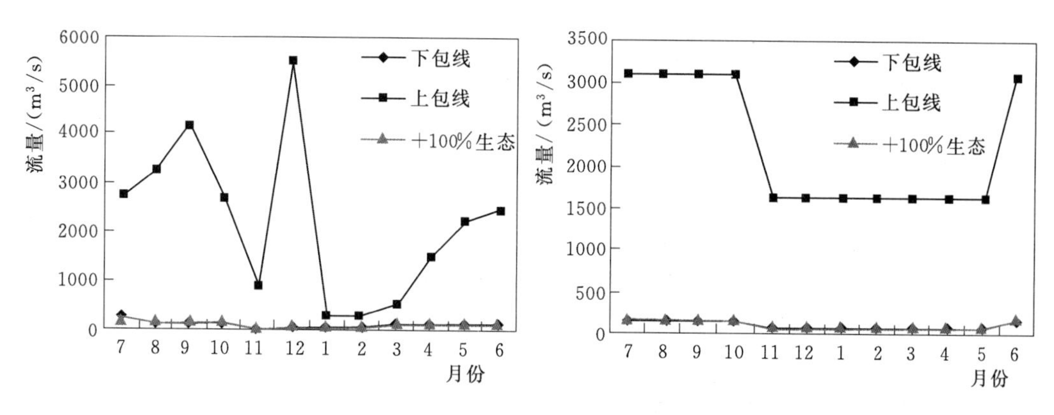

图 7-21 基于生态的出库流量可行域

效益总量和生态发电效益比 k 均在 200%生态径流过程产生突变。由此可知：安康水电站对于未来环境下的生态径流过程必须控制在 200%生态径流过程以内，即生态流量控制在 $115m^3/s$ 以内。

(2) 变化环境下不同生态目标对水电站发电效益影响不同，综合考虑总水量和生态发电损益比值指标，将发电效益和生态补给量的转换关系进行量化，为水库后续提高河道纳污能力或处理河道突发污染事件提供了可行方案。

7.7 生态过程对水位调控的影响

为更直观地体现生态目标对水库运行过程的影响，以逐月生态需水过程对应不同的生态保证率为准，确定水库最低水位的极限值，为调度决策者提供技术依据。

将 1990—2014 年的逐月流量资料排频，构成各月入流频率均为 90%和 95%的枯水系列，见表 7-20，探究在两种极端枯水系列情景下，不同生态目标对水库运行最低水位的影响。生态目标设置为基本生态（对于特枯系列取最小适宜生态流量过程）和规划生态（水利部门要求），并在基本生态基础上分别扩大 100%、200%、300%的生态流量。

表 7-20　两种情景与不同生态目标流量表

月　份	7	8	9	10	11	12	1	2	3	4	5	6
90%入流系列一	318	180	298	191	115	100	69.5	73.5	104	167	207	207
95%入流系列二	302	66	168	162	108	74	68	68	96.5	131	182	168
基本生态	57.3	57.3	57.3	57.3	57.3	57.3	57.3	57.3	57.3	57.3	57.3	57.3
规划生态	80	80	80	80	80	80	80	80	80	80	80	80
生态+100%	115	115	115	115	115	115	115	115	115	115	115	115
生态+200%	172	172	172	172	172	172	172	172	172	172	172	172
生态+300%	229	229	229	229	229	229	229	229	229	229	229	229

水库运行规则中基本要求是不能低于死水位，以此为前提，对水库两种情景分别进行调度。

7.7.1 情景一：生态调控水位

设置各月流量均为95%保证率的入流系列二，将不同生态目标对应流量拟定为逐月最小出库流量。以水量平衡为基础，以6月末水位为305m为已知条件，推求逐月最低水位。不同生态目标下最低水位变化结果见表7-21。由表7-21可以看出：基本生态对应最低水位没有变化，保持为305m。由图7-22可知：基本生态系列均在入流系列以下，所以可以运用“来多少放多少”模式满足生态目标；其他生态需水目标大于入流系列的月份依次增加，必须依次增加各月的水位，以生成满足生态目标的调节库容。

表7-21　情景一下不同目标对最低水位影响情况　单位：m

月　份	7	8	9	10	11	12	1	2	3	4	5	6
基本水位	305	305	305	305	305	305	305	305	305	305	305	305
规划水位	305	305	305	305	307	306	306	305	305	305	305	305
+100%水位	305	308	311	314	313	311	309	306	305	305	305	305
+200%水位	325	325	325	327	325	321	316	312	307	305	305	305
+300%水位	325	325	325	330	330	330	327	322	316	311	309	305

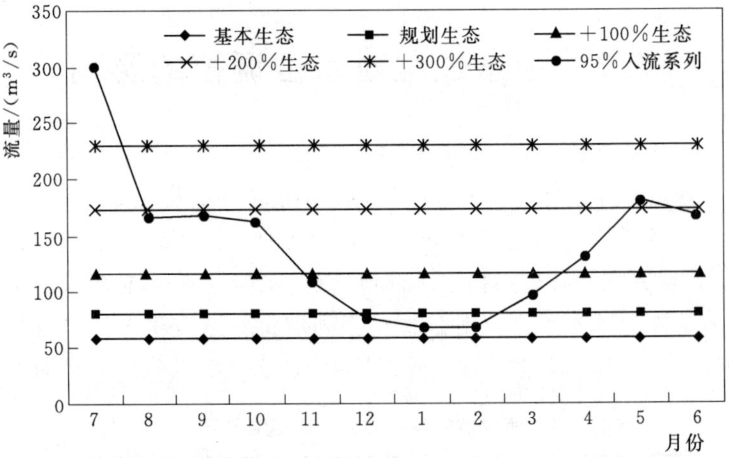

图7-22　情景一：入流与不同生态目标流量关系

由表7-21、图7-22和图7-23可以看出：基本生态、规划生态、+100%生态对最低水位改变在可接受范围内，与兴利库容矛盾较小，而到生态增加200%以后，枯水年里汛期争夺防洪库容，且严重约束汛后期集中水头发电，对水库的健康运行造成很大影响。

7.7.2 情景二：生态调控水位

情景二设置各月流量均为90%保证率的入流系列一。与情景一类似，将不同生态目标对应流量拟定为逐月最小出库流量。以水量平衡为基础，以6月末水位为305m为已知条件，推求逐月最低水位。不同生态目标下最低水位变化结果见表7-22。

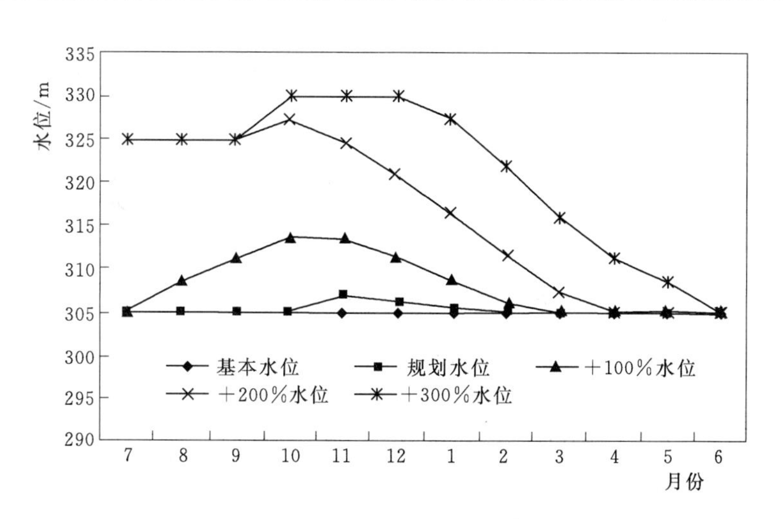

图 7-23 情景一下不同生态目标的最低调控水位

表 7-22 情景二下不同目标对最低水位影响情况

月　份	7	8	9	10	11	12	1	2	3	4	5	6
基本水位	305	305	305	305	305	305	305	305	305	305	305	305
规划水位	305	305	305	305	305	306	305	305	305	305	305	305
+100%水位	305	305	307	311	311	311	308	306	305	305	305	305
+200%水位	318	318	323	324	322	319	314	309	305	305	305	305
+300%水位	325	325	325	330	330	329	323	317	311	308	306	305

由表 7-22 可以看出：基本生态对应最低水位没有变化，均保持在 305m。由图 7-24 可知：基本生态系列均在入流系列以下，所以依然可以运用“来多少放多少”模式满足生态目标；其他生态需水目标大于入流系列的月份依次增加，必须增大水位，生成能满足生态目标的生态水量存储库容；相比于情景一，由于入库流量增大，水库所要预留的生态补偿库容小于情景一。

由表 7-22、图 7-24 和图 7-25 可以看出：基本生态、规划生态、+100%生态，+200%生态对最低水位改变在可接受范围内，与兴利库容矛盾较小，且没有争夺防洪库容；生态增加 300%以后，枯水年里汛期争夺防洪库容，且严重影响汛后期的发电，对水库的经济运行造成很大影响。

由此可见：不同情景下的入流对生态调控最低水位有很大影响。若流量不包含在两种枯水情景系列中，需要决策者根据水库径流预报下一月的流量，进而根据水量平衡确定满足生态目标的最低水位，预留足够的生态库容。因此，为调度决策者提供两种来水情景下不同生态目标的最低调控水位，以此作为生态目标确定后的水库水位控制下限。

（1）情景一中，基本生态径流对调度期内的逐月水位没有影响，均为死水位 305m，规划生态径流在调度期内对 12 月水位抬高 1m 为 306m，其他均保持死水位，其他生态径流过程对最低水位调控影响如图 7-23 所示。

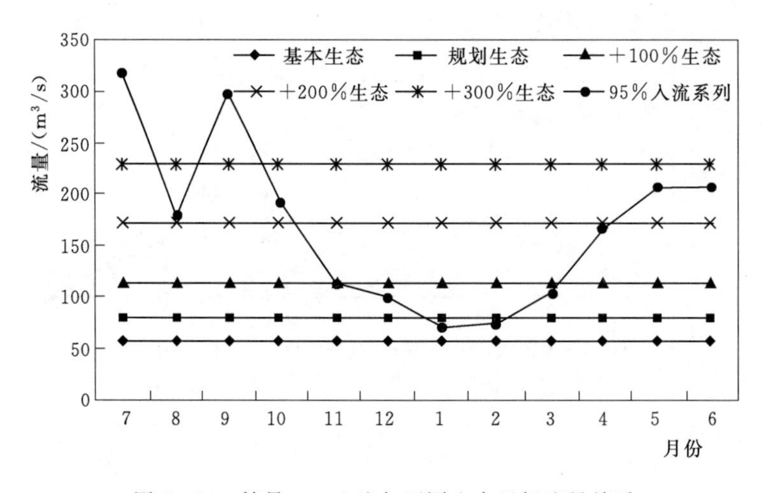

图 7-24　情景二：入流与不同生态目标流量关系

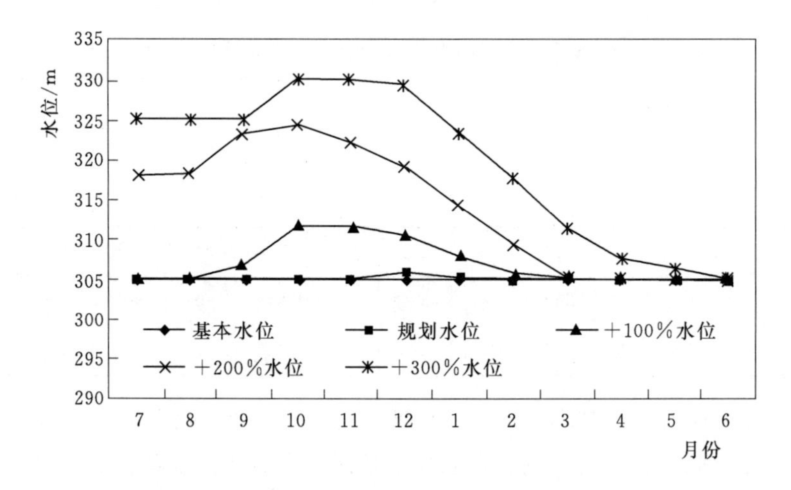

图 7-25　情景二：不同生态目标的最低调控水位

（2）情景二中，基本生态径流对调度期内的逐月水位没有影响，均为死水位 305m，规划生态径流在调度期内 11 月、12 月和 1 月水位分别为 307m、306m、306m，其他均保持死水位，其他生态径流过程对最低水位调控影响如图 7-25 所示。

（3）入流系列一与入流系列二均为极端枯水系列，系列二相比于系列一更有利于保护河道生态，图 7-25 的最低水位调控过程可以作为长期兼顾下游生态的水库调度下限控制水位。

7.8　本　章　小　结

本章利用 Q90 法、湿周法等方法计算河道基本生态需水量等针对不同生态目标的需水量，确定出最优、适宜、最小生态径流过程，并用 Tennant 评价法对所选各生态径流过程进行了评价，验证了所选取生态径流过程的良好性。建立了安康水电站发电量最大和生态缺水量最小两个单目标模型，以及兼顾生态、发电的多目标模型，分别利用 GA 和

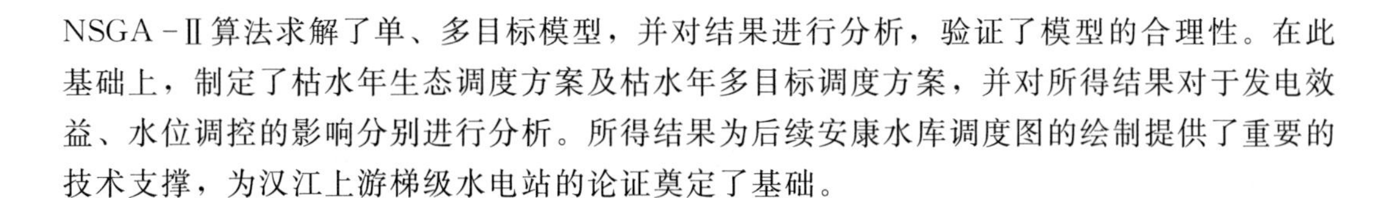

NSGA－Ⅱ算法求解了单、多目标模型，并对结果进行分析，验证了模型的合理性。在此基础上，制定了枯水年生态调度方案及枯水年多目标调度方案，并对所得结果对于发电效益、水位调控的影响分别进行分析。所得结果为后续安康水库调度图的绘制提供了重要的技术支撑，为汉江上游梯级水电站的论证奠定了基础。

第8章　安康水库调度方案研究

调度图和调度函数是水库调度规则两种常用的表达方式。水库调度图表达直观，根据调度时间和水库水位确定决策量，但不考虑水库入库径流预报，决策相对保守；水库调度函数表达精确，根据决策量与水库水位、入库流量和需水等因素的函数关系确定决策量，但考虑因素较多，对径流预报精度要求也高。本章以安康水库为例进行调度规则分析，以确定安康水库调度方案。

8.1　安康水库常规调度图的编制

8.1.1　调度原则

采用长系列水文计算编制调度图应满足如下具体原则：

（1）在设计枯水年份，水电站能按保证出力工作，不使正常工作遭受破坏。

（2）遇平水年份、丰水年份，合理利用多余水量，多发电，少弃水。

（3）遇特枯年份时，尽量减轻电站正常工作的破坏程度，减轻对国民经济造成的损失。

此外，在计算中，根据安康水电站的具体情况，考虑到洪水调度不在本次研究任务之列，汛期7—9月按汛限水位325m控制蓄水。

8.1.2　基本依据

（1）发电保证率。根据安康水电站技术设计成果，采用历时保证率为90%。

（2）水位—库容关系和水位—流量关系曲线。

（3）综合利用要求。安康水电站在陕西电力系统中主要担负系统的调峰及事故备用。除发电外，还兼有航运、防洪及水产养殖等综合利用效益。

（4）其他。安康水电站总装机容量为850MW，由4台单机容量为200MW的机组和一台单机容量5MW的机组组成。

8.1.3　绘制方法

安康水库调度图的绘制分别采用1954—1989年共36年资料（即原设计采用的资料系列）和1954—2005年共51年资料进行，通过对比采用不同时段绘制的调度图，可以宏观地分析近些年来水变化趋势对调度图的影响。本节采用两种不同的方法绘制安康水库调度图：

（1）根据水库长系列水文资料，采用常规的水能反算方法绘制调度图。

（2）以发电量最大为目标，通过长系列模拟计算，绘制每一年水库水位的运行轨迹，最终得到优化发电调度图。

本节主要采用第一种方法绘制安康水库调度图。

8.1.4 安康水库调度图的编制

8.1.4.1 基本调度线

在长系列径流资料中选择与设计枯水年相接近的5个典型年，每一年从供水期末的死水位开始，按照保证出力进行逆时序水能反算，得出至丰水期初逐时段初的水库蓄水位。取历年库水位线的上包线，则绘得保证出力区的上调度线（防破坏线）。保证出力的下调度线（限制出力线）的编制方法与上调度线基本相同，考虑各种不利月旬水量分配的影响，取其下包线。

8.1.4.2 加大出力运行区

当水库来水量按保证出力发电时还有多余水量，则应加大出力，防止弃水。当处于丰水期，即水库蓄水期时，应在有计划充蓄水库的同时，将余水用于发电，尽可能减少后期弃水，以充分利用水资源。在供水期，当电站按保证出力发电时，遇天然来水量较大、水库实际蓄水比上调度线相应的蓄水位高时，则产生多余蓄水量，可用于此后加大出力。结合安康水电站径流特性和库容条件，供水期的多余水量采取均匀加大出力的方式，以提高发电水头，尤其是提高年内后期运行水头，并避免出力突变。

8.1.4.3 降低出力区

在电站运行中会遇到保证率以外的枯水年或出现非常不利的枯水段的情况，不能按保证出力正常工作。水库调度的任务是尽量减小破坏深度，使电站的出力比较均匀，将电力系统供电受到的不利影响和损失降低到最低程度。

8.1.4.4 调度图的修正

对于调度图中的保证流量区下调配线，即限制流量（出力）线，当汛期到来较迟时，由于过早放空水库，将引起正常工作的集中破坏。为此可对下调配线进行修正，方法是将下包线的下端点与上包线的下端连起来，作为修正后的基本调度线。本次研究分别采用安康水库新、旧长系列资料绘制调度图，如图8－1和图8－2所示。

8.1.4.5 调度图的应用

安康水电站水库调度全图包括五个分区。各区的意义及应用方式或调度规则如下：

（1）A区——保证出力区。实际蓄水位落到此区，水电站按保证出力工作。

（2）B区——加大出力区。实际蓄水位落在此区，水电站按加大出力调度线的出力工作。

（3）D区——限制出力区。实际蓄水位落到此区，可按降低出力线的出力工作。

（4）E区——防洪限制区。实际蓄水位落到此区，表明出现了大洪水，水电站可按装机容量满发；同时应开启闸门泄洪，可按正常泄量（或安全泄量）下泄。

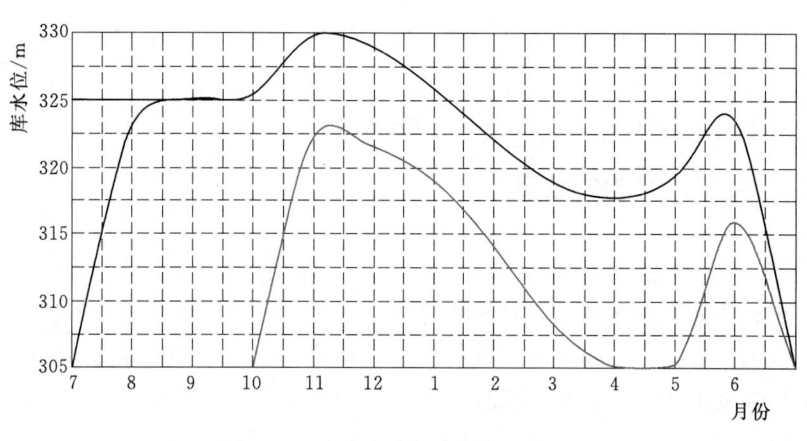

图 8-1　安康水库调度图（旧资料）

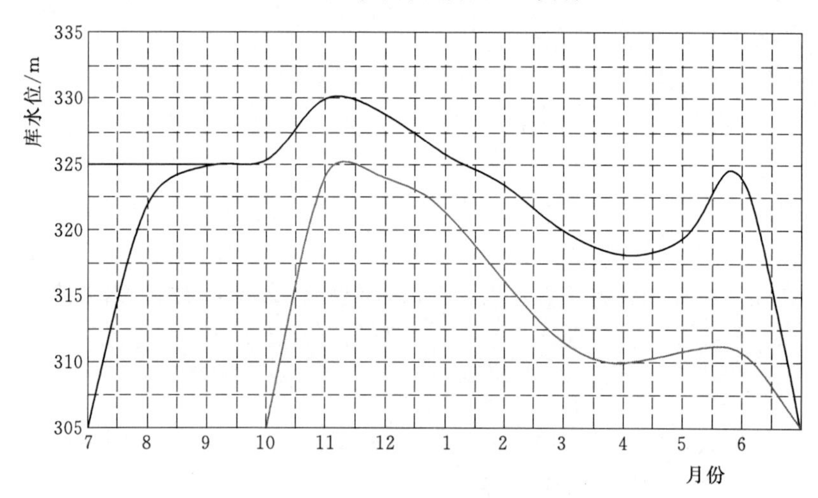

图 8-2　安康水库调度图（新资料）

8.1.5　安康水库调度运行规则

为了满足安康水电站发电与其他综合利用要求，对水库调度运行规则说明如下：

（1）汛期 7—9 月。水库以防洪调度为主。在发电调度运行中，库水位处在上调度线以下时，电站按保证出力发电，同时逐步充蓄水库，若遇到汛期推迟或来水较少，由于水库存水不多，电站出力可能受到破坏。水库水位超过上调度线时，应加大出力，使水库水位回落在调度线上。当电站以全部装机容量满发时，若水位仍超过上调度线，库水位应控制在汛期限制水位 325.0m，视来水情况，按防洪调度规则操作。为了提高水库蓄水保证率，9 月底水库水位应争取在 325.0m。

（2）10 月为水库蓄水期。电站一般可按保证出力运行，水库逐步充蓄，争取在 10 月底以前蓄满水库。若遇到枯水年份，当水库水位很低，处于下调度线以下时，为增加水库蓄水、提高后期运行水头，应按降低出力运行，以减少破坏程度。10 月来水较大，电站运行应加大出力，使库水位维持在上调度线上，电站运行中既保证蓄水，同时争取多发电。电站以全部装机满发后仍有多余水量，则水库应及时尽量充蓄，直至达到正常蓄水位

330.0m，此后将产生弃水。

(3) 11月的运行。安康水电站11月的上调度线大部分处在正常蓄水位330.0m，水库一般处于正常蓄水位运行，电站以天然来水量发电。若天然来水能发足保证出力时，以维持水位330.0m，对电站以后的供水期运行更为有利。来水较多时库水位维持在330.0m，电站加大出力。有时，11月已为水库供水期，水库水位处在调度图保证出力区时，电站按保证出力运行。

(4) 供水期。一般来说，12月至次年3月均为供水期，电站可按保证出力运行，一般无弃水，3月末水位可降到死水位305.0m，此间水库调度运行，应注意提高电站运行水位以增加发电水头。

(5) 桃汛期。4—5月为桃汛期，丰水情况较多，电站运行除尽可能按保证出力发电外，应注意提高蓄水位，以防备在6月出现的枯水。

(6) 6月的运行。6月来水量极不稳定，除按调度图进行发电调度外，应注意将最高蓄水位控制在325.0m以下，以防备洪水早到造成的防洪被动。根据汉江6月发生洪水主要在中、下旬的特点，可将6月上旬作为水库调度运用上的过渡期，当桃汛过后，水库水位较高时，6月上旬可以适当加大出力逐步降低库水位。

8.1.6 安康水库调度图的合理性分析

水库的基本调度线是用与设计保证率相近的一些典型的来水年份绘制的。绘制水库调度图的目的就是寻求水库在多年期间正常工作的统计规律。因此，按常规方法绘制出来的水库调度图是否合理、可靠，并能用于指导水库实际运行，必须通过实际检验。

采用1954—2005年长系列的历史径流资料，按水库调度图进行长系列操作，统计水库、电站多年运行的主要特征指标，以及水库水位、发电水头、出力等多年变化及其规律，与设计指标进行比较，分析其合理性。常规计算结果与按调度图操作结果见表8-1。从表8-1可以看出，按本节制定的调度图进行长系列操作，与本次发电指标复核计算结果基本相符，多年平均发电量和保证出力均略偏小一些，这说明本次制定的发电调度图是合理的。

表8-1　　水能常规计算结果与按调度图操作结果对照表

项　目	按调度图操作结果	发电指标复核计算结果
多年平均发电量/(亿kW·h)	25.75	26.37
保证出力/万kW	16.41	16.45
多年平均发电水头/m	75.29	75.37

8.2 安康水库优化调度规则研究

8.2.1 水电站水库优化调度模型

水库优化调度的模型很多，目前采用较为广泛的是在满足水利部门一定要求的前提下，水电站群发电量最大的模型，其次还有耗水量最小、发电量期望值最大等模型。对单一水库优化调度，可建立如下发电量最大的数学模型：

$$\max \sum_{t=1}^{T}[E_t - W\sigma_t(EF - E_t)^{\alpha}] \quad (t=1,2,\cdots,T) \tag{8-1}$$

$$V_{t+1} = V_t + (S_t - Q_t)\Delta t \tag{8-2}$$

$$QN \leqslant Q_t \leqslant QM_t \tag{8-3}$$

$$NN \leqslant N_t \leqslant NS \tag{8-4}$$

$$VN_t \leqslant V_t \leqslant VM_t \tag{8-5}$$

式中：V_t、Q_t、S_t、E_t、N_t 分别代表水库 t 时段初蓄水量、t 时段引用流量、入库流量、发电量和出力；QN、QM_t 为水库最小、最大可下泄流量；VN_t、VM_t 为 t 时段水库蓄水的上下限；NN、NS 为水轮机技术最小出力和预想出力；W、α、EF 为模型参数；t 为时段长度；T 为总时段数；σ_t 为 0～1 变量，取值规则为

$$\sigma_t = \begin{cases} 0 & E_t \geqslant EF \\ 1 & E_t < EF \end{cases} \tag{8-6}$$

8.2.2　水电站水库优化调度算法

水电站水库优化调度常用的算法有动态规划法（DP）、逐步优化算法（POA）、大系统分解协调算法和遗传算法等。本节对 DP 进行简要介绍。

DP 是水库优化调度计算中的一种主要方法，是一种普遍适用的水库优化调度通用数学模型，DP 通用性强，可以获得较优的计算结果。

（1）阶段变量。以运行周期内的计算时段作为阶段，时段变量 t 作为阶段变量。

（2）状态变量。以 V_t 作为状态变量，$t=1$，2，…，$T+1$，计算中 V_t 作离散处理。

（3）决策变量。以 Q_t 作为决策变量，$t=1$，2，…，T。

（4）状态转移方程。状态转移方程为水量平衡方程，即约束条件中的第一个方程。

（5）面临时段效益函数。面临时段效益函数 R_t，为状态转移的伴随效益，可表示如下：

$$R_t = E_t - W\sigma_t(EF - E_t)^{\alpha} \tag{8-7}$$

（6）边界条件。边界条件为调度周期始末水库处于死库容，即

$$V_1 = V_{T+1} = V_D \tag{8-8}$$

式中：V_D 为死库容。

（7）递推计算方程。逆时序递推计算，递推计算方程为

$$F_t^*(V_t) = \max[R_t + F_{t+1}^*(V_{t+1})] \quad (t=T,T-1,\cdots,2,1) \tag{8-9}$$

$$F_{T+1}^*(V_{T+1}) = 0 \tag{8-10}$$

对保证出力的计算采用相应于保证率的枯水期时段平均出力，具体计算方法是在动态规划法递推计算求出水库的最优策略后，对枯水期各时段的平均出力求经验频率，以等于保证率的经验频率对应的时段平均出力作为保证出力。当 DP 用于多库调节，系统的维数超过三维时，常遇到“维数障碍”的困难。为克服 DP 这一“维数灾”的主要缺点，在水电能源系统规划中最常用的是离散微分动态规划法（DDDP）以及逐次逼近动态规划法

(DPSA)。但对于单库的优化调度问题，DP的约束限于状态空间和决策空间，故可以减少工作量，且DP易于编制程序，要提高精度，只需加密网格，故计算工作量、占用计算机内存亦随之加大。但对于维数不高的问题，DP不失为较好的方法之一。

8.2.3 基于动态规划与逐步回归方法的安康水库调度规则拟定

水库调度规则函数是体现特定调度规则，可用于指导水库运行的一种函数簇。本节采用DP拟定安康水库调度规则，对1954—2005年51年的水文资料进行逐年寻优，得出51年的最优运行调度轨迹线，然后通过逐步回归的方法，对年内不同时段进行回归，分析各时段出力与时段初水位、时段来水等因素的关系，最终得出回归方程，作为水库调度规则函数，便于水库进行调度操作。

8.2.3.1 采用动态规划进行长系列逐年水库优化调度

将安康水库51年长系列径流资料，每年分为24个时段，其中5～10时段按旬进行计算，其余各时段按月进行，应用动态规划算法对水库进行逐年的优化计算，求得各年最优运行轨迹线，其多年平均发电量为28.52亿kW·h，较常规调度结果的多年平均发电量26.37亿kW·h多了2.15亿kW·h，增发电量7.5%，效益相当可观。图8-3给出了丰、中、枯三个典型年份的逐年最优运行轨迹线，其中1982年为丰水年，2003年为中水年，1987年为典型枯水年。

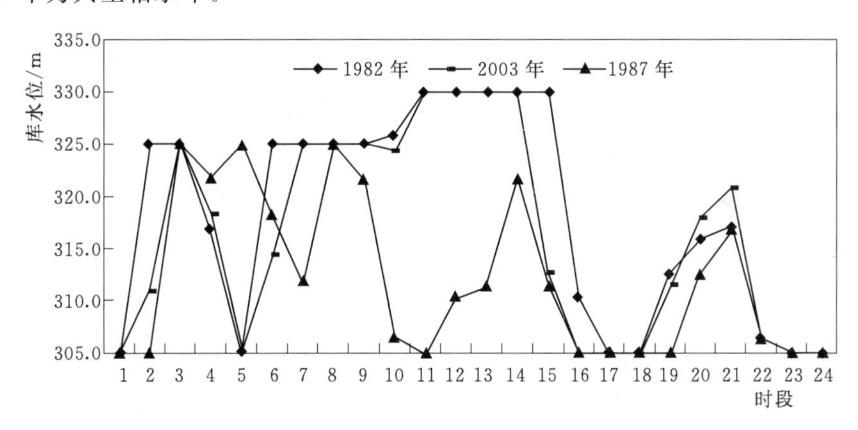

图8-3 三个典型年逐年最优运行调度线

8.2.3.2 逐步回归的基本思路

应用逐步回归的方法分析电站出力的影响因素。众所周知，水资源系统非常复杂，系统内因子众多，从理论上讲，其中一个因子的变化可能会受到众多其他因子或多或少的影响。但是，实际上不可能去弄清所有因素间的关系，也没有必要这样做。这些因素间存在一定的相关性，有线性或近似线性问题。因此，应在众多因素中，首先通过定性分析筛选出相对重要的因子，然后再利用有关方法分析确定一定水平下的重要因子。

分析因子间相关关系的方法很多，水文上比较常用的有以统计分析为基础的逐步回归分析，即通过最小二乘法确定回归方程系数。这种方法对于水库调度函数的研究，存在着选择基函数和求解系数的困难，而且求得的调度函数难以准确表示出水库调度决策变量与

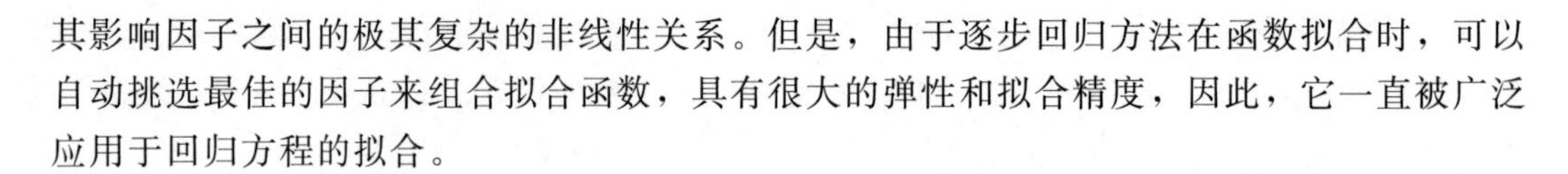

其影响因子之间的极其复杂的非线性关系。但是，由于逐步回归方法在函数拟合时，可以自动挑选最佳的因子来组合拟合函数，具有很大的弹性和拟合精度，因此，它一直被广泛应用于回归方程的拟合。

8.2.3.3　逐步回归

逐步回归是在多元线性回归分析的基础上发展起来的一种方法，从多元线性回归的分析中可以看到，并非所有的自变量都对因变量有显著的影响，这就存在着如何挑选出对因变量有显著影响的自变量问题，也即需要专业人员才能对自变量进行挑选。自变量的所有可能子集构成 2^m-1 个回归方程，当可供选择的自变量不太多时，用多元回归方法可以求出一切可能的回归方程，然后用几个选择准则去挑出最优的方程；但是当自变量的个数较多时，要求出所有可能的回归方程是非常困难的。为此，产生了一些简单、实用而快速地选择最优方程的方法。目前常用的方法有前进法、后退法、逐步回归方法。前进法的基本思想是变量有少到多，每次增加一个，直至没有可引入的变量为止。后退法与前进法的思想刚好相反，它的思想是：首先用全部 m 个变量，将它从方程中剔除，依次进行下去，直至没有可剔除的为止。后退法的明显不足是：一开始把全部自变量引入回归方程，这样计算量很大；一旦某个自变量被剔除，它就再也没有机会重新进入回归方程了。逐步回归方法正是吸收了前进法和后退法的优点，克服了它们的缺点而产生的一种方法。

逐步回归的基本思想是有进有出。具体做法是将变量一个一个引入，每引入一个自变量后，对已选入的变量要进行逐个检验，当原引入的变量由于后面变量的引入而变得不再显著时，再将其剔除。引入一个变量或从回归方程中剔除一个变量，为逐步回归的一步，每一步都要进行 F 检验，以确保每次引入新的变量之前回归方程中只包含显著的变量。这个过程反复进行下去，直至既无显著的自变量选入回归方程，也无不显著自变量从回归方程中剔除为止。

8.2.3.4　因子选择

在逐步回归计算中，初选因子至关重要。因为逐步回归得出的仅是一种统计相关关系，它并不能完全说明因变量和自变量之间存在物理关系或因果关系，也不能完全排除因变量和自变量之间的假相关关系。因此，有必要从变量的物理分析出发，从模型的建立及其求解过程着手来研究分析回归因子。

一般地，回归因子可以分为时间因子和空间因子两种类型。时间因子即该水库自身所处地状态（包括初水位和来水量），空间因子是指与该水库有联系的其他水库所处的状态。鉴于此，安康水库的优化调度函数回归时，对不同时段，考虑其上一时段对本时段的影响，初选上一时段和本时段的初水位、入库流量和入库流量平方共六个因子作为初选因子。

8.2.3.5　结果分析

对不同时段进行逐步回归分析，将以上初始回归因子分别选择或剔除，选取相关性最大的因子作为其回归因子。最终求得各时段的回归因子系数，见表 8-2。各时段回归函数为

$$N=b_0+\sum b_i x_i \quad (i=1,2,3,\cdots,6) \tag{8-11}$$

式中：b_0 为常数项；x_1 为上一时段库水位；x_2 为上一时段入库流量；x_3 为上一时段入库流量的平方项；x_4 为本时段初库水位；x_5 为本时段入库流量；x_6 为本时段入库流量的平方项；b_1，b_2，…，b_6 分别为回归因子分别对应的系数；N 为本时段出力值。

表 8-2　　安康水库调度规则函数回归系数

时段	b_0	b_1	b_2	b_3	b_4	b_5	b_6	R_f（复相关系数）
7月上	141.5635					0.165937	-4.09×10^{-6}	0.820031
7月中	−42.8345		0.2068174	-2.65×10^{-5}		0.362557	-5.46×10^{-5}	0.915759
7月下	−5411.29				17.6801	0.396148	-5.39×10^{-5}	0.814196
8月上	−3632.02	11.77134	9.40×10^{-2}			0.474582	-9.57×10^{-5}	0.8413
8月中	−5624.31	11.41397			7.002599	0.42864	-7.48×10^{-5}	0.867986
8月下	−4963.21	9.074017			7.205853	0.395949	-5.81×10^{-5}	0.892817
9月上	−4018.24				13.21808	0.384008	-5.12×10^{-5}	0.866001
9月中	−3370.53				11.27963	0.352971	-4.66×10^{-5}	0.826912
9月下	166.7559					0.407936	-5.84×10^{-5}	0.764216
10月上	−2882.27				9.579416	0.417403	-6.42×10^{-5}	0.882754
10月中	−1850.4				5.790541	0.764067	-1.73×10^{-4}	0.941802
10月下	−1037.71	3.278512				0.661254		0.924055
11月	−1029.86	3.343717				0.411779	2.61×10^{-4}	0.986778
12月	−948.358	−8.13315			11.78375	−1.54146	5.28×10^{-3}	0.792293
1月	−2232.33				7.5274			0.660076
2月	−1442.06				4.744212	0.596763		0.713401
3月	−1583.45				5.300889	0.286627		0.869877
4月	−1552.38	5.36116	-2.8×10^{-2}	4.64×10^{-4}			2.27×10^{-4}	0.942275
5月上	−2461.97	8.000555	0.4716535				1.77×10^{-4}	0.812977
5月中	−4662.1	15.23138				0.329429		0.871501
5月下	−4624.68	15.08262		1.08×10^{-4}		0.365508	-5.95×10^{-5}	0.84052
6月上	−6507.32	6.154946			15.25804	0.293851		0.87325
6月中	−7538.3	5.563973			19.26352	0.308423		0.954052
6月下	−4673.13	15.40407	0.2008514			0.363149	-9.10×10^{-5}	0.906836

由表 8-2 可知，不同时段电站出力所依赖的因子不同，但大都基本和本时段的入库流量和本时段初水位有关。在 4 月到 6 月末还依赖于上一时段的水位，这主要是由于 4 月、5 月属于桃汛期，6 月同样来水不定，所以很难确定其与出力的关系，反而桃汛初期的库水位在较大程度上决定了时段的出力情况。R_f 越大表明回归函数与回归因子之间的相关性越大，反之相关性差，复线关系数最大为 0.99，最小为 0.66。

8.2.4　水库优化调度的超越几率方法研究

8.2.4.1　基本思路

由于入库流量具有序率性的现象，受降雨等气候因素的影响较大，而降雨量的大小受季节变化的影响差异也很大，为研究不同入库流量对电站的出力影响，首先要分析时段入库流量的超越几率分布。

根据时段入库流量超越几率进行优化调度研究的总体思路是：首先求出年内不同时段入库流量的超越几率，然后对各时段不同的来水几率，即当来水分别为 5%、25%、50%、75%、95%等几率时，将其对应的流量分别代入 51 年长系列的径流资料中，而其他时段入库流量保持不变进行组合，对应于每个本时段一定的几率即可得 51 年的来水资料，采用动态规划方法进行长系列逐年优化调度求得一组最优调度线，然后再转入下一时段采用同样的方法进行组合求解，直到所有时段计算完成。该思想的关键就是考虑到入库流量的随机性，通过分析年内不同时段来水情况，演绎出多组来水资料，然后对众多的年来水资料进行调度寻优，找出对应于不同来水几率下多年的最优运行轨迹，然后分析总结该时段来水为该几率时的水电站最佳出力值。

8.2.4.2　时段入库流量超越几率曲线

将安康水库 1954—2005 年共计 51 年某一时段（每年 24 个时段）的水库来水纪录（51 条记录）依流量大小由大到小排序；用威伯法（Weibull）计算经验几率 P；依次计算 1—12 月各月排序后时段入库流量超越几率值 P；以时间为横轴，其对应之月流量为纵轴绘制曲线，即为各月入库流量的超越几率分布曲线（exceed probability curve），如图 8-4所示。

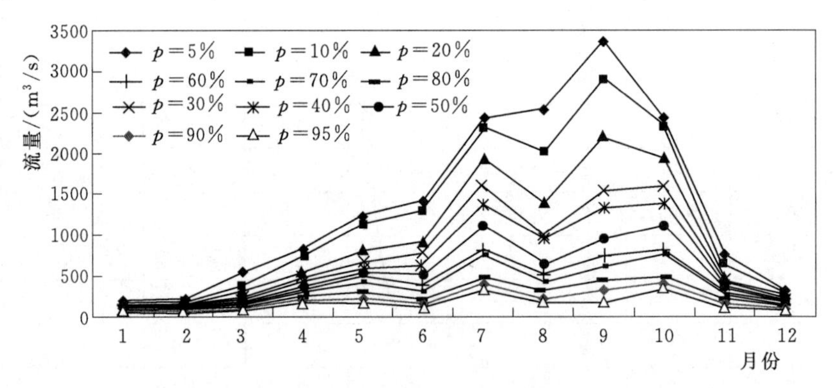

图 8-4　安康水库各月入库流量超越几率曲线

8.2.4.3　各时段不同几率来水条件下的出力和水位关系分析

通过对不同入库流量几率的长系列进行逐年计算，求得对应于该时段特定来水几率的多年最优运行轨迹线。该计算过程通过编程实现。由于将各时段来水超越几率和长系列入库流量数据进行组合后生成的数据量很大，因此逐年计算后获得的结果数据量也非常丰富，限于篇幅，本节仅就每年 9 月中旬的计算结果进行分析，且仅取来水超越几率分别为

5%、50%和95%时的结果，其余各来水超越几率对应的情况同样可分别计算求出，也可根据这三个几率情况下的计算结果进行内插近似求得。对于年内其余各时段可进行类似处理。长系列逐年计算后9月中旬水位与出力关系见表8-3。为了更直观表述，分别将不同几率来水的调度结果做图8-5～图8-7。

表8-3　　9月不同几率入库流量下水位与出力关系

入库流量几率5%		入库流量几率50%		入库流量几率95%	
出力 N/万kW	水位 Z/m	出力 N/万kW	水位 Z/m	出力 N/万kW	水位 Z/m
57.03	305	13.12	305	8.60	305
68.44	305	13.12	305	8.60	305
68.44	305	13.12	305	8.60	305
68.44	305	13.12	305	8.60	305
68.44	305	43.30	305	8.60	305
68.44	305	45.25	305	8.60	305
68.44	305	58.19	309.01	11.16	306.05
68.44	305	61.03	309.94	11.16	306.05
68.44	305	14.06	310.86	11.16	306.05
68.44	305	62.00	310.86	11.16	306.05
68.44	305	63.96	311.75	11.16	306.05
68.44	305	64.92	312.63	11.16	306.05
68.44	305	65.86	313.48	16.32	306.05
68.44	305	20.91	315.95	16.32	306.05
68.44	305	30.39	318.26	16.32	306.05
68.44	305	71.85	319.01	16.32	306.05
68.44	305	48.10	319.74	16.32	306.05
68.44	305	56.68	320.44	16.32	306.05
68.44	305	72.02	320.44	16.32	306.05
68.44	305	74.87	321.78	16.32	306.05
68.44	305	74.14	322.44	16.32	306.05
68.44	305	76.14	324.37	16.32	306.05
68.44	305	77.67	324.37	16.32	306.05
68.44	305	62.92	325	16.32	306.05
68.90	306.05	62.92	325	16.32	306.05
70.20	309.01	62.92	325	16.32	306.05
70.20	309.01	62.92	325	16.32	306.05
71.37	311.75	62.92	325	16.32	306.05

续表

入库流量几率 5%		入库流量几率 50%		入库流量几率 95%	
出力 N/万 kW	水位 Z/m	出力 N/万 kW	水位 Z/m	出力 N/万 kW	水位 Z/m
71.37	311.75	62.92	325	18.97	309.01
72.43	314.32	62.92	325	60.47	321.11
72.43	314.32	62.92	325	66.36	322.44
72.77	315.14	62.92	325	69.21	323.09
73.09	315.95	62.92	325	41.16	324.37
73.74	317.51	62.92	325	15.54	325
74.67	319.74	62.92	325	15.54	325
74.95	320.44	62.92	325	15.54	325
75.49	321.78	62.92	325	15.54	325
76.48	324.37	62.92	325	15.54	325
76.48	324.37	62.92	325	15.54	325
76.72	325	62.92	325	15.54	325
76.72	325	62.92	325	15.54	325
76.72	325	62.92	325	26.96	325
76.72	325	76.78	325	29.94	325
76.72	325	76.78	325	54.92	325
76.72	325	76.78	325	71.73	325
76.72	325	78.34	325	71.73	325
76.72	325	78.34	325	71.73	325
76.72	325	78.34	325	71.73	325
76.72	325	78.34	325	71.73	325

由表 8-3 和对应的图可以看出：在入库流量几率为 5%时，9 月中旬初库水位为 305m 的年份有 24 年，此时按照最优调度结果对应的电站出力有 23 年均为 68.44 万 kW，仅有一年为 57.03 万 kW，当月初库水位为 309.01m 时，对应的最优出力值为 70.20 万 kW，当月初库水位为 311.75m 时，对应的最优出力值为 71.37 万 kW，以此类推对应的月初库水位逐渐增大到 325.0 时对应的最优出力值为 76.72 万 kW；在入库流量超越几率对应为 50%时，根据优化调度的结果，时段初库水位为 305m 的年份减少为 6 年，说明需要较高的时段初水位以保证后续时段的出力，6 年中有 4 年发生破坏，出力仅为 13.12 万 kW，其余两年出力超过 40 万 kW，当时段初库水位为 325m 时（这样的年份有 28 年），对应的最优出力有 19 年为 62.92 万 kW，有 3 年为 76.78 万 kW，有 6 年为 78.34 万 kW；在入库流量超越几率对应为 95%时，有更多的年份破坏，且当初水位为 325m 时出力值变化较大，从 15.54 万 kW 到 71.37 万 kW 不等，因此在调度时应结合对来水的预报，以便获得最优发电调度结果。

由图 8-5～图 8-7 可以很直观地看出：当时段来水较大，如超越几率为 5%时优化调度结果的规律性较好，而来水较枯的时候时段 10 初水位与电站出力的关系不是很明显，

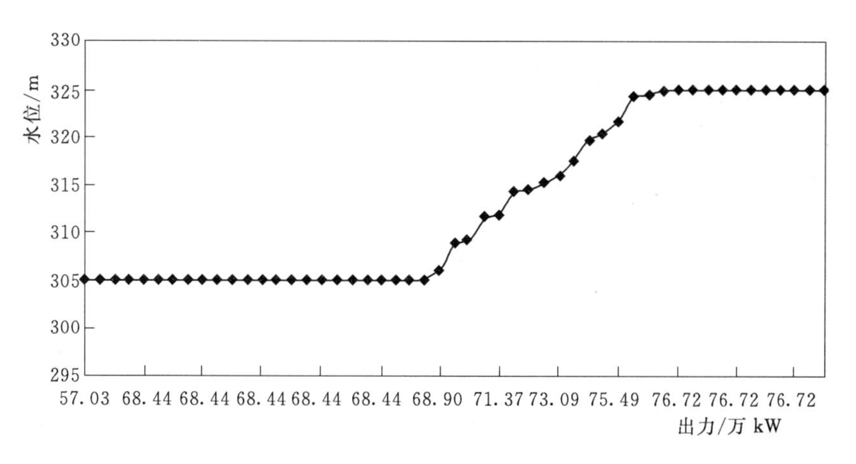

图 8-5 9月中旬入库流量对应于超越几率5%时的水位出力关系

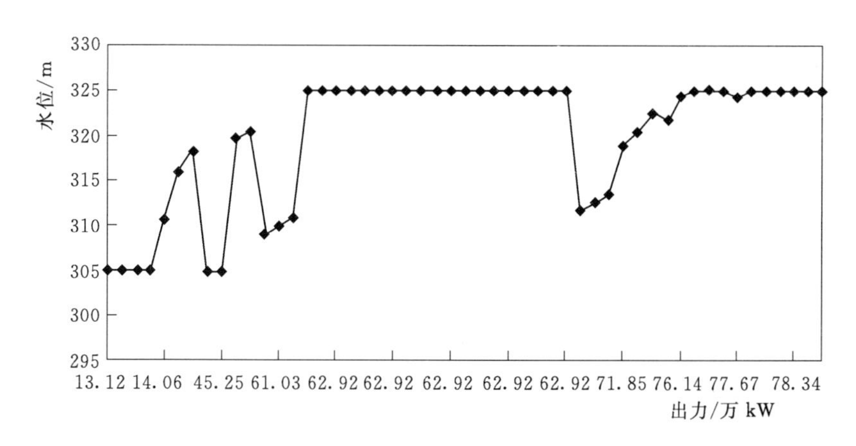

图 8-6 9月中旬入库流量对应于超越几率50%时的水位出力关系

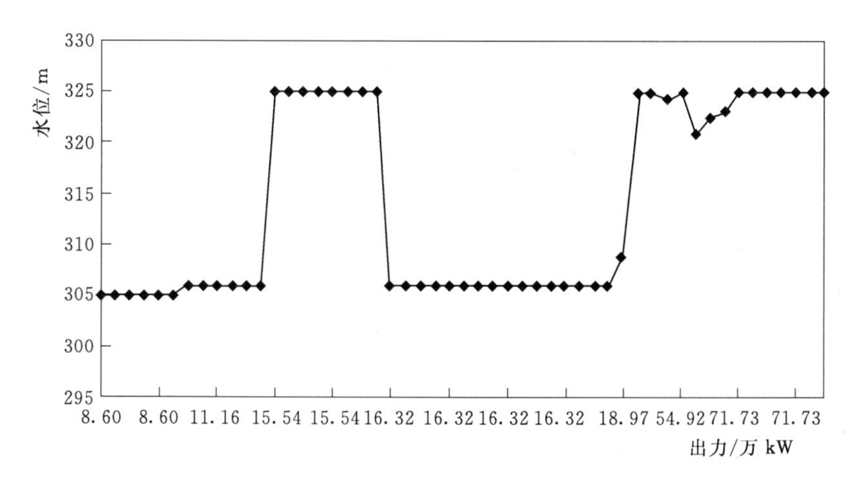

图 8-7 9月中旬入库流量对应于超越几率95%时的水位出力关系

这主要与后续时段的入库流量有关，因此需要结合对下一时段即9月下旬的入库流量进行预测确定。

8.2.4.4 优化调度图

根据以上对长系列逐年优化调度结果的分析，在入库流量超越几率为5%时优化调度结果的规律性较好，对于确定的时段初水位电站出力值也对应地为确定值，但当来水较枯时这种关系不是很明显。仍然以9月中旬为例，在入库流量对应于5%几率时，当库水位为305m时，则电站出力值应为68.44万kW；在入库流量对应于50%几率时，当库水位为305m时，电站最优出力值对应为两个不同值13.12kW和43.3万kW，这时就要根据对下一时段来水的预报来进行出力的选择，同样当库水位为325m时，电站最优出力也对应多个值；在入库流量对应于95%几率时，当库水位为305m电站出力值应为8.6万kW，此时由于来水过枯，电站正常工作遭到破坏，库水位为325m则电站出力也对应于多个值，仍需根据后续时段的来水预测确定具体出力。尽管如此，可以将对应于不同入库流量超越几率的出力水位关系图绘制在一起，对于同一水位对应多个出力值的情况，取这些值的加权平均值并可稍加修正，最终绘制如图8-8所示的9月中旬优化调度图，以便与实际操作运用。由于这种方法绘制的调度图采用了考虑时段来水超越几率的思路，是否合理还有待进一步实践验证。

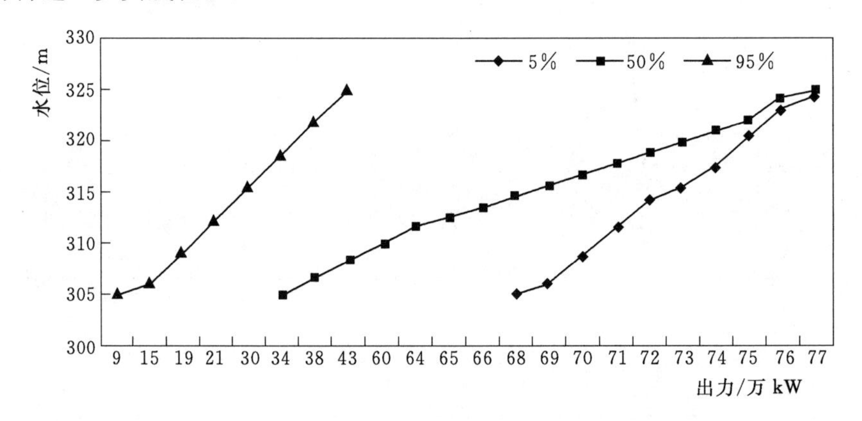

图8-8 安康水库9月中旬最优调度图

8.3 本章小结

本章根据水库调度原则、水库调度依据、水库调度图绘制方法，进行了安康水库常规调度图的编制，制定了安康水库调度运行规则，并对安康水库调度图的合理性进行分析。同时，在安康水库常规调度图的基础上，建立并求解了水电站水库优化调度模型，基于动态规划和逐步回归方法，制定了安康水库调度规则，并引入水库优化调度的超越几率方法，编制了安康水库优化调度图。编制的调度图是安康水库生态调度结果的直观体现，为调度决策者提供了科学、有效的参考。

第9章　汉江上游梯级水电站调度中心论证

在众多的水电梯级开发管理模式中，对一个流域内的所有电站实行统一调度（即组建以流域为单位的梯级电站调度中心或集控中心）的管理模式得到了一致认可和广泛应用。例如，三峡梯调通信中心、清江梯调中心、黄河上游梯调中心等已经建成并发挥流域梯级电站统调功能，产生了非常好的经济效益和社会效益。许多流域，如乌江、大渡河等也在积极建设与流域梯调中心类似的流域梯级电站集控中心，以实现流域梯级电站统一调度和综合管理。

汉江上游（陕西段）规划开发8座梯级水电站，从上至下分别为黄金峡、三河口、石泉、喜河、安康、旬阳、蜀河和夹（白）河。因此，建立梯级水电站调度中心可负责汉江上游（陕西段）电站的远程集控运行、水库联合调度、生产信息辅助等工作，将有助于科学决策，减少调度工作量，提高发电效益；同时，对整个汉江流域电站的安全稳定运行、水电优化调度都有着重要的作用和现实意义。

9.1　汉江梯级水电站优化调度效益估算

9.1.1　优化调度模型的建立

汉江干、支流水库、水电站包括黄金峡、三河口、石泉、喜河、安康、旬阳、蜀河、白河8个梯级。从水库的调节能力来看，8个梯级中三河口水库为多年调节，石泉、安康2个水库为季调节，其他梯级均为日调节。因此，整个系统可概化为3个有调节能力的水电站和5个径流式水电站的水库系统的发电最优调度运行问题。以日为计算时段时，径流式水电站放水等于来水，本身不存在最优化运行方式问题，将系统概化为3库优化调度问题，其他水电站只看作节点，目标函数为多年发电量最大。

9.1.2　模型求解方法

一般求解单一水库优化调度模型多用动态规划法，但对于多库调度这种复杂系统问题，用动态规划法计算复杂、工作量大，还可能产生“维数灾”。针对汉江梯级系统组成和本模型的特点，采取大系统分解协调的方法。首先，把系统分解为多个单库优化子问题求解，各子问题之间用协调变量进行协调；然后，子优化问题用逐步优化计算法（POA法）求解，如此可以大大简化计算难度，节省计算工作量。

9.1.3　优化模型计算成果及分析

本节设置两种计算模式：引汉济渭调水前和引汉济渭调水后，分别进行优化计算，以论证汉江上游梯级调度潜力和联调中心位置，适应新形势下汉江的开发需求。

9.1.3.1 调水前梯级水库优化计算

对引汉济渭调水前汉江上游黄金峡—白河段梯级电站进行了联合调度，采用大系统分解协调和 POA 对梯级发电量最大模型进行求解，结果见表 9-1。由表 9-1 可知：①石泉、喜河、旬阳、蜀河、白河多年平均发电量相比设计值分别提高 1.59%、14.57%、18.38%、1.48%、9.74%，安康降低 4.96%，三河口和黄金峡发电量没有变化。整个梯级发电量提高了 2.50%，可见实施梯级水库联合调度存在较大发电潜力。②由于整个梯级效益的增加是建立在安康水库效益减小的基础上，表明安康水库是梯级调度的关键控制性水库，同时考虑水库调节库容，安康水库是梯级联合调控中心最佳位置。

表 9-1　调水前梯级发电量优化结果

电站名称	设计发电量/(亿 kW·h)	多年平均发电量/(亿 kW·h)	多年平均发电量比设计值增加的电量/(亿 kW·h)	多年平均发电量比设计值增减百分比/%
黄金峡	4.46	4.46	0	0
三河口	2.92	2.92	0	0
石泉	6.30	6.40	0.10	1.59
喜河	4.94	5.66	0.72	14.57
安康	28.00	26.61	−1.39	−4.96
旬阳	8.00	9.47	1.47	18.38
蜀河	9.48	9.62	0.14	1.48
白河	7.80	8.56	0.76	9.74
合计	71.90	73.70	1.80	2.50

实施梯级水库联合调度的前提是利益的合理分摊，常用的分摊方法有各电站兴利库容比例分摊法、各电站水头比例分摊法、各电站装机容量比例分摊法和各电站保证出力分摊法等。由于本节主要针对梯级调度中心选取进行研究，因此不对分摊方法的公平性进行研究。本节采用梯级电站兴利库容比例分摊法进行水库补偿效益的分摊，计算结果见表 9-2。由表 9-2 可知：由于安康水库调节库容最大，因此获得的补偿效益最大；大唐集团管控水库虽然较多，但大多水库为径流式，调节性能较小，因此获得的补偿效益较小；国资委、大唐和国家电网分别可增加发电效益 0.115 亿元、0.040 亿元和 0.215 亿元，各家单位均有不同程度的效益补偿，进一步表明选取安康水库作为梯级调度中心控制性水库在经济效益上的可行性。

9.1.3.2 调水后梯级水库优化计算

考虑 2030 年远景水平年引汉济渭调水 15 亿 m^3 情形下，梯级发电效益受损，上述论证的梯调中心可能发生变化，因此需要重新进行梯调中心论证，计算结果见表 9-3。由表 9-3 可知：引汉济渭调水后，各电站发电量明显减少，喜河电站发电量减幅最大为 31.63%，蜀河电站发电量减幅最小为 7.48%，整个梯级电站减幅达 16.40%。可见调水

表 9-2　　调水前梯级电站效益补偿

公司	水库	库容/亿 m^3	补偿电量/(亿 kW·h)	补偿效益/亿元	合计/亿元
国资委	黄金峡	0.84	0.06	0.012	0.115
	三河口	6.50	0.47	0.093	
大唐	石泉	1.80	0.13	0.026	0.040
	喜河	0.20	0.01	0.003	
	旬阳	0.41	0.03	0.006	
	蜀河	0.37	0.03	0.005	
国家电网	白河	0.29	0.02	0.004	0.215
	安康	14.72	1.05	0.211	

工程对下游水库发电产生了较大影响，即使有安康水库调节，也不可避免安康下游水库的电量损失，表明梯级调度中心发生了转移。

表 9-3　　调水后梯级发电量优化结果

电站名称	调水前多年平均发电量/(亿 kW·h)	调水后多年平均发电量/(亿 kW·h)	调水后比调水前增加的电量/(亿 kW·h)	调水后比调水前增减百分比/%
黄金峡	4.46	3.83	−0.63	−14.13
三河口	2.92	2.50	−0.42	−14.38
石泉	6.40	5.00	−1.40	−21.88
喜河	5.66	3.87	−1.79	−31.63
安康	26.61	22.96	−3.65	−13.72
旬阳	9.47	7.20	−2.27	−23.97
蜀河	9.62	8.90	−0.72	−7.48
白河	8.56	7.35	−1.21	−14.14
合计	73.70	61.61	−12.09	−16.40

为进一步论证梯调中心位置，考虑发电效益、调水效益和水泵耗能进行梯级效益补偿计算，计算结果见表 9-4。由表 9-4 可知：由于调水单价远远大于发电单价和水泵耗能单价，因此实施引汉济渭工程后，整个梯级效益将大大提升，调水效益完全可以弥补发电损失。

表 9-4　　总效益计算

效益	单　价	调水前后变化量	补偿效益
发电效益	0.20 元/(kW·h)	−12.09 亿 kW·h	−2.42 亿元
调水效益	4.46 元/m^3	15 亿 m^3	66.90 亿元
水泵耗能	0.26 元/m^3	15 亿 m^3	−3.90 亿元

同样采用梯级电站兴利库容比例分摊方法进行水库补偿效益的分摊，计算结果见表 9-5。由表 9-5 可知：国资委、大唐和国家电网分别可增加发电效益 17.69 亿元、6.7 亿

元和36.18亿元，而这一补偿效益主要来源于黄金峡和三河口的调水效益。由于黄金峡为日调节水库，虽然位于汉江干流，但不能作为梯调中心控制水库，反观三河口水库，为多年调节水库，虽然位于汉江支流，但可通过黄金峡、三河口水库不同调水量任务分配，间接控制干流水量分配，因此三河口可作为远景梯级调控中心。

表9-5　　调水后梯级电站效益补偿

公　司	水库	库容/亿 m^3	效益补偿/亿元	合计/亿元
国资委	黄金峡	0.84	2.02	17.69
	三河口	6.50	15.67	
大唐	石泉	1.80	4.34	6.70
	喜河	0.20	0.48	
	旬阳	0.41	0.99	
	蜀河	0.37	0.89	
国家电网	白河	0.29	0.70	36.18
	安康	14.72	35.48	

综合上述，调水前后两种模式下梯级发电量和梯级效益计算结果如图9-1和图9-2所示。由图9-1和图9-2可知：以多年调节性能的三河口水库作为梯级水库联合调度中心进行调水、发电综合调控，虽然梯级各电站发电量有所损失，但整个梯级效益得到了巨大提升，完全可以弥补电量损失，增加的效益远远大于调水前增加的效益。总之，在引汉济渭调水工程实施的新形势下，汉江上游（陕西段）梯调中心建设尤为重要。

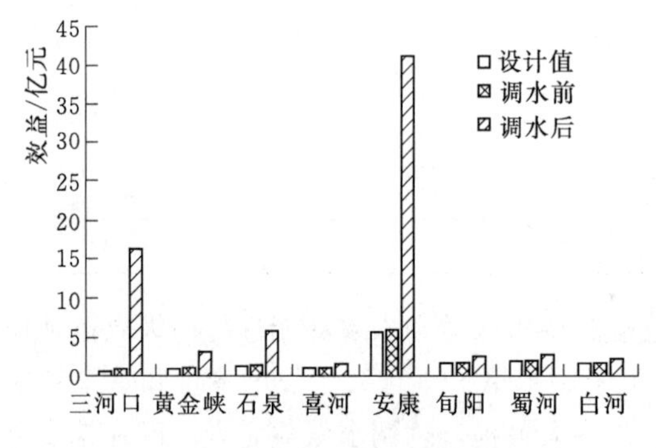

图9-1　不同模式下梯级发电量

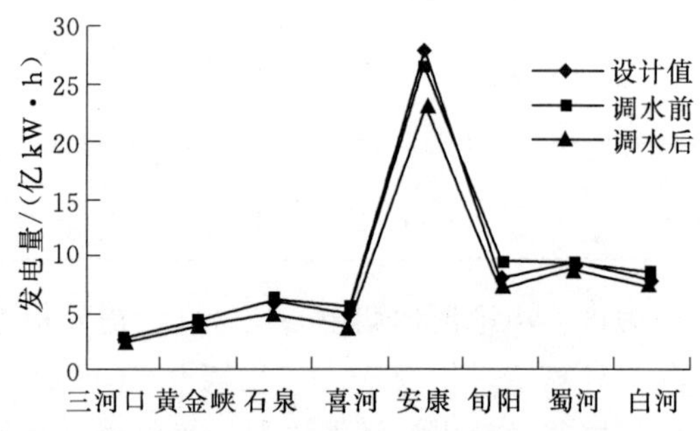

图9-2　不同模式下梯级效益

综上所述，汉江实行梯级水库群中长期优化调度后，虽然安康的发电出力会有所下降，但对于梯级总发电量可提高1.7%，相当于每年增加发电量1.2亿kW·h，各水电站梯级联调后发电保证率及大多数航运保证率较设计值均有所增加。若考虑短期优化调度增加发电量3%，则相当于每年增加发电量2.1亿kW·h。据初步估算，汉江实行梯级7座水库群优化调度后，每年增加发电量3.3亿kW·h，分配到陕西大唐电力汉江投资开发有限公司所属的石泉、喜河、旬阳、蜀河4座水电站增加发电量1.5亿kW·h（约占45%）。因此，建立汉江上游梯级水电站调度中心的效益十分显著。此外，汉江梯级水电站联合优化调度可产生防洪、养殖、旅游、生态等效益：

（1）防洪效益。汉江流域水量充沛，干流集秦岭、巴山众多支流来水，年内流量分布很不均匀，汉江是长江第一大支流，对长江中下游的防洪有较大影响，汉江梯级水电站实行联合优化调度，可提高下游城市的防洪标准，为汉江、长江中下游地区和城市带来巨大的防洪效益。

（2）水产养殖效益。汉江上游7个梯级电站的联调，形成了广阔、稳定的水域面积，为大力发展陕南的养殖业提供了得天独厚的环境。汉江气候温和，水质无污染，发展水产业有优越的条件。汉江水资源的综合开发利用，可使陕南的水产业向产业化、规模化、集约化方向发展，使水产业成为陕南经济发展中的一个支柱产业。

（3）旅游效益。汉江各梯级电站联调后形成人工湖泊，水域辽阔，两岸自然风光优美。宏伟壮观的电站枢纽也会成为标志性的景观建筑物，构成了陕南独具特色的旅游资源。西康铁路、西汉、西康高等级公路相继建成后，改善了汉江周边的旅游交通环境，汉江上游两岸将成为连接川、鄂两省的自然风光和人文景观相结合的旅游胜地。

（4）生态效益。汉江梯级联合优化调度，保证稳定的径流量，使年内的日均流量趋于平均，有利于汉江两岸动植物的生存；渠化航道，基本不破坏流域环境，可以减少铁路、公路建设对生态环境的破坏；通过梯级水库联调，形成大面积水域，可以改善流域气温和降雨条件，有利于汉江流域秦巴山区的植被生长。

9.2 建设汉江上游梯级水电站调度中心的必要性和可行性论证

根据汉江流域的水情测报系统和水调现状及未来的发展趋势进行分析，采用汉江梯级水电站发电优化调度的管理模式不仅具有必要性，而且具备可行性。

9.2.1 梯级水电站发电优化调度的必要性

汉江上游实行发电优化调度的必要性主要从经济效益、社会效益、电网安全以及发电企业发展等需要的方面展开论述。

9.2.1.1 经济效益的需要

（1）统一竞价上网的需要。对全流域各梯级水电站的负荷预测，可为电力公司发电量的上网竞价提供可靠的报价信息。厂、网分开后，竞价上网是关系着电量合同和电价协议签订的重要环节。通过对水情信息的充分掌握，以及对网、省局内售电能力和发电能力的信息收集，可以实施峰谷不同价的办法，充分利用低谷期降价增加电量，提高梯级电站效益。

（2）提高流域水量利用率的需要。梯级水电站联合优化发电调度可进行汉江上游负荷的二次分配，在枯季对各梯级水库之间进行补偿调节，使流域径流得到充分利用。在流域联合电力调度的过程中，汛初水库蓄水时可先蓄调节能力较弱的水库，而调节能力强的后蓄，从而提高梯级电站的引用水头；汛后则调节能力强的水库先开始加大发电，对下游各梯级水库进行补偿调节，可使梯级电站枯季的发电能力有大幅度的提高，并提高流域径流

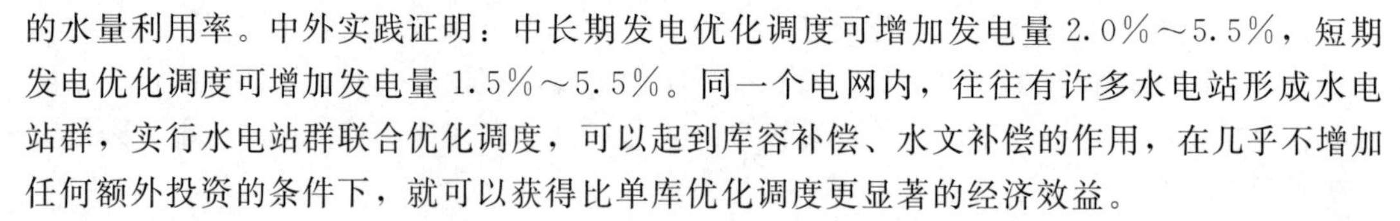

的水量利用率。中外实践证明：中长期发电优化调度可增加发电量 2.0%～5.5%，短期发电优化调度可增加发电量 1.5%～5.5%。同一个电网内，往往有许多水电站形成水电站群，实行水电站群联合优化调度，可以起到库容补偿、水文补偿的作用，在几乎不增加任何额外投资的条件下，就可以获得比单库优化调度更显著的经济效益。

（3）节约人力、物力资源的需要。当水电站单独管理时，一般每个电站要配备 3 名调度员、3 名值班员，加上班长、专责工程师及分管部门领导和测报系统管理人员，按照石泉、喜河、蜀河以及旬阳水电站 4 个电站计算，水调、电调至少需要 80 人左右；但如果实施梯级联合调度，则每个电站只需配 3 名值班员，再考虑在公司中心配备 9 名调度员、5 名测报系统管理人员、4 名电力计划调度员及少数其他人员，全部管理人员不会超过 35 人。因此，集中管理的模式可以节约人力、物力资源。

9.2.1.2　社会效益的需要

（1）流域安全防洪度汛的需要。全流域洪水预报和局部流域洪水预报成果，可为各梯级水电站的防洪度汛和综合利用提供可靠的信息。实行梯级联合调度后，在防洪形势紧张的情况下，大型水库能充分发挥调节性能好的优势拦蓄洪峰流量，达到流域内削峰、错峰的目的，减轻中小水库及有下游防洪任务水库的压力。汉江上游梯级水电站防洪优化调度系统建成以后，可明显提高下游城市的防洪标准，为汉江、长江中下游地区和城市带来巨大的防洪效益。如果对汉江上游水电站实行联合防洪优化调度，则可利用安康水电站 16.7 亿 m^3 的调节库容，在汛期可预留较大防洪库容，能减少下游水库的入库洪水的峰量值。虽然石泉水库的调节库容只有 2.72 亿 m^3，但是也可以预留出一定的库容，采用预报调度方式和采取提前预泄措施，可以降低安康水电站坝前的洪峰流量，从而保证旬阳水电站汛期施工安全。因此，旬阳水电站施工导流设计中若考虑石泉以及安康水库洪水调度的作用，将减少旬阳导流洞的工程规模，经济效益将非常明显。

（2）电力体制改革发展的需要。随着电力体制改革形势逐步明朗，厂、网分开及竞价上网将逐步成为现实，电网对电力的调度将逐步从微观管理走向宏观控制，即对各发电公司的电力调度将采用总负荷曲线控制的方式，使各发电公司的电力调度管理更灵活多样。水电厂的水库调度任务已不再是单纯的自身优化，更主要的是追求梯级整体优化调度，并进行负荷预测竞价上网。因此，必须采用梯级集中管理模式，才能充分发挥流域梯级优势。

（3）梯级水电站发电计划管理的需要。全流域中长期水文预报和局部流域中长期水文预报成果，能为各梯级水电站的中长期发电量计划的编制提供重要依据。通过对中长期气象预报的应用和建立一定的中长期水文预报模型，可对全流域的水情、水势进行预测，充分掌握未来一定时期内的水情，编制出符合水情并科学合理的月度、季度和年度发电量计划，使全流域的水能利用具有充分的可预见性，从而科学地计划全流域的发电任务。

（4）长远开发流域梯级电站的需要。汉江上游的水电站，因开发条件等诸多因素制约，对汉江上游天然径流产生不同程度的影响，给梯级防洪、通航、发电等均带来不利影响。建立上游统一的调度指挥机构，可充分发挥上游梯级水库的调节性能，将有

利于已建成梯级电站安全生产运行。此外，汉江上游梯级水电站发电优化调度系统的构建与调度中心的建设将实现“遥测、遥信、遥控、遥调、遥视”功能，为流域梯级各水电站逐步实现“无人值守（少人值班）”创造了条件，为发电生产管控模式的探索和发展提供了良好的基础与条件，为梯级水电站控制中心城市化及梯级水电站控制集约化奠定了坚实的技术基础，对流域梯级水电站发电联合优化调度运行以及提高全流域水能综合利用效率具有重要意义。

9.2.1.3 电网安全的需要

（1）保证电网安全运行的需要。梯级水电站的集中控制管理可以充分发挥具有调节性能的水库的拦蓄作用，缓解电力系统的丰枯矛盾和峰谷矛盾，进而提高电网运行的安全性。此外，通过集中控制管理，能够提高梯级保证出力，增大系统调峰容量，减轻火电参与系统调峰容量，使火电机组能稳定运行在基荷带，降低火电煤耗；与此同时能够合理分配各水电站出力，优化机组运行工况，减少机组在系统中旋转备用的运行时间和机组空载运行率，降低发电耗水率，实现电网经济运行。

（2）保证电站安全运行的需要。当电站发生设备故障时，调度中心根据采集故障信息迅速做出处理，安排现场检修。如现地发生电气事故，继电保护装置自动跳开断路器，并作用于机组事故停机，将事故信息快速传送到调度中心，调度中心不仅接收电气事故信息，同时检测整个梯级电站的功率、频率、继电保护反应情况等信息，判断电气事故对系统的威胁程度，做出相应处理。如果本次电气事故对系统构成一定威胁，如系统过负荷等，则可以通过安全稳定装置及时处理。

9.2.1.4 发电企业发展的需要

（1）提高工作效率及竞争力的需要。调度中心及梯级水电站发电优化调度系统的构建能够对各级水电站的实时数据进行监视，并将重要实时数据存储、处理，根据设置自动统计制表，通过自动化的方案，能够极大地减轻值班人员的工作量，并能够确保报表记录的完整性和实时性。此外，随着计算机和网络控制、视频数字化、光纤通信等技术迅猛发展和日益普及，从技术上保证了电站向数字化电站目标迈进，为“无人值守（少人值班）”“集中控制”提供了强有力的技术支持。总之，调度中心的建立，集成了流域的综合实时信息，便于决策层进行决策。

（2）实现人才科学管理的需要。水电站大多数位于远离大城市的偏远山区，交通、通信、生活均不太方便，从事电站综合自动化和无人值班管理又需要高素质的管理与技术人员。集中控制管理能让电站人员工作、生活向大城市相对集中，有利于吸引、留住人才，保证职工队伍稳定。

（3）集中统一管理的需要。随着流域水电站建设规模的不断扩大，在建和投运的电站越来越多，有经验的管理、技术人员将分散到更多项目中去。项目的增多和人员的分散使流域中电站的运行、管理、检修等难度加大。建立集中控制系统可以将有限的人力、物力等资源合理分配及运用，进一步加强和完善企业建设与经营管理。当前国内电力市场供需基本平衡，面对电力市场的严峻形势，只有发挥集团优势，加大水力资源利用，降低经营成本才能使电站处于有利的竞争地位，而电站集中调度管理是对电网快捷、合理报价的

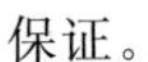

保证。

9.2.2　梯级水电站发电优化调度的可行性

9.2.2.1　流域梯级开发进展迅速，已形成梯级水库群

汉江上游自上而下规划有黄金峡、三河口、石泉、喜河、安康、旬阳、蜀河、白河 8 个梯级水电站。其中，石泉、喜河、安康、蜀河水电站已建成运行，旬阳、白河水电站工程正在建设中，黄金峡、三河口水电站正在建设。不难看出，汉江已形成梯级水库水电站群，并且两个具有较好调节能力的石泉、安康已建成，积累了较丰富的运行经验。因此，梯级水电站联合调度的问题已迫在眉睫。在旬阳水电站发电前就应该推行梯级水电站联合调度，把联合防汛及水务管理工作相统一，为梯级水库联合兴利调度打下基础。

9.2.2.2　水情测报系统的统一建设已基本完善

汉江上游的石泉、安康、喜河以及蜀河均建成了水情测报系统，基本上满足梯级联合优化调度的需求。其中，石泉通过三级合成预报，石泉、喜河水电站入库洪水预报包括洪峰、峰现时间、洪量和洪水过程；中长期预报：时段长为年、季、月、旬的入库径流的趋势预报，周、日的入库径流预报结合天气预报进行。蜀河水电站则采用了三种预报方案：①河道流量演算法预报方案；②经验公式法预报方案；③合成流量法预报方案。预计在未来的 3～5 年中将全部完成汉江上游流域水情自动测报系统建设，为梯级联合调度创造了更好的水文测报条件。

9.2.2.3　国内外已有成功经验可供借鉴

国外优秀的、成功的梯级水电站优化调度系统有美国密西西比河和田纳西河的梯级水电站优化调度系统。美国密西西比河和田纳西河的综合开发，遵循了水资源综合利用的原则，并通过美国国会立法的形式，由陆军工程兵团和田纳西河流域管理局统一规划、建设和管理，而且把河流综合治理作为社会公益性事业，保证了规划目标的逐步实施。在管理上，发挥专业优势，分工合作，各自经费来源稳定可靠，保证了流域开发建设管理的正常运行，促进了区域经济的发展。美国田纳西河流域开发是流域综合开发的成功典范，是举世瞩目的样板工程，其管理模式引起各国的关注。借鉴其经验，西欧、拉丁美洲、苏联、日本等地区和国家的流域综合开发也取得了相当大的成功。

国内成功的梯级水电站优化调度系统有乌江梯级水电站发电优化调度系统、三峡—葛洲坝梯级水电站优化调度系统和黄河上游梯级水电站优化调度系统等。这些梯级水电站发电优化调度系统都是成功的典范，具有明显的实用价值，均使得水电厂的发电效益有一定提高。因此，上述成功的调度系统能为汉江上游梯级水电站发电优化调度系统的构建提供宝贵的经验。

9.3　汉江上游梯级水电站调度中心的设想

汉江上游梯级水电站发电优化调度系统主要由软、硬件平台构成，本节重点介绍调度中心的机构设置以及软硬件系统的基本构成、功能和要求等。

9.3.1 机构设置

为了更好地完成梯调中心的职能，必须优化梯调中心的机构设置，要遵循“机构精简，运转高效”的原则，做到“事事有人管，人人有事做”。

9.3.1.1 调度中心决策层设置

从中心层面上讲，梯调中心内部应实行主任负责制，设置主任1名，副主任2～3名，总工程师、副总工程师各1名。梯调中心主任全面管理各项事务；副主任协助主任分管一方面的业务，总工程师、副总工程师负责技术方面的工作。

9.3.1.2 调度中心部门设置

根据梯调中心的组建原则，梯调中心应至少设置调度部、技术部、自动化部及综合管理部4个部，如有其他任务，还可增设1～2个部。

(1) 调度部是梯调中心有关水库、电力实时调度工作的归口管理部门，主要负责梯级枢纽的实时调度工作。工作内容主要有：负责将技术部编制的调度计划和调度方案付诸实施，负责组织实施上级下达的水库调度、发电调度指令，对水、电实施统一调度，以及航运、排漂、冲沙等方面的有关调度，负责计划实施过程中安全稳定运行及紧急情况的处理，负责水库实时调度资料的整编和实时调度的总结工作，协助技术部制订调度计划等。

(2) 技术部是梯调中心的“参谋部”，负责梯级枢纽流域的气象、水文预报工作，负责编制水库调度及防洪调度方案，编制发电调度规划及发电调度计划，运行方式优化、协调防洪、发电、航运、排漂、冲沙等方面的关系，负责梯级水库及电力调度有关的科研工作；参与签订并网调度协议；负责电力营销有关技术工作。负责发电检修计划编制优化；可靠性管理及运行分析，所辖设备继电保护专业归口管理；还负责整个梯调中心的安全生产管理、物资采购管理、合同管理、资料管理等。

(3) 自动化部是梯调中心调度自动化系统的设备运行归口管理部门，全面负责梯调中心所辖调度设备（含库区所辖水情遥测设备和发电运行计算机监控系统设备）和系统的运行维护、定检和技术改进等工作，确保梯调自动化系统安全可靠地运行。

(4) 综合管理部是梯调中心综合事务归口处理部门，具体负责梯调内部各类规章制度制定和执行、公文处理、会议组织、宣传、劳资、安全监察、技术培训、资料管理、合同计划制订执行、车辆的调度维护和材料采购发放等工作；负责梯调中心党、工、团等日常组织工作。

(5) 其他部门根据自身的业务具体负责与自己业务相关的事务。

9.3.2 汉江上游梯级水电站调度中心的软件系统研发

9.3.2.1 短期发电优化调度系统

短期调度一般是指以1日或数日为调度期，以15min、0.5h或1h为时段的水库调度问题。汉江上游梯级水电站短期发电优化调度的任务是在短期（1日或数日）内，以天然来水、中长期水库调度结果为基础，以梯级水库综合利用、电网要求等为约束条件，建立汉江上游梯级水电站短期优化调度模型，确定梯级各水电站逐时段的运行方式以及系统电

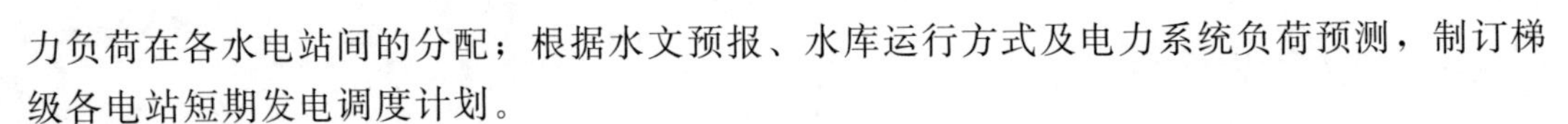

力负荷在各水电站间的分配；根据水文预报、水库运行方式及电力系统负荷预测，制订梯级各电站短期发电调度计划。

（1）研究内容。

1）根据中长期调度结果，建立汉江上游梯级水电站短期发电优化调度模型，寻求短期优化调度方案。

2）汉江上游梯级水电站短期发电计划的制订。

3）汉江上游梯级水电站短期发电优化调度软件的开发。

4）增加短期调度进度（完成情况）在中期调度计划（主要指月计划）中的进度图例演示功能，通过已出现的短期调度数据对下一步短期调度计划进行修正。

（2）技术要求。汉江上游梯级水电站短期发电调度软件开发，应考虑如下三个目标：

1）已知梯级各水库来水情况下，考虑综合利用要求，以发电量最大为目标，确定各水电站优化运行方式。

2）已知梯级电站总负荷曲线的情况下，以梯级水库群耗水量最小为目标，确定各水电站优化运行方式。

3）已知梯级电站总负荷曲线的情况下，以梯级水库群耗能量最小为目标，确定各水电站优化运行方式。

在上述目标条件下，制订短期（以15min、0.5h或1h为时段）的发电调度计划（96点计划）。制定短期发电调度计划时，应考虑约束条件：①水库综合利用约束；②电网及电力系统约束；③连续开停机约束；④其他约束条件。

（3）软件开发的技术要求。

1）优化目标函数可选，软件应能够根据电网的需要，进行三种目标函数的优化计算。

2）调度期可变（可以制订任意几天的调度计划）、调度时段可变、调度起始和结束日期可变。

3）能处理梯级电站间区间入流、流量传播时间等问题。

4）调度约束条件中限值参数可人工设定。

5）能够对于给定的电站负荷过程或发电流量过程进行仿真计算。

6）软件能对图表直接操作，用图表联动功能修改数据进行方案模拟计算。

7）短期发电优化调度软件必须提供与电网调度自动化软件的接口，并具备向集控系统自动和手动发送短期发电计划成果方案的功能。

8）调度软件可直接读取集控系统中电网下达的实际调度计划，根据调度计划进行梯级电站水库调节反算。

9）软件输出梯级各水电站出力过程，应能以图形及表格形式输出。

（4）预期目标。在调度期内径流过程、梯级总负荷、各水电站可投入机组及各水库初始水位已知的条件下，利用短期发电优化调度软件，能制定黄金峡、石泉、喜河、旬阳、蜀河电站的短期发电优化调度方案及各电站短期的发电计划。

9.3.2.2　中长期发电优化调度系统研发

汉江上游梯级水电站中长期发电优化调度的任务是根据天然来水、水库特性以及综合

利用要求，按照水库运行调度的基本原则和优化准则，采用优化理论、方法和技术，通过建立数学模型，寻求水电站水库优化调度规则，以增加梯级水电站发电效益；根据径流预报、水库优化调度规则和电力系统要求，制订中长期发电调度计划，提高发电调度水平。

（1）研究内容。

1）基于调水工程的汉江上游梯级水电站中长期发电优化调度模型的建立及优化调度方案的研究。

2）调节能力强的水库——三河口水库年末消落水位的选择。

3）汉江上游梯级水电站年、月、旬发电计划的制订。

4）汉江上游梯级水电站中长期发电优化调度软件的开发。

（2）技术要求。

1）汉江上游梯级水电站中长期发电优化调度软件的开发应遵循实用性、通用性、先进性等原则，并为新建水电站预留接口。

2）中长期发电优化调度软件，应能快速准确地实现三个功能：①在调度期内入库径流确定、调度期末水位确定、各水电站可投入运行机组及水库初始库水位已知的条件下，确定梯级各电站优化调度方案、制订中长期发电计划；②在调度期内入库流量确定、出库流量确定、水电站可投运行机组及水库初始水位已知的条件下，计算调度的期末各水库水位及梯级电站发电量；③已知梯级水电站总电量或总负荷曲线情况下，以梯级耗能（水）量最小、梯级发电量最大、或兼顾保证出力要求的梯级发电量最大为目标，确定各电站优化调度方案、制订中长期发电计划。

（3）软件开发的技术要求。

1）调度期、调度时段、调度起始日期和结束日期可变。

2）能任意增减水库、电站。

3）优化调度目标函数可选（梯级发电量最大、兼顾保证出力要求的系统发电量最大、梯级耗能或耗水最小）。

4）调度约束条件中的限值参数可以人工设定。

5）模型算法具有较好的收敛性和稳定性。

6）能根据负荷变化、来水情况及其他因素的变化，对中长期发电计划进行实时修正。

7）软件能对图表直接操作，用图表联动修改数据进行方案模拟计算。

8）能提供梯级各电站实际出力（发电量）与计划出力（发电量）分析对比图表。

9）软件为负荷分配、竞价上网等功能预留模块接口。

（4）预期目标。在满足综合利用要求的前提下，根据已给定的入库（或区间）径流，利用汉江上游梯级水电站中长期发电优化调度软件，能自动生成汉江上游梯级各水电站中长期调度方案以及年、季度、月、旬发电调度计划的制订。

9.3.2.3　大坝安全监测系统研发

为了确保水库大坝的安全运行，充分发挥水利工程的预期效益，对水库大坝实施安全监测和科学管理，已成为各级水行政主管部门所面临的一个迫切需要解决的问题。大坝安全监测有校核设计、改进施工和评价大坝安全状况的作用，且重在评价大坝安全。进行安全监测可以准确掌握大坝的工作状态，指导大坝运行管理，使工程充分发挥其效益。大坝安全监测主要包括变形监测、渗流监测、压力（应力）监测、温度监测、环境监测等。

（1）数据采集软件。数据采集软件主要是对温度、渗压、土压、水位、应力、位移、测斜各种参数的测量，系统应具有定时自动采集、人工采集、数据记录保存和查询、掉电保护、报警、图形化数据状态显示、联网等功能。

（2）数据分析软件。分析软件其功能是依据监测资料、结构和渗流等分析和反分析成果，以及设计、施工、运行管理、法规和规划等专家知识，对监测、资料进行分析和评价，从中寻找异常值或不安全因素，并对此进行成因分析和辅助决策等。

9.3.2.4　会商系统研发

会商体现了“以人为本”的理念，会商的过程是利用现代信息技术、通信技术获取广泛的决策支持信息，利用计算机高超的处理能力实现系统模拟仿真，通过群决策方式接纳人的经验与智能，最后形成科学、可靠的调度方案的过程。通过人机交互会商平台辅助决策，不需要事先明确决策人的偏好结构，可处理更为广泛的多目标不确定性群决策问题，通过大量的数据分析和经验积累，使决策人对所面临的问题有更深入的理解，逐步修正其偏好，并通过决策者之间沟通与协商机制，做出更为科学的满意决策。全面、直观、灵活、实用的会商平台的建设是其关键技术之一。会商决策支持系统在整个水调自动化系统中处于中心环节，其他子系统均为会商决策系统服务。如数据采集处理系统、预报系统、调度系统、监控系统等。

（1）发电会商系统。发电调度是汉江上游梯级水库的主要任务，决策正确与否不仅关系到梯级各电厂的经济利益，而且关系到电网的安全经济运行，其意义重大。发电会商是决策过程中的一个重要环节，它通过会议的形式，利用现代信息等高科技技术，集中研讨历史和实时水情、气象、电网需求和发展趋势，从预先制定的各种可行调度方案中，在确保电网安全的前提下，充分利用分析手段，并融入调度员集体的调度经验，做出科学的决策，获得满意的调度方案，并输出到自动控制系统实施。发电会商决策支持系统是汉江上游梯级水库调度的信息化电子平台，以数字化和信息化方式实现发电调度决策现代化，是提高梯级调度水平的主要措施。

1）会商功能开发。发电调度会商决策的完整过程包括：①决策者对流域降雨、梯级水库的入流、发电信息实际情况和发展趋势进行分析；②决策者对流域的历史水情和发电信息进行分析；③决策者对预报信息的可靠性进行分析；④决策者对发电计划的实施情况进行分析；⑤决策者对各方案进行比较分析；⑥决策者群体会商，对预制的各种方案进行评估和选择，当预制方案不满足要求时，进行交互计算制定新方案；⑦决定选择方案，输出成果，付诸实施。

2）会商辅助功能。会商过程除需要模型系统支持定量的计算之外，尚需具有灵活多样的辅助功能，从实用目的出发，构造以下辅助功能。

a. 实时水情信息。实时水情是水库发电调度的基本依据，是决定当前及未来时刻发电多少的主要依据之一。根据主要信息重点显示的原则，实时水情模块的开发采用图文并茂的方式，文字显示内容选取梯级石泉、安康、喜河以及蜀河四个水电站与发电调度密切相关的五个因子（水库水位、入库流量、出库流量、发电流量、电站出力），依据梯级水库的地理位置依次显示。图形显示借助地理信息系统丰富的数据存储和显示功能，显示各区间来水信息、支流水库水情信息、相关水文站的雨量和流量等信息。

b. 历史水情查询。通过查询分析历史水情及对应的发电过程，使调度者了解和熟悉不同来水和水库水位状态下电站的发电过程，从中寻找各电站和梯级电站的运行规律，为未来时刻的发电决策提供支持。

c. 预报查询。径流预报是水电站发电调度的基础，预报的可靠性关系到调度方案的可信性，对调度水平的好坏起着至关重要的作用。通过对历史预报结果和实际发生的径流过程同图比较，以直观辨别预报的可靠性，作为修正发电计划和改变交互因子的依据。

d. 发电计划及实施。该功能旨在分析梯级水库对系统发电计划的执行情况，包括历史计划和当前计划。对历史计划执行情况分析可以探求系统下达计划的规律和水电站的执行能力，通过长期规律分析不仅有助于积累经验对当前发电调度方案做出合理决策，而且可以作为与下达计划的主管部门协商未来计划的依据；对当前发电计划与实施对比分析，评估方案执行的好坏，为下一步修正方案提供判断依据。

e. 发电分析。从日、周、旬、月、年不同调度时段，分析截至目前时刻水电站水库群的发电状况和后续发电能力，以及某一方案或虚拟方案的完成情况。

3）主要会商功能。会商功能旨在体现决策者与模型的交互功能，把通过辅助功能获得的信息和经验融入到调度方案中，主要包括方案比较和决策输出两个模块。方案比较是会商决策的主要手段，通过表格和图形的直观比较方式，对会商因子进行比较。决策输出包括不同类别方案查询浏览、交互计算、方案报表、方案结果输出等功能。

方案查询浏览：在方案制订过程中，只能浏览当前方案的信息，对已制订的方案无法进行再现。通过该功能可以浏览任意方案的信息。方案浏览包含两层含义：①通过不同的查询条件，如方案名称、方案制订时间范围、计算模型、计算方法等，获取方案的特征值；②以图形或表格的形式浏览任意方案的结果。

交互计算：对已知方案的某一时段奇异值或对该时段的结果值不满意，可通过人工修改会商因子，并以此作为约束重新进行计算，形成新的方案。在交互计算过程中，由于不断接纳会商意见，使得交互生成方案与初始方案的计算条件不尽相同，要求在会商方案保存中输入会商方案的特征表述，以区别当前方案与初始方案的差异。

方案报表：根据生产实际需求，开发模块化的符合生产实际的方案报表，任一方案可实现报表格式输出，便于决策人员会商使用和存档。

方案结果输出：对于会商选定的执行方案，通过 API 函数写入执行数据库，以保证执行方案的唯一性。

（2）防汛会商系统。由于防汛会商所讨论的问题一般都是比较复杂的群决策问题，在汛期水库的运行中会遇到很多突发状况，针对这些紧急情况，需要迅速的展开会商，在短时间内得到解决问题的决策方案，所以必须想方设法提高防汛会商的效率。面对一些常规的调度决策问题，完全可以设计一种行之有效的会商流程，会商的参与者在会商流程的引导下，讨论会商问题，可以极大地缩短防汛会商的讨论时间，增加最终决策方案的合理程度。将防汛会商流程分为信息收集、洪水预报、会商决策以及方案执行四个阶段。

1）信息收集。完成的主要工作内容是对气象信息、水雨情信息、水库运营信息、工程安全信息的收集工作。气象信息主要是收集中央气象台发布的卫星云图、未来 1～3 天的降水量预报、未来 1～3 天的天气气温预报、中长期的降水量和天气预报，并对诸多信息进行简单的分析和处理，提取对水库防汛会商有用的情报；水雨情信息的收集工作制是对汉江上游各个观测站实施的综合数据监控，观测站点能够采集实时的雨量信息、流量信息以及水位信息并发送给水库的综合数据库服务器；水库运营信息指的是对水库运行状况的监控，包括对水库当前最新运行情况的监控，收集的实时数据有水库水位、尾水位、入库流量、各机组的出力以及从系统最新更新时间往前推 24h 的库水位、尾水位、入库流量动态过程线；工程安全信息收集工作的主要内容是对水库大坝工程安全的监测。

2）洪水预报。根据信息收集阶段得到的综合数据对洪水入库流量过程进行预报，通过流域各站点的雨量观测结果对未来降雨情况进行预报。

3）会商决策。汉江上游梯级水库群调度为典型的多目标调度问题，需要综合考虑水库上下游和大坝安全，在调度过程中不仅需要考虑水库上下游的损失，同时也要制定使得水库获得最大综合效益的方案。在汉江上游防汛会商系统中根据水库洪水预报和未来降雨等防洪信息，依据水库特性和防洪标准建立水库多目标调度模型，绘制水库特性建立多目标调度目标空间，通过多次优化计算，得到多目标调度模型最优解集和与之相对应的多目标调度最优决策集。考虑各级防洪部门和专家领导的意见，决策者通过多目标调度目标解集空间分布图得到满足条件的决策方案。

4）方案执行。主要内容是调度指令的发布、警报的发布、人员转移、物资调度等。

（3）会商环境的建立要求。会商环境包括会商现场的工作环境、指挥环境、运行环境、会议显示系统等。

1）工作环境。为使会场的声音和图像质量达到最佳效果，对工作环境的声、光、电和环境色彩提出一定要求，如噪声隔离、回声抑制、光线强度以及不间断电源设置。

2）指挥环境。为保证领导能在会商过程中及时指挥调度和了解情况，会商室需要配置多部电话机，分别具有热线、内部拨号和长途直拨功能，各种功能的电话数量按实际需要确定。同时，考虑会商室兼作电话会议室，为电话会议留有足够的接口。

3）运行环境。运行环境包括网络环境配置、客户机配置、打印设备配置、大屏幕投影仪和文件投影仪配置等。

4）会议显示系统。针对会议显示系统要求能够显示两类信息：①计算机输出信息显示在投影大屏幕上；②纸质文件和图片等实物信息，由文件投影器对实物信息进行摄像后投影到电子白板上进行显示。

9.3.2.5　业务处理系统

为了提高工作效率，增加企业经济效益，降低运营成本，科学决策、规范管理，汉江上游梯级水电站发电优化调度系统中还应开发一套综合业务处理系统，主要包括下列子系统：

（1）人力资源管理子系统。人力资源系统主要分为系统管理、职工调配、组织机构、档案管理、工资管理 5 个部分。职工调配共分为调入、调出及内部调动 3 个部分，通过系

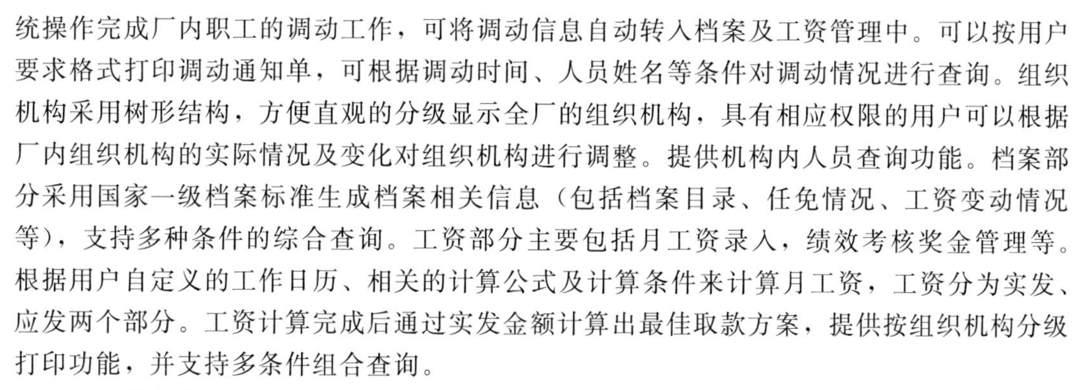

统操作完成厂内职工的调动工作，可将调动信息自动转入档案及工资管理中。可以按用户要求格式打印调动通知单，可根据调动时间、人员姓名等条件对调动情况进行查询。组织机构采用树形结构，方便直观的分级显示全厂的组织机构，具有相应权限的用户可以根据厂内组织机构的实际情况及变化对组织机构进行调整。提供机构内人员查询功能。档案部分采用国家一级档案标准生成档案相关信息（包括档案目录、任免情况、工资变动情况等），支持多种条件的综合查询。工资部分主要包括月工资录入，绩效考核奖金管理等。根据用户自定义的工作日历、相关的计算公式及计算条件来计算月工资，工资分为实发、应发两个部分。工资计算完成后通过实发金额计算出最佳取款方案，提供按组织机构分级打印功能，并支持多条件组合查询。

（2）设备管理子系统。设备管理子系统主要包括设备台账登记和设备台账查询两大主要功能。设备台账登记可对“设备类别、名称、型号、主要参数、检修记录、检修评级、重大缺陷处理记录、检修统计、相关文档、记事”等设备信息进行登记管理；设备台账查询可对设备的相关信息进行查询。

（3）生产技术管理子系统。生产技术管理子系统共包括系统管理、设备检修、安全简报、电量统计平衡、继电保护自动装置、等效可用系数、经济活动分析7个模块。主要提供与设备检修相关的计划报表的填报及批答，以及安全简报、电量统计平衡、继电保护装置等与生产相关的技术资料及报表的填写、计算及网络审批功能。

（4）生产运行管理子系统。生产运行管理子系统主要包括值长记事管理、值长记事查询、库存管理3大主要功能。值长可通过值长记事管理来新建记事记录，可以进行交接班的操作，可以通过值长记事查询功能查询一段时间的记事内容，并可进行打印输出。

（5）计划管理子系统。计划管理子系统共包括系统管理、统计管理月报、统计管理年报。通过本系统用户可以轻松地完成各种需要上报的材料的填写及计算工作。系统支持网络审批功能，通过该功能用户可以轻松地完成相关的批答工作。有效地提高用户的工作效率，节约工作成本。

（6）月计划管理子系统。月计划管理子系统包括系统管理及月计划管理。系统提供月工作计划、月工作总结及月绩效考核简报的填写及网络批答功能。系统支持代批功能，即在审核人员不在但计划又急需批准的情况下由具有代批权限的人对计划进行批复。计划通过批准后，根据计划内容进行分类形成计划报表。

（7）两票管理子系统。两票管理系统主要包括工作票、操作票的签发、接收、打印、许可、执行、交代、终结等。也可对以往遗留下来的标准票模板来签发两票。对已终结的两票可进行统计、查询。也可以把历史票的数据添加到个人收藏箱中保存，待以后作为签发两票的模板使用。

（8）安监管理子系统。安监管理子系统包括了安监管理部门的绝大部分的业务。能够自动统计各个部门与专业的事故（障碍、异常）与轻伤次数和损失情况，并详细记录了事故经过与原因、责任分析和事故防范措施。自动计算两票的累计和合格率等各项指标、自动统计全厂与各个部门或专业的安全天数、自动统计全年的安全生产情况，并能够对大部分的安全监察指标进行全面的统计分析。

（9）库存管理子系统。库存管理子系统对入库、出库、库存现状进行管理，并提供查询、统计、打印等功能。

（10）综合查询子系统。综合查询子系统为经常使用的子系统提供了便捷方式。

9.3.2.6　水情测报系统

为了确保大坝的安全，合理利用水资源，增加发电量和减少洪水灾害损失，提高水电工程的综合效益，汉江上游梯级水电站发电优化调度系统中应该将已建或在建的水情自动测报系统包含其中，水情测报也是水库群联合调度的一个基础工作。水情测报系统一般由数据采集站、监测中心站、传输通信系统组成。

（1）数据采集站。采集站包括太阳能或其他供电系统、传感器、人机接口（如键盘显示）、通信接口部分等设备。其功能是：自动采集、记录雨量、水位、水温、流速等水文数据，自动应答中心站的遥测指令，向中心站发送数据。

（2）监测中心站。中心站包括通信设备、前置机和计算机组成的微机系统、打印机、显示器（或大屏幕投影）、电源及电源控制器等组成。其主要功能是：自动定时巡测或实时自动接收遥测站采集发送的水文数据（包括中继转发）；存储、显示、打印各遥测站的水情数据；完成水文资料整编；监控遥测站的工作状态；检索各遥控站逐时或时段雨量、水位数据；进行模型参数率定和联机洪水预报调度；完成中心站计算机与前置机、系统内的分中心及上级中心站的数据交换和通信。

（3）传输通信系统。包括传输电信号、光信号、电磁信号等的媒介和通信设备。在传输过程中对数据通信有两方面的影响，即信号本身传输特性的影响与外界干扰的影响。

9.3.3　汉江上游梯级水电站调度中心的硬件系统

9.3.3.1　总体结构

（1）系统应采用开放式体系结构，系统功能应分布配置，主要设备采用冗余配置。

（2）系统中配备的多台数据服务器、通信服务器、管理服务器、Web服务器等通过局域网连在一起，局域网采用双以太网，以提高通信的可靠性。局域网为系统节点间提供高速数据通道，系统各节点间的协调通过系统网络控制软件来实现。用户可以根据自己的系统规模和特殊需求，方便灵活地进行软硬件的配置。汉江上游梯级调度中心电调自动化系统配置示意图如图9-3所示。

9.3.3.2　基本要求

（1）各服务器、工作站、PC机应统一厂家，并完全采用机架式。系统硬件应为国际知名品牌，并在中国电力行业取得应用许可，服务时间要求不小于5年。各服务器应提供不小于3年的免费质保。

（2）系统采用开放式、分布式技术和面向对象的技术。

（3）系统应能适应于功能扩展，新功能的扩展应可以通过现有的硬件或增加新的节点而方便地实现。

（4）系统应采用先进通用的计算机硬件和成熟的软件技术。

（5）系统应考虑PC机接入的方式。

（6）系统设备应全为机架式设备。

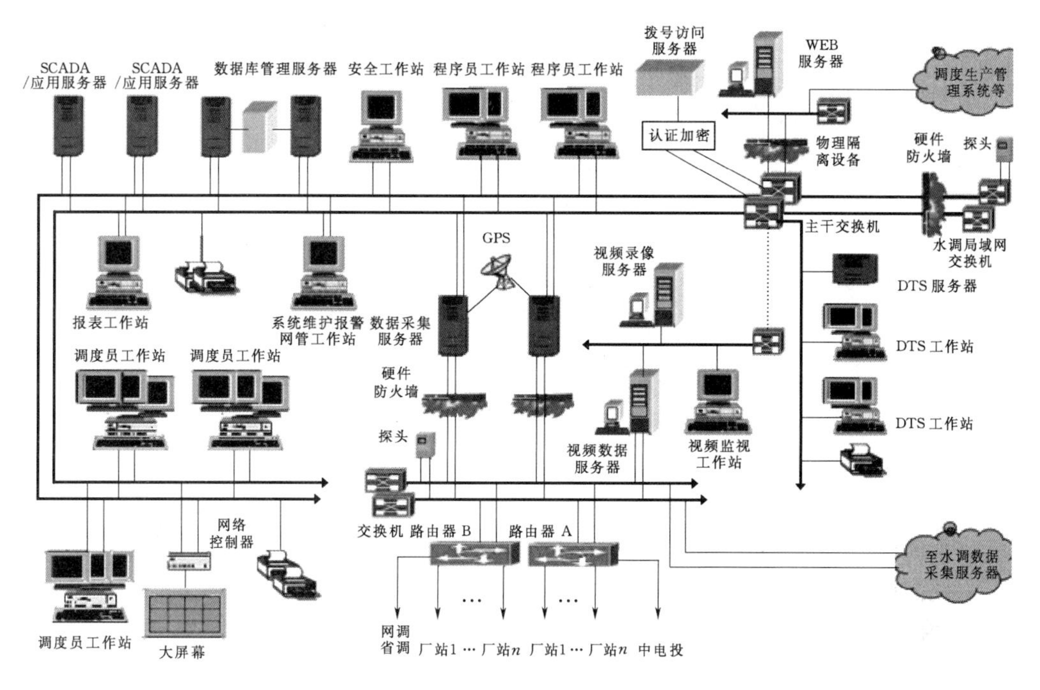

图 9-3 汉江上游梯级调度中心电调自动化系统配置示意图

(7) 整个系统应具有防病毒功能或措施。

(8) 水调自动化系统设备应满足集控中心环境下的监控要求，设备易操作、维护、美观大方，采用模块化结构，便于扩展，所有 CPU 单元、通信接口、电源等设备，应根据国际标准承受绝缘耐压和冲击耐压试验而无损坏。

(9) 每套计算机应采取措施保证在失电情况下被动停机时，存储器无数据丢失，当电源恢复时，能自动再启动及软件、硬件的 WATCH-DOG 功能。

(10) 冗余计算机的主备模式均为热备用方式，在主用计算机出现故障时，备用计算机应能无扰动地切换成主机运行。双机自动切换控制系统应实现主用方式与备用方式的自动/手动切换操作，并包括双机切换音响报警，双机之间每台计算机状态的自动跟踪等。

(11) 冗余以太网配置的智能交换机应采用模块化设计，可靠性高。

9.3.3.3 水调自动化系统硬件配置方案

以下配置若无特殊说明均为单台配置。

1. 数据库服务器（2 套）

(1) 功能描述。本服务器是系统的数据库运行服务器设备，存储有水雨情信息、水雨情预报信息、电站水务计算信息、机组信息、闸门信息、水调信息等重要数据。因此，水调自动化系统是整个系统的安全、稳定可靠和系统的持续运行的关键。水调自动化系统数据库服务器考虑由冗余的两台服务器和磁盘阵列组成为互为热备份的双机系统。此服务器(含磁盘阵列) 采用集控中心数据交换平台系统共用的方式搭建，以及数据库已在数据交换平台系统中完成采购（HP Integrity BL870c i2)。

(2) 配置及技术指标。数据库服务器应采用高性能、多任务、多用户型小型机。内平

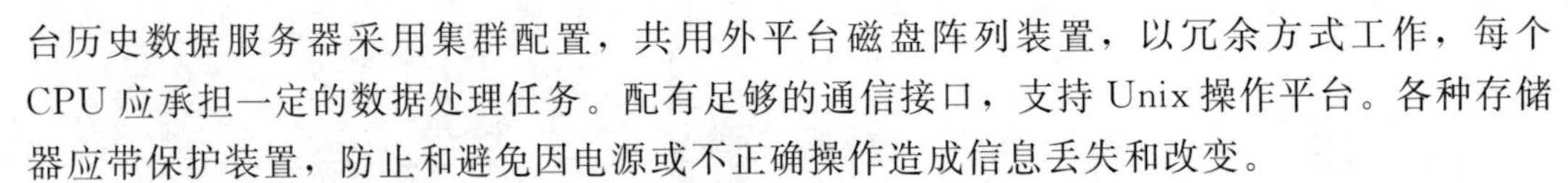

台历史数据服务器采用集群配置，共用外平台磁盘阵列装置，以冗余方式工作，每个CPU应承担一定的数据处理任务。配有足够的通信接口，支持Unix操作平台。各种存储器应带保护装置，防止和避免因电源或不正确操作造成信息丢失和改变。

（3）数据库软件。

2. 应用服务器（4套）

（1）功能及构成。主要运行数据接口中间件，实现所有应用到数据库的高效存取，实现双网冗余和切换，提高系统的可靠性，是三阶层结构系统中的核心部分。另外，在应用服务器上还须保证24h连续运行的一些关键进程，如实时数据处理、常规数据处理、发电调度、洪水调度、水务自动计算、实时监视及报警等。配置双机集群系统软件，组成一个工作集群。

（2）配置及技术指标。应用服务器应采用高性能、多任务、多用户型高端服务器。应用服务器采用冗余配置，以热备方式工作，每个CPU应承担一定的数据处理任务。配有足够的通信接口。各种存储器应带保护装置，防止和避免因电源或不正确操作造成信息丢失和改变。

3. 水情数据采集服务器（2套）

（1）功能及构成。该服务器可以快速实现水情自动测报系统数据采集与处理，并为水调系统提供数据接口，方便水情信息与水调系统的交互。

（2）配置及技术指标。

1）CPU处理器：2个八核Intel Xeon处理器，字长≥64位。

2）主频：≥2.6GHz。

3）内存：≥32GB。

4）硬盘：≥2×1T（RAID1方式冗余），可热插拔。

5）硬盘阵列卡：1块。

6）光盘驱动器：≥64倍速DVD-ROM。

7）网络接口：1000MB以太网接口4块。

8）图形界面支持：OSF/Motif或X-Window。

9）操作系统：简体中文，建议采用Windows。

10）中文功能：支持简体中文汉字处理能力。

11）网络支持：IEEC802.3z，TCP/IP。

12）电源：冗余电源供给系统，可热插拔电源模块，硬件应支持掉电保护和电源恢复后的自动重新启动功能。

13）风扇：冗余风扇。

14）结构型式：机架式。

4. 通信服务器（4套）

（1）功能及构成。主要与外部系统的通信、数据交换等，与计算机监控系统的通信、数据交换等。采用热备方式。

（2）配置及技术指标。通信服务器应采用高性能、多任务、多用户型服务器。通信服务器采用冗余配置，以热备方式工作。配有足够的通信接口。各种存储器应带保护装置，

防止和避免因电源或不正确操作造成信息丢失和改变。配置同水情数据采集服务器配置。

5. 外网通信兼WEB服务器（2套）

（1）功能及构成。负责完成与水文、气象等其他公网系统的通信以及WEB发布。

（2）配置及技术指标。外网通信兼WEB服务器应采用高性能、多任务、多用户型服务器。配有足够的通信接口。各种存储器应带保护装置，防止和避免因电源或不正确操作造成信息丢失和改变。每台套基本配置和主要性能配置同水情数据采集服务器配置。

6. 仿真培训和应用开发测试平台（1套）

（1）功能目标。

1）水调自动化系统应用深度和广度将不断扩展，对水调自动化系统在线运行的依赖会日益增加，在其基础上进行的培训与开发工作也随之增多。为避免培训和开发工作对实时运行系统的影响，提高在线系统的稳定性和可用性，需要对水调自动化系统建立一套实时数据同步的培训开发环境。

2）仿真开发/测试及培训平台主要完成水调自动化系统新功能的开发、软件升级、功能优化和改进、运行分析测试和调试、人员培训等工作。仿真开发/测试及培训平台采用手工或自动方式实现与水调自动化系统实时数据同步以建立模拟运行环境，模拟运行环境数据可通过系统组态工具对其进行修改，以完成开发、测试与培训工作。

（2）软件要求。

1）系统的开发、调试工作不应影响现有系统的正常运行。

2）为系统构建培训开发环境，配置数据库服务器、应用服务器等构建一套与运行系统互不影响的培训开发环境，供系统开发、调试和培训使用。通过将在线运行系统中的实时数据发布到培训开发环境的实时数据，实现培训开发环境与在线运行系统中的数据同步。运行环境中所有数据的增加、修改和删除均应同步到培训开发环境中。

3）系统提供数据同步的断开和恢复功能，系统应提供培训开发数据库与在线运行数据库手动数据同步功能。支持手工同步和自动实时同步两种方式。

4）数据同步频度可配置，支持选择性数据同步。

7. 水文预报工作站（2套）

（1）功能及构成。负责流域内径流（含洪水）预报等。

（2）配置及技术指标。水文预报工作站应采用高性能、多任务、多用户型服务器。水文预报工作站采用冗余配置，以热备方式工作。配有足够的通信接口。各种存储器应带保护装置，防止和避免因电源或不正确操作造成信息丢失和改变。

8. 防汛工作站（2套）

（1）功能及构成。负责实时监视全流域汛情，负责流域防汛工作相关应用功能的启动、应用结果的分析等。

（2）配置及技术指标。防汛工作站应采用高性能、多任务、多用户型服务器。防汛工作站采用冗余配置，以热备方式工作。配有足够的通信接口。各种存储器应带保护装置，防止和避免因电源或不正确操作造成信息丢失和改变。

9. 调度工作站（2套）

（1）功能及构成。负责实时监视全流域水库运行的情况，负责水调应用功能的启动、应用结果的分析等，负责水调自动化系统的报表制作、浏览、打印等。

（2）配置及技术指标。调度工作站应采用高性能、多任务、多用户型服务器。调度工作站采用冗余配置，以热备方式工作。配有足够的通信接口。各种存储器应带保护装置，防止和避免因电源或不正确操作造成信息丢失和改变。每台套基本配置和主要性能同水情数据采集服务器配置。

10. 会商接口服务器（2套）

（1）功能及构成。负责水情分析、防汛和水调等会商。

（2）配置及技术指标。会商工作站应采用高性能、多任务、多用户型服务器。会商工作站采用冗余配置，以热备方式工作。配有足够的通信接口。各种存储器应带保护装置，防止和避免因电源或不正确操作造成信息丢失和改变。每台套基本配置和主要性能同水情数据采集服务器配置。

11. 监视预警工作站（2套）

（1）功能及构成。监视遥测站工作状态，监视网络各个节点及关键进程状态，监视流域雨水情情况，并可自定义预警类型及界值，一旦发现故障，以声音或文本等方式提醒值班人员。

（2）配置及技术指标。监视预警工作站应采用高性能、多任务、多用户型服务器。配有足够的通信接口。各种存储器应带保护装置，防止和避免因电源或不正确操作造成信息丢失和改变。每台套基本配置和主要性能同水情数据采集服务器配置。

12. 外网网关机（3套）

（1）功能及构成。负责水调自动化系统与外围部门的通信。

（2）配置及技术指标。管理维护工作站应采用高性能、多任务、多用户型服务器。配有足够的通信接口。各种存储器应带保护装置，防止和避免因电源或不正确操作造成信息丢失和改变。每台套基本配置和主要性能同水情数据采集服务器配置。

13. 管理维护工作站（1套）

（1）功能及构成。负责水调自动化系统计算机网络的运行、维护、管理。负责水调自动化系统报警信息的输出。

（2）配置及技术指标。管理维护工作站应采用高性能、多任务、多用户型服务器。配有足够的通信接口。各种存储器应带保护装置，防止和避免因电源或不正确操作造成信息丢失和改变。每台套基本配置和主要性能同水情数据采集服务器配置。

14. 程序员工作站（1套）

（1）功能及构成。负责水调自动化系统软件的升级及修改工作。

（2）配置及技术指标。程序员工作站应采用高性能、多任务、多用户型服务器。配有足够的通信接口。各种存储器应带保护装置，防止和避免因电源或不正确操作造成信息丢失和改变。每台套基本配置和主要性能同水情数据采集服务器配置。

15. 水情短信中转工作站（1套）

（1）功能及构成。能够将水情自动测报系统短信接收终端的信息通过隔离装置传输给水调自动化系统。

（2）配置及技术指标。水情短信中转工作站应采用高性能、多任务、多用户型服务

器。配有足够的通信接口。各种存储器应带保护装置，防止和避免因电源或不正确操作造成信息丢失和改变。每台套基本配置和主要性能同水情数据采集服务器配置。

16. 防火墙（1套）

（1）功能及构成。用于和外部水文、气象等部门通信的安全防护。

（2）配置及技术指标。防火墙系统是不同网络或网络安全域之间信息的唯一出入口，可根据安全策略（允许、拒绝、监测）控制出入网络的信息流，其本身具有较强的抗攻击能力。防火墙系统可以限制外部对系统资源的非授权访问，也可以限制内部对外部的非授权访问，特别是限制安全级别低的系统对安全级别高的系统非授权访问。防火墙必须使用经过有关部门认可的国产系统，其功能、性能、电磁兼容性必须经过相关测试。满足数据网络通信实时性和安全性要求。具有相关管理机构的产品认证。

17. 网络交换机（6套）

（1）功能及构成。网络交换机用于水调自动化系统局域网络设备互联、与外部网络实现联网以及水情自动测报系统设备互联。共需配置6套交换机。

（2）配置及技术指标。本系统应提供2套主交换机和2套外网交换机、2套水情测报数据采集用交换机。水调自动化系统局域网为1000MB/s冗余以太网，配置4套各有48个10/100/1000MB/s自适应口的智能两层交换机（机架式，模块化可扩展），通过RJ45口连接网络的每个节点计算机（包括以后将扩展的节点计算机）、打印机等，网络介质采用电缆，传输速率1000MB/s。网络节点故障不影响整个系统的正常工作。双网络之间应可实现自动切换，切换时不应引起系统扰动，不得影响系统功能和丢失数据。外网为1000MB/s以太网，配置1套24个10/100/1000MB/s自适应口的三层交换机（机架式，模块化可扩展），通过交换机RJ45口连接各计算机节点，网络介质采用电缆，传输速率1000MB/s。另外，配置1套24个10/100/1000MB/s自适应口的三层交换机（机箱式，模块化可扩展），用于水调自动化系统Ⅲ区与外网数据交换。每台套网络交换机的背板带宽至少为160GB/s，网络吞吐量至少为65MB/s。交换机双路AC 220V交流电源供电，支持SNMP（简单网络管理协议）、OSPF（动态路由协议），VRRP（备份协议），自动拓扑发现LLDP（链路层发现协议）等网络管理协议，全线速交换并支持线缆测试、配置回退、配置自动检查等多项诊断功能。并具有自身网管软件，采用OPC（动态过程控制）通信方式将网络设备的状态信息传递到水调自动化系统软件中。

成套设备包括必需的网络电缆，网络维护工具和网络测试和管理软件，以及整个安装和运行系统所需的其他设备，网络设备安装于机柜内。

局域网采用负载分担工作方式，也可互为备用。应具有虚拟局域网（VLAN）功能，虚拟局域网之间交换数据，具备支持各种高速局域网技术，支持各种远程连接线路和各种接口标准，支持各种网络路由算法，支持远程调试。交换方式有：端口交换、基于MAC地址交换、基于IP地址交换。

局域网的主要技术要求为：传输介质为电缆；传输速率为10/100/1000MB/s；网络协议为IEEE802.3z、TCP/IP；具有传送语音和图像的能力。

18. 卫星通信设备

集控中心的通信系统已经配置了卫星通信系统中心站相关设备，雅砻江水调自动化系

统不再重复配置，其卫星通信通过已有相关设备进行。

19. 移动工作站（4套）

（1）功能及构成。负责水调自动化系统的维护及水调自动化系统工作人员远程对系统进行应用和操作。

（2）配置及技术指标。CPU至少应采用core 2 Duo，具有3GB随机存取存储器（RAM），能通过接口与汉江上游流域水调自动化系统通信。应提供所需的全部软件及测试和编程的软件，应是轻便的、可携带的。

20. 串口服务器（2套）

（1）功能构成。负责水情自动测报数据的串口通信。

（2）配置及技术要求。

1）支持RS232、RS485。

2）1个10/100MB/s以太网口。

3）一个开关量输入，一个开关量输出。

4）可作为TCP Server或TCP Client，UDP数据。

5）内置WEB服务器，支持Java。

6）支持多种异步串口格式。

7）无需修改原有应用软件就可在网络环境下使用。

8）16个串口、机架式。

21. 液晶显示器（20台）。

配置20台21′（安装于机房、控制室及培训操作台上）液晶显示器，分辨率1600×1200，至少为增强16色，底色为黑色，平面直角。液晶显示器应有防暴、防眩光及防X线措施，正常工作及画面刷新时图像显示稳定无闪烁，并应配置标准鼠标和键盘。具备VGA和DVI-D视频输入接口。

22. 北斗卫星通信终端（2套）

选用北斗卫星指挥型终端及天馈线。

23. GSM通信终端（12套）

为保证系统的可靠性，GSM MODEM选用国际知名品牌的通信模块。

24. 网络打印机（A3/A4彩色激光2台）

（1）处理器：460MHz。

（2）打印形式：双面打印。

（3）分辨率：2400dpi。

（4）打印尺寸：A3/A4。

（5）打印速度：22ppm。

（6）带100M网络接口。

9.4 本章小结

本章首先建立了汉江上游梯级水电站，用大系统分解协调方法对模型进行求解，并对

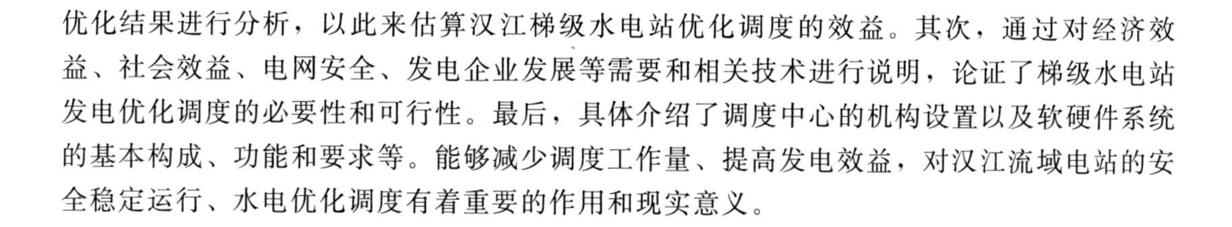

优化结果进行分析，以此来估算汉江梯级水电站优化调度的效益。其次，通过对经济效益、社会效益、电网安全、发电企业发展等需要和相关技术进行说明，论证了梯级水电站发电优化调度的必要性和可行性。最后，具体介绍了调度中心的机构设置以及软硬件系统的基本构成、功能和要求等。能够减少调度工作量、提高发电效益，对汉江流域电站的安全稳定运行、水电优化调度有着重要的作用和现实意义。

参　考　文　献

[1] 周春生，梁秩燊，黄鹤年．兴修水利枢纽后汉江产漂流性卵鱼类的繁殖生态［J］．水生生物学集刊，1980（2）：175-188.

[2] 赵东昌．汉江上游干流梯级水电站的建设［J］．陕西水力发电，1986（02）：1-5.

[3] 何长春．汉江安康水电站雨洪预报模型的研究［J］．水电能源科学，1986（02）：135-146.

[4] 杨之麟．汉江上游"83·7"特大洪水与安康水电站设计洪水复核［J］．水力发电，1987（04）：4-7+51.

[5] 熊炳煊．梯级电站水库施工洪水分析［J］．水电能源科学，1991，9（01）：70-74.

[6] 田峰巍，颜竹丘，沈晋．梯级水电站群补偿调节的大系统分解协调算法［J］．西安理工大学学报，1992（04）：255-262+290.

[7] 李万绪．汉江上游洪水的统计特征［J］．大坝与安全，1993（04）：64-66+73.

[8] 杨永德，邹宁，郭希望，胡琴．汉江上游水文特性的初步分析［J］．水文，1997（02）：55-57.

[9] 田峰巍，郭永平．汉江上游水能资源开发对南水北调中线工程的作用［J］．陕西水力发电，1998（01）：2-4.

[10] 刘俊萍，黄强，田峰巍，等．汉江上游梯级发电与航运的优化调度研究［J］．水力发电学报，2001（04）：8-17.

[11] 虞锦江，梁年生，唐九如．水电站水库洪水优化控制［J］．水电能源科学，1983（01）：65-69.

[12] 黄志中，周之豪．水库群防洪调度的大系统多目标决策模型研究［J］．水电能源科学，1994（04）：237-246.

[13] 邵东国，夏军，孙志强．多目标综合利用水库实时优化调度模型研究［J］．水电能源科学，1998（04）：8-12.

[14] 付湘，纪昌明．防洪系统最优调度模型及应用［J］．水利学报，1998（05）：50-54.

[15] 杨侃，董增川，张静怡．长江防洪系统网络分析分解协调优化调度研究［J］．河海大学学报（自然科学版），2000（03）：77-81.

[16] 谢柳青，易淑珍．水库群防洪系统优化调度模型及应用［J］．水利学报，2002（06）：38-42+46.

[17] 李玮，郭生练，郭富强，等．水电站水库群防洪补偿联合调度模型研究及应用［J］．水利学报，2007（07）：826-831.

[18] 彭勇，梁国华，周惠成．基于改进微粒群算法的梯级水库群优化调度［J］．水力发电学报，2009，28（04）：49-55.

[19] 谢维，纪昌明，吴月秋，等．基于文化粒子群算法的水库防洪优化调度［J］．水利学报，2010，41（04）：452-457+463.

[20] 肖刚，解建仓，罗军刚．基于改进NSGAⅡ的水库多目标防洪调度算法研究［J］．水力发电学报，2012，31（05）：77-83.

[21] 李安强，张建云，仲志余，等．长江流域上游控制性水库群联合防洪调度研究［J］．水利学报，2013，44（01）：59-66.

[22] 贾本有，钟平安，陈娟，等．复杂防洪系统联合优化调度模型［J］．水科学进展，2015，26（04）：560-571.

[23] 邹强，王学敏，李安强，等．基于并行混沌量子粒子群算法的梯级水库群防洪优化调度研究［J］．水利学报，2016，47（08）：967-976.

[24] 孟雪姣，畅建霞，王义民，等. 考虑预警的黄河上游梯级水库防洪调度研究 [J]. 水力发电学报，2017，36 (09)：48-59.

[25] 罗成鑫，周建中，袁柳. 流域水库群联合防洪优化调度通用模型研究 [J]. 水力发电学报，2018，37 (10)：39-47.

[26] Hall W A. Optimum operation for planning of a Complex Wwater Resources System [J]. Water Resources Center, School of Engineering and Applied Science, 1967.

[27] Windsor J S. Optimization model for the operation of flood control systems [J]. Water Resources Research, 1973, 9 (5): 1219-1226.

[28] Schultz G A, Plate E J. Developing optimal operating rules for flood protection reservoirs [J]. Journal of Hydrology, 1976, 28 (2-4): 245-264.

[29] Yazicigil H, Houck M H, Toebes G H. Daily operation of a multipurpose reservoir system [J]. Water Resources Research, 1983, 19 (1): 1-13.

[30] S AWasimi, P K Kitanidis. Real-time forecast and daily operation of a multi-reservoirs system during floods by linear quadratic gaussian control [J]. Water Resources, 1983, 19 (6): 1511-1522.

[31] Foufoula-Georgiou E, Kitanidis P K. Gradient dynamic programming for stochastic optimal control of multidimensional water resources systems [J]. Water resources research, 1988, 24 (8): 1345-1359.

[32] Unver O I, Mays L W. Model for real-time optimal flood control operation of a reservoir system [J]. Water resources management, 1990, 4 (1): 21-46.

[33] Needham J T, Watkins Jr D W, Lund J R, et al. Linear programming for flood control in the Iowa and Des Moines rivers [J]. Journal of Water Resources Planning and Management, 2000, 126 (3): 118-127.

[34] Wei C C, Hsu N S. Multireservoir real-time operations for flood control using balanced water level index method [J]. Journal of environmental management, 2008, 88 (4): 1624-1639.

[35] Valeriano O C S, Koike T, Yang K, et al. Optimal dam operation during flood season using a distributed hydrological model and a heuristic algorithm [J]. Journal of Hydrologic Engineering, 2009, 15 (7): 580-586.

[36] Kumar D N, Baliarsingh F, Raju K S. Optimal reservoir operation for flood control using folded dynamic programming [J]. Water resources management, 2010, 24 (6): 1045-1064.

[37] Bayat B, Mousavi S J, Namin M M. Optimization-simulation for short-term reservoir operation under flooding conditions [J]. Journal of Water Supply: Research and Technology-AQUA, 2011, 60 (7): 434-447.

[38] Richaud B, Madsen H, Rosbjerg D, et al. Real-time optimisation of the Hoa Binh reservoir, Vietnam [J]. Hydrology Research, 2011, 42 (2-3): 217-228.

[39] Yazdi J, Neyshabouri S A A S. Optimal design of flood-control multi-reservoir system on a watershed scale [J]. Natural hazards, 2012, 63 (2): 629-646.

[40] de Paes R P, Brandão J L B. Flood control in the Cuiabá River Basin, Brazil, with multipurpose reservoir operation [J]. Water resources management, 2013, 27 (11): 3929-3944.

[41] Hashemi H, Bazargan J, Mousavi S M, et al. An extended compromise ratio model with an application to reservoir flood control operation under an interval-valued intuitionistic fuzzy environment [J]. Applied Mathematical Modelling, 2014, 38 (14): 3495-3511.

[42] Bashiri-Atrabi H, Qaderi K, Rheinheimer D E, et al. Application of harmony search algorithm to reservoir operation optimization [J]. Water Resources Management, 2015, 29 (15): 5729-5748.

[43] Che D, Mays L W. Development of an optimization/simulation model for real-time flood-control operation of river-reservoirs systems [J]. Water resources management, 2015, 29 (11): 3987-4005.

[44] Shenava N, Shourian M. Optimal reservoir operation with water supply enhancement and flood mitigation objectives using an optimization - simulation approach [J]. Water resources management, 2018, 32 (13): 4393 - 4407.

[45] Stoker J J. Numerical Solution of Flood Prediction and River Regulation Problems. Report Ⅰ. Derivation of Basic Theory and Formulation of Numerical Methods of Attack [R]. COURANT INST OF MATHEMATICAL SCIENCES NEW YORK UNIV NY, 1953.

[46] Cunge J A. On the subject of a flood propagation computation method (Musklngum method) [J]. Journal of Hydraulic Research, 1969, 7 (2): 205 - 230.

[47] Dooge J. Linear theory of hydrologic systems [M]. Agricultural Research Service, US Department of Agriculture, 1973.

[48] 刘舒舒，文康. 泛区洪水演进的一种简单方法 [J]. 水科学进展，1992 (01): 53 - 58.

[49] 吴道喜，李义天. 洪水演进研究进展 [C] // 中国土木工程学会市政工程学会城市防洪委员会 96 学术交流会. 1996.

[50] 谈佩文，王船海，顾大辛，等. 淮河中游洪水演进模型 [J]. 水科学进展，1996 (02): 124 - 129.

[51] 仲志余，徐承隆，胡维忠. 长江中下游洪水演进水文学方法模型研究 [J]. 水利水电快报，1998 (10): 12 - 15.

[52] LIAN Y, CHAN I C, SINGH J, et al. Coupling of hydrologic and hydraulic models for the Illinois River Basin [J]. Journal of Hydrology, 2007, 344 (3): 210 - 22.

[53] SZILAGYI J, PINTER N, VENCZEL R. Application of a routing model for detecting channel flow changes with minimal data [J]. Journal of Hydrologic Engineering, 2008, 13 (6): 521 - 6.

[54] 杜佐道，向德明，马军，等. 用槽蓄关系联解圣维南方程组模拟洪水演进的方法探讨 [J]. 水利规划与设计，2010 (06): 14 - 15+22.

[55] 姜俊厚. 基于 MIKE 和 GIS 洪水风险计算的应用研究 [D]. 大连：大连理工大学，2010.

[56] 芦云峰，谭德宝，梁东业. 一种三峡水库动态库容快速准确计算方法（英文）[J]. 长江科学院院报，2010, 27 (01): 80 - 85.

[57] 殷健，季彩华，孟钲秀，等. 平原感潮河网城市地区水文模型与水动力模型的耦合 [J]. 上海水务，2011, 27 (02): 47 - 51.

[58] 刘开磊，李致家，姚成，等. 水文学与水力学方法在淮河中游的应用研究 [J]. 水力发电学报，2013, 32 (06): 5 - 10.

[59] TARPANELLI A, BARBETTA S, BROCCA L, et al. River discharge estimation by using altimetry data and simplified flood routing modeling [J]. Remote Sensing, 2013, 5 (9): 4145 - 62.

[60] 朱敏喆，王船海，刘曙光. 淮河干流分布式水文水动力耦合模型研究 [J]. 水利水电技术，2014, 45 (08): 27 - 32.

[61] KIM D H, GEORGAKAKOS A P. Hydrologic routing using nonlinear cascaded reservoirs [J]. Water Resources Research, 2014, 50 (8): 7000 - 19.

[62] 杨甜甜. 大沽夹河流域水文水动力耦合模型研究及应用 [D]. 大连：大连理工大学，2015.

[63] Zhu M L, Fujita M, Hashimoto N. Application of neural networks to runoff prediction [M] //Stochastic and statistical methods in hydrology and environmental engineering. Springer, Dordrecht, 1994: 205 - 216.

[64] 吴超羽，张文. 水文预报的人工神经网络方法 [J]. 中山大学学报（自然科学版），1994 (01): 79 - 90.

[65] Sivakumar B, Jayawardena A W, Fernando T. River flow forecasting: use of phase - space reconstruction and artificial neural networks approaches [J]. Journal of hydrology, 2002, 265 (1 - 4): 225 - 245.

[66] 李鸿雁，刘寒冰，苑希民，等. 提高人工神经网络洪水峰值预报精度的研究 [J]. 自然灾害学报，2002 (01)：57-61.

[67] Rajurkar M P，Kothyari U C，Chaube U C. Modeling of the daily rainfall-runoff relationship with artificial neural network [J]. Journal of Hydrology，2004，285 (1-4)：96-113.

[68] 赵兰琴. FIR 神经网络及其在洪水预报上的应用 [D]. 武汉：华中科技大学，2004.

[69] 符保龙. 基于 PSO 优化的 BP 神经网络在洪水预报中的应用 [J]. 柳州职业技术学院学报，2009，9 (01)：81-85.

[70] 王煜，戴会超，王冰伟，等. 优化中华鲟产卵生境的水库生态调度研究 [J]. 水利学报，2013，44 (03)：319-326.

[71] 王竹. 半分布式耦合 BP 神经网络洪水预报模型研究 [J]. 中国农村水利水电，2017 (08)：96-102.

[72] 马超，崔喜艳. 水库月平均流量滚动预报及其不确定性研究 [J]. 水力发电学报，2018，37 (02)：59-67.

[73] Udny Yule G. On a method of investigating periodicities in disturbed series，with special reference to Wolfer's sunspot numbers [J]. Philosophical Transactions of the Royal Society of London Series A，1927，226：267-298.

[74] 方乐润，施鑫源，陈绍玉. 应用时间序列分析法模拟地下水资源系统 [J]. 河海大学学报，1990 (06)：85-91.

[75] Cao L，Hong Y，Fang H，et al. Predicting chaotic time series with wavelet networks [J]. Physica D：Nonlinear Phenomena，1995，85 (1-2)：225-238.

[76] 钟登华，王仁超，皮钧. 水文预报时间序列神经网络模型 [J]. 水利学报，1995 (02)：69-75.

[77] Tokinaga S，Moriyasu H，Miyazaki A，et al. Forecasting of time series with fractal geometry by using scale transformations and parameter estimations obtained by the wavelet transform [J]. Electronics and Communications in Japan (Part Ⅲ：Fundamental Electronic Science)，1997，80 (8)：20-30.

[78] 吴益. 和田河流域径流过程分析与模拟 [D]. 南京：河海大学，2006.

[79] 汪丽娜，李艳，陈晓宏，等. 解析洪水时间序列的时—频域特性 [J]. 生态环境学报，2012，21 (10)：1700-1703.

[80] 赵莹，卢文喜，罗建男，等. 基于改进时间序列分析法的镇赉地区地下水位动态分析 [J]. 水利学报，2013，44 (11)：1372-1379.

[81] 张展羽，梁振华，冯宝平，等. 基于主成分—时间序列模型的地下水位预测 [J]. 水科学进展，2017，28 (03)：415-420.

[82] 吴杰康，祝宇楠，韦善革. 采用改进隶属度函数的梯级水电站多目标优化调度模型 [J]. 电网技术，2011，35 (02)：48-52.

[83] 杨芳丽，张小峰，谈广鸣. 考虑生态调度的水库多目标调度模型初步研究 [J]. 武汉大学学报 (工学版)，2010，43 (04)：433-437.

[84] 杜守建，李怀恩，白玉慧，等. 多目标调度模型在尼山水库的应用 [J]. 水力发电学报，2006 (02)：69-73.

[85] Kumar D N，Reddy M J. Ant colony optimization for multi-purpose reservoir operation [J]. Water Resources Management，2006，20 (6)：879-898.

[86] Little J D C. The use of storage water in a hydroelectric system [J]. Journal of the Operations Research Society of America，1955，3 (2)：187-197.

[87] Howard R A. Dynamic programming and markov processes [J]. 1960.

[88] Loucks D P. Some comments on linear decision rules and chance constraints [J]. Water Resources Research，1970，6 (2)：668-671.

[89] Askew A J. Optimum reservoir operating policies and the imposition of a reliability constraint [J].

Water Resources Research，1974，10（1）：51－56.

[90] Yakowitz S，Rutherford B. Contributions to discrete－time differential dynamic programming [J]. submitted to Optimal Contr，1981.

[91] Turgeon A. Optimal short－term hydro scheduling from the principle of progressive optimality [J]. Water resources research，1981，17（3）：481－486.

[92] Karamouz M，Vasiliadis H V. Bayesian stochastic optimization of reservoir operation using uncertain forecasts [J]. Water Resources Research，1992，28（5）：1221－1232.

[93] 赵梦龙. 大通河流域梯级水电站发电优化调度研究 [D]. 西安：西安理工大学，2015.

[94] Heidari M，Chow V T，Kokotović P V，et al. Discrete differential dynamic programing approach to water resources systems optimization [J]. Water Resources Research，1971，7（2）：273－282.

[95] 白涛，麻蓉，马旭，哈燕萍，等. 黄河上游沙漠宽谷河段水沙阈值与输沙特征 [J]. 中国沙漠，2018，38（03）：645－650.

[96] 张勇传，李福生，熊斯毅，等. 水电站水库群优化调度方法的研究 [J]. 水力发电，1981（11）：48－52.

[97] 肖燕. 乌江梯级水库群中长期发电优化调度研究 [D]. 西安：西安理工大学，2005.

[98] 左幸，陶卫国，马光文. 三角旋回算法及其在短期水火协调优化中的应用 [J]. 华东电力，2007（10）：1－5.

[99] 余波. 浅谈三峡梯级水电系统短期经济运行的模型 [J]. 大众科技，2006（01）：105－106.

[100] 高仕春，滕燕，陈泽美. 黄柏河流域水库水电站群多目标短期优化调度 [J]. 武汉大学学报（工学版），2008（02）：15－18.

[101] 邓铭江，黄强，张岩，张连鹏. 额尔齐斯河水库群多尺度耦合的生态调度研究 [J]. 水利学报，2017，48（12）：1387－1398.

[102] 任康，刘登峰，黄强，等. 基于随机径流历时曲线的水库生态调度研究 [J]. 水力发电学报，2017，36（11）：32－41.

[103] 赵朋晓，李永，张志广，等. 基于不同生态风险度的水库调度方法研究 [J]. 水力发电学报，2018，37（02）：68－78.

[104] 陈悦云，梅亚东，蔡昊，等. 面向发电、供水、生态要求的赣江流域水库群优化调度研究 [J]. 水利学报，2018，49（05）：628－638.

[105] Tsai W P，Chang F J，Chang L C，et al. AI techniques for optimizing multi－objective reservoir operation upon human and riverine ecosystem demands [J]. Journal of Hydrology，2015，530：634－644.

[106] Xu Z，Yin X，Sun T，et al. Labyrinths in large reservoirs：An invisible barrier to fish migration and the solution through reservoir operation [J]. Water Resources Research，2017，53（1）：817－831.

[107] 吕巍，王浩，殷峻暹，等. 贵州境内乌江水电梯级开发联合生态调度 [J]. 水科学进展，2016，27（06）：918－927.

[108] 方国华，丁紫玉，黄显峰，等. 考虑河流生态保护的水电站水库优化调度研究 [J]. 水力发电学报，2018，37（07）：1－9.

[109] 黄志鸿，董增川，周涛，等. 浊漳河流域水库群多目标生态调度模型研究 [J]. 水电能源科学，2019，37（03）：58－62.